特种铸造

（第二版）

林柏年　编著

浙江大學出版社

图书在版编目（CIP）数据

特种铸造／林柏年编著．—2版．—杭州：浙江大学出版社，2004.7（2019.1重印）
ISBN 978-7-308-00520-3

Ⅰ.特… Ⅱ.林… Ⅲ.铸造，特种 Ⅳ.TG249

中国版本图书馆CIP数据核字（2004）第058298号

特种铸造（第二版）
林柏年　编著

责任编辑　王　波
出版发行　浙江大学出版社
（杭州市天目山路148号　邮政编码310007）
排　　版　杭州大漠照排印刷有限公司
印　　刷　杭州丰源印刷有限公司
开　　本　787mm×1092mm　1/16
印　　张　19.75
字　　数　519千
版 印 次　2004年9月第2版　2019年1月第16次印刷
印　　数　33501—34500
书　　号　ISBN 978-7-308-00520-3
定　　价　39.00元

浙江大学出版社市场运营中心联系方式：0571-88925591；http://zjdxcbs.tmall.com

作 者 简 介
ZUO ZHE JIAN JIE

　　林柏年：汉族，1931 年生，浙江镇海人，哈尔滨工业大学教授。1956 年毕业于哈尔滨工业大学铸造专业本科，获工程师学位。1960 年在原苏联莫斯科汽车机械学院答辩通过学位论文，获技术科学副博士学位。同年开始在哈尔滨工业大学任教。曾任中国机械工程学会铸造分会特种铸造及有色合金委员会副主任、秘书长，中国金属学会铸铁管委员会副主任。

　　长期讲授"特种铸造"和"铸造流变学"课程。1962 年起指导研究生。两次参加编写全国统编教材《特种铸造》，任大型专业手册《铸造手册第六卷（特种铸造）》副主编，并参编有关章节。参编《机械工程手册》的"铸造篇"、《铸造工程师手册》，合编专著《大型铸钢件生产》。主编教材《金属热态成形传输原理》。译著有《铸铁管生产》、《铸铁结构》。首建研究生课程"铸造流变学"，并编著出版了《铸造流变学》教材。近两年来参编的《材料工程大典（第 10 卷）材料铸造成形工程》和翻译的《强化塑性变形纳米材料》，将出版。

　　进行过离心铸造、熔模铸造、压力铸造、金属在压力下结晶、球铁结晶、铸造缺陷流变学等方面的多个课题的研究，发表论文数十篇。曾获全国科技大会奖、黑龙江科技大会奖、科技进步二等奖、三等奖等。1998 年获山西省晋城市科技功臣称号。拥有发明专利"圆柱表面复合碳化钨颗粒铸造方法"。

内容简介

NEI RONG JIAN JIE

    本书系统叙述了熔模铸造、陶瓷型铸造、石膏型铸造、金属型铸造、低压铸造、差压铸造、离心铸造、挤压铸造和真空吸铸这些特种铸造方法的实质、基本原理、工艺特点、工艺专用材料、工艺装备设计和一些工艺装备的特殊制作方法。本书还较广泛地介绍实现这些铸造方法时所使用的设备。

    本书为铸造专业本科生教材,也可作培养铸造专业的科研技术人员和管理人员的教材,还可作为上述一些铸造方法培训人员的教材,并可供从事铸造的人员在继续教育和科研工作中参考,也可为材料工程专业的大学生和研究生学习作参考用。

前　言

QIAN YAN

　　自 1961 年由南京工学院铸工教研组编写的教材《特种铸造》出版以来,传布较为广泛的《特种铸造》教材在我国共出过四个版本①,最近的版本是由曾昭昭主编,于 1990 年由浙江大学出版社出版,距今已有 14 年了。在这 14 年间,情况发生了很大的变化,在一般大学的本科专业设置中已撤销了铸造专业,铸造专业知识的传授已归并入材料成形与控制工程专业的教学计划中,有关铸造专业知识的讲授量已大为减少,实践性较强的"特种铸造"课程已被删去,这对从事铸造专业工作的高级技术人员的培养形成了很大的缺陷。

　　与此同时,科学技术的发展、民众生活内容的不断更新,都对铸造生产提出了越来越多的新要求,铸造工业的技术也获得了新的进展,尤其在特种铸造方面,已不断地在我国工业生产的各行业中得到了迅速的拓展,而且技术水平亦不断得到提高和更新。如大量熔模铸造、压力铸造车间的建立;许多离心铸管厂的出现;不少冶金企业中多条连续铸钢、连续铸铜、连续铸铝生产线的投入;低压铸造机、差压铸造机在很多工厂中的引入和建立……这些都说明,社会需要有一本基础理论充实、实践内容丰富、能够反映最新技术成就的特种铸造教材,供有关的专业(培训班)作教材之用;供从事铸造管理工作、科研工作和技术工作的人员作继续学习和手头参考之用;刚从事铸造事业的大学毕业生也需要有一本特种铸造入门的书作为自己创业知识的启蒙……而 1990 年出版的《特种铸造》已不适于目前的要求。为此,浙江大学出版社在充分调查市场的基础上,毅然决定废弃旧版,邀本人重新编写此书,以满足社会的需要,促进我国特种铸造事业的发展。

　　在过去长期从事特种铸造教学和科研工作的经验基础上,考虑到目前我国铸造工业发展的情况、铸造专业人员的培养和成长的实际条件,以及特种铸造从业人员的需要,确定本书的编写指导思想为:

　　1. 本书主要叙述的特种铸造方法应为流传较广、较易遇到的非砂型铸造的铸造方法,如熔模铸造、陶瓷型铸造、石膏型铸造、金属型铸造、低压铸造、差压铸造、压力铸造、离心铸造、连续铸造、挤压铸造和真空吸铸。电渣熔铸在我国虽有应用,但流传面较窄;壳型铸造的造型材料和造型方法都可在砂型铸造资料中找到,故对此两法不予介绍。

　　2. 本书的读者对象主要为:各种与铸造相关专业的教师和学生;从事铸造生产管理、铸造技术科学研究、技术管理的人员;欲在特种铸造事业中创业的人员。

　　3. 考虑到目前人们对特种铸造的学习往往是对某几种方法要求有较全面、深入的了解和掌握,不像过去学习时需对全部特种铸造方法普遍了解的特点,同时为使本书内容能适应较广泛读者的需求,所以本书对每种特种铸造方法都作了详尽的叙述,没有重点方法和非重点方法之分,教师和学生可根据其教学和学习的目的,自行选择应用本书有关章节。当然,在某一铸

---

　　①　注:除本文提到的版本外,还有 20 世纪 70 年代的东北七所院校编写的和 1982 年由宫克强主编的版本。

造方法中牵涉到的内容,如果在其他铸造方法中已有叙述,那就不重复了,读者可自行查找,在本书的文字叙述中已注意到作一定形式的提示。

4. 本书主要叙述前面已提到的 11 种铸造方法的实质、基本原理、工艺特点和工艺专用材料,对工艺装备设计及工艺装备的特殊制作方法的基本知识也作了必要的叙述,对实现各种铸造方法所使用的专用设备作了较广泛的介绍,以使读者具有广阔的眼界和思路,具备从事特种铸造事业必要和坚实的技术知识方面的基础。

本书的编写工作得到了哈尔滨工业大学重点教材建设基金的资助,在此表示感谢。

本书的内容失误或不当之处在所难免,欢迎指正。

参与本书编写工作的还有吴玉清、林霄镝、张成军、韩波。

编 者

2004 年 4 月

目 录

MU LU

绪 论

XU LUN

  铸造是一种直接把金属液制成各种机械零件的方法。实际生产中存在有多种类型的铸造方法,流传得最为广泛的是砂型铸造,主要是因为这种铸造方法适应性强,大多数金属都可在砂型中成形;既可在简陋的条件下生产,也可用先进技术装备进行生产;既适用于大量成批生产,又适用于单件生产;另外铸件的形状、尺寸和重量几乎不受限制等。

  随着生产、科学技术的不断发展,人类生活需求越来越新颖和多样化,对铸造生产又提出了一系列新的、多方面更高的要求,归纳起来,主要为如下几个方面:

  (1) 要求铸件的力学性能、表面粗糙度、尺寸精度比砂型铸造所能达到的更高。

  (2) 要求能大批量、高质量、稳定地进行铸件的生产,所提供的铸件形状和服役性能越来越多样化。

  (3) 要求生产工艺过程尽可能简化,工人生产效率尽可能高,生产过程的机械化、自动化程度越来越强,生产的劳动环境越来越好。

  (4) 要求生产铸件所消耗的资源和能源越来越少,生产铸件的成本越来越低。

  在上述追求目标的推动下,长期来,随着科学技术的发展、铸造生产工艺的改进,以及人们劳动经验的积累,为适应社会的需要,不断地出现了与一般砂型铸造工艺有本质不同的许多新的铸造方法。人们把它们统称为"特种铸造",流传得比较广泛的特种铸造方法有:

  (1) 熔模铸造

  (2) 陶瓷型铸造

  (3) 石膏型铸造

  (4) 金属型铸造

  (5) 低压铸造

  (6) 差压铸造

  (7) 压力铸造

  (8) 离心铸造

  (9) 连续铸造

  (10) 挤压铸造

  (11) 真空吸铸

  此外,还有石墨型铸造、电渣熔铸等。

  这些方法与砂型铸造间的本质差别可归纳如下:

  1. 铸型的材料和造型工艺与砂型有本质的不同

  如金属型、压铸型、连续铸造用的结晶器、石膏型、石墨型的材料都不同于砂型的材料。而熔模型壳和陶瓷型的材料中虽有颗粒状的耐火材料,但不是砂型所用的一般天然硅砂,而是经人们特殊处理和加工后的颗粒耐火材料,并且其制型方法和制型的原理与砂型也截然不同。

　　铸型条件的不同,使铸件的成形条件也发生了质的变化,因而便派生出许多特种铸造方法所制铸件的多种特点。如熔模铸件、陶瓷型铸件、石膏型铸件、金属型铸件、压铸件,表现出比砂型铸件更高的尺寸精度、表面光洁度、表面轮廓和花纹清晰度;连续铸造铸件的特别长的尺寸等。

　　2. 金属液充型和凝固冷却条件与砂型铸造时有本质的不同

　　如熔模壳型的高温型壳浇注,压力铸造时金属液在高压作用下的充填铸型,离心铸造时金属在旋转铸型中的充填,挤压铸造时金属液在铸型合拢过程中的挤压充型……这些特殊的金属液充型情况都对金属液的随后成形过程和铸件形状的特征会产生显著影响。如离心铸造特别适于筒、套、管类铸件的成形;压力铸造和挤压铸造特别适于薄壁铸件的生产;连续铸造的铸件一般都是断面不变、长度很大……

　　金属质铸型中金属液凝固速度较砂型中更快的特点,离心铸件在离心力作用下的凝固特点,压力铸造、低压铸造、差压铸造时金属在压力作用下的凝固特点等,都可使铸件内部组织的致密度和相应的力学性能得到很大的提高。

　　当然,特种铸造也有其本身的缺点,如有些铸造方法的适用情况有一定的局限性,像金属型铸造、压力铸造、挤压铸造、低压铸造、石膏型铸造较适宜于低熔点有色合金铸件的生产,而熔模铸造、陶瓷型铸造则主要用来生产铸钢件。

　　多数特种铸造方法的实现需要有一定的专用设备,如压铸机、离心铸造机、连续铸造机、低压铸造机……有的需用专门的工艺装备,如金属型、压铸型、结晶器……新铸件投产前的初期投入较大,生产前准备周期长,工艺调试麻烦,所以特种铸造方法较多地用于大量和批量生产。

　　各种特种铸造方法的工艺过程特点和适用范围示于表 0 - 1 中。

表 0 - 1　特种铸造工艺过程特点及其适用范围

铸造方法	工艺过程特点	工艺过程复杂程度	适用于生产的铸件							工艺收得率(%)	毛坯利用率(%)	生产准备
			合金	质量	最小壁厚(mm)	表面粗糙度(μm)	尺寸精度	形状特征	批量			
熔模铸造	制熔模 → 制壳 → 脱模 铸件后处理 ← 浇注 ← 熔烧型壳 1. 熔去模样,得到型腔 2. 型腔表面由粉状耐火材料和耐高温黏结剂形成 3. 热型浇注	复杂	耐热合金,不锈钢,精密合金,合金钢,碳钢,钛合金,铜合金,铝合金,铸铁,其他合金	数克至数十千克	约0.5,最小孔径0.5	Ra 0.63~12.5	CT 4~7	复杂成形铸件	小批、中批、大批	30~60	90	复杂

铸造方法	工艺过程特点	工艺过程复杂程度	适用于生产的铸件							工艺收得率（%）	毛坯利用率（%）	生产准备
			合金	质量	最小壁厚(mm)	表面粗糙度(μm)	尺寸精度	形状特征	批量			
陶瓷型铸造	型框放在模板上→取模←灌陶瓷浆←喷烧陶瓷型→浇注←焙烧陶瓷型 铸型表面由粉状耐火材料和高温黏结剂形成	较复杂	模具钢，碳素钢，合金钢	数百克至数吨	2	Ra 3.2～12.5	CT 5～7	中等复杂成形铸件	单件，小批	40～60	90	较复杂
石膏型铸造	工艺过程同陶瓷型铸造，惟型内灌石膏浆	较复杂	铝合金，锌合金，镁合金，铜合金，金，银	数克至数十千克	0.5	Ra 0.8～12.5	CT 4～7	复杂成形铸件	单件，小批，中批	30～60	90	较复杂
金属型铸造	采用金属型，重力浇注 铸型的冷却作用大，无退让性，无透气性	简单	钢、铁、铝合金，镁合金，铜合金	数十克至数百千克	铝硅2，铝镁3，铸铁2.5	Ra 3.2～12.5	CT 6～9	中等复杂成形铸件	中批，大批，大量	40～60	70	较复杂
低压铸造[①]	金属液在较低压力作用下由下向上地充填铸型，并在压力作用下凝固成形	简单一般	钢铁，铝合金，镁合金，铜合金	小、中、大件	根据铸型而变化	根据铸型变化	根据铸型变化	中等复杂成形铸件	小批，中批，大批，大量	60～80	70～80	中等复杂
压力铸造	金属液在高压作用下，以高的线速度充填铸型，在压力下凝固	简单	锡合金，锌合金，铝合金，镁合金，黄铜，	数克至十几千克	0.3，孔径0.7，螺距0.75	Ra 0.2～3.2	CT 3～6	复杂成形铸件	大批，大量	60～80	90	复杂
离心铸造	金属浇注在旋转铸型中，并在旋转情况下凝固成形	一般	铸钢，铸铁，铝合金，铜合金，贵重金属	数克至数十吨，最小孔径8	根据铸型变化	根据铸型变化	特别适于套、筒、管形铸件，也可铸复杂成形铸件	小批，中批，大批	套、筒、管形铸件75～95，成形铸件根据铸型变化	套、筒、管形铸件70～100，成形铸件根据铸型变化	复杂，中等复杂
连续铸造	金属液连续地进入水冷金属型的(结晶器)的一端，从铸型另一端连续地取出铸件	简单	钢、铁，铝合金，镁合金，铜合金，镍合金，	—	3～5	—	—	外形简单，截面不变的长铸件	大批，大量	94～97	90～100	复杂

续　表

铸造方法	工艺过程特点	工艺过程复杂程度	适用于生产的铸件							工艺收得率(%)	毛坯利用率(%)	生产准备
			合金	质量	最小壁厚(mm)	表面粗糙度(μm)	尺寸精度	形状特征	批量			
挤压铸造	把金属液倒入开启的铸型中,两半型合拢时把金属液挤压充填型腔,凝固成形	一般	钢、铁,铝合金,铜合金,锌合金,镁合金,	几十克至30多千克	2	Ra 6.3～12.5	CT 5	外形简单的成形铸件,大型薄壁件	中批、大批	80～90	70～80	复杂
真空吸铸	在型腔内建立真空,把金属液由下而上地吸入型内,并在真空或加压情况下凝固成形	简单、一般	铜合金,铝合金,其他合金	—	成形铸件根据铸型变化	成形铸件根据铸型变化	成形铸件根据铸型变化	特别适于柱形铸件,直径小于120mm。成形铸件	小批、中批、大量	柱形铸件80～90,成形铸件根据铸型变化	柱形铸件70～80,成形铸件根据铸型变化	复杂,中等复杂

① 差压铸造的各项内容与低压铸造相似,惟铸件在更高的压力下凝固成形。

第 1 章
熔 模 铸 造

概　　述

　　熔模铸造通常是在可熔模样的表面涂覆多层耐火材料,待其硬化干燥后,加热将其中模样熔去,而获得具有与模样形状相应空腔的型壳,再经过焙烧,然后在型壳温度很高情况下进行浇注,从而获得铸件的一种方法。此一铸造的主要工艺过程示意于图 1-1。

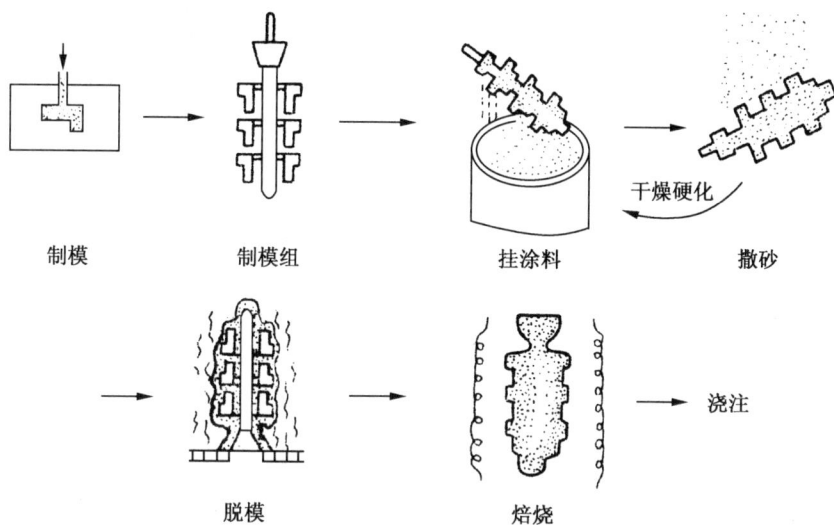

图 1-1　熔模铸造主要工艺过程示意图

　　从接到铸件图纸起,在熔模铸造车间中的主要技术准备和生产工艺流程示于图 1-2 中。

　　因为过去长期来主要用蜡料制造可熔模样(简称熔模),人们常把熔模称为蜡模,把熔模铸造称为失蜡铸造。又由于用熔模铸造法得到的铸件具有较高的尺寸精度,表面光滑,故又称熔模精密铸造,也常有人简称此法为精密铸造[①]。

　　与其他铸造方法和零件成形方法比较,熔模铸造具有以下特点:

　　① 铸件尺寸精确,一般其精度可达 CT 4～7,有时尺寸公差可小于±0.005 cm/cm。表面粗糙度最细可达 Ra 0.63～1.25 μm,故可使铸件达到少切削,甚至无余量的要求。

　　② 可铸造形状复杂的铸件。铸件壁厚最小可为 0.5 mm,可铸最小孔径为 0.5 mm,最小的铸件重量可达 1 g,而重的铸件可达 10 kg 以上,最重的熔模铸件有达 80 kg 的记录。还可把

---

　　① 注:近年来人们把压力铸造、熔模铸造、陶瓷型铸造、石膏型铸造,有时甚至金属型铸造都合并称为精密铸造。

```
┌──────────────┐
│   工 艺 设 计   │
└──────────────┘
        │
┌──────────────┐
│   压 型 设 计   │
└──────────────┘
        │
┌──────────────┐                      ┌──────────────┐
│   压 型 制 造   │                      │   模 料 制 备   │◄─────────┐
└──────────────┘                      └──────────────┘          │
        │                                     │                  │
┌────────────────────┐                        │                  │
│   制熔模及浇注系统    │◄───────────────────────┘                  │
└────────────────────┘                                           │
        │                                                        │
┌──────────────┐                                                 │
│   熔 模 组 合   │                ┌──────────────┐                │
└──────────────┘                │   涂 料 制 备   │                │
        │                        └──────────────┘                │
        │                               │                        │
┌──────────────────┐◄──────────────────┘                        │
│   上涂料及撒砂      │◄──┐                                        │
└──────────────────┘   │重                                       │
        │              │复  ┌──────────────┐                    │
        │              │数  │   硬 化 剂 制 备   │                  │
        │              │次  └──────────────┘                    │
┌──────────────────┐   │           │                            │
│   型壳硬化及干燥     │◄──┴───────────┘                            │
└──────────────────┘                                            │
        │                                    回收模料              │
┌──────────────────────────┐                                    │
│   熔（溶）失熔模（脱蜡）        │───────────────────────────────────┘
└──────────────────────────┘
        │
┌──────────────┐
│   型 壳 焙 烧   │              ┌──────────────┐
└──────────────┘              │   炉 料 准 备   │◄─────────┐
        │                     └──────────────┘          │
        │                            │                   │
        │                     ┌──────────────┐           │
        │                     │   合 金 熔 化   │           │
        │                     └──────────────┘           │
        │                            │                   │
┌──────────────┐◄────────────────────┘                   │
│   烧       注   │                                        │
└──────────────┘                                          │
```

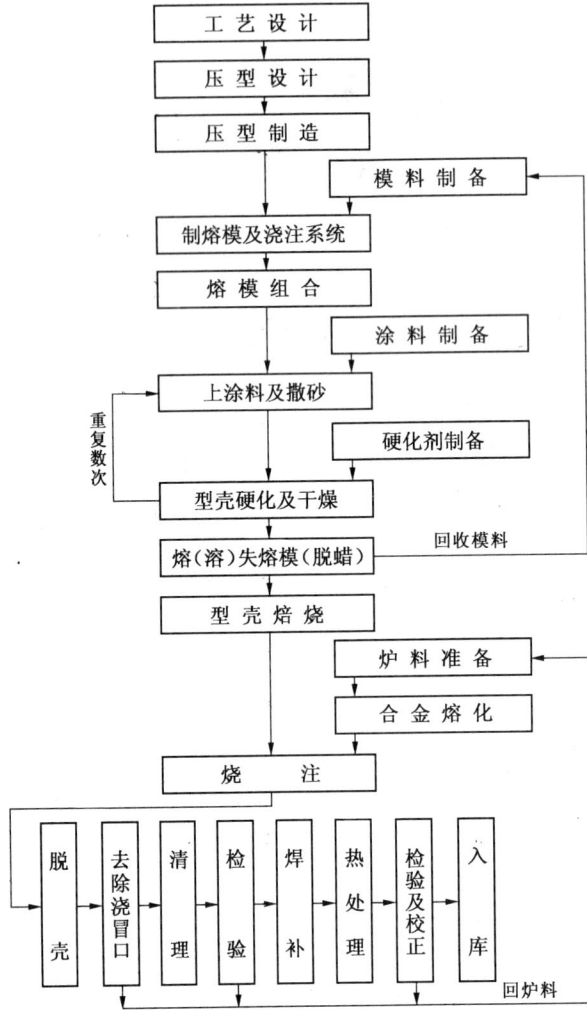

| 脱壳 | → | 去除浇冒口 | → | 清理 | → | 检验 | → | 焊补 | → | 热处理 | → | 检验及校正 | → | 入库 |

回炉料

图 1-2　熔模铸造技术准备、生产工艺流程框图

原由几个零件组装、焊接起来的组合件进行整体铸造，减轻机件重量，缩短生产过程。图 1-3
示出了手把由机加工组合件改成熔模铸件的实例。

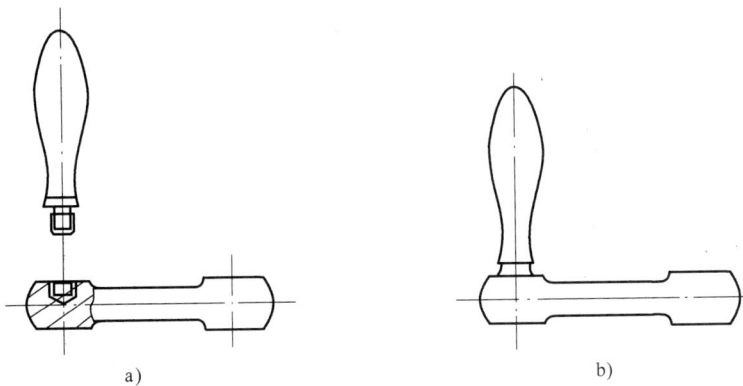

a)

b)

图 1-3　机加工组合手把改成熔模铸件

a) 机加工手把　　　b) 熔模铸造手把

③ 不受铸件材料的限制。熔模铸造可用来制造碳钢、合金钢、球墨铸铁、铜合金、铝合金、镁合金、钛合金、高温合金、贵重金属的铸件。一些难以锻造、焊接或切削加工的精密铸件用熔模铸造法生产具有很大的经济效益。

④ 铸件尺寸不能太大,重量也有限制,不像砂型铸造那样可生产几吨甚至几十吨重的铸件。

⑤ 工艺过程复杂、工序繁多,使生产过程控制难度大增。消耗的材料较贵,对模具和设备要求较严。生产周期长。

⑥ 铸件冷却速度慢,故铸件晶粒粗大。除特殊产品,如定向结晶件、单晶叶片外,一般铸件的力学性能都有所降低,碳钢件还易表面脱碳。

因此熔模铸造法适用于形状复杂、难以用其他方法加工成形的精密铸件的生产,如航空发动机的叶片、叶轮,复杂的薄壁框架,雷达天线,带有很多散热薄片、柱、销轴的框体、齿套等。

早在 3 000 年以前就已有了熔模铸造法。在我国已出土的有 2 500 年前的熔模铸件,如 1978 年湖北随县出土的曾侯乙墓中的青铜器尊和盘,其沿口饰有精巧蟠螭形的镂空花纹(见图 1-4)和浮雕龙、爬动兽等饰品,其熔模铸造工艺在现在看来也是高超无比的。

图 1-4　尊、盘上的蟠螭形镂空花纹

世界上最早的有关熔模铸造技术的文献,当推我国南宋(公元 1127—1279 年)赵希鹄的《洞天清禄集》,比欧洲的最早有关文献还早 200 年。而后在明朝宋应星的著作《天工开物》中,详细地记载了钟、鼎、佛像等熔模铸造所用的材料和工艺。

现代熔模铸造技术是在金属义齿铸造基础上,于 20 世纪 40 年代的第二次世界大战期间发展起来的。随着现代工业的发展,熔模铸造的技术也在不断地获得提高和更新,并扩大它的应用范围。除了航空制造业和兵器工业以外,在机械制造、电子、石油、化工、核能、交通运输、纺织、医疗器械、泵、阀等制造工业中,都得到了广泛的应用。在艺术品铸造业中,熔模铸造也是传布得很广的。

1.1　熔 模 的 制 造

在熔模铸件的铸造工艺确定以后,生产中的第一道工序就是制造熔模。型壳内表面光滑、尺寸精确的型腔是由熔模形成的,所以熔模本身必须有高的尺寸精度和细的表面粗糙度。熔模材料本身还要满足随后型壳制造工艺的一系列要求。熔模是在压型(制造熔模的模具)中形成的,熔模材料(简称模料)还需适用于制造熔模的工艺。因此熔模铸造生产准备的第一步就是选用合适的模料、设计制造压型、制订合理的熔模压注工艺和组装模组(把铸件熔模和浇注系统的熔模组合在一起)。

1.1.1　模料

(1) 对模料性能的要求

① 模料的熔化温度应在 60~90℃之间,以便于配制模料、制模和脱模。

② 模料的开始熔化温度和终了熔化温度间的范围不应太窄或太宽。若太窄,不易配制糊

状模料,往压型压注时,模料可能凝固太快,而使熔模不能成形,或熔模表面粗糙;若太宽,又会使熔化模料的温度与模料开始软化的温度间差别增大。一般模料的开始熔化和终了熔化温度之差以 5~10℃ 为宜。

③ 模料的软化点(软化温度,指标准模料试样按规定悬臂式地放置在热变形测定仪上,经 2 h 后下垂 2 mm 时的保温温度,又称热稳定性)要高于 40℃,以保证制好的熔模在室温下不发生变形。

④ 模料在工作温度下应具有良好的流动性,能很好充填压型型腔,并在充型流动时温度变化范围内,其流动性变化较小,以保证获得表面光滑的熔模,还能充分复制型腔形状。其流动性还应保证脱模时模料易从型壳流出。

⑤ 模料的热胀(收缩)率要小而稳定,使熔模的尺寸稳定,不易出现缩陷的缺陷,减少脱蜡时胀裂型壳的可能性。一般要求热胀(收缩)率小于 1%。目前国内外较好的模料已小于 0.5%。

⑥ 要求模料凝固后有高的强度、韧性和表面硬度,防止在制模、制型壳过程中熔模出现破损,表面擦伤。模料强度不应低于 2.0 MPa,针入度(硬度标志,20℃ 和 100 g 荷重压力下,5 s 内标准针垂直插入模料的深度,以 0.1 mm 为 1 度)以 4~6 度为佳。

⑦ 模料应能被型壳涂料很好润湿和附着,使涂料在制壳时能均匀涂覆在熔模表面,正确复制熔模的几何形状。

⑧ 模料在高温灼烧后,遗留的灰分要少,使焙烧后型壳内腔尽可能干净,防止铸件夹渣。通常要求小于 0.05%。

⑨ 模料的化学活性要低,不应和生产过程中所遇材料(如压型材料、涂料等)发生化学作用,并对人体无害。

⑩ 模料还需有好的焊接性,便于组合模组;密度要小,以减轻操作过程工人的劳动强度;能多次复用,价格便宜,来源丰富。

表 1-1 示出了常用模料原材料的性能。

表 1-1　常用模料原材料及其主要物理性能

原材料名称	主要物理性能							
	熔点 (℃)	软化点 (℃)	自由收缩率 (%)	抗拉强度 (MPa)	伸长率 (%)	灰分 (质量%)	密度 (g/cm³)	酸值 (mgKOH/g)
石　蜡	56~70	>30	0.50~0.70	0.23~0.30	2.0~2.5	≤0.11	0.88~0.91	—
硬脂酸	54~57	35	0.60~0.69	0.18~0.20	2.8~3.0	≤0.03	0.85~0.95	203~218
提纯地蜡	滴点80	40	0.60~1.10	1.5~2.0	—	≤0.03	0.92~0.95	0.28
川　蜡	80~84	37~50	0.80~1.20	1.20~1.30	1.6~2.2	≤0.06	0.92~0.95	1.30
蜂　蜡	62~67	40	0.78~1.00	0.30	4.0~4.2	≤0.03	0.94~0.96	4~9
褐煤蜡	82~85	48	1.63	4.55	—	≤0.2	0.88~0.93	31.2
松　香	89~93	74	0.07~0.09	5.0	—	≤0.03	0.90~1.10	164
改性松香210	—	135~150	—	—	—	—	—	20
改性松香424	—	>120	—	—	—	—	—	≤16
聚合松香115	—	110~120	—	—	—	≤0.03	—	<120
聚乙烯	104~115	80	2.00~2.50	8.0~16.0	—	≤0.06	0.92~0.93	—
聚苯乙烯	160~170	70~80	0.65~0.75	30~50	—	≤0.04	1.05~1.07	—
EVA①	62~75	34~36	0.70~1.20	3.0~6.0	300~600	—	0.94~0.95	—
乙基纤维素	160~180	100~130	—	14~50	—	0.30~0.80	1.00~1.20	—

注: ① EVA 为乙烯和醋酸乙烯酯共聚物。

（2）模料的种类、组成和性能

由前述对模料多方面性能的要求，可知单一的原材料是不能满足的，所以通常需要两种或更多种的原材料来配制模料。模料一般用蜡料、天然树脂（松香）和高分子聚合物组成。凡主要用蜡料配制的模料称蜡基模料，主要用松香配制的模料称松香基模料。前者熔点较低，为 60～70℃，故又称低温模料；后者熔点较高，为 70～120℃，故又称中温模料。还有熔点高于 120℃的模料，则称为高温模料，如由松香 50%、聚苯乙烯 30%和地蜡 20%质量组成的模料。此外，还有一些特殊的模料，如填料模料、水溶性模料、气化性模料等。

1）蜡基模料

蜡基模料主要用矿物蜡和动、植物蜡配制而成，用得最广泛的蜡基模料系由石蜡和硬脂酸组成。

石蜡是炼制石油的副产品，从原油的蜡馏分中分离而得，是饱和的固体碳氢化合物，含有 17 个以上碳原子的烷烃混合物，其分子通式为 C_nH_{2n+2}，式中 $n = 20 \sim 36$。n 越大的烷烃，其熔点也越高。由于工业石蜡常由不同 n 值的烷烃组成，所以它没有固定的熔点，凡由较大 n 值烷烃组成的石蜡，则熔点较高，否则则较低，因此市场上供应的石蜡多以其熔点作为牌号，每隔 2℃为一个牌号，如 56，58，…，70 度石蜡等。熔模铸造生产中用得较多的是 58～64 度石蜡。

石蜡的基本组成是正构烷烃（占 80%～90%的质量组成），还含有少量长链异构烷烃和环烷烃。因而它的化学性质十分稳定，只在 140℃以上会分解碳化，这是在配制模料时需要注意的。

石蜡还是一种晶态物质，在完全凝固之后，有一次机理尚不明确的转变，转变之后，石蜡延性增加，但软化点则降低很多，如 70 度石蜡的软化点仅为 32℃。其线膨胀系数在转变的温度处有一峰值，这种情况在对熔模尺寸精度要求较高的场合，决定模料的压注温度时是需要予以注意的。

石蜡的强度较低，但有好的延性。表面硬度差，针入度约为 15°。凝固收缩大，以 60～62 度的石蜡为最大。所以它常和硬脂酸一起配制模料。

石蜡中的主要杂质是矿物油，它会降低熔点并恶化其他性能，故熔模铸造生产中最好选用油的质量含量小于 0.5%的精白蜡或油的质量含量小于 1.5%的白石蜡。

硬脂酸是一种脂肪酸蜡，是固体脂肪酸的混合物，主要成分为饱和一元羧酸，分子通式为 $C_nH_{2n+1}COOH$。它由动、植物油脂加压、蒸馏、水解而成。熔模铸造生产中常用的是一级三压（最高压）硬脂酸，含有害杂质油酸最少，碳原子数 $n = 16 \sim 18$。

硬脂酸固态时呈晶态，酸性不明显，但熔融状态时酸性明显，且随温度升高，电离常数增大，酸性增强。它能与化学活性比氢强的金属（如 Fe，Al 等）起置换反应；与碱性物质起中和反应（皂化反应），生成皂化物；与醇发生酯化反应，生成脂肪酸酯和水。故在使用过程中会使模料性能受损。

但硬脂酸分子是带有极性基分子，分子间作用较强，故它比碳原子数相同的烷烃蜡的熔点高，热稳定性好，硬度大，强度高。它能与石蜡共溶，故可用它提高模料的软化点、流动性，提高熔模的表面强度和对涂料的涂挂性。但当模料中硬脂酸的质量含量超过 80%时，涂料的强度特低；而当硬脂酸的质量含量小于 20%时，熔模表面会起泡，涂挂性也变差。当石蜡、硬脂酸模料中硬脂酸的质量含量为 20%～80%时，随硬脂酸含量的增多，模料强度会略有下降，凝固温度区间也变小。生产中常用的是石蜡和硬脂酸的质量组成各占 50%的模料，这种配比模料的流动性也最好。其性能示于表 1-2。

表 1-2 石蜡-硬脂酸模料(质量配比 1∶1)的技术特性

熔点 (℃)	软化点 (℃)	自由浇注收缩率 (%)	抗拉强度 (MPa)	针入度 (mm)	焊接强度 (MPa)	灰分 (%)	涂挂性① (mm)
50~51	31	2.05	1.25	2.2	0.67	0.09	0.59

注：① 涂挂性指熔模上涂挂的涂料厚度。

石蜡-硬脂酸模料熔点较低,配制容易,制模和熔失熔模也方便,模料回收简易,复用性好,性能基本符合要求。但强度和软化点还是太低。夏季在炎热地区,如工作场地无空调,熔模易变形。收缩率还嫌太大。此外硬脂酸的价格也嫌高,还易皂化。所以在石蜡-硬脂酸模料基础上又研究出多种成分的蜡基模料。

如用褐煤蜡替代部分硬脂酸的质量配比为石蜡 50%、硬脂酸 20%和褐煤蜡 30%的模料。其软化点就大于 40℃,收缩率减少至 1.6%,抗拉强度提高至 4.66 MPa。

褐煤蜡又称蒙旦蜡,是褐煤、泥炭经有机溶剂萃取所得各种蜡的总称,由蜡质、树脂和地沥青三部分组成。其熔点高达 84℃、软化点约 48℃、强度高(抗弯强度为 4.0~5.0 MPa)、硬度高(针入度小于 1°)。但褐煤蜡价较高,且灰分较高,在生产中不能用得太多。

低分子聚乙烯常用来替代蜡基模料中的硬脂酸。低分子聚乙烯的分子量小于 1 万,是生产高分子量(分子量 2 万~30 万)聚乙烯的附属产物。低分子聚乙烯化学性稳定,常温下耐酸、碱。能少量(溶解度小于 10%)地溶于石蜡中,石蜡也能少量地溶入聚乙烯中,可有效地提高模料滴点,增高强度。但会使模料流动性降低,收缩率增大。

为提高模料的柔韧性,降低石蜡-聚乙烯模料的收缩率,也可用 EVA 粒料代替聚乙烯配制蜡基模料。EVA 的熔点为 62~75℃,收缩率为聚乙烯的 1/2~2/3。熔模铸造中常用 EVA 粒料的牌号为 28/250。但 EVA 价格较高。

表 1-3 示出了用高分子聚合物配制的蜡基模料典型配方和主要性能。此两种模料在使用时都不会皂化变质。

表 1-3 典型石蜡-聚合物模料的成分和性能

序号	质量成分(%)		性 能				
	石蜡	聚 合 物	熔点 (℃)	软化点 (℃)	线收缩率 (%)	抗弯强度 (MPa)	针入度 (mm)
1	95.0	5.0(低分子聚乙烯)	66	34	1.04	3.30	18
2	98.5	1.5 (EVA)	58	31	0.64	4.40	11

还可在石蜡-硬脂酸模料中加少量聚乙烯或 EVA 以提高模料的软化点。具体的质量配方举例,如石蜡 50 份+硬脂酸 50 份+聚乙烯 1 份,石蜡 50 份+硬脂酸 50 份+EVA 2~3 份。

用乙基纤维素来替代部分硬脂酸,以提高模料的强度、熔点和热稳定性,改善模料的涂挂性也是蜡基模料配制中的有效措施。乙基纤维素不溶于石蜡,但可溶于硬脂酸中,故可借助硬脂酸把石蜡、乙基纤维素互溶在一起,以获得成分分布均匀的模料。配方举例如质量配比为：石蜡 50%+硬脂酸 45%+乙基纤维素 5%。

也可用地蜡和褐煤蜡完全替代硬脂酸,与石蜡配制模料,如原苏联使用的 ПЦБ62-25-13,其成分的质量组成为石蜡 62%、地蜡 25%和褐煤蜡 13%。其熔点为 75~85℃,软化点为 32℃,抗弯强度为 3.4 MPa。

地蜡是由邻近石油矿床的沉积页岩中提取、经浓硫酸和兽骨碳漂白精制而成的,呈黄色的薄而细小的针片状晶体,主要由异构烷烃组成,是一种微晶型蜡,其熔点比石蜡高,热稳定性较好,尺寸稳定性好,能与石蜡完全共溶。但地蜡资源在我国不丰富,价格较高,所以只在我国少数单位中应用,但在配制松香基模料时还是用得较普遍的。

还有用松香和地蜡替代硬脂酸的蜡基模料配方。

松香是松树分泌的松脂,经蒸馏出松节油后,再除去杂质精制而成的。其化学组成主要为松香酸($C_{19}H_{29}COOH$),为玻璃态的物体;熔点较高(约 70～75℃),但软化点却较低(<33℃),液态时黏度大,固态时硬度高;化学性能不稳定,易被皂化。收缩率低,能与石蜡互溶,价格较低。

用松香的蜡基模料质量成分有:石蜡 40%＋松香 40%＋地蜡 20%。这种模料的韧性好,软化点达 33～35℃,收缩率为 0.45～0.7%,对涂料的涂挂性好。但因松香的熔点高,故配制模料麻烦。其凝固区间小,压注熔模时,模料温度控制要求严格;模料的流动性差,它在压型中凝固较慢,故在压制熔模时需用较大的压力和较长的保压时间。

欲提高石蜡-硬脂酸模料的软化点,还可采用高度数的石蜡,如 70 度石蜡,或使用一些蜂蜡(约 3%),但后者来源较少,一般不宜采用。

2) 松香基模料

松香基模料主要组成为松香,考虑到松香性脆、液态黏度大,通常需在松香中加一部分塑性好、液态时有良好流动性的蜡料,蜡料能和松香互溶。为进一步改善模料在凝固后的力学性能,还常在松香基模料中加少量高分子聚合物,如聚乙烯、EVA。这些材料可显著提高模料的强度和韧性,还可提高热稳定性。EVA 的效果比聚乙烯更佳,但价格较贵。聚合物一般不溶于松香中,但却能和川蜡、地蜡溶在一起,并且它们的溶合物又都能溶于松香之中,故在配制模料时必须先把蜡料与聚合物共同在加热情况下溶在一起,然后再与松香溶合。

松香基模料还常采用性能较好的聚合松香、改性松香替代部分一般松香。

聚合松香是松香在催化剂参与下聚合而成的松香,其中二聚体占 40%以上。由于其分子量大,故软化点高,其熔点达 110～146℃,强度有所增加。但与石蜡的互溶性稍差,液态时的黏度也大。

改性松香是利用松香酸中的羧基 COOH(有的还用双键)在催化剂作用下与醇、酐进行酯化反应而得的松香酯。常用的改性松香为 210 号和 424 号。改性松香具有较高的熔点(>120℃),化学性能稳定,力学性能明显比一般松香好。

液态时互溶的蜡料和松香在冷却凝固时会因溶解度降低而析出,所以松香基模料的显微组织是在非晶相的基体中均匀分散着晶相,使模料的综合性能兼具松香和蜡料的长处,熔模表面光亮、针入度小、尺寸稳定精确,是生产精密度要求很高的铸件时常用的模料。

表 1-4 列出了松香基模料的几个配方和相应的性能。

表 1-4　几种松香基模料的质量配比和工艺特性

质量配比	工艺特性					
	熔点(℃)	软化点(℃)	收缩率(%)	抗拉强度(MPa)	针入度(°)	灰分(%)
松香 20%＋改性松香 37%＋石蜡 30%＋地蜡 10%＋EVA 3%	滴点 73	—	0.98	4.2	12.2	≤0.05
聚合松香 50%＋石蜡 30%＋地蜡 10%＋蜂蜡 8%＋EVA 2%	滴点 73	—	—	4.0	11.3	≤0.05

质 量 配 比	工 艺 特 性					
	熔点 (℃)	软化点 (℃)	收缩率 (%)	抗拉强度 (MPa)	针入度 (°)	灰分 (%)
松香 60%＋地蜡 5%＋聚乙烯 5%＋川蜡 30%	90	>40	0.88	5.8	—	≤0.05
松香 75%＋地蜡 5%＋聚乙烯 5% ＋川蜡 15%	94	>40	0.95	9.8	—	≤0.05
松香 30%＋改性松香 27%＋地蜡 5%＋聚乙烯 3%＋川蜡 35%	—	>40	0.78	5.9	—	—
聚合松香 17%＋改性松香 40%＋ 石蜡 30%＋褐煤蜡 10%＋EVA 3%	74~78	>40	—	5.3	—	—

该表中所列川蜡是白蜡虫分泌物经提炼加工得的虫白蜡,其中由高级脂和高级醇形成的 26 酸 26 醇($C_{26}H_{51}COO - C_{26}H_{53}$)占 90%以上,呈白色或微黄,质硬而脆,断面致密呈米心状或马牙状,以米心蜡为佳。熔点高(80~84℃),耐热性好,但收缩率大。常温下化学性稳定,但在 150℃以上易裂解,在沸水或碱性介质中可能水解。模料中加入川蜡可提高模料流动性、韧性、强度和热稳定性,但使收缩率增大。

3) 系列模料

由于熔模铸造生产中常需要能满足多种需求的模料,单靠铸造单位是没有技术力量来开发技术性能先进的模料的,而且模料的制备也需要较多的装备和能源、人力的消耗,在市场经济的条件下,便有专门的模料工厂研制系列的模料,供熔模铸造生产单位按不同要求选用。现在国内已有市售的系列模料供应,表 1-5 列出了国产 WMⅡ系列模料的性能和适用范围。

表 1-5　WMⅡ系列模料的性能和适用范围

性能 牌号	熔点 (℃)	压注温度① (℃)	抗拉强度 (MPa)	线收缩率 (%)	灰分 (%)	使用 状态	适用范围	颜色
WMⅡ-1	95	70~75	2.5~3.0	0.3~0.5	<0.05	液态	叶片	深红
WMⅡ-2	90	50~70	3.0~4.0	0.5~0.6	<0.05	糊状	一般熔模件	浅红
WMⅡ-3	80~90	55~70	2.5~3.0	0.4~0.6	<0.05	糊状	大件	浅绿
WMⅡ-4	70~80	60~70	4.5~5.0	0.4~0.6	<0.05	液态	薄壁件 钛合金件	桔红
WMⅡ-5	55~70	55~65	3.0~3.05	0.6~0.8	<0.05	糊状	代替石蜡-硬脂酸模料	深绿
WMⅡ-6	65~75	55~65	3.5~4.5	0.3~0.5	<0.05	糊状	填料模料	大红
WMⅡ-7	45~60	—	2.0~3.5	—	<0.05	液态	修补熔模	深红
WMⅡ-8	55~65	—	2.0~3.0	—	<0.05	液态	黏结熔模	黄
WMⅡ-9	45~60	—	3.4~4.5	0.6~0.7	<0.05	液态	工艺美术品	红
WMⅡ-10	—	60	1.0~1.5	0.1~0.2	<0.05	糊状	制水溶芯	草绿

注: ① 压注温度指制造熔模时的模料温度。

选用系列模料时应注意,制造浇道模料的熔点应低于铸件熔模本体的模料,并具有更好的流动性,以保证脱模时浇道部分先于熔模本体熔失,减小型壳被胀裂的可能性,虽然有不少生产单位直接用回用模料制造浇道的熔模;粘接熔模用模料在液态时应有较大黏度,在凝固后应有较强黏结力和较好的韧性;用于修补熔模的模料应熔点低,塑性好,借手温即可捏成形,便于堵塞熔模表面孔洞、疤痕等缺陷。

4) 其他模料

除了上面三种用得较为广泛的模料外,熔模铸造中还有填料模料、泡沫聚苯乙烯模料和尿素模料。

① 填料模料 即在蜡基模料或松香基模料中加入熔点较基体模料高10℃以上、不溶于水、型壳焙烧时能烧尽、易被液态模料润湿、密度又与液态模料相近的固态粉料的模料。可用于制备填料模料的粉料有聚乙烯粉、聚苯乙烯粉、聚氯乙烯粉、异苯二甲酸粉、季戊四醇粉、己二酸粉、脂肪酸粉、尿干粉(尿素加热至120℃保温5小时后粉碎得到的)、苯四酸酐二亚胺、酞酰亚胺、萘、淀粉等。加入量可为模料总质量的10%～45%。

采用填料模料可减小模料的收缩率,比无填料的模料收缩率小5%以上;可提高熔模的尺寸精度和表面质量,但模料的回收较困难。

下面介绍几种填料模料的质量配方。

a) 松香(或改性松香)(20～30)%＋硬脂酸(40～60)%＋褐煤蜡(5～20)%,外加填料聚苯乙烯粉(10～20)%。此种填料模料又称 T 48 号模料。制备时模料温度应控制在90℃以下,超过此温度聚苯乙烯粉会黏结成团,使脱模和模料回用困难。

b) 石蜡80%＋地蜡20%,外加聚氯乙烯粉10%。

c) 改性松香35%＋硬脂酸30%＋改性尿素粉(尿素和二缩尿在170℃时生成三聚异氰酸和三聚氰酸,经破碎而成,不溶于水)35%,外加地蜡3%。

d) 地蜡8%＋改性松香35%＋硬脂酸22%＋尿干粉35%。

② 泡沫聚苯乙烯模料 又称气化模料,是一种高温模料,预发泡聚苯乙烯珠粒在金属模具中经加热发泡可制得模样。用此种模料制成的模样尺寸精确,热稳定性好,不易变形;但涂挂性不好,而且在泡沫接缝处表面不光滑,且不易制作薄壁的模样,需有透气性好的型壳,故应用较少。

③ 尿素模料 是一种水溶性的模料,用它制成尿素质模样,常用来形成不能取出型芯的熔模内腔。尿素在130～140℃时溶化成液态,具有良好的流动性,浇在金属型中很易成型,且凝固速度快,收缩率小(<0.1%),用尿素制的模样尺寸精确,表面光洁。制造熔模时,先把尿素质模样作为型芯放在压型中,压注模料熔模成型后,把带有尿素型芯的熔模放在水中,尿素型芯溶在水中,在熔模中形成内腔。尿素型芯又称可溶芯,应用较广泛。

此外,人们还研究了以尿素为主加入少量硼酸、硝酸钾或硫酸铵等水溶粉料,压制成模样用来涂挂涂料制作型壳,此种尿素模样具有好的热稳定性,存放时不易变形、刚性大,可做大铸件,脱模时不需加热,只需将带有模样的型壳放入水中,模样自动溶化于水中。但其密度较大,易吸潮,不能使用水基涂料(如硅溶胶涂料、水玻璃涂料)制型壳,只能用醇基涂料(硅酸乙酯水解液涂料)制型壳。模料回收也很困难。

1.1.2 模料的配制和回收

(1) 模料的配制

配制模料的目的是将组成模料的原材料按规定的配比混成均匀的一体,并使模料的状态符合压注熔模的要求。配制蜡基模料和松香基模料时常用加热熔化和搅拌的方法,把模料熔成液态充分搅拌,滤去杂质,保温情况下静置,让液态模料中气泡逸出。如模料的工作状态为液态,则可送去压蜡机中供压制熔模用。如模料的使用状态为糊状(固液态),则熔化后的模料需在过滤后,通过边冷却边搅拌的方法制成糊状供压制熔模使用。

1) 蜡基模料的配制

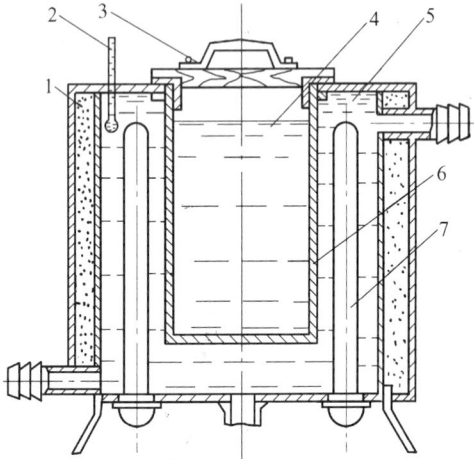

图 1-5 熔化蜡基模料的加热槽

1—绝热层 2—温度计 3—盖 4—模料
5—水 6—化料桶 7—电热器

蜡基模料的熔点都低于100℃,为防止模料在加热时温度过高而出现分解、碳化变质的现象,常通过热水槽、油槽或甘油槽,或水蒸汽对模料加热。图1-5所示的就是一种用水槽加热熔化模料的装置。通过电热器7把水加热,以水为媒介,把热量通过化料桶传给模料4,将模料熔化。如将该装置中电热器和水除去,在水箱中通入压力蒸汽,便可将此装置改装成通汽熔化模料的装置。

熔化蜡基模料时,把所有原材料一起加入化料桶中熔化,并搅拌均匀,最后用(SBS)11号(270目)筛过滤去除固态杂质。

为减小模料在压型中的收缩,防止形成熔模的收缩性缺陷,提高制模效率,常用糊状蜡基模料压制熔模。糊状模料可在连续冷却和保温的情况下,通过搅拌直接制成糊状,对石蜡-硬脂酸模料而言,糊状模料的温度为42～48℃。也可用在液态模料搅拌过程中加入小块状、屑状或粉状模料的方法制备糊状蜡基模料。模料的搅拌大多采用旋转浆叶,图1-6所示为常见的旋转浆叶搅拌法,浆叶一边旋转,一边又可在蜡料中上下移动,以使模料中固液相分布均匀。固相颗料应尽可能小,以提高熔模的

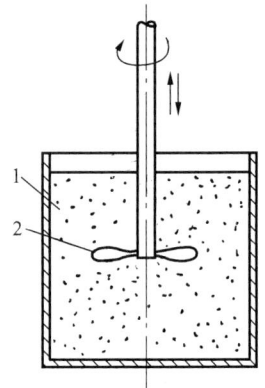

图 1-6 旋转浆叶搅拌蜡基模料

1—模料 2—浆叶

表面光洁程度。搅拌时应使模料自由表面平稳,防止卷入过多空气,在模料中形成大的气泡,造成熔模表面因气泡外露而出现的孔洞。

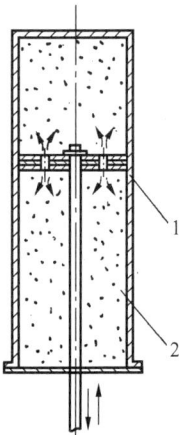

图 1-7 活塞搅拌蜡基模料

1—活塞 2—模料

图1-7所示为活塞搅拌蜡基模料的方法。活塞上有小孔,活塞上下移动,迫使模料通过孔洞在活塞缸内窜来窜去。活塞缸浸泡在恒温的水槽中,在缸内凝结的模料,被活塞刮下,混入模料之中,并被挤在活塞孔中粉碎成小质点,形成糊状模料。在活塞搅拌时,还可在活塞缸内预留一定体积的空间,空间中的空气在搅拌情况下以微细气泡形式均匀分布在模料之中。这样可

进一步减小模料的收缩率。在压制熔模时,小气泡在压力作用下体积被压缩,模料外皮在压型中凝成后,当熔模中间的模料继续冷却收缩,其内部压力变小时,模料中的小气泡便体积膨胀,使熔模外壳仍能紧贴压型,减小收缩率。模料制备好后,关闭活塞上的小孔,利用活塞的移动,便可将模料挤出活塞缸,把模料运至使用地点。

还可用螺旋在密封容器中搅拌模料制备糊状蜡基模料。

2)松香基模料的配制

松香基模料的熔点较高,一般都用不锈钢制的电热锅熔化,电加热锅可转动,以便倾倒液态模料。电加热锅用温度控制器控温,防止模料温度太高氧化、分解变质。熔化后的模料需经 SBS 11 号(270 目)筛过滤去除杂质,滤过的模料保温静置。如模料为液态使用,则在规定温度保温静置后即可用来制模;如模料为糊状使用,则需自然冷却成糊状或在边冷却边搅拌情况下制成糊状备用。

由于松香基模料原材料组成复杂,它们之间有的不能互溶,需借助第三组成使之溶合;有的组分之间只能部分溶解,因此配制熔化松香基模料时,必须注意加料次序,以便得到成分均匀的模料,今举几种配比的模料熔化加料次序如下。

对含有松香、聚乙烯和石蜡、川蜡、地蜡的松香基模料言,先熔化蜡料,升温至约 140℃,在搅拌情况下逐渐加入聚乙烯,再升温至约 220℃,加入松香熔化之。最后的熔化温度不超过 210℃。

对由松香、EVA、改性松香和石蜡、地蜡组成的松香基模料言,先将石蜡和 EVA 放进化料锅内熔化,温度不超过 120℃。而后在搅拌情况下加入松香和改性松香,最后加入地蜡,搅拌均匀,熔化温度不超过 180℃。

对由改性松香、硬脂酸、地蜡和尿干粉的填料模料言,先熔化硬脂酸和地蜡,然后加入改性松香,升温至 200℃,用 SBS 11 号筛过滤。待过滤物冷却至 120～135℃时,在不断搅拌情况下,徐徐加入尿干粉,继续搅拌 20～30 min,直至模料混合均匀,无气泡为止(模料温度保持在 80～90℃)。

(2)模料的回收

在脱模之后,自型壳中脱出的模料经回收处理后,可再重复使用。

1)蜡基模料的回收

蜡基模料每使用一次,其性能就恶化一些,经多次反复使用,模料的强度会降低,脆性增大,收缩率增大,流动性和涂挂性变差,颜色由白变褐红。这主要是由于蜡料中的硬脂酸变质所引起。

硬脂酸呈弱酸性,且随着温度升高而酸性增强,硬脂酸能与比氢强的金属元素,如 Al,Fe 等起置换反应。生产中模料常与铝器(如化料锅、浇口棒等)、铁器(如压型、盛料桶等)接触,此时可能出现如下反应:

$$2Al + 6C_{17}H_{35}COOH = 2Al(C_{17}H_{35}COO)_3 + 3H_2 \tag{1-1}$$

$$2Fe + 6C_{17}H_{35}COOH = 2Fe(C_{17}H_{35}COO)_3 + 3H_2 \tag{1-2}$$

硬脂酸可与碱起中和作用,如型壳用水玻璃作黏结剂,则其中的 Na_2O 会与硬脂酸起如下反应:

$$Na_2O + 2C_{17}H_{35}COOH = 2C_{17}H_{35}COONa + H_2O \tag{1-3}$$

硬脂酸会和水玻璃型壳硬化液中的 NH_4OH 反应生成硬脂酸铵:

$$NH_4OH + C_{17}H_{35}COOH = C_{17}H_{35}COONH_4 + H_2O \qquad (1-4)$$

硬脂酸还会在脱模时与硬水中的钙、镁金属盐起复分解反应,如:

$$Ca(HCO_3)_2 + 2C_{17}H_{35}COOH = Ca(C_{17}H_{35}COO)_2 + 2CO_2 + 2H_2O \qquad (1-5)$$

上述反应统称为皂化反应,所生成的硬脂酸盐称为皂盐或皂化物,大多不溶于水,混在模料中,使模料性能变坏。因此需要对回收的、性能已变得很不好的模料进行处理,除去其中皂盐。处理的方法如下所述。

① 酸处理法　盐酸和硫酸都可以使除硬脂酸以外的硬脂酸盐还原为硬脂酸,即

$$Me(C_{17}H_{35}COO) + HCl = C_{17}H_{35}COOH + MeCl \qquad (1-6)$$

$$Me(C_{17}H_{35}COO)_2 + H_2SO_4 = 2C_{17}H_{35}COOH + MeSO_4 \qquad (1-7)$$

式中 Me 为金属离子。

上面反应中生成的盐可溶于水中,与模料分离。

处理时将水中旧模料放在不会生锈的容器(如搪瓷容器、不锈钢容器等)中,加热至 $80 \sim 90℃$,然后在容器中加入占模料质量的 $(4 \sim 5)\%$ 盐酸(或 $2\% \sim 4\%$ 浓硫酸),在保温情况下搅拌,直至模料白点消失,静置一段时间,待模料与水分离。过滤取出液态模料,再倒入 $75 \sim 85℃$ 热水中,搅拌去除模料中残酸,可重复除酸,调至水不黄,模料液清为止。如模料混浊不清,应多加盐酸。在用硫酸处理时,在洁净模料中需加入水玻璃,直至模料呈中性为止。模料的酸碱度可用甲基橙和酚酞检查。

硬脂酸铁与酸的反应是可逆反应,故模料中的硬脂酸铁不能去除干净。

② 活性白土处理法　活性白土又称漂白土,有天然和黏土经酸处理后所得的两种,其晶格由硅氧四面体和铝氧八面体交叉成层构成,层间有大量孔隙,好的白土,其孔隙率达 $60\% \sim 70\%$,有很大比表面积,故白土具有较高吸附能力,能吸附模料中的硬脂酸盐(包括硬脂酸铁)。此外活性白土中的阳离子,特别是 Al^{3+},还能和模料中带负电荷的胶状杂质结成中性质点凝聚下沉,从而使模料净化。

处理时,将经酸处理的模料加热到 $120℃$ 左右,向模料加入经烘干、过 SBS 10 号(200 目)筛的活性白土,其量为模料质量的 $10\% \sim 15\%$。边加边搅拌,加完后继续搅拌半小时,在 $120℃$ 下保温静置 $4 \sim 5$ h,待活性白土与液态模料充分分离后,即可得处理好的模料。也可保温沉淀 $1 \sim 1.5$ h,再经真空过滤,以获得不含白土的模料。

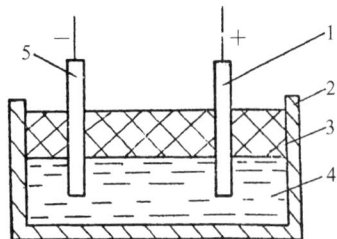

此法在生产中只是当模料中硬脂酸铁含量太多时才使用,是酸处理法的补充。

③ 电解处理法　该法目的是去除模料中的硬脂酸铁。电解法处理模料装置示意于图 1-8。电解液的浓度为 $(2.8 \sim 3.5)\%$、温度为 $80 \sim 90℃$ 的盐酸溶液,处理时向电解槽中加入经酸处理的模料液。通电后当电压超过电解电压(1.36 V)时,在阳极(碳精棒)上析出氧化能力很强的初生态氯,从硬脂酸中夺取铁离子 Fe^{3+} 形成 $FeCl_3$,其反应为:

图 1-8　电解法处理蜡基模料示意图

1—碳精棒　2—耐酸槽　3—回收模料

4—电解液　5—铅板

$$4Fe(C_{17}H_{35}COO)_3 + 12(Cl) + 6H_2O = 12C_{17}H_{35}COOH + 4FeCl_3 + 3O_2 \uparrow \qquad (1-8)$$

而在阴极(铅板)上析出还原力极强的初生态氢,将 Fe^{3+} 还原为 Fe^{2+},其反应为:

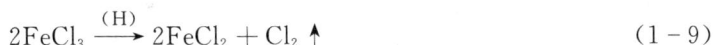

$$2FeCl_3 \xrightarrow{(H)} 2FeCl_2 + Cl_2 \uparrow \qquad (1-9)$$

$FeCl_2$ 在水中溶解度很大,能从模料进入盐酸溶液,使模料净化。

所通电压可达 $20\sim30$ V,电解时间为 $1.5\sim6$ h,具体值由处理的模料量决定。电解时当模料颜色由棕色变为白色或浅黄色时,即可中断电流,静置 $20\sim30$ min,取出模料,倒入 $75\sim85℃$ 热水中强烈搅拌,去除残酸和杂质。

电解处理法所需装备复杂,技术水平高,电解时产生有毒的氯气,需强力抽走,以免污染环境,故生产中应用较少。

2) 松香基模料的回收

松香基模料在使用时,其中某些组分会因受热而挥发、分解、树脂化、碳化,还可能混入各种杂质,如砂粒、粉尘、水分等。处理时将液态模料先置于水分蒸发槽中,在 $120℃$ 下,使模料中水分蒸发干净,然后用离心分离器从模料中排除杂质,经检查模料的灰分、针入度、强度和熔点(或滴点)合格后,即可回用。如用来制造浇道的熔模,处理后模料可直接回用;如需制造铸件的熔模,则需在模料中加入 $20\%\sim30\%$ 质量的新料。

1.1.3 熔模的制造和组装

(1) 熔模的制造

制造制壳型的模样时,主要有两种将模料注入压型的方法,即自由浇注和加压注入(压注)。自由浇注时使用液态模料,浇道的熔模和可溶尿素质型芯都用自由浇注法制造。压注时模料可为液态、半液态(糊状)、半固态(膏状)和固态。半固态和固态(粉状、粒状或块状)挤压成形是利用低温时模料的可塑性,用高的压力使之在压型中形成一定的形状,具有生产效率高、收缩小、熔模尺寸精度高的优点。但只适用于制造厚大截面、形状简单的熔模,且要有专门的压力机。目前生产中主要采用糊状模料和液态模料压注形成铸件的熔模。

压注熔模前,需在清洁的压型型腔表面涂抹薄层分型剂,以便自压型中取出熔模和细化熔模的表面粗糙度。在压注糊状蜡基模料时,常用的分型剂有变压器油和松节油;在压注糊状松香基模料时可用蓖麻油和酒精各半的溶液,含硅油质量浓度为 2% 的溶液可用于松香基模料的液态和糊状压注。

用的较为普遍的模料压注方法有以下三种。

① 柱塞加压法,如图 $1-9$ 所示,其中 a,b 两图示出了将模料装入压料筒的方法,c 图是手工压注熔模的示意图。此法易行,所需装备简单,小规模生产压注糊状蜡基模料时,常用此法。也常把装好模料和柱塞的压料桶和压型放在手工台钻的工作台上,用台钻上部的主轴给柱塞加压,进行压注。

② 活塞加压法,示于图 $1-10$ 中,其中 a 图所示为利用活塞压注模料的过程,b 图所示为使用的台式压力机,用压缩空气作动力,把气缸中活塞下压,压杆施力于压注活塞上,把模料注入压型。此法常用来小规模地把松香基糊状模料压注成熔模。

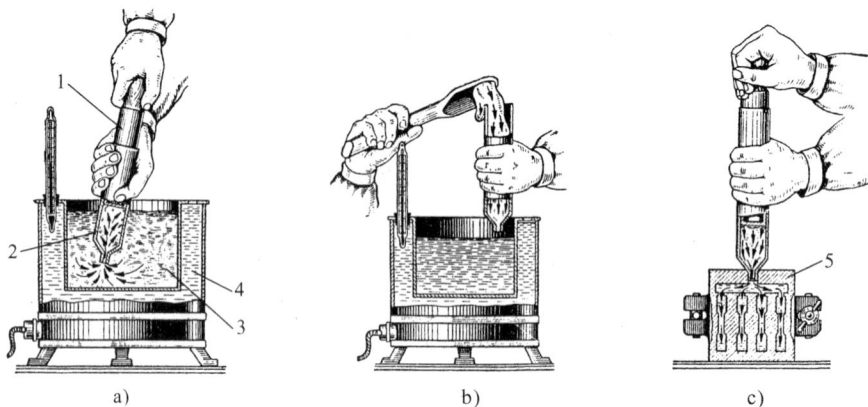

图 1-9　柱塞压注熔模示意图

a) 抽柱塞将模料抽入压料筒　b) 从压料筒上口装模料　c) 手工压注

1—柱塞　2—压料筒　3—模料　4—保温槽　5—压型

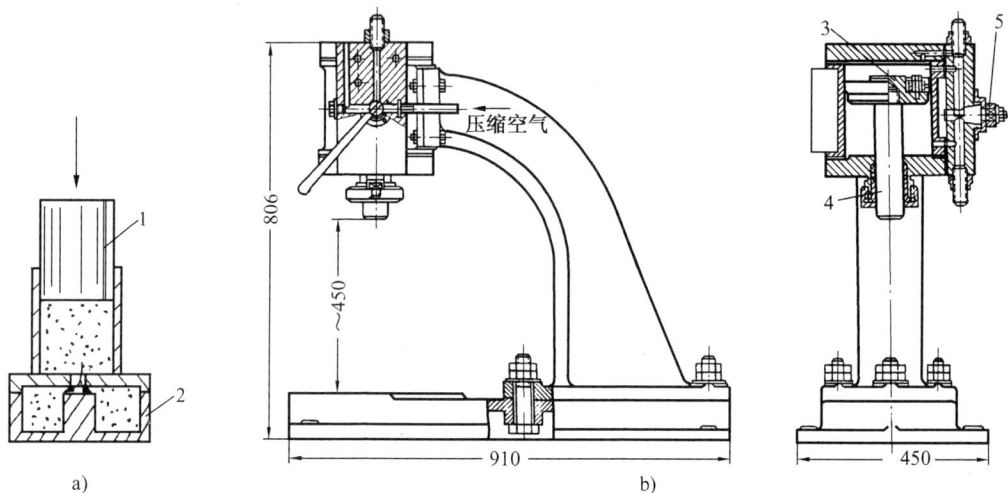

图 1-10　活塞加压法压注熔模和使用的压力机

a) 活塞加压法示意　b) 加压用台式压力机

1—压注活塞　2—压型　3—气缸活塞　4—压杆　5—气阀

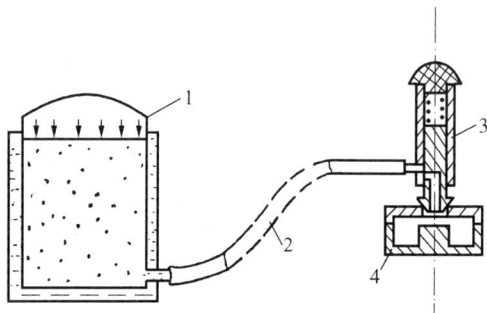

图 1-11　气压法压注熔模

1—密闭保温模料罐　2—导管　3—注料头　4—压型

③ 气压法,示于图 1-11 中。模料置于密闭的保温罐中,向罐内通入压力为(0.2~0.3)MPa 的压缩空气,将模料经保温导管压向注料头。制熔模时,只需将注料头的嘴压在压型的注料口上,注料头内通道打开,模料自动进入压型。此法只适用于压注蜡基模料。装备简单,操作容易,效率高,故得到广泛应用。

除上述三法外,还可用齿轮泵、螺旋给料装置等驱使模料注入压型。

为获取质量优良的熔模,还需控制好制模的工艺参数。表 1-6 列出了一些压注熔模时的主要工艺参数,可参考。

表 1-6 压注熔模主要工艺参数

模 料 类 型	压注温度 (℃)	压型温度 (℃)	压注压力 (MPa)	保压时间 (s)
蜡基糊状模料	40~50	20~25	0.1~1.4	0.3~3
松香基糊状模料	70~85	20~25	0.3~1.5	0.5~3
松香基液态模料	70~80	20~30	0.3~6.0	1~3
尿干粉填料模料	85~90	20~30	0.2~1.25	约 1

浇道的熔模可用重力浇注法、挤压柔软模料通过模板孔成形法或压注法获得。

对有壁厚特大部位的熔模,为防止该处出现模料收缩性缺陷,可在压型型腔的相应部位放置对应形状的冷模块(见图 1-12a)。

对含有薄陶瓷型芯的熔模,为防止压注模料冲断型芯,使型芯变形、错位,可采用模料、塑料的芯撑(见图 1-12b)。芯撑事先粘在陶瓷型芯的相应部位。

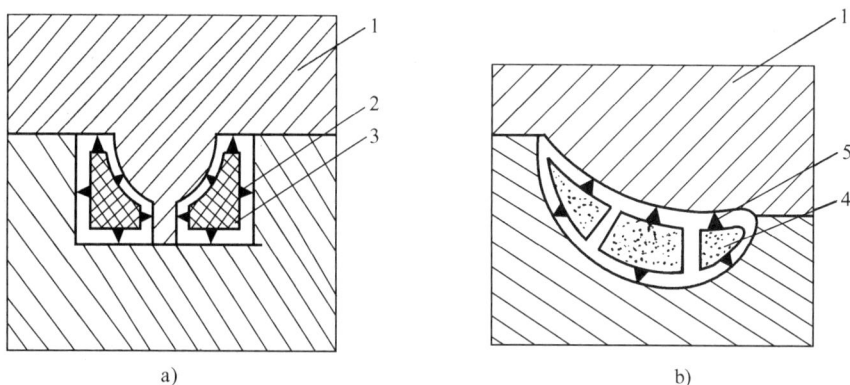

图 1-12 制模时冷模块、芯撑的应用

a) 冷模块的应用 b) 芯撑的应用

1—压型 2—模料定位凸台 3—冷模块 4—陶瓷型芯 5—芯撑

为防止浇注铸件时金属液冲断陶芯型芯,或使型芯变形,可在制好的熔模上插上一些加热的直径为 0.3~1.0 mm 的金属丝。使丝的一端紧贴型芯表面,另一端露出熔模表面,以使制型壳时,金属丝能固定在型壳上,起支撑陶瓷型芯的作用。

为形成形状复杂、型芯又不能取出的熔模内腔,常需在压注熔模前预制可溶型芯。压注熔模时把可溶型芯放在压型型腔的相应部位,制好熔模后,把带有可溶型芯的熔模放入水中溶去,得到形状复杂的熔模内腔。

常用可溶型芯的材料配方和应用性能可见表 1-7。

表 1-7　常用可溶型芯材料的质量配比和应用性能

材料的质量配比	应　用　性　能		
	收缩率(%)	熔点(℃)	成形性
尿素(95～97)%＋硼酸(3～5)%	0.2～0.7	118～120	良
尿素(75～85)%＋碳酸氢钠(15～25)%	0.1～0.6	120～125	良
聚乙二醇(30～50)%＋碳酸氢钠(20～30)%＋滑石粉(25～45)%	0.2～0.4	—	优
聚乙二醇(40～60)%＋碳酸氢钠(10～30)%＋云母粉(20～40)%	0.2～0.7	—	优

可溶型芯在金属型中形成。尿素基材料采用液态重力浇注法,浇注时金属型温度应小于60℃;聚乙二醇基材料用压注法成形,金属型温度应低于30℃,压注压力为0.5～1 MPa,保压时间为30～60 s。

尿素基型芯用水溶化,聚乙二醇基型芯用水或酸化水溶化。损坏的型芯可热补后修正。制好的型芯应放于干燥容器内,避免吸潮。可溶性材料性脆,较厚的型芯内部可放芯骨增强。

(2) 制模机械化

大规模生产中,从模料的制备到熔模的制造已实现机械化,所用机械类型繁多,下面只能代表性地举出几种。

① 模料制备、熔模压注生产线(见图 1-13)

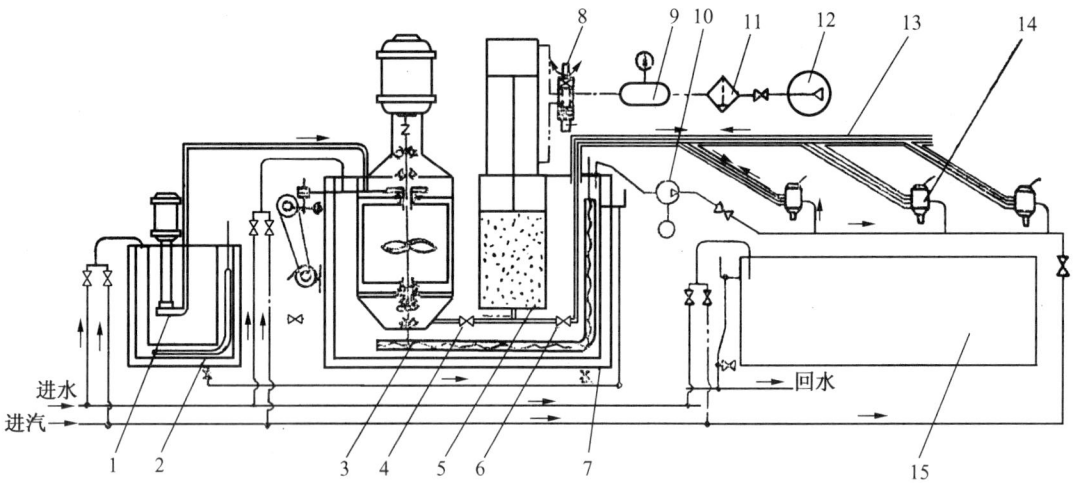

图 1-13　模料制备、熔模压注生产线

1—离心泵　2—熔化模料槽　3—模料搅拌筒　4—旋塞阀　5—模料加压缸　6—旋塞阀
7—恒温水槽　8—气动阀　9—蓄压器　10—叶片泵　11—分水滤气器　12—气源
13—模料输送管道　14—压注头　15—水槽

在此生产线上,模料在熔化槽 2 中成为液态。用离心泵 1 将液态模料运送至搅拌筒 3 中,在此模料成为糊状。模料加压缸 5 上面气缸中的活塞上移,带动加压缸中的活塞上移,加压缸中出现真空,将糊状模料从搅拌筒中抽至加压缸中。模料抽完后,加压缸上的气缸中活塞被压缩空气下压,通过加压缸中活塞将压力传至模料中,模料沿管道 13 被驱赶至各压注头,压注熔模。模料槽、搅拌筒、加压缸、输送模料的导管、压注头都用被水汽加热的水保温。

② 12 工位自动压模机(见图 1-14)

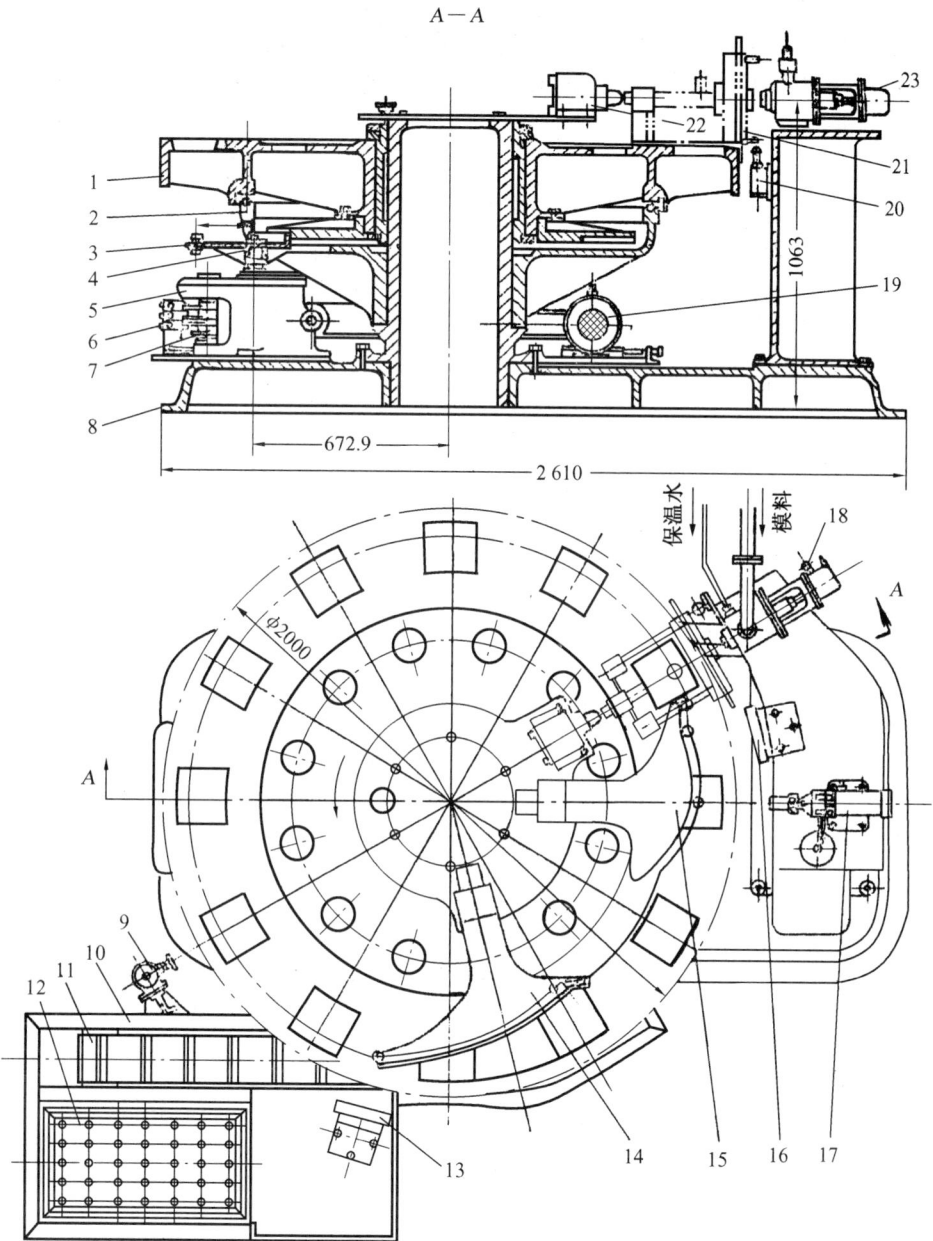

图 1-14 12 工位自动压模机

1—工作台 2—支承盘 3—拨盘 4—转盘 5—减速箱 6—行程开关
7—操纵凸轮 8—机座 9—刮型气缸 10—冷却水箱 11—潜水带 12—熔模盘
13—开压型靠板 14—开型曲线板 15—合型曲线板 16—合型靠板 17—喷分型剂气缸
18—三通阀 19—电动机 20—锁紧气缸 21—压型 22—止退气缸 23—压模料气缸

工作台 1 上可放置 12 个压型,它靠变速箱 5 带动拨盘 3,拨动工作台下的转盘 4 实施逆时针方向的旋转,每次作 30°间歇转位。当压型处于有压模料气缸 23 的位置时,锁紧气缸 20 的杆向上移动顶位压型,压型芯轴由止退气缸22顶紧,压模料气缸推动压注嘴实施压注模料。压注完模料后,压模料气缸带动压注嘴返回原位,止退气缸和锁紧气缸也都松开压型,工作台转动,压型进入下面的冷却工位,后续的压型进入压注模料的工位。注完模料的压型转动到设有刮型气缸9的工位时,刮型气缸上的刮模料弹簧片把压型注料孔表面上的模料刮掉,并涂上油。压型在向下几个工位转动时,压型上的滑轮借助开型靠板13和开型曲线板14,把压型打开,使熔模从压型中脱落,掉入冷水槽10中,压型被水槽中的潜水带11压入水中。空的压型进入有喷分型剂气缸17的工位处,该气缸带动喷嘴伸入压型进行喷涂分型剂,喷完后气缸又带喷嘴回复原位。喷过分型剂的压型在进入下一工位时,借助合型曲线板15和合型靠板16实施合型,在转至下一工位时被再次锁紧压注模料。工作台上的12个压型都如此依次循环制模。潜入冷水中的熔模12 min后浮出水面,随水的流动进入带孔的熔模盘12中晾干待用。

③ 液态模料压注机(见图1-15)

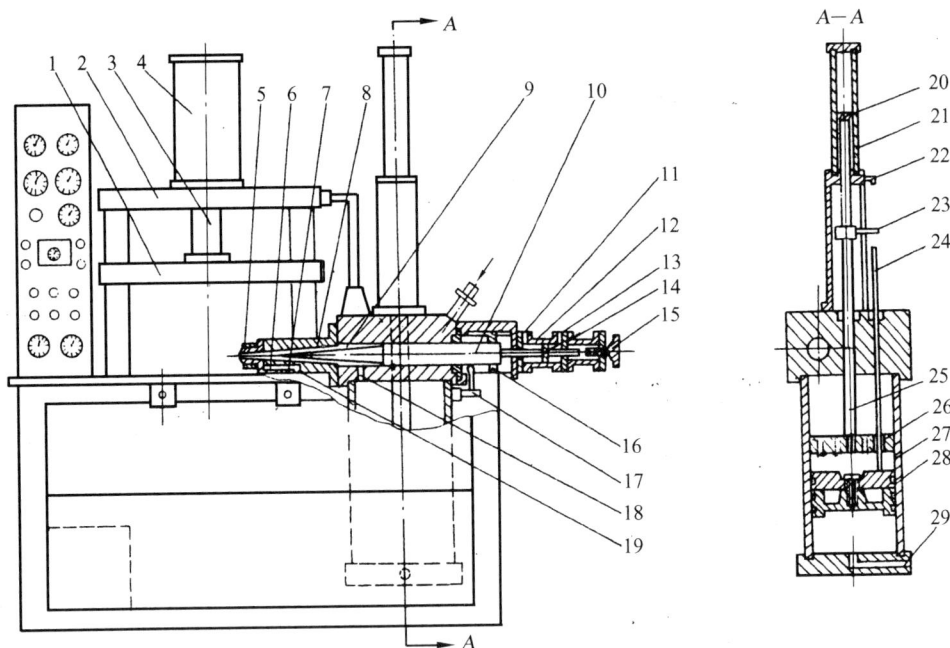

图1-15　液态模料压注机

1—动板　2—上固定板　3—活塞杆　4—油缸　5—注模料嘴　6—回流室
7—活塞　8—压模料头　9—压模料筒　10—圆锥柱塞　11—油道　12—油缸
13—油道　14—活塞　15—螺杆　16—凸块　17—行程开关　18—模料进口
19—油缸　20—活塞　21—油缸　22—上碰块　23—行程开关　24—伸出杆
25—活塞杆　26—搅拌活塞　27—压模料缸　28—活塞　29—油道

图中粗线条和A-A剖面图示出了模料压注机构。而细线条所示的为压型工作台,上有夹持压型、打开压型机构和表盘。保温、除过气的液态模料在活塞28作用下,经模料进口18进入压模料头8,油缸12中的活塞14向右带动圆锥柱塞10,模料通过注模料嘴5进入压型。该机注射压力为0.35~6.3 MPa。

(3) 熔模的组装

熔模的组装是把形成铸件和浇冒口系统的熔模组合成整体模组,模组的组合方法有:

① 焊接法。是目前广泛使用的方法,采用低压电热刀片在熔模焊接处局部加热后,把焊接对象粘后冷接在一起。图 1-16 所示为一种生产中使用的低压电热刀片结构及其电路图。

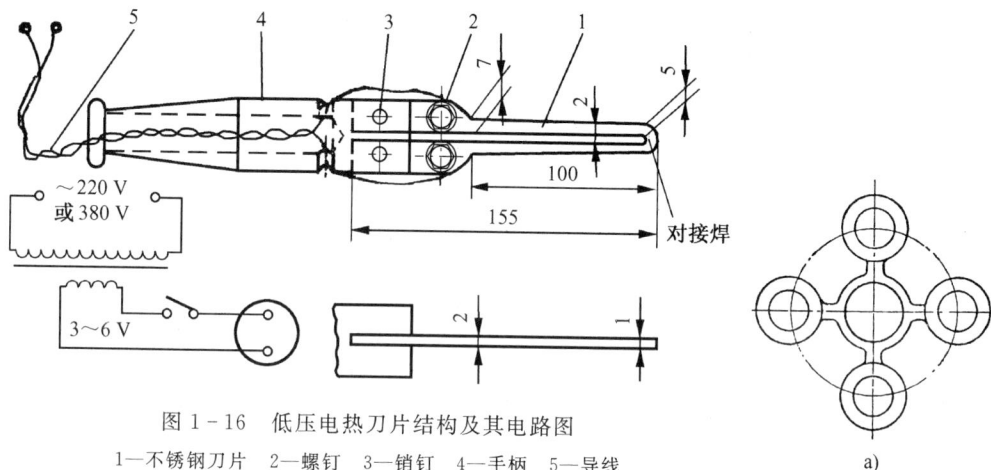

图 1-16 低压电热刀片结构及其电路图

1—不锈钢刀片 2—螺钉 3—销钉 4—手柄 5—导线

② 粘接法。把两个拟组合的熔模的接合处做出卯榫结构,即在一个熔模上做出凹下的卯眼,在另一熔模的相对应处做出凸起的榫头,在卯眼、榫头表面上涂上黏结剂,把榫头插入卯眼,把两个熔模粘接在一起。

③ 机械组装法,这是大量生产小铸件时的高效熔模组装法。如图 1-17a 先做好花瓣状的小模组,形成铸件的熔模辐射式地布置在形成直浇道的熔模的周围。将浇口杯熔模 6、花瓣状小模组 5 按图 1-17b 所示次序套在金属浇口棒 7 上,套满后,将浇口棒下压,管子 8 把浇口棒中的弹簧 3 压缩,带有销子 2 的杆 4 向上伸出。在杆上套一外覆有模料的金属碗 1,金属碗底部有外形与销子相似的长方形孔,将碗转动 90°,放松弹簧,借弹簧的力量,通过杆上的销子 2,把金属碗紧紧地压在小模组上面,浇口棒便把形成浇口杯的熔模和小模组连成一体。

1.2 型 壳 的 制 造

1.2.1 对型壳服役性能的要求

目前熔模铸造时的铸型普遍采用的是多层型壳。[①]

型壳的制作过程是先将模组除油后,在模组上浸涂一层耐火涂料,然后在涂料外表面上撒上粒状耐火材料,经干

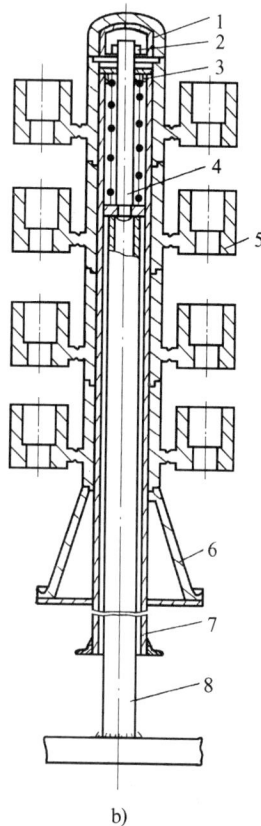

图 1-17 机械组装模组

a) 花瓣状小模组 b) 机械组装模组

1—金属碗 2—销子 3—弹簧 4—杆
5—花瓣状小模组 6—浇口杯熔模
7—浇口棒 8—管子

---

① 注:近数十年发展起来的石膏型铸造也常用熔模制型,有关内容将在石膏型铸造一章中叙述。

燥硬化后,再涂挂下一层,如此反复多次,直至耐火材料层达到所需厚度为止。待其充分干燥硬化后,脱去耐火材料层中的熔模,便得到壳状的铸型——型壳。这种型壳有时需装入箱内,在型壳外面填砂;有时则不需要。然后将型壳送入高温炉中焙烧,趁热便可进行浇注。因此型壳的质量好坏直接影响到铸造过程的进行和铸件的质量,故对型壳的服役性能有下述几方面的要求。

① 强度。型壳应具有足够的常温和高温强度,使在脱模、焙烧、浇注时和工序间运输过程中,型壳不会开裂和损坏,但在分离铸件时,型壳的残留强度又应尽可能低,以便于铸件的清理。型壳内表面还应有一定强度,以抵抗浇注时金属液的冲刷,不让金属液渗入型壳内部。

② 热震稳定性,即抵抗急冷急热的性能。型壳应在焙烧和浇注时经受住温度剧烈变化而不开裂。

③ 高温下的稳定性　型壳表面耐火度要高,当它与高温金属液接触后,相互间不应发生有损于铸件表面质量的化学、物理作用,铸件表面上应没有粘砂、麻点、氧化层、脱碳层等缺陷。

④ 透气性　型壳应有一定透气性,使浇注时型腔内气体能顺利排出,避免铸件产生浇不足、气孔等缺陷;型壳的良好透气性还是一些特殊浇注法,如真空吸铸、真空吸气浇注法等所必需的。

此外型壳表面粗糙度、型腔尺寸精度应满足要求,焙烧好的型壳内应干净。

型壳的上述性能都与制造型壳时所采用的耐火材料、黏结剂以及制壳工艺有密切的关系。

1.2.2　制造型壳用耐火材料

制型壳的耐火材料首先应有高的耐火度和熔点,即在焙烧和浇注温度下,耐火材料应不出现液相与浇注金属表面熔合或使型壳软化、变形。

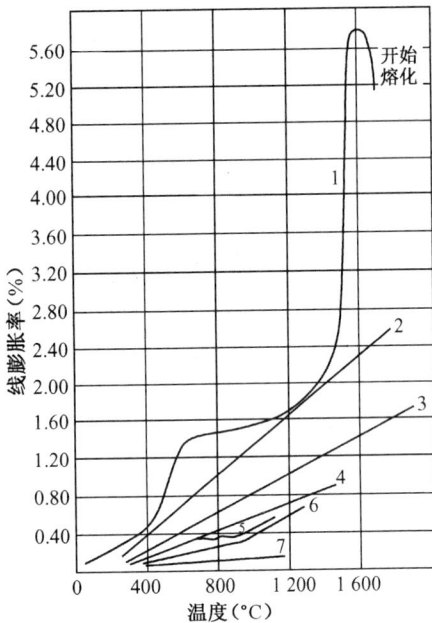

图 1-18　几种耐火材料的热膨胀曲线
1—硅砂　2—烧结氧化镁　3—电熔刚玉
4—硅线石　5—耐火熟料($3Al_2O_3 \cdot 2SiO_2$)
6—锆英石　7—石英玻璃

耐火材料热膨胀性应尽可能小和均匀,图 1-18 示出了几种耐火材料的热膨胀曲线。可见硅砂的热膨胀最大,且不均匀,而石英玻璃的热膨胀最小,而且均匀。

耐火材料还应具备高温化学稳定性,以保证铸件表面质量,在高温下分解能力越小的氧化物耐火材料,其化学稳定性也越好。

制型壳用耐火材料还应有合理的粒度,以保证型壳的致密度、强度和透气性。

一些常用的制型壳材料的性能特点叙述于下。

(1) 硅石(SiO_2)

制型壳用的是天然硅石经粉碎后的硅砂和硅石粉,其中 SiO_2 质量含量大于 96%,有害杂质(碱性金属氧化物)的质量含量小于 2.3%。其耐火度大于 1 650℃。硅石矿在自然界大量存在,故其价格较廉,是熔模铸造中用得最多的耐火材料。

硅石在其温度升高时有多次同质多晶转变,当其在 573℃ 左右时,由 β 石英转变为 α 石英和在 1 470℃ 左右由 α 磷石英转变为 β 方石英时有线膨胀率的急剧增大,体积突然增大,这会增大型壳在焙烧和浇注时开裂的可能性。但由于型壳中孔隙率较大,一些多晶转变的线增大值可为孔隙所抵消。考虑到硅石耐火度高,对很多铸造合金的热化学稳定性好,浇注后型壳的残留强度又低,故在碳钢、低合金钢、铸铁、铝合金熔模铸件生产方面常用来制型壳。但由于高温合金和高锰钢中常含有较多的镍、钛、铬、锰等元素,它们易与酸性 SiO_2 起化学反应,在铸件表面上形成麻点、粘砂等缺陷。此外,真空浇注时,SiO_2 还会与合金中的活性元素(如 Ti)起如下反应:

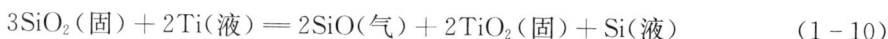

$$3SiO_2(固) + 2Ti(液) = 2SiO(气) + 2TiO_2(固) + Si(液) \qquad (1-10)$$

SiO 气体的逸出,Si 被还原并溶于金属液中,致使上述反应可不断进行,使 Ti 损失很多,严重的会使铸件表面形成一层脆性的氧化层。所以含硅石的型壳不能用来浇注含镍、铬、钛、锰较多的合金。尤其在真空浇注钛合金铸件时,型壳中不能含有 SiO_2。

此外,硅石粉尘对人体有害,使用硅砂、硅石粉制型壳时应注意现场除尘和工人的劳动保护。

(2)石英玻璃

石英玻璃是用优质硅砂(SiO_2 的质量含量大于 99%)在碳极电阻炉或电弧炉中熔融、冷却后制成的,为一种非晶型二氧化硅熔体。它的纯度极高,熔点约 1 713℃,热膨胀率很小,有极高的热震稳定性,强度很高,但抗冲击性能较低,在 1 100℃ 以上会显著析晶,价高。在形成铸件中细长内孔、薄宽内腔时,常用石英玻璃的制件和石英玻璃粉作制壳型时的陶瓷型芯用。

(3)刚玉(α-Al_2O_3)

刚玉又称电熔刚玉,有白色和棕色两种。前者是工业氧化铝在电弧炉内经高温熔融、冷却后破碎而得;后者是铝矾土在电炉内加热到 2 000~2 400℃ 用碳还原 Fe、Si 和 Ti 的氧化物,并除去这些杂质,冷却后破碎而得。白刚玉中 Al_2O_3 的质量含量超过 98.5%,而在棕色刚玉中则含 93% 以上。熔模铸造中用得较多的是白色刚玉。

刚玉的熔点高(2 050℃)、密度大(4.0 g/cm³)、结构致密,导热性能好,热膨胀小而均匀,在高温下呈弱酸性或中性,抗酸、碱性强。用它制作的型壳尺寸稳定,与合金中的 Ni、Cr、Al、Ti 等元素不起反应。但来源缺,价高,目前主要用来生产耐热不锈钢、超级耐热高温合金和表面要求较高的熔模铸件。

(4)铝-硅系耐火材料

铝-硅系耐火材料是以氧化铝和二氧化硅为基本化学组成的材料,随着 Al_2O_3 和 SiO_2 质量组成的不同,此材料的相组成也发生变化,图 1-19 所示为 Al_2O_3-SiO_2 二元系统平衡图,它表示铝-硅系耐火材料的理论相组成及随温度的变化情况。随 Al_2O_3 质量含量的不同,铝-硅系耐火材料可分为半硅质[含 Al_2O_3(15~30)%]、黏土质[含 Al_2O_3(30~45)%]和高铝质(含 Al_2O_3>45%)三类。

平衡图中还示出了三种铝-硅系材料的矿物名称。高岭石的分子式为 $Al_2O_3 \cdot 2SiO_2$,在煅烧后,其理论质量组成为 Al_2O_3 45.87%,SiO_2 54.13%,是高岭土的主要成分,其主要矿物组成为莫来石和方石英。它呈弱酸性,密度为 2.6 g/cm³,熔点为 1 750~1 785℃,线膨胀率

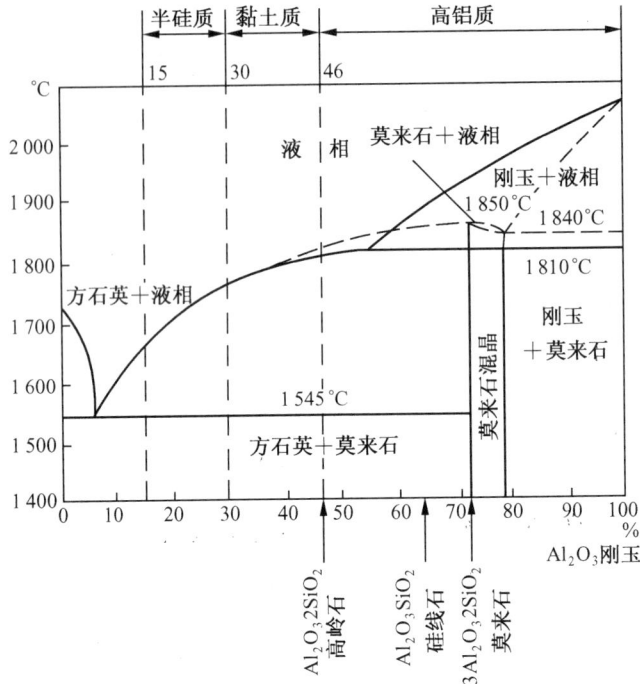

图 1-19 $Al_2O_3 - SiO_2$ 二元平衡图

低,在我国资源丰富,价低。

硅线石的分子式为 $Al_2O_3 \cdot SiO_2$,其理论质量组成为 Al_2O_3 62.9%, SiO_2 37.1%。它的线膨胀率小而均匀,高温下呈中性反应,密度为 3.25 g/cm³,在我国储量少,故少采用。

莫来石的分子式为 $3Al_2O_3 \cdot 2SiO_2$,又称高铝红柱石。其密度为 3.16 g/cm³ 左右,膨胀系数小,熔点高(1 810℃开始出现液相)。莫来石的天然矿物少,可用高岭石、硅线石、铝矾土等煅烧而得。

铝-硅系耐火材料中的杂质有 K_2O, Na_2O, CaO, MgO, Fe_2O_3, TiO_2 等,它们会降低材料中熔液出现的温度和黏度。

在我国应用较广泛的铝-硅系耐火材料有以下几种:

① 黏土质耐火材料 通常指矿物质组成以高岭石为主的黏土,Al_2O_3 的质量含量为 (30~48)%,熔模铸造制型壳用的是耐土黏土生料、耐火黏土轻烧熟料和耐火黏土熟料。

耐土黏土生料系指天然矿生的黏土,其中 Al_2O_3 质量含量为(26~32)%,主要用于配制型壳的加固层涂料。但用它配制的涂料黏度不够稳定。如将黏土生料经 800~900℃ 煅烧,除去结晶水和有机物,则通称耐火黏土轻烧熟料。用轻烧熟料配制的涂料稳定性可改善。如沈阳黏土内含有 20%~30%轻烧熟料;无锡黏土、北京八宝山黏土则属黏土生料。

耐火黏土熟料是硬质高岭石黏土原矿经 1 300℃以上的温度煅烧、破碎而成,其中 Al_2O_3 的质量含量为(37~48)%,SiO_2 的质量含量约为 50%。在晶相的质量组成方面,莫来石约占 40%~60%,方石英小于 18%,还有玻璃相,耐火度达 1 770~1 790℃,它具有热膨胀率低、强度高、高温化学性能稳定的优点。但因含有 SiO_2,高温时呈酸性,易与浇注合金液中铝、钛、铬、锰等元素的氧化物发生作用,使铸件表面质量粘砂。故耐火黏土熟料一般只能配制型壳加固层的涂料用。在我国流传较广的耐火黏土涂料有上店土、焦宝石、峨眉土、焦作土、淄博土、西山土、煤矸石、匣钵砂等。其中煤矸石是采煤时得到的矸石经煅烧粉碎而成,而匣钵砂则是烧制瓷器时用的耐火容器,在它们报废后经粉碎筛分而得,因为制匣钵的原材料都为耐火黏土。这两种材料价格较低,应用效果好。

② 铝矾土　其主要矿物组成是含水氧化铝和高岭石,是一种含 Al_2O_3 较多的高铝质铝-硅系耐火材料,经不低于 1 400℃温度的煅烧后,其中主要晶相为 α-Al_2O_3(刚玉)+莫来石或莫来石,后者系铝矾土配上适量黏土后煅烧而成。其耐火度高于 1 770℃,热膨胀率小,高温强度好,型壳焙烧后的变形率低,价格低廉,但型壳的残留强度高,脱壳性差。常用来替代硅石和刚玉作型壳的加固层用,个别场合也用来配制面层涂料。

(4) 锆英石

锆英石又称硅酸锆($ZrSiO_4$),理论质量组成为 ZrO_2 67.2%,SiO_2 32.8%。它主要是酸性火成岩风化后冲积在河床或海岸上形成的沉积矿物。常含有少量(<3%)放射性的 HfO、TiO_2 和微量稀土氧化物。其传热系数较大、热膨胀率小而均匀。纯锆英石在 1 775℃能分解析出 SiO_2,有高的耐火度。但在杂质(如 Fe_2O_3,CaO 等)作用或真空下,分解温度可降至 1 540℃,析出的 SiO_2 与一些金属元素(如铝、钛)及其氧化物作用,会恶化铸件表面。因此锆英石中杂质要严格控制。价格较高。

锆英石一般用来配制型壳的面层涂料,以提高铸件的表面质量。

(6) 铝酸钴

铝酸钴是用质量配比为氧化钴 20%+刚玉 80%的粉料在 1 260~1 300℃ 焙烧 5~6 h,粉碎后过 140~200 目筛的材料,在生产燃气涡轮叶片等铁基、钴基、镍基合金铸件时,作为铸件表面晶粒的细化剂加入面层涂料中使用。

铝酸钴的细化晶粒原理为:当它们在高温下与合金中的 Cr,Al,Ti,C 等活性元素作用时,能被还原出金属钴,其结构与合金基体非常接近,合金便以众多析出的金属钴为晶核进行结晶,使铸件表面晶粒细化。

一般铝酸钴在硅溶胶涂料中的加入量为涂料中固体质量的(3~5)%。还可配面层用硅溶胶(1 kg)+铝酸钴(2.5~3.0 kg)+JFC+正辛醇的涂料单独使用。

(7) 钛合金熔模铸造用耐火材料

近二三十年来,钛合金熔模铸造获得较快发展,在真空高温条件下,钛合金与很多耐火材料都会发生反应,使表面恶化。前述的所有耐火材料中都含有 SiO_2 和 Al_2O_3,它们都能氧化所浇注的钛合金液,在铸件表面形成厚的 TiO_2 层(α 层),这种硬、脆层中有时还有裂纹。所以上述的耐火材料都不能用于钛合金熔模铸造。

真空条件下,与钛反应很弱或不反应的耐火材料有以下几种。

① 人造石墨　用石油焦和沥青高温下煅烧而成。它在较低温度下与液态钛反应很弱,但能轻微向铸件渗碳。制壳用石墨粉粒度都小于 200 目。石墨粉熔模型壳在浇注前应进行高温真空处理,以除去吸附的气体;在浇注时的温度不宜太高,一般为 400℃ 左右。用石墨粉型壳浇注的钛合金铸件上的 α 脆性层还嫌太厚,尺寸精度稍低。

在钛合金熔模铸造中所用的热解碳陶瓷型壳,是将普通型壳放在石墨沉积炉内,加热至900~1 300℃后,被炉内碳氢化合物气体(甲烷、天然气等)的热解产物碳素,在其表面上沉积一层,起隔绝的作用。用这种型壳只能生产小型钛合金件。

② 钨粉　熔点很高,与钛不起作用,所以有钨粉涂料作面层的熔模型壳有好的热稳定性。但壳型重量大、成本高,钨的激冷作用大,易使铸件产生冷隔缺陷。适用于尺寸精度高、表面光

洁大型复杂铸件的离心铸造。

③ 氧化物陶瓷材料　与钛合金反应能力较弱的氧化物陶瓷材料有 CaO，ZrO_2，Y_2O_3 和 ThO_2，其中 ThO_2 与钛的反应能力最弱，但它有放射性，不宜工业使用。CaO 在真空下，从 1 700℃ 开始被钛还原，但反应较弱，可浇注表面质量良好的钛铸件。但 CaO 吸湿性强，实际生产应用较难。

Y_2O_3 是一种对钛稳定性最强的稀土氧化物，其熔点为 2 410℃，在 1 355℃ 时，钇在钛中的最大固溶度仅为 3.7‰（质量分数），但价格昂贵，只能在少量钛铸件上使用。

在钛合金熔模铸造中用得较多的氧化物耐火材料为 ZrO_2，是与钛较稳定的材料，熔点为 2 677℃，耐火度为 2 500℃，但它在高温时有同质异晶转变，故需用 CaO，CeO 或 Y_2O_3 作稳定化处理。用得较多的是市售 CaO 稳定的 ZrO_2。

在生产要求不高的钛合金小铸件时，也可用 MgO 作为耐火材料。

1.2.3　制造型壳用黏结剂

松散的耐火材料颗粒不可能形成有一定强度的型壳。熔模铸造中常将粉状耐火材料混在黏结剂中制成涂料用来制造型壳。制造型壳用黏结剂应满足下列要求。

① 黏结剂应能很好润湿模组，且不与模料互溶或起化学反应，使其能准确地复制熔模的外形，并获得表面光洁的型腔；

② 在室温、焙烧和浇注的温度下，用黏结剂起加固作用的型壳应有足够的强度，以承受各种外力和应力作用，不致破坏；

③ 黏结剂在焙烧后能形成耐火的物质、具有较高的高温化学稳定性，与浇注的合金不发生化学作用；

④ 用黏结剂配制的涂料应有好的流变性能，使涂料在制型壳时有好的涂挂性，易于操作；

⑤ 黏结剂应有好的贮存性，来源丰富，价廉。

常用的黏结剂有硅酸乙酯水解液、水玻璃和硅溶胶。

(1) 硅酸乙酯水解液

1) 硅酸乙酯

硅酸乙酯水解液系指硅酸乙酯经水解后的液体。

硅酸乙酯的化学通式为 $(C_2H_5O)_{2n+2}Si_nO_{n-1}$，其中 n 称聚合度，$n=1$ 时的硅酸乙酯称正硅酸乙酯或单乙酯，当 $n=2,3,\cdots,8$ 时，硅酸乙酯依次称为二乙酯、三乙酯、……八乙酯。它们是利用 $SiCl_4$ 与乙醇(C_2H_5OH)相互反应获得，如

$$SiCl_4 + 4C_2H_5OH = (C_2H_5O)_4Si + 4HCl \tag{1-11}$$

但生产中因酒精中难免含水，故最终产物中不单有单乙酯，还有二乙酯、三乙酯等多乙酯。平均聚合度越大，产品的稳定性越差，越不易保存。

所提供的硅酸乙酯常指出其中 SiO_2 的含量，其实硅酸乙酯中并不存在单独的 SiO_2 质点或离子，只是因测其中 Si 含量时，需先把它水解得到 SiO_2 固体粉末，才能确定，因而习惯地把硅酸乙酯中 Si 的含量用 SiO_2 含量表示。与此同时对硅酸乙酯水解作黏结剂使用时，也正需要控制水解液中的 SiO_2 含量，所以熔模铸造应用硅酸乙酯时必须先知道其中 SiO_2 的含量。正硅酸乙酯中 SiO_2 的质量含量为 28.8%。熔模铸造使用的为硅酸乙酯 32(含 SiO_2 质量(30%~34%)和硅酸乙酯 40(SiO_2 质量含量为(38%~42%)。国内还有硅酸乙酯 50，使用时

不必水解,因制造时它已被部分水解过,故只需用溶剂(C_2H_5OH)调整 SiO_2 的质量含量即可。表 1-8 示出了熔模铸造用硅酸乙酯的技术要求。

表 1-8 熔模铸造用硅酸乙酯技术要求

性 能	硅酸乙酯 32	硅酸乙酯 40
外观	无色或淡黄澄清或微浊液	
SiO_2 质量含量(%)	32～34	40.0～42.0
HCl 质量含量(%)	≤0.04	≤0.015
110℃以下馏分质量含量(%)	≤2	≤3
密度(g/cm³)	0.97～1.00	1.04～1.07
运动黏度(m²/s)	≤1.6×10⁻⁶	(3.0～5.0)×10⁻⁶

硅酸乙酯能溶于乙醇、丙酮和汽油等有机溶剂,但不溶于水。

2) 硅酸乙酯水解及其工艺

硅酸乙酯水解时的反应就是当它与水作用时,硅酸乙酯中的乙氧基(C_2H_5O)逐步为水中羟基(OH)所取代,而生成乙氧基硅醇[$(C_2H_5O)_3SiOH$],其反应式为

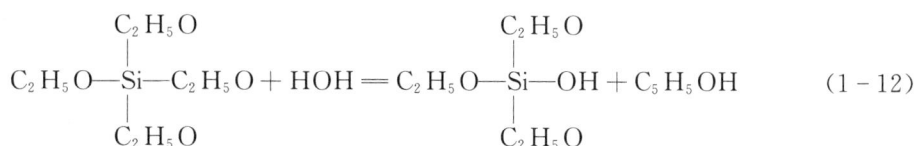

$$C_2H_5O—Si—C_2H_5O + HOH = C_2H_5O—Si—OH + C_5H_5OH \quad (1-12)$$

而硅醇中的—OH 基与—OH 是很容易缩合的,乙氧基硅醇极不稳定,产生缩聚反应,得到聚乙氧基硅氧烷,这就是用作黏结剂的硅酸乙酯水解液。缩聚反应式如下

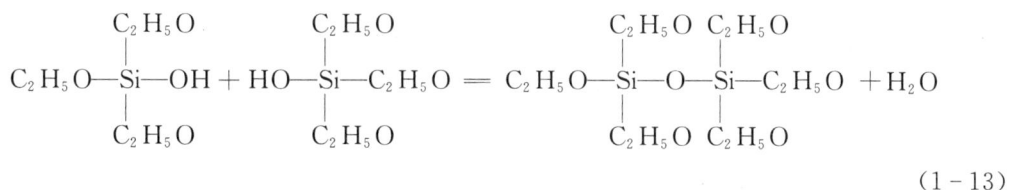

$$C_2H_5O—Si—OH + HO—Si—C_2H_5O = C_2H_5O—Si—O—Si—C_2H_5O + H_2O$$

$$(1-13)$$

此缩聚反应在水解过程中能自发地进行,缩聚反应时产生的水又可参加下一步水解过程,最后获得一定聚合度和分子构型的聚乙氧基硅氧烷。水解操作完成后,静置时水解液中的水解、缩聚反应并没有结束,只不过由于温度降低,停止搅拌,反应速度显著降低而已。

聚乙氧基硅氧烷的分子聚合形式可为线型和体型两类,当把水解液制备涂料时,希望其中分子的聚合以线型为主,这样水解液便可有较好的流动性。当制好型壳硬化时,则希望聚合形式从线型转变为体型,水解液变成凝胶,失去流动性,有一定强度。而硅酸乙酯水解时就是要通过加水量的多少以控制聚乙氧基硅氧烷的聚合形式。如正硅酸乙酯,在水解前,其结构式中 Si 的周围有 4 个乙氧基(C_2H_5O),也可写成 RO。式(1-12)所示的水解反应中,羟基(OH)只替代了一个 RO,此时参与反应的水的分子数为 1,而乙氧基的分子数为 4,即 $M = H_2O$ 的分子

数/RO 的分子数＝1/4 时,所得的乙氧基硅醇的分子式为 $(RO)_3SiOH$。

如水解时加水量取 $M=1/2$,则水解反应产物应为 $(RO)_2Si(OH)_2$,此反应多次重复,产物的分子量不断扩大,直至形成线型大分子聚合物,即

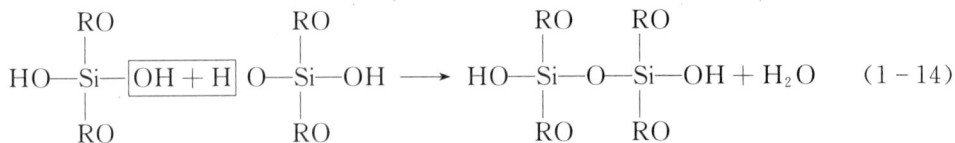

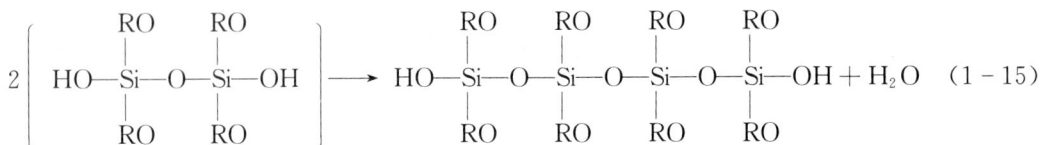

$$
\begin{array}{c}
\text{RO} \qquad\qquad \text{RO} \qquad\qquad\qquad \text{RO} \qquad \text{RO} \\
| \qquad\qquad\qquad | \qquad\qquad\qquad\qquad | \qquad\qquad | \\
\text{HO—Si—}\boxed{\text{OH + H}}\text{O—Si—OH} \longrightarrow \text{HO—Si—O—Si—OH} + \text{H}_2\text{O} \qquad (1-14) \\
| \qquad\qquad\qquad | \qquad\qquad\qquad\qquad | \qquad\qquad | \\
\text{RO} \qquad\qquad \text{RO} \qquad\qquad\qquad \text{RO} \qquad \text{RO}
\end{array}
$$

$$
2\left[
\begin{array}{c}
\text{RO} \quad \text{RO} \\
| \qquad | \\
\text{HO—Si—O—Si—OH} \\
| \qquad | \\
\text{RO} \quad \text{RO}
\end{array}
\right] \longrightarrow
\begin{array}{c}
\text{RO} \quad \text{RO} \quad \text{RO} \quad \text{RO} \\
| \qquad | \qquad | \qquad | \\
\text{HO—Si—O—Si—O—Si—O—Si—OH} + \text{H}_2\text{O} \qquad (1-15) \\
| \qquad | \qquad | \qquad | \\
\text{RO} \quad \text{RO} \quad \text{RO} \quad \text{RO}
\end{array}
$$

这种缩聚反应理论上可无休止地进行下去,实际上缩聚反应进行到一定阶段,键的增长就停止了。故所得产物为一定分子量的线性聚合物。

如加水量取 $M=3/4$,则水解产物为乙氧基硅三醇 $ROSi(OH)_3$,在缩聚反应中,所得线型分子之间有可能相互交连而得到以下结构体型大分子。

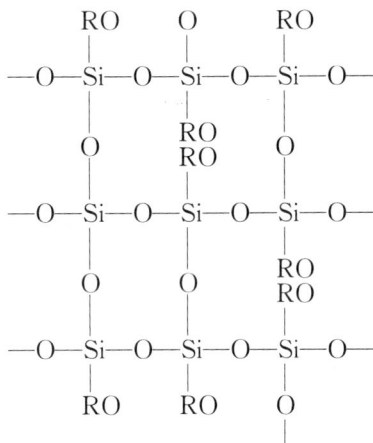

$$
\begin{array}{c}
\text{RO} \qquad \text{O} \qquad \text{RO} \\
| \qquad\quad | \qquad\quad | \\
\text{—O—Si—O—Si—O—Si—O—} \\
| \qquad\quad | \qquad\quad | \\
\text{O} \qquad \text{RO} \qquad \text{O} \\
\qquad\quad \text{RO} \\
| \qquad\quad | \qquad\quad | \\
\text{—O—Si—O—Si—O—Si—O—} \\
| \qquad\quad | \qquad\quad | \\
\text{O} \qquad \text{O} \qquad \text{RO} \\
\qquad\qquad\qquad\qquad \text{RO} \\
| \qquad\quad | \qquad\quad | \\
\text{—O—Si—O—Si—O—Si—O—} \\
| \qquad\quad | \qquad\quad | \\
\text{RO} \qquad \text{RO} \qquad \text{O} \\
|
\end{array}
$$

如果加水量 $M=4/4$,水解产物全都为正硅酸 $Si(OH)_4$,其缩聚产物为硅氧四面体组成的 SiO_2 凝胶,在其化学结构式中,所有硅元素的四个键上都连着氧原子,没有一端无键连的 RO。这种体型聚合物已失去流动性,不能制备涂料了。

因此水解硅酸乙酯时,应根据生产需要确定 M 值,计算应加入的水量。一般应选 $M=0.25\sim0.75$,当 $M=0.25\sim0.40$ 时,水解液中没有残留水,其稳定性好,用它配制涂料制型壳时,型壳硬化较慢,但型壳强度较高;当取 $M=0.40\sim0.75$ 时,水解液中有游离水,水解液有自发胶凝倾向,黏结剂稳定性、涂料层硬化速度和型壳强度都居中。

由于硅酸乙酯和水相互不溶,为使水解、缩聚反应能在整个水解液中各处同速度地进行,在水解时需加入硅酸乙酯和水都能溶入的溶剂,常用溶剂为乙醇、异丙醇和丙酮等,同时也用溶剂来调整水解液中的 SiO_2 含量。为使水解反应能加速进行,除了采取搅拌、控温等工艺措施外,还需在水解液中加入催化剂——盐酸。因此水解硅酸乙酯的配料计算主要是计算水解 1 kg 硅酸乙酯所需的水、溶剂和盐酸的加入量。

① 计算 1 kg 水所需的加水量 B

$$B = (1\,000a \times 18M)/45 = 400\,Ma\,(\text{g}) \tag{1-16}$$

式中　a—硅酸乙酯中-C_2H_5O 的质量含量，%；

　　　M—置换 1 mol-C_2H_5O 所需的水摩尔数；

　　　18,45—H_2O 和-C_2H_5O 的分子量。

乙氧基含量 a 可由化学分析测出，也可由硅酸乙酯中 SiO_2 的质量含量计算求得

$$a = 125.2 - 132 \times (SiO_2\%)\,(\%) \tag{1-17}$$

表 1-9 列出了硅酸乙酯中质量含量 SiO_2 与-C_2H_5O 的关系。

表 1-9　硅酸乙酯中质量含量 SiO_2 与-C_2H_5O 关系

SiO_2(%)	28.8	30	31	32	33	34	35	36	37	38	39	40	41	42	43
-C_2H_5O(%)	86.5	85.1	84.0	82.6	81.5	80.2	79.0	77.9	77.6	75.4	74.2	72.9	71.8	70.6	69.3

一般在炎热、潮湿的环境中应选较小的 M 值；在寒冷、干燥的生产环境中选较大的 M 值。夏季作业可选较小 M 值，冬季则选较大 M 值。这些考虑主要是为了较合适地控制黏结剂和涂料的稳定性。配制涂料的耐火粉料的酸、碱性也对硅酸乙酯水解液涂料的稳定性有关，如铝矾土中含有碱性杂质，对水解液有促凝作用，故应选较小的 M 值。

② 计算 1 kg 水所需溶剂加入量 C

一般水解液中 SiO_2 质量含量在 20% 左右时型壳强度最高。生产中多取(18～22)%。有时为了改善型壳的退让性和脱壳性，在允许适当降低型壳强度情况下，可取 SiO_2 的质量含量为 15%。水解液中太多的 SiO_2 会使涂料层硬化太快、壳层开裂，反而降低型壳强度。

根据水解前后 SiO_2 总质量不变的原理，可得

$$C = 1\,000(S/S' - 1) - B\,(\text{g}) \tag{1-18}$$

如换算成乙醇的体积

$$C_V = [1\,000(S/S' - 1) - B]/\rho_y\,(\text{mL}) \tag{1-19}$$

式中　S—硅酸乙酯中 SiO_2 质量含量，%；

　　　S'—水解液中 SiO_2 的质量含量，%；

　　　ρ_y—乙醇密度，g/cm³。

表 1-10 列出了乙醇质量浓度与其密度的关系。

表 1-10　乙醇的质量浓度与其密度的关系

乙醇质量浓度(%)	98.2	96.5	94.4	93.0	91.1	89.2	87.3	85.4	83.4	81.4	79.4	77.3	75.3	73.2	71.1	69.0	66.9
乙醇密度(g/cm³)	0.795	0.80	0.805	0.810	0.815	0.820	0.825	0.830	0.835	0.840	0.845	0.85	0.855	0.860	0.865	0.870	0.875

③ 计算 1 kg 硅酸乙酯所需盐酸加入量 D

盐酸的催化作用是由于它极易与硅酸乙酯发生酸解反应，如

$$(C_2H_5O)_4Si + HCl = (C_2H_5O)_3SiCl + C_2H_5OH \tag{1-20}$$

而$(C_2H_5O)_3SiCl$的水解速度比硅酸乙酯快得多,其反解式为

$$(C_2H_5O)_3SiCl + H_2O = (C_2H_5O)_3SiOH + HCl \qquad (1-21)$$

由式(1-20)和(1-21)可见,HCl并未消耗掉,只起了催化作用,一般水解液中HCl含量以(0.1～0.3)%为宜。根据水解前后参与水解的HCl总量不变,又考虑了硅酸乙酯中原有的HCl应予扣除,故

$$D = (G_S b' - 1\,000b)\rho c \text{(mL)} \qquad (1-22)$$

式中　G_S—水解液总质量,g;

　　　b'—水解液中HCl的质量含量,%;

　　　b—硅酸乙酯中HCl的质量含量,%;

　　　ρ—盐酸的密度,g/cm³;

　　　c—盐酸的质量浓度,%;

　　　1 000—硅酸乙酯质量,g。

表1-11列出了盐酸密度与其质量浓度的关系。

表1-11　盐酸密度与质量浓度关系

盐酸密度(g/cm³)	1.20	1.198	1.195	1.193	1.190	1.188	1.185	1.183	1.180	1.178	1.175	1.173	1.170	1.168	1.165	1.163
盐酸质量浓度(%)	39.11	38.64	38.17	37.72	37.27	36.79	36.31	35.84	35.38	34.90	34.42	33.94	33.46	32.97	32.49	32.01

除上述主要物质外,有时还可加入下列物质以提高型壳的性能。

醋酸:可使型壳干燥时逐步脱水,防止开裂,提高型壳强度,每升硅酸乙酯加4 mL。

硫酸:用来中和耐火材料中的Fe_2O_3,CaO等杂质,可加入占水解液质量的(0.5～0.7)%硫酸。但浇注镍基合金时,铸件表面会因形成硫化镍而受损,故不能加硫酸。

硼酸:可提高型壳的塑性,防止焙烧和浇注时产生裂纹,加入量为水解液质量的(0.3～0.4)%。

硅酸乙酯的水解工艺对水解液性能影响极大,有四种水解工艺。

① 一次水解法　也称单相水解法,水解时将水、酸倒入溶剂中,搅拌1～2 min,然后在搅拌情况下逐渐加入硅酸乙酯。水解过程是放热反应,故水解时可通过加硅酸乙酯的快慢和打开或关闭水解筒夹层中冷却水的阀,控制水解温度。水解硅酸乙酯32时,合适的温度为42～52℃;水解硅酸乙酯40时,因已有一定聚合物,合适温度可稍低,为32～42℃。温度过高,水解反应剧烈,不利于得到线型聚合物,水解液的稳定性会降低。硅酸乙酯全部加完后,继续搅拌,超过30 min以上,当水解液温度降至室温,停止搅拌,密封保存备用。此法简单、方便,水解液质量稳定,应用广泛。

② 二次水解法　有两种工艺。

第一种工艺:先加入质量为15%～30%的乙醇,在搅拌情况下交替加入硅酸乙酯和配制好的酸化水,保持水解液温度在38～52℃之间,直至加完所有硅酸乙酯和酸化水(盐酸加水),继续搅拌30 min,最后加入混有醋酸的剩余乙醇,继续搅拌30 min。此法工艺简单、型壳强度较高,应用较广。

第二种工艺:在水解器中加入部分硅酸乙酯、酸化水和乙醇,搅拌成不完全水解液,停放1～2周,再加入剩余的硅酸乙酯、酸化水和乙醇,搅拌。此法工艺复杂,周期长,水解液稳定,但很少应用。

③ **综合水解法** 此法将水解硅酸乙酯和制备涂料一起进行。将硅酸乙酯和乙醇全部加入涂料搅拌机中,在搅拌情况下加入耐火粉料用量的 2/3,强烈搅拌(1 500~3 000 r/min)3~5 min,然后加入酸化水,搅拌 40~60 min,控制温度不超过 60℃。然后冷却到 34~36℃,再继续搅拌 30 min,除气 30 min。在此工艺中,水解在粉粒表面进行,黏结剂与粉粒结合好,故型壳强度可提高 0.5~2 倍,但工艺复杂,需专用搅拌装置,故应用不广。

④ **强化剂的水解** 强化剂系在型壳涂挂、撒砂、硬化全部完成后用来浸泡型壳,使强化剂渗入型壳,进一步增加型壳强度。强化剂就是硅酸乙酯水解液,其体积组成可为硅酸乙酯 1 000＋乙醇 150＋水 60＋HCl 17。水解方法采用二次水解法的第一种工艺,但需停放七天后才能使用。也可在水解后加总质量 30％的乙二醇乙醚,放置一天后使用。

用硅酸乙酯水解液制造的型壳耐火度高、强度大,制得铸件的尺寸精度和表面粗糙度都好,但硅酸乙酯价高,硅酸乙酯涂料的使用期不能超过两周。

(2) **水玻璃**

1) **水玻璃**

熔模铸造制型壳用黏结剂的水玻璃大多为钠水玻璃,其基本组成是硅酸钠和水。硅酸钠是 SiO_2 和 Na_2O 以不同比例组成的多种化合物的混合物。由图 1-20 所示的 $Na_2O—SiO_2$ 二元状态图上可见,只有当 SiO_2 的质量含量为 32.6％,49.2％和 66％时,硅酸钠才能是单一的

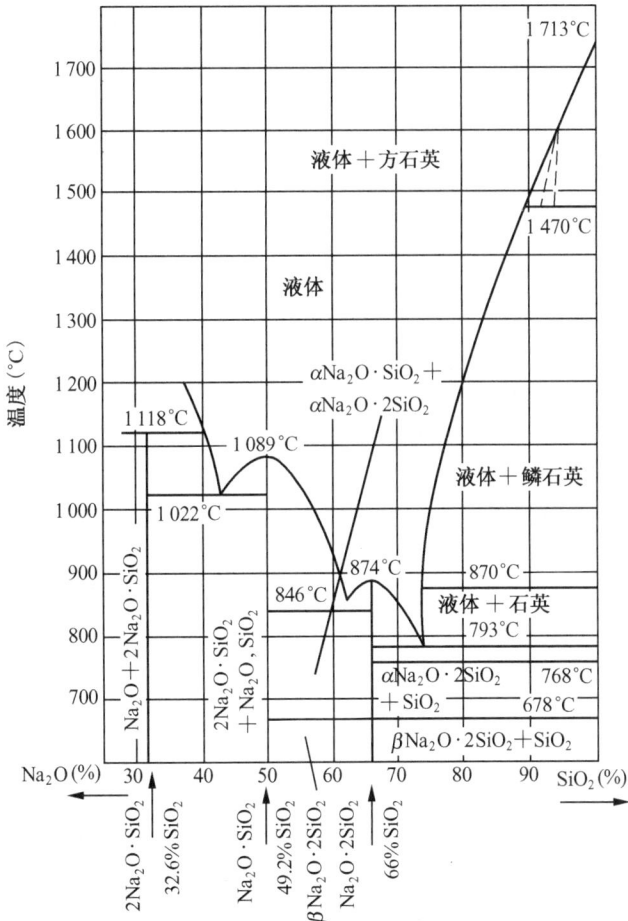

图 1-20　$Na_2O—SiO_2$ 二元状态图

化合物,它们分别是 $2Na_2O \cdot SiO_2$,$Na_2O \cdot SiO_2$ 和 $Na_2O \cdot 2SiO_2$。在其他组成时,水玻璃是几种单一化合物的混合体,故用通式 $Na_2O \cdot mSiO_2$ 表示其组成,m 是 SiO_2 对 Na_2O 的摩尔数之比,常称此值为模数,用 M 表示,它不一定是整数。可根据 SiO_2 和 Na_2O 的质量含量计算水玻璃的模数 M。即

$$M = 1.032a/b \tag{1-23}$$

式中　1.032—Na_2O 对 SiO_2 分子量的比值;

　　　a—水玻璃中 SiO_2 的质量含量,%;

　　　b—水玻璃中 Na_2O 的质量含量,%。

　　熔模铸造用水玻璃的模数以 $M = 3.0 \sim 3.6$ 为佳,其中不超过 25% 的 SiO_2 以胶体存在,其余的 SiO_2 则以硅酸根离子(如 $HSiO_3^-$,SiO_3^{2-})形态存在。模数越高,胶体粒子所占比例大,水玻璃的胶体性能也强,制型壳时,其湿强度形成快,抗水性好,脱模时型壳强度损失少。但过高模数的水玻璃的黏度太大,不易制备流动性合适的涂料,涂料中的粉液比[1]也无法提高,涂挂涂料时涂料很易堆积,而且涂料表面会很快结出硬皮而粘不上砂料,使型壳有分层的缺陷。水玻璃的模数如太低,其中硅酸根离子增多,会使干燥后的水玻璃遇水重溶,型壳在脱模时难以承受水、汽的作用而被"煮烂"。

　　水玻璃的另一重要技术指标为密度,密度反映的是水玻璃水溶液中 $Na_2O \cdot mSiO_2$ 的含量。水玻璃的密度单位有时用波美度(°Be′)表示,它与"g/cm^3"单位间的关系为

$$\rho = 144.3/(144.3 - °Be') \tag{1-24}$$

式中　ρ—用单位"g/cm^3"所表示的密度值[2]。

　　低密度的水玻璃黏度低,可配制粉液比高的涂料,以保证型壳工作表面的致密,硬化时胶凝收缩小、硬化速度快,但用这种涂料制得型壳的强度低,一般只在制备面层涂料时用小密度的水玻璃,常取 $\rho = 1.25 \sim 1.27 \ g/cm^3$。

　　为保证型壳具有足够高的湿强度和高温强度,常用较高密度水玻璃制备涂料,但密度不宜过高,因此时型壳的硬化时间要延长,涂料粉液比会被降低。一般取 $\rho = 1.29 \sim 1.32$,最高不超过 1.34。

　　2)配涂料用水玻璃的预处理

　　市售的水玻璃往往不能满足熔模铸造型壳制造的要求,其模数较低、密度较高,因此要给以调整处理。

　　为降低水玻璃的密度,只需添加水,可根据原水玻璃的密度 ρ_1 和所要求的水玻璃密度 ρ_2,按照水和原水玻璃的体积之和等于处理后水玻璃体积的原理,可导出如下的计算加水质量的数学式:

$$W = G(\rho_1 - \rho_2)/\rho_1(\rho_2 - 1)(g) \tag{1-25}$$

式中　W,G—加水质量和原水玻璃质量,g。

　　常把 NH_4Cl 水溶液加入水玻璃中以提高水玻璃的模数,因它们相遇时会出现下述化学反应:

---

① 粉液比指涂料中固态粉料与液态黏结剂的质量含量比值。

② 很多文献把水玻璃以 g/cm^3 单位表示的密度用符号"d"表示。

$$Na_2O \cdot mSiO_2 + nH_2O + 2NH_4Cl \Longleftrightarrow 2NaCl + mSiO_2 \cdot (n-1)H_2O + 2H_2O + 2NH_3 \uparrow$$

$$(1-26)$$

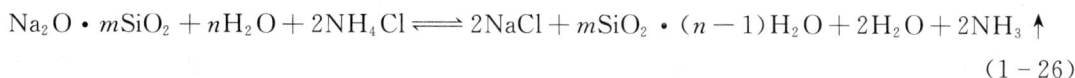

此反应使水玻璃液中 Na_2O 含量降低,所生成的 NaCl 可在脱模和型壳焙烧时除去大部分,相应地提高了水玻璃的模数。

由式(1-23)可得原水玻璃和处理后水玻璃中 Na_2O 质量含量的计算式:

$$b = 1.032a/M \qquad (1-27)$$

$$b' = 1.032a/M' \qquad (1-28)$$

式中　b 和 b'——原水玻璃和处理后水玻璃中 Na_2O 的质量含量;

M 和 M'——原水玻璃和处理后水玻璃的模数;

a——原水玻璃和处理后水玻璃中 SiO_2 的质量含量。

为提高原水玻璃的模数所需的 Na_2O 质量 A 为

$$A = G(b-b')\% = G[(1/M) - (1/M')]a \times 1.032 \,(\text{kg}) \qquad (1-29)$$

又由化学反应式(1-26)知,每去除重量为 1 kg 的 Na_2O,需要 1.73 kg NH_4Cl,故需处理 G (kg)原水玻璃时所需的 NH_4Cl 质量 B 为:

$$B = 1.73A = 1.73G[b - (1.032a/M')]/K_1 \,(\text{kg}) \qquad (1-30)$$

式中　K_1——工业氯化铵中 NH_4Cl 的实际质量含量。

为降低模数过高水玻璃的模数,可在其中加 NaOH。在质量为 G 水玻璃中需加入 NaOH 的质量 C 的计算公式为

$$C = 1.23G[(1.032a/M') - b]/K_2 \qquad (1-31)$$

式中　1.23——Na_2O 换算为 NaOH 的系数;

K_2——工业氢氧化钠中 NaOH 的含量。

还可用盐酸中和水玻璃中 Na_2O 提高模数,国外有用硫酸、硝酸和磷酸提高水玻璃模数的报道。

用 NH_4Cl 处理水玻璃时,将部分水加热到 $60\sim70℃$,溶化氯化铵,配制成约 10% 质量浓度的氯化铵溶液。将余下水倒入水玻璃中,在搅拌情况下,把氯化铵溶液以细流状加入稀释的水玻璃中,继续搅拌 $15\sim20$ min,破碎大块白色析出物(无定形硅凝胶)。静置 $3\sim5$ h,析出物全部回溶。

如用盐酸处理,先在水中缓慢加入盐酸,搅拌均匀。再在搅拌情况下,将酸化水缓慢加入水玻璃中,继续搅拌 $45\sim50$ min。静置,待析出物全部回溶。

水玻璃固然有价廉的优点,但用它所制的型壳中因残留有 Na_2O 存在,会使型壳工作表面和整体的耐火度降低,故所得铸件表面不够光洁,铸件的尺寸精度也低。且在脱模操作时型壳易酥烂,故一般在生产精度要求较低,表面粗糙度要求不高的铸件时大量使用,有时配合其他黏结剂作型壳加固层涂料的黏结剂使用。

3) 硅溶胶

硅溶胶是带有无定形二氧化硅微小颗粒的水基胶体溶液。

硅溶胶的制造方法很多,其目的都为将水玻璃中的钠除去。在国内,大多数硅溶胶是用离子交换法获得的,即将水玻璃先稀释至密度为 $1.04\sim1.045$ g/cm³,过滤澄清后,对它进行阳离子交换。此时水玻璃中 Na^+ 被交换掉,同时获得等当量的 H^+,与 SiO_3^{2-} 结合成聚硅酸溶

液。再经阴离子交换,除去聚硅酸溶液中的杂质 Cl^- 和 SO_4^{2-},同时获得等当量的 OH^-,呈弱酸性,稳定性很差。在其中加入少量 NaOH,使其 pH=8.5～10.5,经浓缩即可得硅溶胶。

熔模铸造制壳型用硅溶胶中 SiO_2 含量为 30% 左右,Na_2O≤0.5%,pH≈9.5,SiO_2 胶粒直径为 7～20 nm,在此尺寸范围内胶粒直径越小、越均匀的越好,因用其所制型壳的强度高。硅溶胶外观为乳白或淡青色胶液,可长期存放,稳定期超过 1 年。

硅溶胶在使用前只需用水搅拌稀释至其中 SiO_2 质量含量为 20% 或稍多即可。稀释 G(kg)硅溶胶时加水量 D(kg)的计算式如下:

$$D = G[(a/b) - 1] \tag{1-32}$$

式中　a 和 b—待稀释和稀释后硅溶胶中 SiO_2 的质量含量。

硅溶胶价格适中,所制型壳的服役性能好,制型壳操作时不会放出有害物质,处理和配制涂料工艺简单,但型壳制造时所需的干燥时间太长。目前已得到广泛使用。

也可用乙醇稀释硅溶胶,一般加入量为硅溶胶体积的 15%～30%。这种硅溶胶的表面张力小,可改善硅溶胶涂料对模组的润湿性,还可使型壳干燥时间缩短。但在涂料使用时乙醇易挥发,涂料变稠,要及时调整。涂料保存期也缩短。

4) 钛合金熔模铸造制型壳用黏结剂

由于真空、高温下钛合金与 SiO_2 和 Al_2O_3 能产生化学反应,所以前面所述三种黏结剂都不能用于钛合金熔模型壳的制作,必须寻求别的黏结剂。但在目前情况下,熔模铸造钛合金用型壳的黏结剂都处于商业保密状态,只能从文献中透露出来的一些信息作简单的介绍。

① 胶体石墨　美国豪迈特(Howmet)公司制石墨型壳时用的黏结剂。型壳应在烘箱中加热脱模,焙烧时必须在石墨粉或惰性气体保护下进行。

② 酚醛树脂的乙醇溶液　原苏联制石墨型壳用的黏结剂。

③ 锆、铪的卤化物　为锆、铪的有机化合物。在制备钨粉型壳面层材料时使用,为抑制钨与背层(加固层)上的氧化物起反应,保证面层的金属粉在烧结时能形成一层结合力较强的型壳层,在涂料中还要加入抑制偏钨酸铵的三氧化钨。型壳脱模时需用溶剂四氯代乙烯或三氯乙烯蒸汽溶去熔模。焙烧型壳需在非氧化性气氛或真空下进行。

④ Gu-1,Gu-3 黏结剂　北京航空材料研究所使用的一种锆溶液,因干燥后的锆溶胶遇水会回溶,故型壳不能水脱模,需用专门溶剂脱模。

⑤ LJ-8 黏结剂　近年来由哈尔滨工业大学李邦盛教授研制成的制 ZrO_2 型壳的黏结剂,是一种过渡族金属有机化合物。型壳可用水脱模,黏结剂焙烧后的产物为过渡族金属氧化物,对钛合金有较高的化学稳定性。

1.2.4　制造型壳用涂料

将耐火粉料和黏结剂均匀混在一起配成涂料,然后经用模组浸渍一层,撒上砂粒,干燥、硬化后,便成为型壳的组成部分,因此制造型壳用涂料应满足下述两点基本要求,即:

① 要保证型壳具有良好的服役性能,如湿强度、高温强度、型腔的良好表面粗糙度、热化学稳定性、透气性、清理时的脱壳性等;

② 涂料本身应有良好的工艺操作性。如能很好地覆盖模组表面或制加固层时覆盖前一层型壳的撒砂表面;应能很好地润湿模组表面,精确复制熔模外形;应有好的涂挂性,不在个别部位堆积,能均匀地在熔模和前一层的型壳上涂挂一层;本身应有好的悬浮性、成分分布均匀、

不成团结块,能长期使用,不会过快老化、失效等。

为使涂料能很好地润湿模组,在表面张力较大的水玻璃和硅溶胶的涂料中常需加一些表面活性剂,利用表面活性剂的亲油基团使涂料能与熔模表面很好地润湿,利用其亲水基团吸住涂料。由于硅溶胶中的胶粒带负电荷,故在硅溶液涂料中不能加阳离子型和两性型表面活性剂。常用的改善涂料涂挂性的表面活性剂为阴离子型和非离子型,有十二烷基苯磺酸钠(为一些洗衣粉的主要成分)、聚氧乙烯烷基苯酚醚、聚氧乙烯烷基醇醚(常称 JFC,又称渗透剂 EA)、正辛醇磷酸酯胺盐、渗透剂 T(琥珀酸酯磺酸钠)、聚异丙二醇醚、农乳 130、农乳 100 等。一般用量为涂料质量的(0.03～0.1)%。而配硅酸乙酯水解液涂料时,由于其中有乙醇,水解液对熔模有很好的润湿性,对型壳层有很好的渗透能力,故无需加表面活性剂。

涂料中加入表面活性剂在搅拌时会混入气体形成分散的气泡,这会使涂料的黏度增加;面层涂料中的气泡还会使铸件表面形成铁豆,加固层涂料中的气泡会降低型壳强度,所以要在涂料中加消泡剂。消泡剂也是表面活性剂,它能降低气泡液膜的表面张力,使气泡破碎。常用的消泡剂有正辛醇、异戊醇、高碳醇、消泡剂 GP 等。有机硅化合物如烷基硅油是一种高效消泡剂,用量只需几个 ppm。表面活性剂类消泡剂的用量与改善涂料润湿性的表面活性剂用量大致相同。消泡剂 GP 与渗透剂 T,EA 配合使用可获得较好效果。

配制涂料时一般希望提高涂料的粉液比,但粉液比越高的涂料,其流动性也越不好,会使涂料的覆盖性恶化,这是因为涂料中固相粉粒越多,它阻碍液相流动的阻力也越大。尤其在使用粒度分布比较集中的粉料时,当它们在涂料中聚集时,会在粉的颗粒间的孔隙中固定很多液相,而使涂料的流动性变差。如果有一种粉液比相同的涂料,使用的是粒度分布分散的粉料。对此种涂料言,由于有很多粒度较小的粉粒可嵌进粒度较大粉粒聚集体的孔隙之中,而挤出其中的液相,使涂料中的自由液相增多,改善了涂料的流动性(如图 1-21 所示)。因此配涂料时使用粒度分布具有两个峰值的粉料可在一定程度上提高涂料的粉液比,又不降低涂料的流动性。

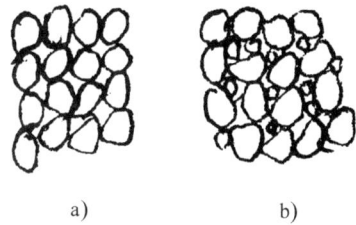

图 1-21 粒度分布不同粉料的颗粒聚集情况
a) 颗粒粒度分布集中 b) 颗粒粒度分布分散

粉料中的微细粉粒(粒径小于 10 μm)可提高涂料的屈服值(涂料开始能流动时所受的切应力)。涂料的屈服值越大,在模组或原型壳层上可涂挂上的涂料层越厚,涂料的悬浮性也越好,但太高的屈服值涂料也易在涂料层个别部位形成堆积,恶化了涂料层的质量,使操作麻烦。因此可通过粉粒中微细颗粒的含量调整来控制涂料的上述性能。

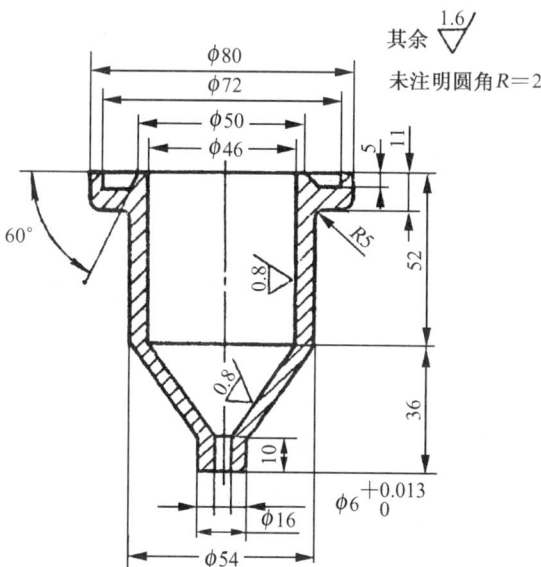

图 1-22 熔模铸造中使用的一种流杯黏度计

生产中常用流杯黏度计(如图 1-22

所示)来控制涂料性能。根据流杯中 100 mL 涂料的流空时间(s)来评估涂料操作的工艺性。每个生产场合都有其本身认为合适的流杯黏度(即流杯中涂料流空时间)。

涂料的配制都在有搅拌器的容器中进行,配制时在搅拌情况下将粉料慢慢加入黏结剂中,粉料加完后继续搅拌 0.5~3 h,使粉料充分分散,并和黏结剂充分润湿。由于硅酸乙酯水解液对粉料的润湿性好,粉团和疙瘩容易散开,加粉后的搅拌时间可缩短至 0.5~1 h,同时要注意不要因搅拌太剧烈而使涂料温度上升。往涂料中加表面活性剂和消泡剂时,应先将它们溶成溶液再加入涂料中。涂料混好后应静置一段时间待其中气体逸出,黏度逐步稳定后再使用。一般静置时间大于 2 h。

图 1-23 示出了一种形式的涂料搅拌机。此机的桨叶可伸入涂料桶搅拌涂料。

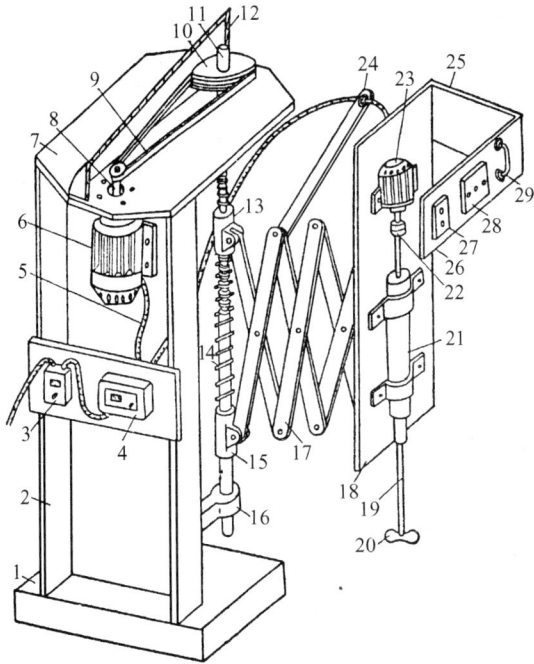

图 1-23　回转式涂料搅拌机

1—机座　2—机身　3—磁力起动器(搅拌器用)　4—磁力起动器(升降机构用)　5—导线
6—电动机(升降搅拌器机构用)　7—平板　8—电机传动轴　9—V 形皮带　10—带轮
11—丝杆　12—安全罩　13—上活动支承　14—弹簧　15—下活动支承　16—丝杆支座
17—活板　18—固定板　19—转轴　20—桨叶　21—轴套　22—联轴节　23—电动机
24—电线夹板　25—支板　26—固定板　27—开关(搅拌器)　28—升降搅拌器开关　29—把手

图 1-24 所示为 L 型涂料搅拌机。在此机上涂料桶慢速转动,L 形棒不动,搅拌涂料。此机常用在涂料制备完后,在涂料暂时储存情况下搅拌涂料以保持涂料均匀性,并可促使气体的逸出。也常用在涂挂涂料的场地起容纳涂料的作用,并创造在涂料流动情况下对模组涂挂涂料的条件。

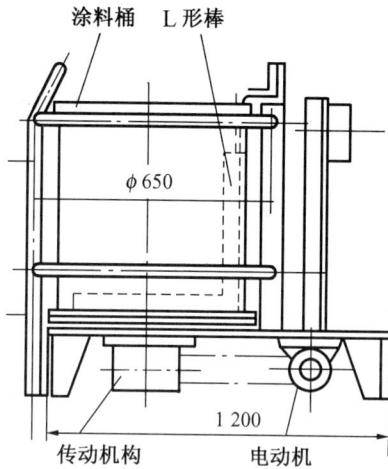

图 1-24 L 型涂料搅拌机

表 1-12 列出了几种硅酸乙酯水解液涂料的配比及用途。

表 1-12 硅酸乙酯水解液涂料的配比和用途

涂 料 配 比		密度 (g/cm³)	用 途
硅酸乙酯水解液(mL)	耐火粉料(kg)		
1 000	硅石粉 1.7~1.9	1.60~1.68	用于低合金钢、碳钢、铝合金、铜合金铸造
1 000	刚玉粉 2.5~2.8	2.10~2.30	用于 Ni 基、Cr 基、Co 基合金铸造
1 000	铝矾土粉 1.6~1.8	1.7~1.9	用于型壳加固层
1 000	锆英砂粉 2.8~3.0 铝-硅系熟粉 0.25	2.30~2.35	用于 Ni 基、Cr 基、Co 基合金铸造

表 1-13 列出了几种水玻璃涂料配比、性能和用途举例。

表 1-13 水玻璃涂料的配比、用途和性能

水 玻 璃		粉料种类	粉液质量比	性 能		用 途
模 数	密度 (g/cm³)			流杯黏度 (s)	涂片重[1] (g)	
2.9~3.1	1.26~1.29	级配硅石粉	1.15~1.30	25~30	1.0~2.0	型壳面层[2]
2.9~3.1	1.32~1.34	沈阳黏土/ 硅石粉(1/2)	1.05~1.10	20~25	2.2~3.5	型壳加固层
2.9~3.1	1.32~1.34	煤矸石粉	1.10~1.25	20~25	1.5~2.5	型壳加固层
2.9~3.1	1.32~1.34	铝矾土粉	1.40~1.80	18~25	2.0~3.0	型壳加固层

[1] 40 mm×40 mm×2 mm 不锈钢片上涂挂的涂料质量。
[2] 在涂料中加占涂料质量的 0.05% JFC 和适量硅油消泡剂。

表 1 - 14 示出了几种硅溶胶涂料的配比、性能和用途。

表 1 - 14 硅溶胶涂料的配比、性能和用途

配　　比				性　　能		用　　途
硅溶胶	粉　料 （kg）	表面活性剂 （%）	消泡剂 （%）	密度 （g/cm³）	流杯黏度 （s）	
10 kg	锆英石粉 32～40	JFC 0.3	约 0.1	2.7～2.8	28～35	面层涂料
10 kg	刚玉粉 26.5～30.0	JFC 0.3	约 0.1	2.3～2.5	28～35	面层涂料
10 kg	煤矸石 17	—	—	1.85	25	加固层涂料
1 000 mL	石英玻璃粉 1.7～1.8	0.3	约 0.1	1.7～1.8	—	面层涂料
1 000 mL	铝酸钴 2.9～3.1	0.1～0.3	约 0.1	≥2.4	—	细化铸件表面晶粒用涂料

1.2.5　制型壳工艺和制壳机械化、自动化

制型壳的主要工序是模组的除油和脱脂，在模组上涂挂涂料和撒砂，将型壳干燥和硬化，自型壳中熔失熔模（脱模），焙烧型壳等。这些工序过程对型壳的服役性能有很大影响。

（1）模组的除油和脱脂

在采用蜡基模料制熔模时，为了提高涂料润湿模组表面的能力，需把模组表面油脂除去。可把模组先浸泡在表面活性剂的水溶液中，如洗衣粉溶液，其中洗衣粉的质量含量约为0.5%。同时还可利用熔模表面的表面活性剂吸附涂料，进一步改善涂料对熔模的润湿性。质量含量为 1% 聚乙烯醇或渗透剂 T 的水溶液也可有效地在熔模表面形成亲水膜，改善涂料对熔模的涂挂性。一般自表面活性剂液中取出的模组可立即涂挂涂料，也有先让熔模表面干燥后再涂挂涂料的工艺。

用松香基模料制的熔模制备硅酸乙酯水解液涂料时，由于制模时压型表面常用硅油作分型剂，硅油本身就是一种有效的改善涂料涂挂性的材料，而硅酸乙酯水解液涂料对模组又有较好的润湿性，在此场合模组就不需除油了。

（2）涂挂涂料和撒砂

在给模组涂挂涂料之前，应先把涂料搅拌均匀。如采用 L 型涂料搅拌机盛涂料，则应先将机器开动，取样测量涂料的流杯黏度和密度，如不符合工艺要求，需作相应的调整。一般黏度过高时，可在涂料中加入黏结剂液进行稀释；如涂料太稀，可加入稠的涂料来提高涂料的黏度。

涂挂涂料一般采用浸渍法，即把模组或带有型壳层的模组浸入涂料，适当摇晃、转动，使涂料充分润湿被涂物表面，去除可能夹入的气泡。然后自涂料中提出。涂挂表面层涂料中，应仔细检查涂料层分布是否均匀，涂料有无堆积，涂料层中是否有气泡，必要时需作必要的处理。如用 L 型涂料搅拌机盛涂料，因涂料相对被涂物总是处于流动之中，便不需浸涂时的摇晃、转动操作了。

撒砂系指在所挂涂料层的外面粘上一层耐火砂粒，其目的是为迅速增厚型壳，使砂粒层成为型壳的骨架，分散型壳在随后工序中可能产生的应力，如型壳干燥、焙烧时的收缩、膨胀不均匀而引起的应力。砂粒层的粗糙表面也可使后续涂料能很好地粘附，使型壳各层间能有良好的连接。

撒砂的砂粒粒度是表面层的最细，粒度约为40～100目，而后逐步增粗，加固层的撒砂砂

粒的粒度可为 6～40 目。

撒砂的方法有雨淋式和流态化两种。雨淋式撒砂时砂粒如雨点似掉在模组所挂的涂料层上,粘住,模组应各个方向地转动,务求涂料层表面都能均匀地粘上一层砂粒。图 1-25 所示为一种风动雨淋式撒砂机,积在砂筒 5 中的砂粒在风管 7 压缩空气的吹动下,向上移动至上挡板 2 处,雨淋式地下落,掉在被撒的模组涂料层上。振动筛可去除下落砂中被涂料粘在一起的团块。也可用斗式提升机把砂粒自砂筒中上提,掉在上置的振动筛上,通过筛孔雨淋式地下落进行撒砂。

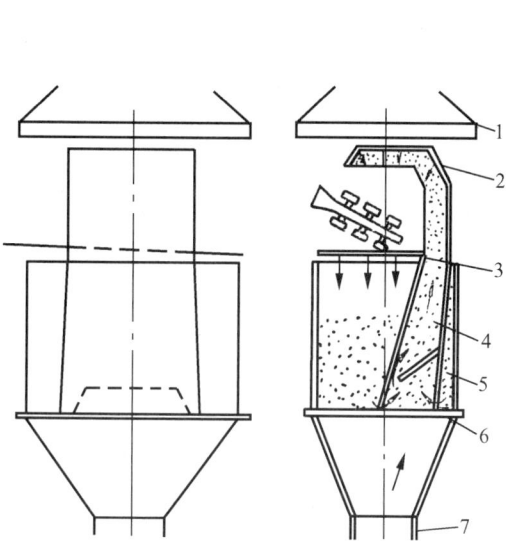

图 1-25 风动雨淋式撒砂机
1—吸尘罩 2—上挡板 3—振动筛 4—砂管
5—砂筒 6—夹板 7—风管

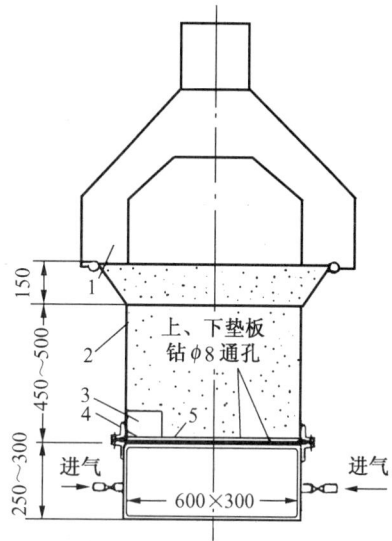

图 1-26 流态化撒砂机
1—抽尘罩 2—流态化槽 3—放砂口
4—上、下垫板 5—毛毡

流态化撒砂机示于图 1-26 上,压缩空气自流态化槽下部经毛毡均匀地向上流动,使流态化槽中的砂粒沸腾起来,挂有涂料层的模组只需在沸腾的砂中一"浸",砂粒便可均匀地粘在涂料层的外面。流态化撒砂操作方便,生产效率高,装置简单,但撒砂质量稍差,生产精密度要求较高铸件时,一般不用来撒表面层。

(3) 型壳层的干燥和硬化

每涂、撒好一层型壳层以后,就要对这一层进行干燥和硬化,促成其中黏结剂转变成凝胶,把耐火材料牢固地连接在一起,使型壳层具有一定的湿强度。不同的黏结剂涂料,其干燥、硬化的机理和方法也不一样,分述如下。

1) 硅酸乙酯水解液型壳的干燥和硬化

在此过程中主要发生下述的物理化学变化。

① 涂料中的溶剂(如乙醇、丙酮等)挥发,硅醇浓度提高,易于缩聚。

② 涂料中的不完全水解的硅酸乙酯继续吸收空气中水分和水解液中的水分继续水解,缩聚成体型的凝胶。一般这一过程较慢,需要时间超过 24 h。但可通过氨气改变涂料中黏结剂的 pH 值,降低其稳定性,加快胶凝。但在干燥、硬化过程中,应使溶剂的挥发速度略快于胶凝速度,以使凝胶收缩时,黏结剂有较长时间处于弹-塑性状态,不会因为胶膜收缩变薄时,在其中产生微裂纹,从而使型壳具有较高强度。反之,若胶凝太快,将使来不及挥发的大量溶剂包

裹在凝胶的网络中,致使凝胶结构疏松,且随着溶剂的挥发,会阻碍凝胶的收缩,促使凝胶膜产生裂纹,破坏了凝胶结构的连续性,型壳强度会因此下降。

目前大多工厂采用先将涂挂撒砂好的模组在空气中自然干燥一段时间(约 30～240 min),或将模组放在有热风(温度低于 35℃)循环的干燥箱中吹风约 2 h,然后送入通氨气的箱中"氨干"30～40 min。氨干后需待残留在型壳的氨味去净后,再涂挂下一层。有时也单独采用自然干燥获得硬化型壳的工艺。

2) 水玻璃型壳的干燥和硬化

水玻璃型壳一般采用先自然干燥,后化学硬化的工艺。

在干燥时,型壳脱水,黏结剂胶凝,过程较慢,但涂料中脱水速度均匀,凝胶收缩缓慢,在涂料层中均匀进行,故硅酸钠薄膜与耐火材料结合强度很好。干燥过程中在硅酸钠凝胶中形成的微裂纹有助于随后硬化过程中硬化剂在涂料层中的扩散,可促进硬化反应。干燥过程中的胶凝收缩还可减少硬化胶凝中的黏结剂收缩,可提高型壳层的致密度,提高型壳强度。但因自然干燥胶凝需时太长,一般只在型壳面层涂挂、撒砂后采用。面层自然干燥时希望环境温度为15～25℃,相对湿度为(40～60)%,干燥时间可为 2～24 h。为缩短干燥时间也可采用热风干燥或其他加热干燥方法。

型壳加固层一般不采用干燥涂挂涂料和撒砂后立即硬化。有时也有干燥很短时间(5～30 min),再进行硬化的工艺。

可用多种氯化盐的溶液硬化水玻璃型壳。

① NH_4Cl 溶液硬化　将干燥或不干燥的涂挂好用水玻璃涂料和撒砂后的型壳,浸泡在温度为 28～32℃的饱和浓度(质量浓度约 25%)的 NH_4Cl 溶液中,此时发生如式(1-26)所示的化学反应,从黏结剂中析出硅胶,硅胶凝聚,涂料硬化。为加速硬化剂在型壳层中的渗透,可在硬化剂中加表面活性剂,如占硬化剂质量 0.5%的农乳 130。型壳在硬化剂中的浸泡硬化时间可为几十秒至几分钟。

硬化后的型壳需在空气中干燥 10～30 min,使型壳表面干燥一些,氨味散净,再涂挂下一层型壳。

用氯化铵硬化水玻璃型壳的优点为速度快,型壳和铸件表面质量优于其他硬化剂,型壳的残留强度低,但高温强度稍差,硬化时会放出氨气,刺激人鼻,对周围金属件腐蚀强。

② 聚合氯化铝溶液硬化　聚合氯化铝是一种无机聚合物,又称为碱式氯化铝,其分子通式为$[Al_2(OH)_nCl_{6-n}]_m$。$m \leqslant 10$,表示聚合度。$n = 1, 2, \cdots, 5$,表示(OH)基的数目。聚合氯化铝的碱化度 $B = (n/6)100\%$,一般 $B > 10\%$。B 越大,m 也越高。当水玻璃与聚合氯化铝作用时,发生如下化学反应。

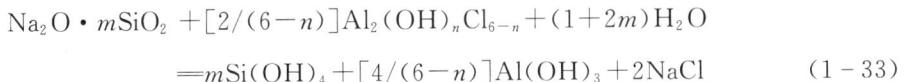

$$Na_2O \cdot mSiO_2 + [2/(6-n)]Al_2(OH)_nCl_{6-n} + (1+2m)H_2O$$
$$= mSi(OH)_4 + [4/(6-n)]Al(OH)_3 + 2NaCl \qquad (1-33)$$

可见此反应中的产物为硅胶$[Si(OH)_4]$,(即 $SiO_2 \cdot 2H_2O$)和铝胶$[Al(OH)_3]$。铝胶可提高型壳的常温强度,并在焙烧时脱水成 Al_2O_3,它可与型壳中的 Na_2O,SiO_2 组成铝硅酸钠($Na_2O \cdot Al_2O_3 \cdot mSiO_2$),其最低熔点(1 050℃)比氯化铵硬化的水玻璃型壳中的 $Na_2O \cdot 2SiO_2$ 与石英的共晶的熔点高得多,所以聚合氯化铝硬化的水玻璃型壳的高温强度可得到提高。

熔模铸造用聚合氯化铝中含 Al_2O_3(7～17)%(质量含量),碱化度 $B = (30～50)\%$。它是结晶氯化铝经水解、聚合和熟化后制成。外观为褐色树脂状固体或液体。

聚合氯化铝硬化剂中 Al_2O_3 的质量浓度为 $(8\sim10)\%$，密度为 $1.18\sim1.20\ g/cm^3$，碱化度应小于 50%，pH 值为 $2\sim3$。购得的液态聚合氯化铝一般可直接作硬化剂用。Al_2O_3 浓度过大时可加水稀释，pH 值可用盐酸调整。

用聚合氯化铝的硬化工艺为：硬化前自然干燥 $3\sim15\ min$，型壳在硬化剂中的硬化时间为 $10\sim30\ min$，硬化后的型壳需自然干燥 $8\sim20\ min$ 后，再涂挂下层型壳。

用聚合氯化铝的优点是：型壳的高温强度和抗热变形能力较高，其湿强度也高。硬化时不析出有害气体，反应产物 $Al(OH)_3$ 可部分回溶于硬化剂中，故使用中硬化剂性能变化很慢，工艺效果稳定。但是聚合氯化铝硬化水玻璃型壳的速度慢，因它的渗透能力比 NH_4Cl 溶液小，可采用将它适当加温至 $30\sim35℃$，在硬化剂中加少量渗透剂 JFC 或 TX-10 的方法来提高硬化剂的渗透型壳能力。硬化后，在型壳外表面上会残留一些黏度大的氯化铝液，有时需在干燥后用淋水清洗。硬化后型壳的干燥也慢，有时用热风吹干。由于氯化铝硬化速度慢，在型壳各层全都涂挂、撒砂、硬化后，型壳中的硬化过程尚未终结，故还需存放 $24\ h$ 以上才能把型壳送去脱模。用聚合氯化铝溶液硬化的型壳工作表面质量也比氯化铵差。

③ 结晶氯化铝溶液硬化　结晶氯化铝的分子式为 $AlCl_3\cdot6H_2O$，实质上是碱度很低的聚合氯化铝，故其性质与聚合氯化铝相似，其外观为白色粉状，故使用运输时比聚合氯化铝方便。

作为硬化剂的结晶氯化铝溶液的质量浓度为 $(30\sim33)\%$，其密度为 $1.16\sim1.18\ g/cm^3$，碱化度 $\leqslant10\%$，pH 值为 $1.4\sim1.7$。

型壳各层在硬化前后的自然干燥时间为 $5\sim15\ min$ 和 $10\sim20\ min$，在硬化剂中的浸泡时间为 $10\sim30\ min$。

结晶氯化铝溶液硬化剂的硬化效果与聚合氯化铝一样。

④ 氯化镁溶液硬化剂　结晶氯化镁是海水制盐工业的副产品，由卤水中提炼、加工而得，呈黄褐色晶体。其硬化水玻璃的原理与氯化铝基本相同。作为硬化剂的氯化镁溶液的质量浓度为 $(28\sim32)\%$，其密度相应为 $1.248\sim1.280\ g/cm^3$。生产中配制时可在每千克水中加入 $MgCl_2\cdot6H_2O\ 1.0\sim1.4\ kg$。用氯化镁溶液硬化水玻璃型壳的时间较氯化铝溶液短，一般只需硬化 $3\ min$ 即够。但用它硬化的型壳强度比氯化铝低，与用氯化铵硬化的相近。用氯化镁溶液硬化型壳时不产生有害气体，价格低廉。但在使用时，析出的 $Mg(OH)_2$ 不能自动回溶，而使溶液中 $MgCl_2$ 不断降低。同时溶液中反应产生的 NaCl 浓度的增加，也使 $MgCl_2$ 的溶解度降低，故生产中硬化剂的浓度常需调整，有时用对溶液加热的方法以增加 $MgCl_2$ 的溶解度，有的也采用往溶液加盐酸的方法使 $Mg(OH)_2$ 回溶于溶液之中。由于氯化镁硬化时涂料的胶凝收缩大，易使面层涂料中产生小孔，故氯化镁溶液只适于加固层的硬化。

⑤ 混合硬化剂　氯化铵溶液对型壳的渗透力强，硬化时间短，但会析出氨气，型壳强度又低；结晶氯化铝硬化剂的优缺点刚好与氯化铵相反。国内有的工厂配制了质量组成为 NH_4Cl $(8\%\sim10\%)+AlCl_3\cdot6H_2O$ $(20\%\sim24\%)+$水（其余）的混合硬化剂，制水玻璃型壳效果很好。硬化时间为 $8\sim10\ min$，自然干燥时间 $20\sim25\ min$。每次硬化后需用水洗型壳。

3）硅溶胶型壳的干燥和硬化

硅溶胶型壳的硬化过程实质上是水的挥发干燥过程。在此过程中，随着硅溶胶浓度的提高，胶粒碰撞几率增加，溶胶便胶凝而形成凝胶，涂料硬化。

硅溶胶型壳如采用自然干燥的办法，需 $10\sim24\ h$ 才能硬化，这与环境湿度有关。为加速型壳硬化，可将它放在有通热风的箱中进行干燥。此时需控制气流相对湿度为 $30\%\sim60\%$，风温为 20～30℃,风速小于 3 m/s。一般在面层涂料干燥时,应使失水速度较慢,即取风温小一些,风的相对湿度高一些,风速慢一些,防止因干燥太快在涂料内出现过多、过大的裂纹。如此,每层涂料的干燥时间一般都超过 3 h。第 1,2 层涂料干燥时间稍短,涂料层的次序越大,其干燥时间越长。硬化完最后一层后,型壳要自然干燥 24 h 以上才能送去脱模。

4) 型壳的交替硬化

硅酸乙酯水解液、水玻璃和硅溶胶稳定时的酸碱度不同,如前者为酸性,后两者虽都为碱性,且各自的稳定 pH 值不同,因此可用交替涂挂不同黏结剂涂料的方法,促使不同 pH 涂料的相互接触,相互破坏稳定状态,实现型壳的硬化。

用得较多的为硅酸乙酯水解液涂料和硅溶胶涂料的交替制壳。其工艺参数为硅溶胶涂料层在撒砂后自然干燥 250 min,马上涂挂硅酸乙酯水解液涂料并撒砂,自然干燥 120 min,再涂下一层硅溶胶涂料,撒砂,干燥……直至型壳层数满足要求,不需氨干硬化,缩短了型壳硬化时间。这种复合型壳的高温强度与硅酸乙酯水解液涂料型壳相当,室温强度和残留强度为硅酸乙酯涂料型壳的 74% 和 68% 左右,可降低铸件浇注后的除壳劳动强度。但操作时易出现不同涂料的相互污染。

硅酸乙酯水解液涂料还可与水玻璃涂料交替制壳。即涂挂硅酸乙酯水解液涂料和撒砂后,自然干燥后立即涂挂水玻璃涂料并撒砂,然后在 30～32℃ 热风中硬化 5～10 min,而后重复上述工序制造型壳。此法生产速度快,但涂料易交叉污染,型壳强度低,应用较少。

(4) 脱模

型壳完全硬化后,需自型壳中熔去模组,常用加热的方法熔化熔模。常用的有热水法和高压蒸汽法。

1) 热水法

将带有模组的型壳放在吊笼中,浸入用蒸汽加热的温度高于 95℃ 但不沸腾的热水中,使熔模熔化,模料自型壳的浇口处向外冒出。此法普遍用于蜡基模料熔模的熔失。在水玻璃型壳脱模时,可在水中加少许 NH_4Cl 或 HCl,使型壳进一步硬化,型壳内的部分 NaCl 和 Na_2O 也可溶于水中。模料的回收率达 80%～90%。但砂粒易掉入型壳内,引起铸件夹砂的缺陷,为此有时脱完模的型壳还专门用清水清洗内腔。

此外,热水脱模的装备虽简单,但因热水加热时,型壳内先熔化的是壁厚较小的铸件熔模,具有最厚粗断面的浇口熔模却熔化得较迟,可是它却处于熔化模料流出的通道上,因此被堵在型壳内的体积变大了的模料液便可能挤压型壳,使型壳开裂。一些硬化不够的型壳也会因黏结剂吸水的回溶而被"煮烂"。在热水中的模料也易皂化。

2) 高压蒸汽法

将带有模组的型壳浇口向下地放进高压釜中带有通汽和漏模料孔的底板上,关严高压釜的装料门,向釜内通压力为 350～600 kPa 的蒸汽,其温度约为 150℃。通汽时间为 10～15 min。受蒸汽的加热,浇口处的模料先熔化流出型壳,型壳内被熔化模料的受堵机会较少,型壳不易开裂。砂粒也不易进入型壳内,脱模效率高。此法可用于松香基和蜡基模料熔模的熔失,现已广泛使用。

也曾有过微波加热熔失熔模的试验。

(5) 型壳的造型和焙烧

在不少场合,当型壳强度足够时,可直接将型壳放入焙烧炉中进行高温焙烧。但在生产一些精密度要求较高的铸件时,先要把型壳埋入装有充填物的箱中,再进行焙烧,以提高型壳在高温浇注时抵抗金属液破坏的能力。把型壳装箱埋入充填物中的工序称为造型。

造型用填料有干填料和湿填料两种,前者可为黏土熟料砂、硅砂或其他耐火材料的砂粒。所用的箱子为用不锈钢或耐热钢制成的有底的上开口箱。先在箱底放厚度不小于 25 mm 的砂层,然后放入型壳,在型壳四周放入干填料,在震动台上震实。

湿填料用质量配比为 12% 400 号矾土水泥+88%硅砂外加(30~45)%水的混合浆料。砂箱无底,箱壁上衬有电缆纸,在振动台上造型,待浆料硬化后,送入焙烧炉焙烧。

真空浇注的型壳外面有时用钢丝把 10~15 mm 厚的硅酸铝纤维板包裹并捆紧,以增强型壳。

型壳在焙烧时可以烧去型壳里面残留的模料,水玻璃型壳上的 NaCl 也可部分地被烧去,型壳材料中的吸附水和结晶水全都逸走;所有涂料中的凝聚硅胶全都成为 SiO_2,型壳强度增加,并为熔模铸造时的热型浇注做好了准备。

水玻璃型壳的焙烧温度较低,最好不超过 900℃,硅酸乙酯水解液型壳和硅溶液胶型壳的焙烧温度较高,可达 1 050℃。单壳的焙烧保温时间一般 1~2 h 已够,而造型后型壳的高温保温时间需 2~4 h。

硅酸乙酯水解液型壳用湿填料造型后,其脱模在焙烧炉中进行,先用 12~16 h 慢速加热,温度至 300℃进行脱模;然后快速升温至 900~1 050℃,保温两小时对铸型进行焙烧。

(6) 陶瓷型芯

有一些铸件具有制壳时无法在熔模上相应部位涂挂涂料和撒砂的中空腔;有的熔模内孔虽有一定直径,且平直,但由它太深凹,处于孔中的涂料与外界隔绝而很难硬化,此时只能采用陶瓷型芯。在制模时,先把陶瓷型芯放在压型的相应位置上,使陶瓷型芯组成熔模上的孔洞,露出芯头部分,制壳时陶瓷型芯便和型壳连成一体,用来形成铸件上的相应内孔或空腔。如涡轮发动机叶片中直径小于 1 mm 的长孔、扁长的月牙形断面内孔等,都用陶瓷型芯形成。

今按做芯坯的方法分别把陶瓷型芯的制造工艺简述于下:

1) 热压注法

热压注法是应用得最为广泛的陶瓷型芯制造法,组成型芯的主要基体材料为石英玻璃粉。将购进的石英玻璃料先用(10~20)%质量浓度的碱水洗涤,再用水冲洗至呈中性。而后打碎,放入装有 Al_2O_3 球的球磨机上磨成能通过 260 目筛的细粉,烘干。

石英玻璃为无晶形,但在焙烧加热至 1 200~1 300℃时会析出 α 方石英,伴有体积膨胀,陶瓷型芯内析出 α 方石英的不一致,会使陶瓷型芯开裂。但 α 方石英的析出又可抑制石英玻璃的高温黏性流动,提高陶瓷型芯的抗热变形能力。所以要控制好焙烧过程中陶瓷型芯内 α 方石英的析出数量。

可作陶瓷型芯基体材料的还有刚玉、氯化镁和碳化硅。

陶瓷型芯材料中还需有矿化剂,用来降低陶瓷型芯的烧结温度,堤高陶瓷型芯的抗热变形能力,常用的有工业氧化铝、铝矾土、莫来石、质量组成为 Al_2O_3 14.7%+CaO 23.24%+SiO_2 62.07%的"ACS"、锆英石、氧化钙等。工业氧化铝需经 1 300℃焙烧 4~6 h 后破碎使用;ACS 经 1 100℃焙烧磨粉使用;铝矾土、莫来石经 1 350℃焙烧磨粉使用;锆英石经 1 560℃焙烧 2 h 后磨粉使用;氧化钙用碳酸钙经 900~1 000℃焙烧分解成氧化钙后磨粉使用。所有粉料都需过 260 目筛。

下面为几种粉料的质量配比举例:① 石英玻璃 85%+工业氧化铝 15%,② 石英玻璃 95%+ACS 5%,③ 石英玻璃(60~80)%+锆英石(20~40)%,④ 刚玉 94%+铝硅系材料

6%,⑤ 氧化镁(80~90)%＋氧化铝(10~20)%。

　　为使耐火粉料能压注成形,必须在粉料中添加增塑剂。常用的增塑剂原材料有石蜡、蜂蜡、硬脂酸、松香、聚乙烯。它们按一定配比组合。如质量组成可为:① 石蜡95%＋蜂蜡5%,② 石蜡50%＋蜂蜡50%,③ 石蜡93%＋蜂蜡5%＋聚乙烯2%,④ 石蜡60%＋蜂蜡35%＋硬脂酸5%,⑤ 石蜡48%＋蜂蜡7%＋松香38%等。它们的用量为上述两类粉料总质量的15%~25%。

　　为减小压注时粉粒间的摩擦阻力,还需加粉料总质量0.5%~1.0%的油酸或脂肪醇类表面活性剂。

　　压注陶瓷型芯坯件前,先把增塑剂熔化加热至85~90℃,在不断搅拌下逐步向增塑剂中加入预热温度小于120℃的粉料,在保温情况下搅拌4~5 h。

　　压注陶瓷型芯坯时,上述料浆的温度应为80~120℃,压型温变为20~30℃,压注压力为1.0~4.0 MPa,保压时间10~25 s。压型表面上的分型剂可为硅油和蓖麻油在乙醇中的溶液。

　　从压型中取出的型芯坯可能有变形,可在60~70℃温度下,用坯模校正。

　　陶瓷型芯坯需经焙烧才能获得必要的强度和去除其中的增塑剂。为防止加热时型芯的变形,坯料必须埋在耐火匣钵的填料中,常用经焙烧后的工业氧化铝作填料。填料一方面起支撑陶瓷型芯的作用,同时也在加温时吸收型芯坯中的增塑剂。石英玻璃基陶瓷型芯的焙烧温度为1 150~1 250℃;刚玉基和氧化镁基陶瓷型芯的焙烧温度可达1 300℃,高温保温时间为2~4 h。升温阶段中,600℃以下属脱除增塑剂阶段,型芯强度很低,升温要慢,升温速度为50~100℃/h。900℃以上属焙烧阶段,有机物已烧尽,升温速度不限制。焙烧后型芯随炉冷却。

　　为提高型芯的室温强度,防止在制模过程中损坏,可把型芯置于树脂溶剂中浸泡10~15 min,让树脂渗入陶瓷型芯微孔中,通过自然干燥和加热固化树脂。常用的室温强化剂组成有:① 酚醛树脂32 g＋乌洛托品3 g＋乙醇65 mL,② 酚醛醇溶清漆53 g＋乌洛托品4 g＋乙醇43 g,③ 6010环氧树脂100 g＋多乙烯多胺10 mL＋丙酮100 mL,④ 6010环氧树脂50~60 g＋聚酰胺40~50 g＋丙酮100 g等。环氧树脂基强化剂在固化时需自然干燥24 h后加热至150℃保温30 min。而其余强化剂的自然干燥时间为4~6 h,而后在120~180℃下保温30 min。

　　为提高型芯的高温强度,可把型芯浸泡在硅酸乙酯水解液中,而后取出自然干燥2 h,氨干40 min。也可用硅溶胶浸泡,取出后自然干燥2~5 h。

　　2)热固法

　　将耐火粉料和矿化剂粉料混在加热的热固性有机硅树脂中,压入150℃的压型中被加热固化,然后加热至1 100℃以上烧结。这是近年来发展起来的工艺。

　　3) 灌浆法

　　工艺过程同陶瓷型制造,详情可见陶瓷型铸造一章。

　　铸件上直径为0.5~1 mm的细长孔,可直接用相应外径的石英玻璃管作陶瓷型芯使用。

　　(7) 制型壳机械化、自动化

　　在整个熔模铸造工艺过程中,制造型壳工序占时最长,劳动强度大,劳动条件较差,所以人们首先注意型壳制造的机械化和自动化。本节将简要介绍典型的制型壳生产线、制型壳机和采用机器人涂挂涂料、撒砂的生产线。

　　1)悬链式制型壳生产线

　　悬链式制型壳生产线是制型壳机械化的主要形式,其特点是在一条连续运动的悬链上挂好模组,模组通过并重复经历制型壳的整个过程,最后得到涂挂好型壳的模组,取下,送去脱模,焙烧。

图 1-27 示出了制造水玻璃型壳的悬链式生产线的布置情况。在此生产线上,模组每回转一周,只涂挂一层涂料和撒砂,也可延长悬挂链,设置几段涂挂涂料、撒砂、自然干燥、硬化自然干燥的工位,这样,模组每回转一周就可挂上几层型壳层。如果撒去硬化槽,把此段改成热风干燥室,则在此生产线上就可生产硅溶胶型壳。如果把除涂挂涂料、撒砂段以外的悬链段全都改成自然干燥段,则在此悬链生产线上便可制造硅酸乙酯水解液型壳(自然干燥硬化)。

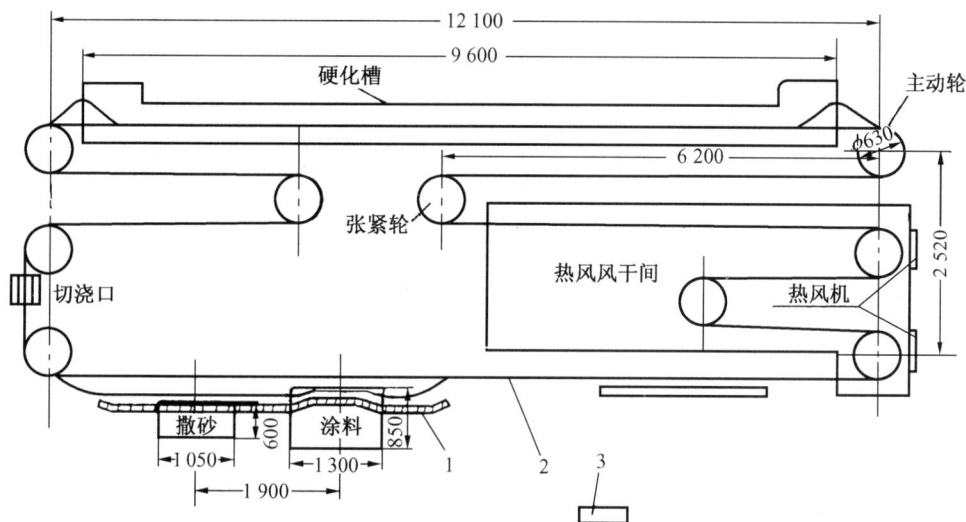

图 1-27　悬链式制型壳生产线

1—弧形齿条　2—悬链　3—控制柜

图 1-28 示出了悬链上的一种吊具结构,吊杆 2 被悬链 1 牵引沿导轨 4 移动,模组通过弹簧销 15 挂在吊杆的最下端。当模组进出涂料槽、撒砂床或硬化槽时,有弧形齿条托住、抬起和转动吊具(图 1-29)。图 1-30 所示为模组处于涂料槽、流态砂床和硬化槽工位时的情况。

悬链式制壳生产线的长度可为几十米到一百多米,生产效率高,每班可制出几百个型壳,只需几个工人照顾,适用于中小铸件生产。

2) 自动制型壳机

图 1-31 所示为自动制型壳机的外形,其工位布置原理和吊具结构与悬链式制型壳生产线相似,不同的是吊杆系在圆形断面导轨上,由拨动机构间歇地从一个工位移动至另一工位。吊具的转动借助各相应工位上支持轮的转动而实现。结构紧凑,占地面积小,投资省,适用于大铸件的熔模铸造,年产量为 300~500 t 铸件。

3) 涂挂型壳机器人

可在制型壳生产线的涂挂涂料、撒砂的工位上,设置一固定式机器人(图 1-32),其工作臂可自模组传送线上取下模组,把模组浸入漂洗槽清洗,再把模组移动至盛涂料的 L 型搅拌机上涂挂涂料,把涂挂好涂料的模组移至撒砂机上转动模组进行雨淋式撒砂或把模组浸入流态砂床撒砂,然后把有型壳层的模组送至模组传送线上吊好。传送线和机器人的工

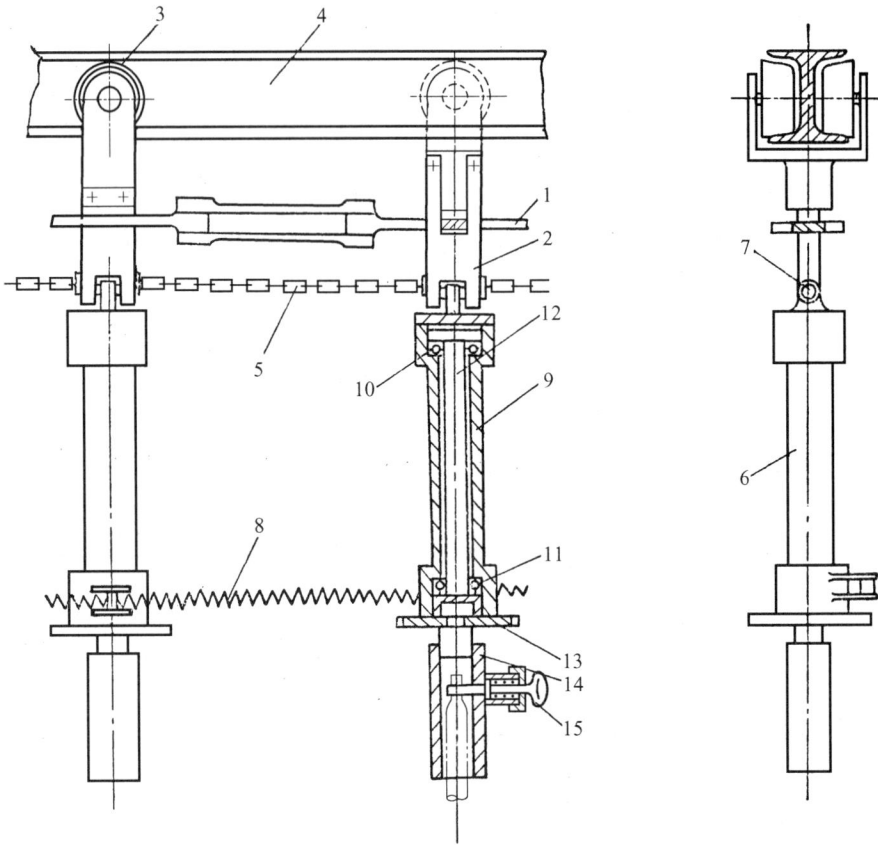

图 1-28　吊具结构图

1—悬链　2—吊杆　3—滚轮　4—导轨　5—拉紧链条　6—模组支持器　7—连接销
8—拉紧链簧　9—吊杆外套　10、11—轴承　12—杆　13—齿轮　14—套筒　15—弹簧销

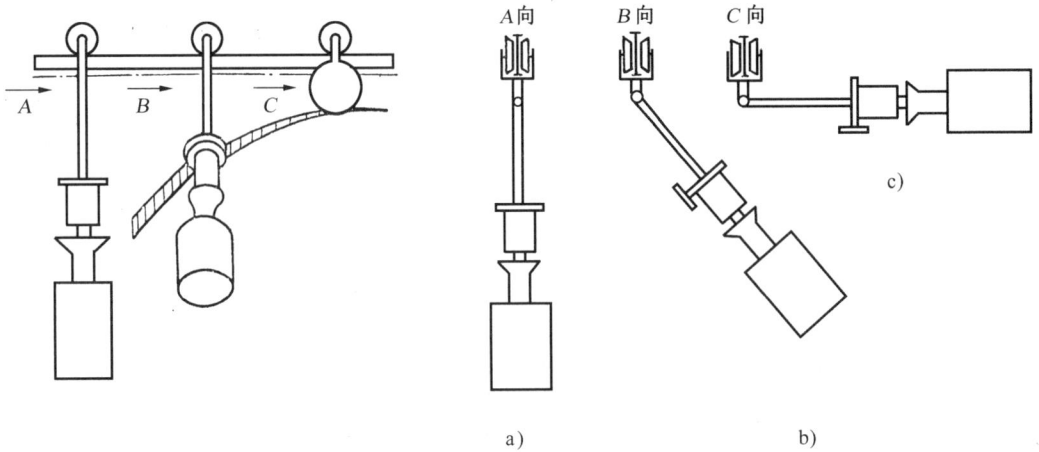

a)　　　　　　　　　　b)

图 1-29　吊具空间动作机构示意

a) 模组垂直　b) 模组倾斜　c) 模具水平

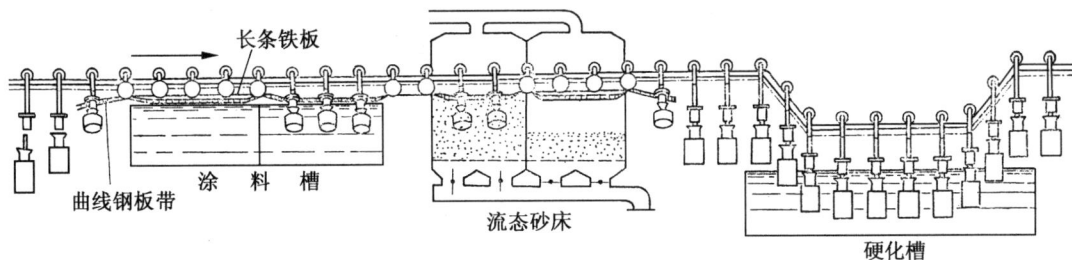

图 1-30　悬链式制型壳生产线上的模组在涂料槽、流态砂床和硬化槽工位时的情况示意图

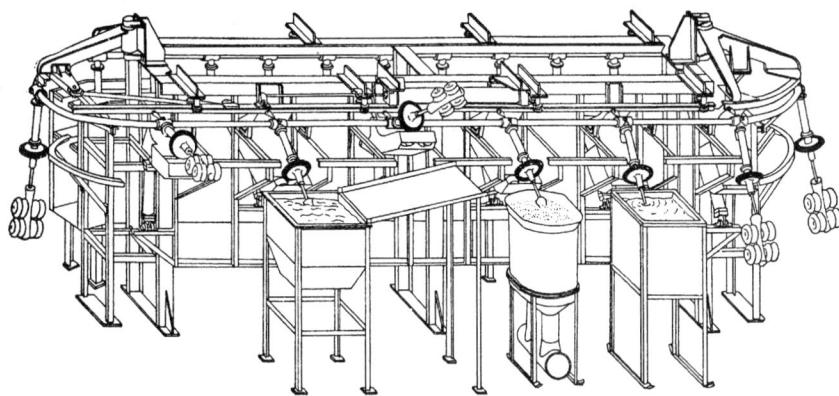

图 1-31　自动制型壳机

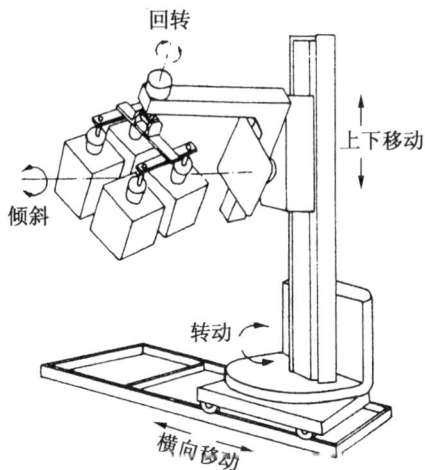

图 1-32　机器人动作示意图

作节拍由计算机自动控制。这特别适用于大型整体件的熔模铸造生产。

1.3 熔模铸件的浇注和清理

1.3.1 熔模铸件的浇注

熔模铸造时常遇到的浇注方法有以下几种。

(1) 热型重力浇注

熔模铸件浇注的突出特点是热型浇注,即从焙烧炉中取出温度很高的型壳或放在型中的型壳,直接用浇包浇注,或把铸型固定在可翻转的感应炉炉口上,翻转感应炉体,让金属液流入型腔(图1-33)。前一种方法用得很普遍,效率高;后一种方法可减少金属液在出炉和浇注过程中的氧化,但效率低,在高温合金浇注时应用。不同合金浇注时所取的铸型温度不一样,表1-15给出了一些合金浇注时的铸型温度。

表 1 - 15 不同合金浇注时的铸型温度

合金种类	铝合金	铜合金	钢	高温合金
铸型温度(℃)	100~300	100~500	300~950	800~1 075

浇注时采用高温铸型可使金属液正确地复制型腔的形状,提高铸件的精密度,铸得薄壁、细孔的铸件。但金属在热型中冷却较慢,易使晶粒粗大,降低铸件材质的力学性能,碳钢铸件表面层易得脱碳薄层(<1 mm),降低了铸件表面性能。可用降低铸型温度、提前打箱等措施减小脱碳层的厚度。也可在浇注后用罩盖住铸型,并向罩内滴煤油,使铸件在还原性气氛中冷却。

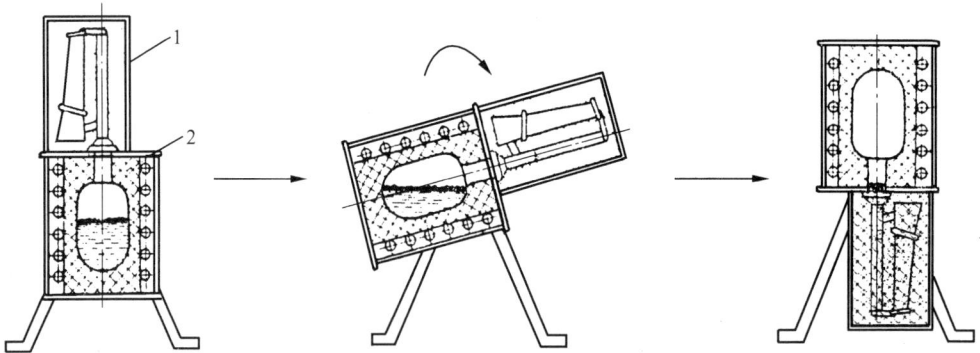

图 1 - 33 翻转式浇注示意图

1—铸型 2—感应炉 箭头表示翻转浇注次序

造型焙烧浇注时,可在造型填料中加一些碳质物质,如石墨、无烟煤、沥青等,也可加碳酸盐,如 $BaCO_3$,Na_2CO_3 等,制造铸件凝固时保持还原性气氛,防止脱碳层。

浇注后对型壳吹冷风或喷水也可减少铸件脱碳。

(2) 真空吸气浇注(见图1-34)

型壳放在真空浇注箱中,通过型壳中的孔隙吸去型腔中气体,使金属液能更好地填充型腔,复制型腔形状,提高铸件精度,防止铸件浇不足、产生气孔的缺陷。

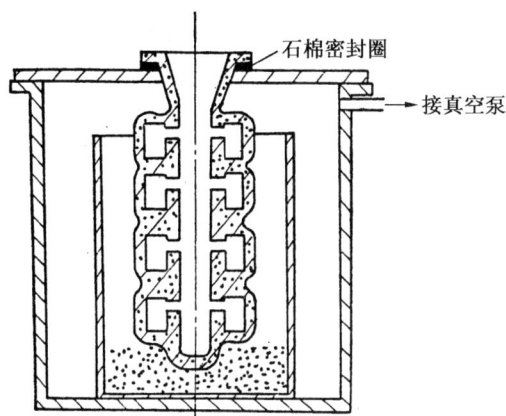

图1-34 真空吸气浇注示意图

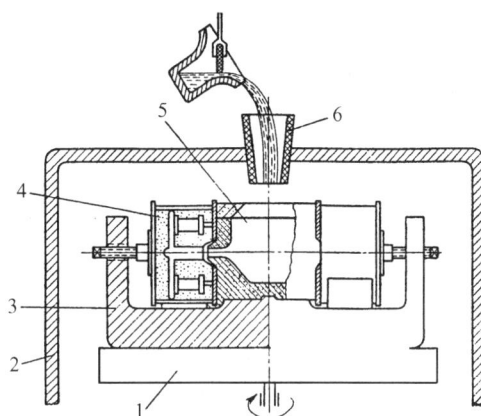

图1-35 离心浇注模铸型
1—离心铸造机工作台 2—保护罩 3—固型架
4—铸型 5—浇口 6—浇注漏斗

（3）离心浇注（见图1-35）

铸型以轴对称式地固定在立式离心铸造机的工作台上，在铸型旋转情况下浇注金属液，在离心力作用下可提高金属液的充型能力，增大铸件致密度。在钛合金熔模铸造时常用。

（4）真空吸铸（CLA法）（见图1-36）

透气性很好的型壳置于一能抽真空的密封箱内（见图1-36a）。真空箱下落，使浇口浸入金属液中，抽真空，金属液被吸入型壳，保持一段时间（见图1-36b）。待型腔内金属凝固后，撤去真空，浇道内未凝固金属液下掉回熔池，真空箱上升（见图1-36c）。

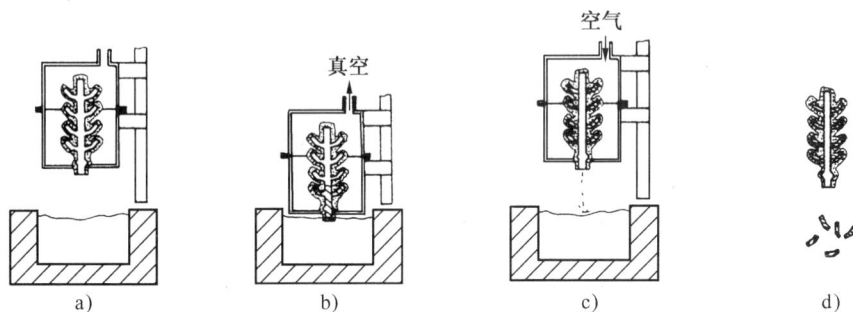

图1-36 型壳真空吸铸示意图

a）真空箱中待吸铸的型壳 b）真空吸铸 c）吸铸结束 d）吸铸后型壳和清壳后的铸件

用此法时，金属利用率高，金属充填型腔能力大，晶粒细小，适于生产小型薄壁铸件。但型壳易破裂，水玻璃硅石粉型壳可允许的浇注真空度最低，约为34 kPa；硅溶胶刚玉型壳和硅溶胶铝矾土型壳可允许的浇注真空度达101 kPa。硅酸乙酯水解液型壳居中，可允许浇注真空度为33～60 kPa，其中涂料中含硅石粉的最低。

型壳与真空箱底接触处的密封可用陶瓷纤维密封圈。

（5）定向凝固

熔模铸造生产涡轮发动机的叶片时，为延长铸件的服役寿命，希望铸件上能获得顺叶片长度上的单向柱状晶。主要的措施是在型壳浇注后建立一个型壳内单向散热的条件，促使铸件的凝固次序只有一个方向。所用的工艺方法有多种,其共同特点是将铸件型腔在型壳中垂直布置,型壳侧面处于保温环境中;或使型壳下部开口,使型腔内的金属与下面的起强制冷却作用的水冷铜板接触;或使浇注后的型壳在下端被强制冷却的同时,由加热器的下部逐渐移出加热器,创造定向凝固的条件。图 1-37 所示为功率降低法的定向凝固示意图,下部开口的型壳放在感应加热石墨套筒中的水冷铜板上,先加热型壳,使其温度高于合金的熔点,然后向壳内浇注合金液,通过铜板下的循环水单向地传走铸件结晶所释放的热量,型壳内金属的晶粒就在垂直于铜板的方向上向上生长。与此同时自下而上地依次切断感应圈的电源,使铸件结晶前缘总保持一定的温度梯度,保证柱状晶的顺利发展。

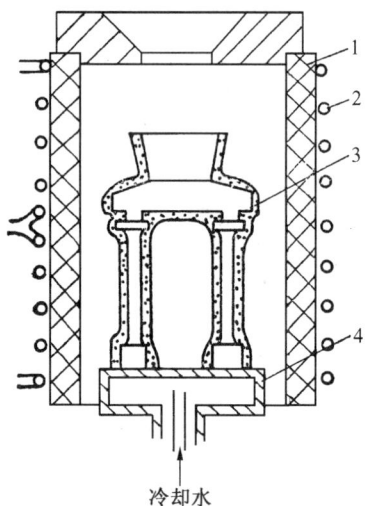

图 1-37　功率降低法定向凝固示意图
1—石墨套　2—感应圈　3—型壳　4—水冷铜板

浇注合金的过热度越高,合金的凝固温度区间越窄,越易实现定向凝固。如果合金易在高温下氧化,定向凝固需在真空下进行。

熔模型壳的铸件还可在压力下结晶,在低压铸造机上浇注。

1.3.2　熔模铸件的清理

熔模铸件清理的内容主要为:① 从铸件上清除型壳;② 自浇口系统上取下铸件,去除铸件上的冒口;③去除铸件上粘附的残留耐火材料和铸件中的陶瓷型芯;④ 铸件热处理后的清理,如去除氧化皮、飞边、浇冒口残余,形状校正等。除第四项的清理方法与一般铸件相同外,前三项的清理在熔模铸造中有其本身特点,故在下面简单介绍。

(1) 从铸件和金属浇冒口系统上清除型壳

小量生产时,可用锤子或风锤敲打浇冒系统,使铸件组振动,脆性型壳便从铸件上碎落下来。产量较大时可使用震击式脱壳机(图 1-38)。将带有型壳的铸件组 5 直浇道的一端放在脱壳机的机座上,开动气缸 1 将风锤压下,顶住直浇道的上端,启动风锤,震击铸件组,使型壳脱落。如在内浇道上做凹槽(见图 1-17),振击时铸件本身的振动会使凹槽处应力集中,因疲劳断裂,铸件从直浇道上掉落。

震击脱壳机效率高,但工作时有噪音,灰尘大,最好用铁壳把机器封闭,脱壳前用水浸泡铸件组,改善工作环境。此法适用于小件生产。

电液压清理也是有效的清壳方法,装置示意于图 1-39。当电容 C 充电达到真空火花放电器 F 的放电电压后,电容放电,能量传给处于水中的电极间的液电介质,如此周而复始地产生脉冲压力波,使处于水中的铸件组发生弹性变形,型壳从铸件组上掉落。该

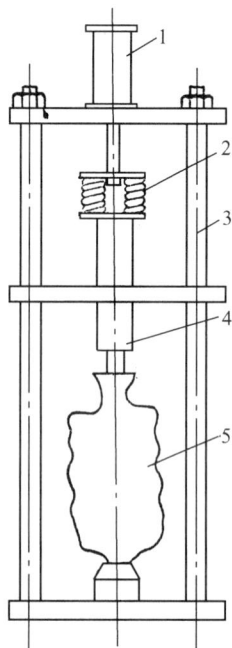

图 1-38　震击式脱壳机
1—气缸　2—弹簧　3—导柱
4—风锤　5—铸件组

装置的放电电压为2万~7万伏。清理后铸件较干净,不产生灰尘,但噪音仍很大,会放出有害气体(臭氧,NO,NO₂)和有害的辐射(电磁辐射、X射线)。

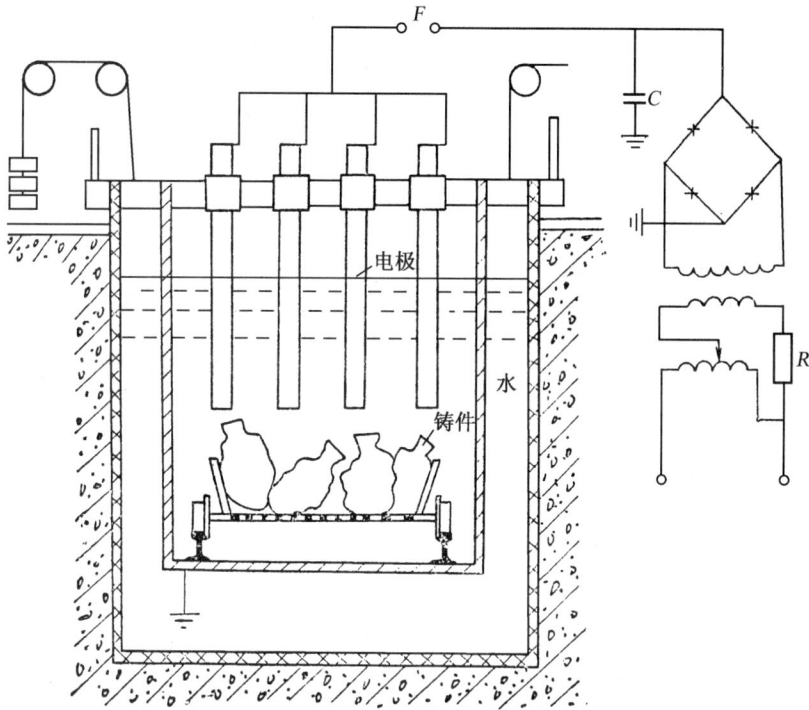

图 1-39 电液压清理装置

此外还可用高压水来清壳,压力高达 70 MPa 或更大,水柱可把型壳和型芯从铸件上冲刷下来。大型铸件清理更为适用。水爆法也是一种清壳的有效方法。

(2) 切割浇冒口

一般可用气割、砂轮片切割、锯割等方法把铸件与浇冒口分离。本节仅介绍小铸件生产时,常将铸件安排在圆柱形直浇道周围时的从直浇道分离铸件的液压切割法(图 1-40)。在液压压力机上,将压头施力于直浇道上端,直浇道下移,环形刀片将内浇道切断。此法效率高,工作时噪音小。

(3) 铸件上残留耐火材料和陶瓷型芯的清除

常用化学清理法清除铸件上的残留耐火材料和陶瓷型芯。

1) 碱溶液清理法

因铸件上残留的耐火材料多为 SiO_2 质的,故可用碱性溶液清除之。一般采用质量浓度为 NaOH(20~30)% 或 KOH(40~50)% 的沸腾水溶液清理铸钢件,铸件浸泡在碱溶液中产生下述化学反应

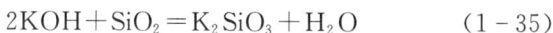

$$2NaOH + SiO_2 = Na_2SiO_3 + H_2O \qquad (1-34)$$

$$2KOH + SiO_2 = K_2SiO_3 + H_2O \qquad (1-35)$$

Na_2SiO_3 和 K_2SiO_3 即为水玻璃的组成,可溶于水。一般需

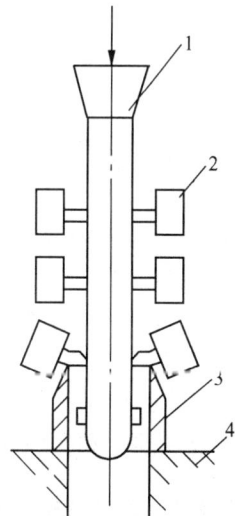

图 1-40 液压切割浇道示意图
1—直浇道 2—铸件
3—环形刀片 4—机座

碱煮 4～8 h。碱煮后的铸件需用热水清洗,去除碱污染。

清除合金钢铸件上的残留耐火材料时,可用质量浓度为 15％～25％的 NaOH 水溶液。铸件在碱煮后需用温度为 18～28℃,质量配比为氧化铬 90 g＋硫酸 30 g＋氯化钠 1.2 g＋水 1 kg 的溶液进行中和处理 2～3 mim,然后用流动清水清洗干净。

2）熔融碱清理法

清理石英玻璃粉基陶瓷型芯时采用质量配比为 NaOH（35％）＋KOH（65％）的 400～500℃的熔融液,铸件先预热到 200℃,然后泡在此液中,浸泡时间需 24～48 h。然后用质量配比为磷酸（25％）＋盐酸（25％）＋水（50％）的溶液中和处理 240 min,然后用沸水煮,用冷水冲洗干净。

石英玻璃管型芯则用浓度大于 40％的室温氢氟酸清除,需时约 1.2～2.5 h。然后铸件用水冲洗至中性,再用热水冲洗干净。

氧化镁基陶瓷型芯可用醋酸水溶液煮,需时 2～20 h,然后用水将铸件清洗干净。

有多种形式的碱洗滚筒机可用来碱煮铸件。

3）碱爆清理法

将铸件放入温度为 500～520℃的 NaOH 溶液中,浸泡 20～60 min,此时 SiO₂ 残壳与苛性钠剧烈反应,然后快速将铸件移入室温的水中,产生高压蒸汽将残壳反应生成物振脱。然后把铸件放入温度为 70～90℃的水中清洗。

4）电化学清理

将铸件装筐浸入温度为 400～500℃的熔融碱液中,将铸件筐接阴极,碱液槽壁接阳极,通直流电清理铸件,然后用水冲洗铸件。

碱液的质量组成可为 NaOH（85％～90％）＋NaCl（10％～15％）或 NaOH（95％）＋NaF（2.5％）＋硼砂（2.5％）。对前者通电的电压为 6～12 V,对后者的通电电压为 2～6 V。

也可用抛丸法清理铸件,此法效率高,但铸件表面粗糙度受损。用喷砂法清理铸件,效率低,但铸件表面粗糙度受损少。用此两法时需有很好的除尘和工人劳动保护的措施。

1.4　熔模铸件工艺设计

只有在充分了解熔模铸造工艺过程的前提下,才能进行熔模铸件的工艺设计。熔模铸造工艺设计的任务是:

① 分析铸件结构的工艺性。

② 选择合理的工艺方案,确定工艺参数,在上述基础上绘制铸件图。

③ 设计浇冒口系统,确定模组结构。

在确定工艺方案、工艺参数（如熔模分型面、铸造圆角、拔模斜度、加工余量、工艺肋、浇冒口的设置）时,除了具体数字有所不同外,其设计原则与砂型铸造完全相同,故本节仅结合熔模铸造特点叙述①和③两方面的问题。

1.4.1　铸件结构工艺性分析

在保证铸件工作性能前提下,铸件的结构应尽可能满足下述两方面的要求。

① 铸造工艺应越简易越好。

② 铸件在成形过程中应不易形成缺陷。

(1) 为简化工艺对熔模铸件结构的要求

① 铸件上铸孔的直径不要太小、太深,铸槽不要太窄、太深,以便制壳时涂料和砂粒能顺利充填熔模上相应的孔槽,尽可能避免陶瓷型芯的使用,同时也可简化铸件的清理。一般希望铸孔直径大于 2 mm。铸通孔时,孔深 h 与孔径 d 的最大比值 $h/d = 4 \sim 6$;铸盲孔时,$h/d \approx 2$。如实在有必要,则通孔直径可小到 0.5 mm,h/d 的值也可增大。

铸槽的宽度应大于 2 mm,槽深可为槽宽的 2~6 倍。槽越宽,槽深大于槽宽的倍数可越大。

② 铸件的内腔和孔壁应尽可能平直,以便使用压型上的金属型芯直接形成熔模上的相应孔腔。铸件上不应有封闭的孔腔。

③ 因熔模铸造时采用热型浇注,冷铁的效果有所减弱,同时冷铁在型壳上的固定也较麻烦,故熔模铸件的分布应尽可能满足顺序凝固的要求,不要有分散的热节,以便用直浇道进行补缩。

④ 铸件的外形应有利于熔模易于自压型中取出(见图 1-41a),有利于分型面的简化(见图 1-41b),尽可能使熔模在一个压型型腔内形成(见图 1-41c),以简化压型的结构和制模时的操作。

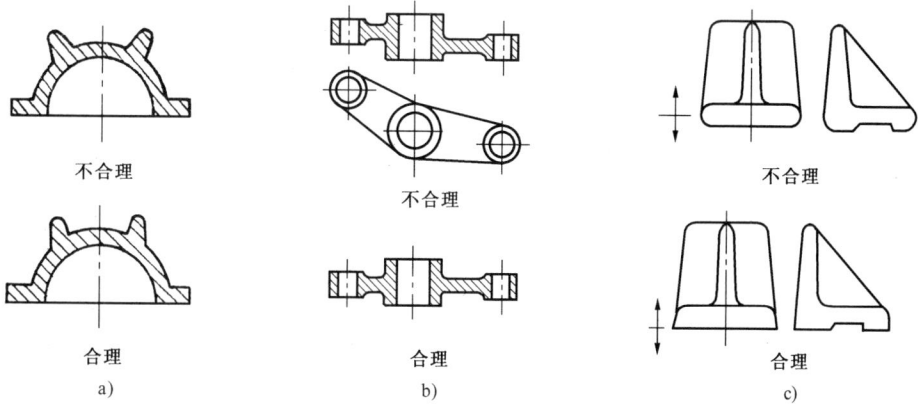

图 1-41 正确的铸件外形设计

a) 有利于熔模自压型取出 b) 可使分型面简化 c) 熔模在一个型腔内形成

(2) 为使铸件不易形成缺陷对熔模铸件结构的要求

① 熔模型壳在高温焙烧时强度较低,而平板形的型壳更易变形,故熔模铸件上应尽可能避免有大的平面。在必要时,可将大平面设计成曲面或阶梯形的平面;或在大平面上设工艺孔(见图 1-42a)或工艺肋(见图 1-42b),以增大壳型的刚度。

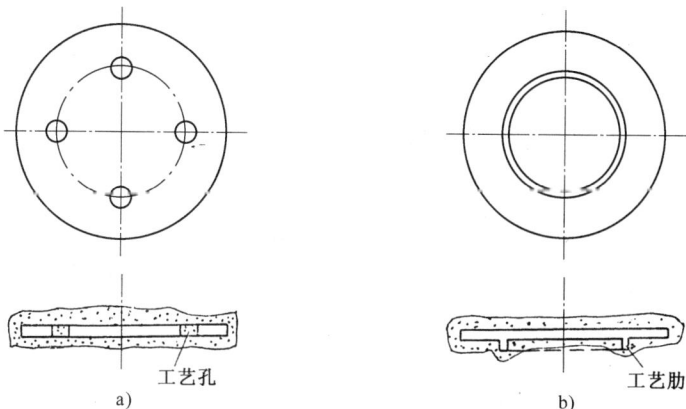

图 1-42 铸件大平面上的工艺孔和工艺肋

a) 工艺孔 b) 工艺肋

② 为减少熔模和铸件的变形,减小热节,应注意铸件相互连接部位的合理过渡。铸件壁的交叉相接处要做出圆角,厚、薄断面要逐步过渡。

③ 为防止浇不足的缺陷,铸件壁不要太薄,一般为 2~8 mm。

1.4.2　浇冒口系统的设计

熔模铸造时,浇注系统常兼起补缩的作用。由于熔模铸造过程的特点,浇冒口系统除了应满足常规的要求外,还应满足以下几点要求:

① 兼作冒口的直浇道或横浇道应具有良好的补缩能力。

② 其熔模有足够的强度,以保证在模组运输、模组涂挂涂料、制壳过程中,以浇冒口系统作为夹持部位时,浇冒口系统不会断裂。

③ 结构应力求简单,尽可能标准、系列化,以便于制模、组装、制壳和清理时的切割。

④ 在脱模时,浇冒口系统的通道应便于顺利排出模料。

⑤ 尽可能减少消耗在浇冒口系统中金属液的比例。

(1) 浇冒口系统的类型

按浇冒口系统组成的分类:

① 由直浇道和内浇道组成的浇冒口系统。图 1-17 所示的模组即采用此种结构,直浇道兼起冒口作用,它可经内浇道补缩铸件上的热节,故铸件的热节部位应尽可能与内浇道相连。因操作方便,生产小铸件时,这种浇冒口系统用得特别广泛。

② 带有横浇道的浇冒口系统(图 1-43)。其横浇道兼起冒口的作用,图中 a 所示的系统属顶注式,有利于顺序凝固;图中 b 的系统属底注式,最后浇注部分的金属液进入横浇道,保证了横浇道部分的金属冷却较慢。直浇道通过下部内浇道对铸件下部补缩。

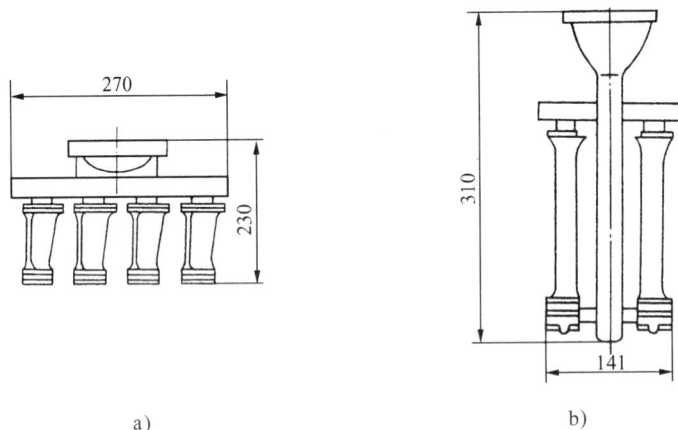

图 1-43　带有横浇道的浇冒口系统
a) 顶注式　b) 底注式

③ 专设冒口补缩的浇冒口系统(图 1-44),用于生产重量较大、形状复杂的铸件。

图 1-45 示出了三种浇冒口系统的应用实例,供参考。其中图 a 所示的是冒口节式浇冒口系统,可在节约直浇道消耗金属的情况下增大补缩能力和增多铸件的布置;图 b 所示为金属液经浇口杯后直接进入冒口,再进入铸件,直浇道为很短的一段;图 c 所示的是一种结构复杂的浇冒口系统。

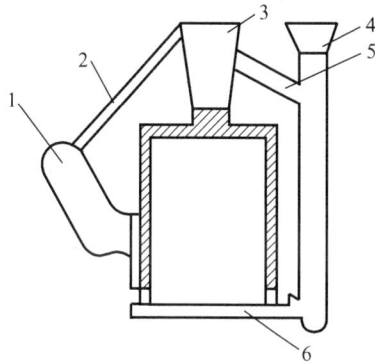

图 1-44 带有冒口的模组
1—暗冒口 2—出气道 3—明冒口 4—浇口杯 5—连接道 6—横浇道

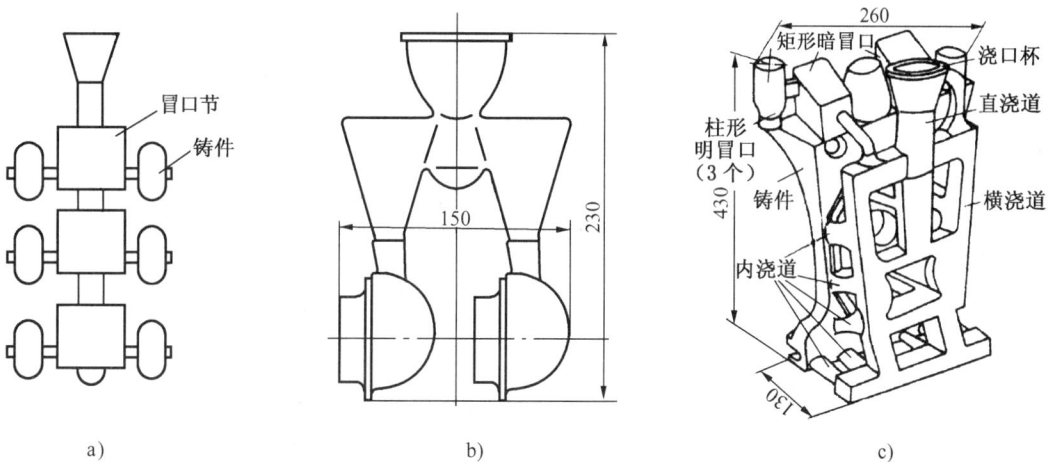

图 1-45 几种浇冒口系统示例
a) 冒口节式浇冒口系统 b) 短直浇道浇冒口系统 c) 复杂的浇冒口系统

(2) 浇冒口系统的尺寸设计

① 设计由直浇道和内浇道组成的浇注系统时,由于直浇道兼起冒口的作用,所以内浇道应设在铸件热节处,直浇道的断面积应大于它所补缩的铸件热节圆。常用的圆柱形直浇道直径为 20～60 mm,有时也采用正方形断面的直浇道。内浇道不应太长,一般短于 10 mm。内浇道的断面积 Fn 可稍小它所连接的铸件热节断面积 Fr,$Fn = (0.7 \sim 0.9)Fr$。因浇注后内浇道处金属散热条件差、凝固慢。

设计此种浇注系统时,应使最高一层铸件离浇口杯上缘的距离大于 65～100 mm,以保证这层铸件在成形时有足够的金属压头,来满足充填和凝固补缩的需要。直浇道的底部应比最低的内浇道口低 20～40 mm,以缓和浇注时金属对型腔的冲击力,并防止浇注初时第一股金属流所带渣子进入型腔。铸件在直浇道周围的排列不能太紧凑,否则,分隔铸件之间的型壳会太薄,以至浇注后,薄的型壳被两个铸件的金属包围而升温太高,形成由两个铸件壁和薄型壳组成的太热节,导致铸件上产生收缩的缺陷。

设计其他结构形式浇冒口系统时,上述原则也适用。

② 冒口的设计：熔模铸造时冒口设计的原则与砂型铸造同，表 1 - 16 介绍了一种根据补缩热节圆尺寸设计冒口的计算公式。

表 1 - 16　熔模铸造冒口尺寸计算表　　　　　　　　　　（单位 mm）

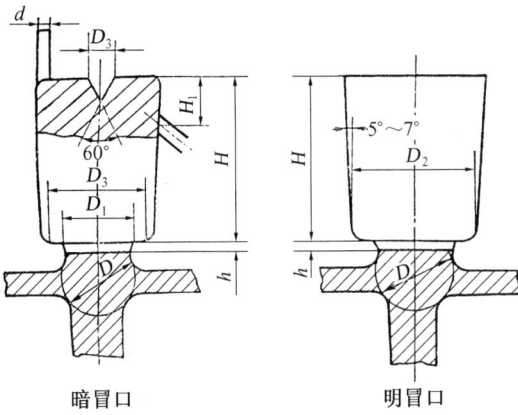

铸件热节圆直径		D
冒口颈	高度 h	$4\sim10$
	直径 D_1	$D_1=(0.7\sim1.0)D$
冒口根部直径 D_2		$D_2=(1.3\sim1.5)D$
冒口高度 H	明冒口	$H=(1.8\sim2.5)D$
	暗冒口	$H=(1.5\sim2.0)D$
出气口(失蜡口)直径 d		$d=(0.1\sim0.2)D$
连接桥位置 H_1		$H_1=\dfrac{1}{3}H$
D_3		$D_3=(0.3\sim0.5)D$

暗冒口　　　　明冒口

（3）设计浇冒口系统时其他注意事项

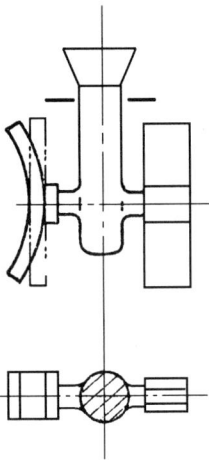

图 1 - 46　长薄铸件相对直
浇道的不同布置

① 浇冒口系统与铸件间的相互位置应尽可能创造铸件凝固冷却时的热变形和热应力最小的条件。如图 1 - 46 所示左边铸件由于它在冷却时两面的冷却条件不同，铸件本身又薄，故易出现如实线所示的弯曲变形。而右边的铸件虽然靠近直浇道的一边仍冷却较慢，但铸件本身抗变形的刚度增大，故不易变形。又如长方形铸件在宽度方向上厚薄不一样，可把薄的一边对着直浇道布置，使铸件宽度方向上的冷却速度一致，防止变形。

② 浇冒口系统和铸件在冷却发生线收缩时，要尽量互不妨碍，如铸件只有一个内浇道，问题不大。如铸件有两个以上内浇道与浇冒口系统的直浇道或横浇道相连，由于铸件的收缩速度与浇冒口系统不同，便会出现相互妨碍收缩的情况，严重时会使铸件开裂或变形。出现这种事件时，可注意采取相应的措施。

③ 为防止脱模时模料不易外逸而产生型壳胀裂的现象，也为了便于浇注时型壳内气体的外逸，可在模组的相应处设置排模料道和出气道，如表 1 - 16 和图 1 - 44 所示。

（4）浇冒口系统中过滤网的应用

为使进入型腔的金属液得到净化，提高铸件材料的力学性能，在生产一些重要铸件时，泡沫陶瓷过滤网的应用在熔模铸造中已很广泛了。常用的泡沫陶瓷过滤网有莫来石质、稳定化的氧化锆质、锆英石质和刚玉质的。图 1 - 47 示出了在浇冒口系统中设置过滤网的方案。

在干净型壳的浇口杯底部放好过滤网后，其边缘应用涂料封严，并补充干燥硬化。在浇道中放过滤网时，可先在过滤网外表面上抹一层模料，修平表面，与浇道的熔模焊在一起，在制型

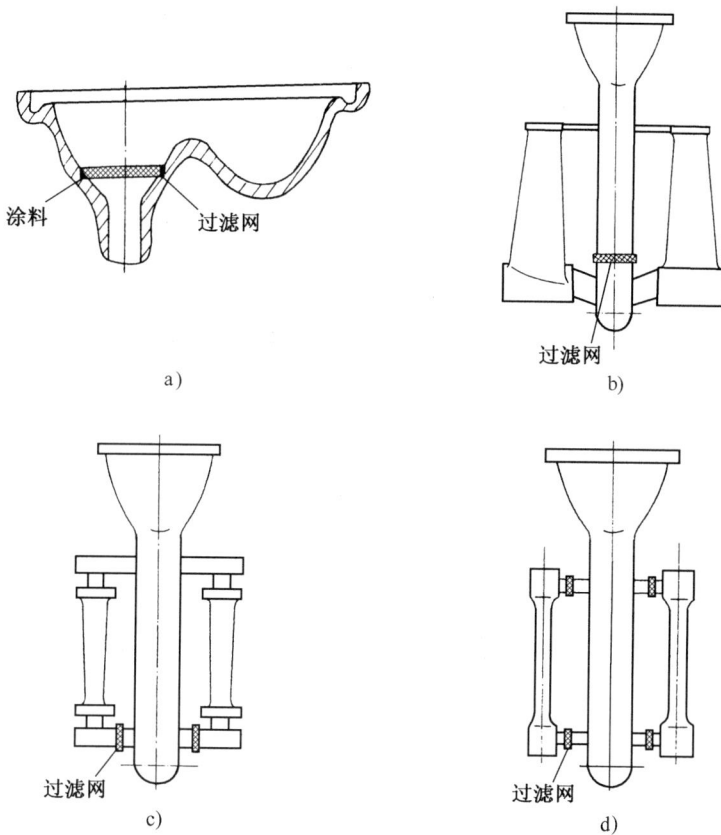

图 1-47 浇冒口系统中过滤网的设置

a) 过滤网放在型壳浇口杯的底部 b) 过滤网放在直浇道中
c) 过滤网放在横浇道中 d) 过滤网放在内浇道中

壳时,借助露出的边缘,过滤网便可固定在型壳上。

1.5 压 型

用来制造熔模的模具是压型,压型的材料可以是金属(易熔合金、钢、铜合金、铝合金等),也可以是非金属(石膏、塑料、橡胶等)。钢、铜合金、铝合金的压型主要用机械加工方法制成,故压型型腔尺寸精度较高(达 IT6~IT7 级),表面粗糙度较细($Ra1.6~0.8~\mu m$),必要时还可镀铬抛光,使用寿命也长,但制造周期长、成本高,适用于批量大、精度高、结构复杂铸件的生产。

1.5.1 易熔合金、塑料、石膏质压型的制造

易熔合金、塑料和石膏质压型都采用浇注方法制造,它们的制造过程相似,综述如下:

① 如图 1-48a 所示在假箱 2(用砂或石膏制成)上按熔模分型线放好母模 1(木质或金属的,形状与熔模相似),涂好分型剂。做易熔合金压型时熏碳黑,而在做其他两种材料的压型时,可涂肥皂水或凡士林油等。

② 如图 1-48b 所示在假箱上放好型框 3 和注模料口金属镶件 4(也可不放,做好后再钻),将熔好的低熔点合金(或是用水混好的熟石膏浆,或混合的环氧树脂混合料)浇入框内。注意气泡的去除。也可在分型面上先放上定位销或定位孔的镶件后再浇注。

③ 待易熔合金凝固后(或其他材料硬化后),去除假箱,再如图 1-48c,d 所示制造下半压型。如不需型框,可在浇注前在型框内壁涂好分型剂,最后把型框拆除。

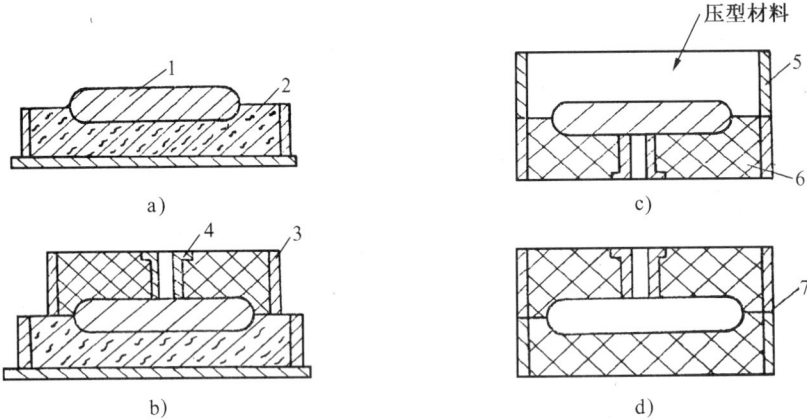

图 1-48　用浇注法制造压型过程示意图
1—母模　2—假箱　3—上型框　4—注模料口镶件
5—下型框　6—上半压型　7—装好的压型

石膏压型做好后,在把上下半型合好的情况下继续干燥、硬化,室温下的干燥时间为145～170 h,或加热至 100～120℃干燥 2 h。为降低石膏压型的吸湿性,提高压型的表面强度和光洁度,可将温度为 50～60℃的石膏型放入温度为 90～100℃的石蜡液(或温度为 50～80℃的干性油)中浸渍 20～40 min。

塑料(环氧树脂)压型也需继续硬化,在室温下的硬化时间大于 24h,也可将塑料模逐步加热至 40～60℃,硬化 6～8 h,而后随炉冷却。

浇注和硬化好的压型需经修整、配上锁紧装置后才能使用。有时也可在浇注的压型上配上金属型芯以形成熔模的孔腔。

易熔合金的成分和性能、石膏浆和塑料的配方示于表 1-17,1-18 和 1-19 中。

表 1-17 易熔合金的成分、性能和浇注温度

质 量 配 比 %				性　　能		浇注温度(℃)
Pb	Sb	Bi	Sn	熔点(℃)	密度(g/cm³)	
		58	42	138.5	8.74	190
		42	58	139		200
56	11		33	315	9.1	370
87		13		247	10.5	300

表 1 - 18 石膏浆的质量组成

熟 石 膏	水(占石膏质量%)			缓凝剂硼砂[①]（占石膏质量%）
	一般	简单压型	复杂压型	
按需要	45～55	40～45	≤70	1～4

① 制复杂压型时用。

表 1 - 19 塑料配方表(g)

环氧树脂6101	乙二胺	β-羟乙基乙二胺	邻苯二甲酸二丁酯	填 料
100	4	15～18	15～20	1. 铁粉 100～300
		8～10		2. 金刚砂(SiC)160
				3. 金刚砂 80+石英粉 50
		6～8		4. 刚玉 60+硅石粉 20

注：配料时环氧树脂(45～50℃)中加入 80～85℃的邻苯二甲酸二丁酯,搅拌后加入焙烧过的填料,搅拌,最后加入乙二胺,搅拌均匀,立刻使用。

用浇注方法制造压型过程简单,成本低,可形成难以机械加工的型面。但压型型腔尺寸精度差,尤其石膏、塑料的蓄热系数小,模料在压型中凝固、冷却较慢,这不但降低生产率,还会使熔模的表面光洁程度变坏,熔模上易产生缩陷等缺陷。故它们只能用于新产品工艺试验或精度要求较低产品的中小批量生产,尤其石膏压型的工作寿命最短。

1.5.2 橡胶压型的制造

可购买市售硅橡胶和匹配的催化剂,也可用天然胶乳与可匹配的其他材料,制造内衬为橡胶的压型,利用橡胶的优良弹性和柔韧性,可以较容易地从已凝固的外形非常复杂、很难取分型面的熔模上剥离橡胶层,制得熔模。常可用此种压型制造尺寸精度要求不严,但表面花纹复杂、外形不规整的熔模铸造工艺品、饰物的熔模,有时也用于难出型中、小型熔模铸件的试制或小量生产。

其制作过程为在母模(可为石膏、木料、金属材质)的外面擦涂上分型剂,如滑石粉、云母粉、硅油等,利用浇注、重复涂刷、浸渍等方法,在母模外边覆盖 1～3 mm 厚的胶液层,采用室温(有的硅橡胶可以如此做)放置 24 h,或让硅胶层与母模在 120℃的环境中保温 3 min,再在 65～70℃的干燥箱中干燥 8 h 以上进行硫化。然后对母模上已成形的胶层用薄刀片分成两半或数个部分,并相应地在胶层外面涂上可分块的、质量配比为 6∶4 的石膏水泥浆,制成压型的外(靠)模。而后打开已硬化的石膏靠模,从母模上剥离橡胶层,放在石膏外模的相应位置上,便可获得内衬为橡胶层的石膏压型。也可先在涂刷有分型剂的母模上贴敷 1～3 mm 厚的橡皮泥,在其外面灌注石膏靠模,切开靠模,去除橡皮泥,合上靠模浇注橡胶液,待橡胶衬成形后,打开靠模,对应于靠模的分模线,切开橡胶衬,经修整后得到橡胶压型。

硅橡胶胶液的配比可为硅橡胶 100+固化剂 15 或硅橡胶 100 g+正硅酸乙酯(固化剂) 5 mL+二丁桂酸=丁基锡(催化剂)1～1.5 mL+白炭黑或滑石粉(填料)20 g,混匀后使用,使用的温度为 20～25℃。胶乳液中材料的质量配比为天然胶乳 100(以干胶计)+氢氧化钾 0.25+硫磺 1+促进剂 PX 或 2DC 1+氧化锌 1+防老剂 D 少量+石蜡 1。

1.5.3　压型的主要结构组成

图 1-49 所示为一种手工操作的压型结构,该压型由上、下两个半型 3,10 组成,由图可见压型的主要组成部分有以下几项:

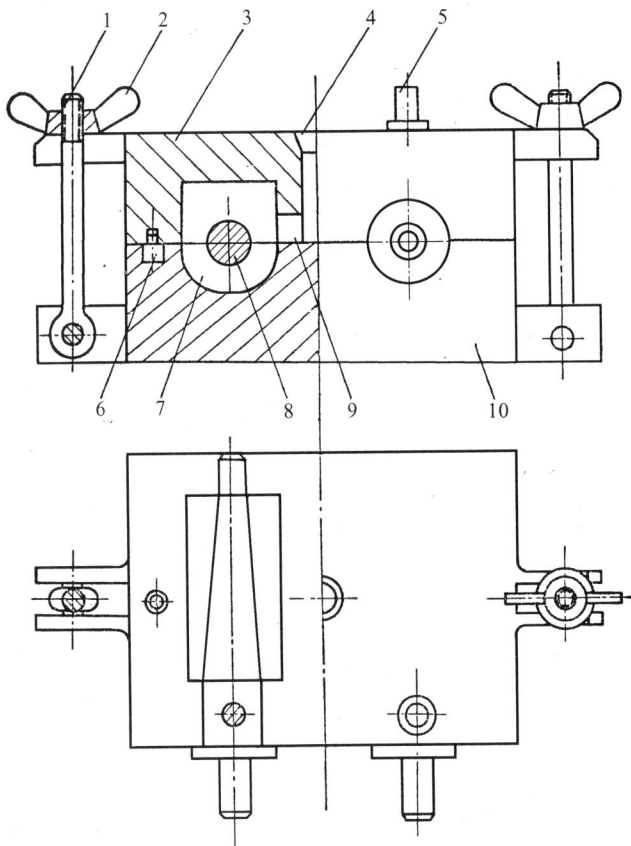

图 1-49　手工操作压型结构图

1—活节螺栓　2—蝶形螺母　3—上半压型　4—注模料口　5—型芯销
6—定位销　7—型腔　8—型芯　9—内浇道　10—下半压型

① 型腔:模料在此形成熔模;

② 注模料口:模料由此口进入型腔;

③ 内浇道:它既为压注熔模时的内浇道,也是浇注铸件时的内浇道;

④ 型芯:用它形成熔模内腔,如熔模内腔是弯曲的,或熔模的内腔壁不平直,金属型芯在熔模形成后,不能自熔模中取出,则可用可溶型芯,也可放陶瓷型芯。

⑤ 型芯固定机构:如图 1-49 中的型芯销 5,它起固定型芯在压型中位置的作用,也可用其他方法固定型芯;

⑥ 压型定位机构:如图 1-49 中的定位销 6,防止合型时上、下压型发生错位;

⑦ 压型锁紧机构:如图 1-49 中的 1,2,它们把压型各部连结为一个整体,防止压注熔模时,压型上的零件移位,或压型被胀开。

⑧ 排气道:主要利用压型分型面和型芯头与型的接触面上的缝隙进行排气,以利注入模

料时压型型腔内气体的排除。也可在上述两个接触面上开深度为 0.3～0.5 mm 的排气槽进行排气。有时还可用改变压型结构的办法以利型腔中某部位的排气,如图 1-50 所示。

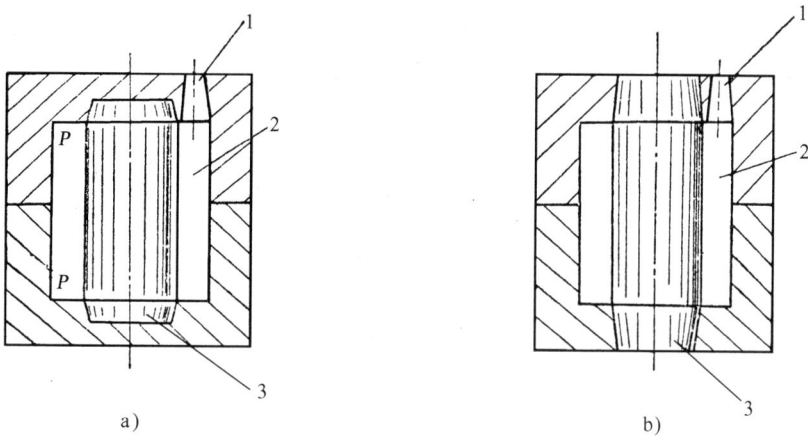

图 1-50　压型排气的改善

a)*P*处排气不好　b)改善后

1—注模料口　2—型腔　3—型芯

　　制熔模用压型的结构式样很多,各部分所用零件也多种多样,但一个健全的压型必须具备上面提到的各组成部分,它们的具体资料可参考有关手册。

　　在复杂的压型上还可增添如下机构:

　　① 起模机构:一般用顶板或顶杆自压型中顶出熔模(见图 1-51),此时应注意压型结构要保证在开型后,熔模留在有起模机构的半型中。

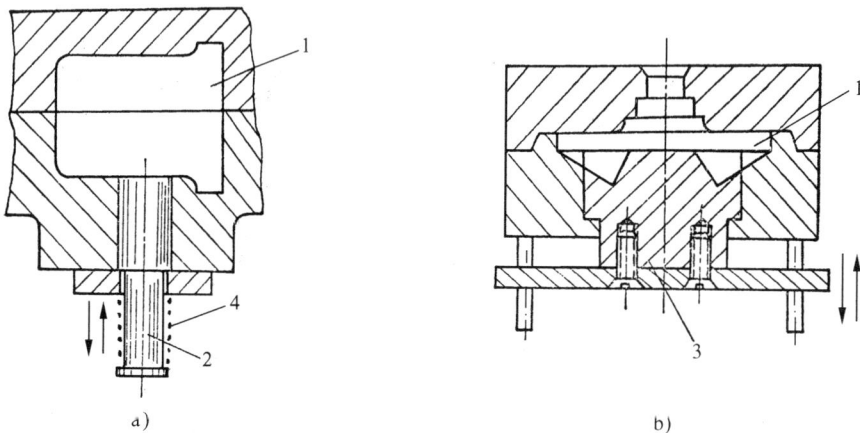

图 1-51　压型上的起模机构

a)顶杆起模机构　b)顶板起模机构

1—型腔　2—顶杆　3—顶板　4—弹簧

　　② 冷却系统:大量生产时,为加速熔模在压型中的冷却和提高熔模质量,可在压型中设冷却水通道。

1.5.4　压型型腔和型芯尺寸和表面粗糙度的设计

熔模的几何形状由压型型腔和型芯直接形成,故型腔和型芯的尺寸精度和表面粗糙度对熔模铸件的精度有极大的影响,为此有必要对压型型腔和型芯的尺寸和表面粗糙度给以专门的叙述。

(1)压型型腔和型芯尺寸的设计

从制造熔模开始到形成铸件,型腔和型芯的尺寸要经历三次变化:即模料在复制压型型腔尺寸后的冷却收缩;型壳在复制熔模尺寸后在焙烧加热过程中的膨胀,以及铸件金属在复制型腔、型芯尺寸后的收缩。所以在决定型腔、型芯尺寸时应周密考虑模料的平均收缩率 ε_1、型壳的平均线膨胀率 ε_2 和铸件金属的平均线收缩率 ε_3。因此设计压型型腔和型芯尺寸时的铸件综合平均收缩率 ε 应为

$$\varepsilon = \varepsilon_1 - \varepsilon_2 + \varepsilon_3 \tag{1-36}$$

ε_1 值与模料成分和制模工艺有关,如蜡基模料的 ε_1 大于松香基模料;而在制模时如用液态浇注或压注法,ε_1 便大于糊状模料压注时的 ε_1。一般 ε_1 值的变动范围为 $(0.38\sim2.05)\%$。ε_2 值与型壳的材料组成、制壳工艺、浇注时型壳的温度有关,如铝矾土型壳的 ε_2 小于硅石粉型壳;水玻璃型壳小于硅酸乙酯型壳。一般 ε_2 值在 $(0.50\sim1.20)\%$ 范围内波动。ε_3 值则与合金成分有关。

此外熔模和铸件各部分的收缩率也不同,如自由收缩部分,其收缩率就大;而收缩受阻部分,则收缩率小。型壳各部分的膨胀率也受它们之间的相互牵制而使各处发生的膨胀出现差异。所以铸件各部分的实际综合收缩率 ε_s 与 ε 的理论值不同。一般都根据实际经验数据选择,可从一些有关手册查找。

表 1-20 示出了一些合金铸件在用不同模料、不同型壳材料生产时的实际综合收缩率值的变动范围。自由收缩部位的综合收缩率值取大值,收缩受阻部位处则取小值。

表 1-20　不同合金铸件在不同模料、型壳条件下的 ε_s 值

铸件合金	铸件壁厚(mm)	模料、型壳条件	$\varepsilon_s(\%)$
碳钢合金钢	<3	蜡基模料,硅酸乙酯水解液硅石粉型壳	0.2~1.2
		蜡基模料,水玻璃硅石粉型壳	0.8~1.8
		松香基模料,硅酸乙酯水解液刚玉粉型壳[①]	1.1~2.2
	3~10	蜡基模料,硅酸乙酯水解液硅石粉型壳	0.4~1.4
		蜡基模料,水玻璃硅石粉型壳	1.0~2.0
		松香基模料,硅酸乙酯水解液刚玉粉型壳[①]	1.3~2.4
锡青铜	<3	蜡基模料,硅酸乙酯水解液硅石粉型壳	0.4~1.3
		松香基模料,硅酸乙酯水解液刚玉粉型壳	0.8~1.5
	3~10	蜡基模料,硅酸乙酯水解液硅石粉型壳	0.8~1.8
		松香基模料,硅酸乙酯水解液刚玉粉型壳	0.9~2.0

铸件合金	铸件壁厚(mm)	模料、型壳条件	$\varepsilon_s(\%)$
铝合金	<3	蜡基模料,硅酸乙酯水解液硅石粉型壳	0.3～1.2
		松香基模料,硅酸乙酯水解液刚玉粉型壳	0.3～1.3
	3～10	上述两种模料和型壳	0.5～1.5

① 适用于高温合金。

根据 ε_s 值,可计算压型型腔和型芯的名义尺寸 l;

$$l \pm a = l_p(1 + \varepsilon_s\%) \pm a \tag{1-37}$$

式中 l_p —铸件平均尺寸, $l_p = L \pm \Delta'/2$ 。(L —铸件上的名义尺寸; Δ' —上、下公差的代数和);

a —制造公差,一般为铸件尺寸公差的 $1/3 \sim 1/5$ 。

生产中很难一次就把压型型腔和型芯的尺寸设计正确,常需在制成压型后经试生产进行压型尺寸的修正。因主要用切削的办法修整压型,故设计时对形成铸件外廓的尺寸取较小的 ε 实值,使压型型腔做得稍小;而对形成铸件内腔的尺寸取较大 ε_s 值,使型芯或型腔上凸出部位的尺寸制得稍大,以便切削修整。

(2) 压型型腔和型芯的表面粗糙度设计

试验结果表明,在铸件表面粗糙度与熔模的表面粗糙度之间具有如下抛物线关系:

$$Ra_z = KRa_y^{1/2} + N \tag{1-38}$$

式中　Ra_z —铸件表面粗糙度, μm,

Ra_y —熔模表面粗糙度, μm,

K, N —由铸件形状、工艺因素决定的常数。

熔模的表面粗糙度应比铸件的表面粗糙度细。而熔模的表面粗糙度又与压型型腔的表面粗糙度以及压注熔模时的工艺有很大关系。同一压型一般涂挥发性溶剂后,采用液态模料压注的熔模的表面粗糙度最细;而用油质分型剂,采用糊状模料压注的熔模表面粗糙度最差。与此同时,熔模的表面粗糙度随压型型腔的表面粗糙度变细而变细,但当压型型腔表面粗糙度细到一定程度以后,随后的熔模表面粗糙度则取决于压注熔模的工艺条件了。

一般压型型腔和型芯的表面粗糙度应比铸件所要求的表面粗糙度细 3～4 级。机械加工金属压型各部位要求的表面粗糙度要求见表 1-21。

表 1-21　压型各部位的表面粗糙度 Ra

压型部位	型腔、型芯	芯头、活块配合面、定位面	分型面	浇冒口系统	非工作表面
$Ra(\mu$m)	0.2～0.8	0.8～3.2	0.8～1.6	1.6～6.3	6.3～12.5

第2章
陶瓷型铸造

概　　述

陶瓷型铸造在20世纪50年代由英国人肖(Show)完善试验成功,故又称肖氏法。它是在砂型铸造和熔模铸造基础上发展起来的,即在硅酸乙酯水解液和耐火粉料的陶瓷浆料中加入破坏硅酸乙酯水解液稳定性的催化剂,用浇灌浆料代替捣实型砂的方法制造铸型,浇注金属液生产铸件。采用这种铸造方法制得的铸件具有较高的尺寸精度和较细的表面粗糙度,所以人们把陶瓷型铸造方法归为精密铸造的一种方法。

2.1 陶瓷型铸造的制型过程、特点和应用范围

2.1.1 陶瓷型的制造过程

有两种陶瓷型,一种是全部用陶瓷浆料制造的铸型;另一种是铸型的面层用陶瓷浆料形成,而背层(相当于砂型的背砂层)则用型砂(主要由水玻璃砂)或金属框形成,以增强铸型。这种背层又称为底套,即陶瓷型的底套有砂套和金属套两种。全部用陶瓷浆料制型操作简便,但价格较高的浆料消耗大,型易开裂,适用生产小型铸件和制造陶瓷型用型芯。具有底套的陶瓷型用价格低廉的型砂替代陶瓷浆料,可降低成本,而且所制陶瓷型不易开裂,透气性好,常在中、大型铸件生产时用。砂套适用于单件和小批量生产,金属套适用于大量生产。

图2-1示出了全用陶瓷浆料制型的过程。先将模样(又称母模)固定在型板上,在模样表面抹擦分型剂(见图2-1a),而后在型板上放好型框,向其中灌注陶瓷浆料(见图2-1b);待浆

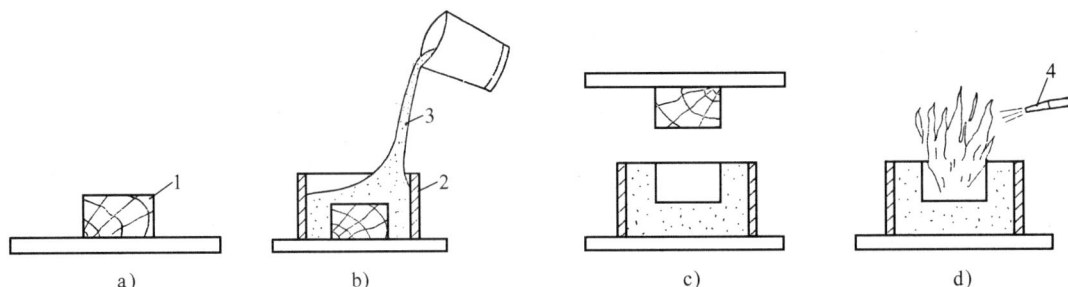

图2-1　全部采用陶瓷浆料的造型过程示意

a) 模样置于模板上　b) 向型框内灌浆　c) 取出模样　d) 喷烧

1—模样　2—型框　3—浆料　4—压缩空气喷嘴

料固化至有一定弹性,尚未完全坚硬的程度,从型中取出模样(见图 2 - 1c);随后立即点火喷烧,烧去浆料中的酒精,吹压缩空气助燃,调整型面上各处的燃烧速度(见图 2 - 1d);最后把其送入高温炉中焙烧,准备合型浇注。

图 2 - 2 所示是带砂套的陶瓷型制造过程。图 a 所示的模样 A 用来形成铸件的型腔,模样 B 用来形成砂套的内腔。先用模样 B 制砂套,捣实水玻璃砂,并用 CO_2 硬化好(见图 2 - 2b);在水玻璃砂套腔中放好模样 A,通过灌浆孔 5 向型中灌陶瓷浆(见图 2 - 2c);待陶瓷浆料固化到一定程度,取出模样 A(见图 2 - 2d),对型的表面进行喷烧(见图 2 - 2e)。

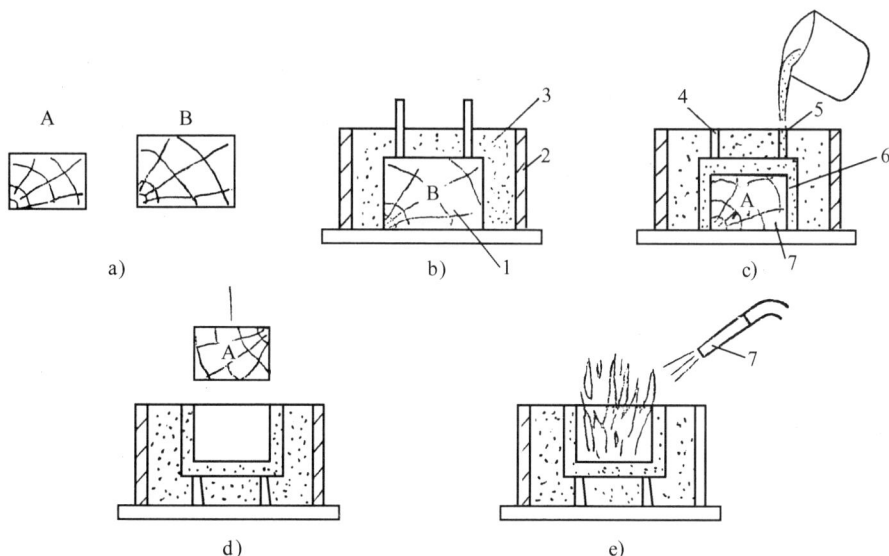

图 2 - 2 　 带砂套的陶瓷型制造过程

a) 模样　b) 制砂套　c) 向型中灌陶瓷浆　d) 取出模样　e) 喷烧
1—制砂套模样　2—型框　3—水玻璃砂　4—出气孔　5—灌浆孔
6—陶瓷浆　7—制型腔用模样

也可在形成铸件内腔的模样上贴一黏土层(其厚度为陶瓷层的厚度)进行砂套的制作,然后剥去泥层进行灌浆制陶瓷型。陶瓷层的厚度可为 $10 \sim 20$ mm。

2.1.2 　 陶瓷型铸造优缺点

由于陶瓷型的工作表面热稳定性高,在高温下变形小,故陶瓷型铸件尺寸精度高,达 CT5~7 级。光洁的陶瓷型腔表面可使铸件表面粗糙度为 $Ra3.2 \sim 12.5$ μm。

陶瓷型可铸造重量最大达十几吨的精密度要求较高的铸件。

陶瓷型可用来浇注多种合金,如高温合金、合金钢、碳钢、铸铁、铜合金、铝合金等。

用陶瓷型铸造时生产准备简单,不需复杂设备,但所用原材料价格还是较高,不适于批量大、结构复杂、重量轻铸件的生产。生产工艺过程难于实现机械化、自动化。

2.1.3 　 陶瓷型铸造应用范围

目前陶瓷型铸造已成为大型厚壁精密铸件生产的重要方法,广泛用于冲模、锻模、铸造模样、玻璃器皿模、塑料器具模、橡胶品模、金属型、热芯盒、工艺品等表面形状不易加工铸件的生产。陶瓷型铸造模具的使用寿命常高于机械加工的模具。一些重要机件如叶轮等也有用陶瓷型铸造生产的。

2.2　陶瓷型铸造工艺特点

2.2.1　制陶瓷型用模样和分型剂

制陶瓷型用模样可用木材、石膏、环氧树脂、泡沫聚苯乙烯、金属和硅橡胶制造。木材和石膏质模样成本低,制作方便,但工作寿命低,铸件尺寸精度和表面粗糙度都稍差。石膏模样的制作方法与熔模铸造用石膏压型的制作方法相似,其工作表面上可涂一层聚氨酯等保护塑料。

环氧树脂模样的制作方法与熔模铸造塑料压型的制作方法相似。其使用寿命长,但成本较高,适用于表面粗糙度和尺寸精度要求都很好的铸件生产。

泡沫聚苯乙烯模样表面可涂一层降低粗糙度的发光剂,发光剂的质量配方为有机玻璃1+氯仿20～40的溶液。适用于要求表面较光洁、形状十分复杂、起模困难铸件的大量生产。

金属模样主要用于尺寸精度和表面粗糙度要求很好铸件的大量生产,成本较高,工作寿命长,模样表面可抛光、镀铬,以降低表面粗糙度。

橡胶模样则主要用于陶瓷型艺术铸造。

制陶瓷型时涂抹在模样上的分型剂可为矿物油、清漆、磁漆、蜡料、硅油等。先在模样上均匀抹一薄层,然后用干燥软布擦匀。

2.2.2　陶瓷浆料和灌浆

陶瓷浆料的主要组成为硅酸乙酯水解液、耐火材料(粉和砂粒)、催化剂和一些附加剂。常用的耐火材料有硅石、刚玉、铝矾土、锆英石、碳化硅等。其粒度为20～270目。其中应用粗砂粒是为了增加陶瓷型的强度和透气性,预防陶瓷型浆料在喷烧、焙烧过程中因熔剂液相挥发时线收缩不均匀而出现的裂纹。

陶瓷浆料中加催化剂是为了改变硅酸乙酯水解液的 pH 值,以促使陶瓷浆料结胶。通过催化剂加入量的多少以控制浆料的开始固化时间和固化终了时间。一般环境温度较高时,催化剂的加入量可少;温度较低时则需加入较多的催化剂。可用的催化剂有氢氧化钙、氧化镁、氢氧化钠、氧化钙等。还有的利用三乙醇的酒精溶液(质量组成为三乙醇1+酒精2.5)。

较常用的催化剂为氢氧化钙和氧化镁。氢氧化钙作用较强烈,氧化镁的催化作用则较缓慢。一般每 100 mL 硅酸乙酯水解液用氢氧化钙粉约 0.35 g,浆料结胶时间约 8～10 min,这适用于大件,使灌浆操作时间较充裕。而对于中小铸件,可多加一些氢氧化钙,浆料结胶时间缩短,可防止浆料中颗粒在型中沉淀分层。氧化镁的用量为每 100 mL 水解液约加 1～2 g。

配制陶瓷浆料时的粉(g)液(mL)比举例如下。

硅石浆料：5：(2～3);铝矾土浆料：10：(3.5～4);刚玉或锆英石浆料：2：1。在保证浆料流动性前提下,希望粉液比值大一些,可减少铸型开裂、分层缺陷。

有时在浆料中还可加入一些硼酸甘油以增加陶瓷型在高温焙烧时的塑性,防止出现裂纹。

为增加陶瓷型的透气性,浆料中可加入占耐火材料质量(0.2～0.3)％的透气剂——双氧水。双氧水在浆料中分解出氧气形成微细气泡,使陶瓷型的透气性改善。

表 2-1 中列出了一些陶瓷浆料的配比。

混制浆料时,一般在硅酸乙酯水解液中缓慢倒入混有催化剂的耐火材料,边倒边搅拌,直至粉料与水解液混合均匀。当浆料出现结胶迹象时,就应立即灌注。

表 2-1　几种陶瓷浆料的配比举例

浆料名称	100 g 耐火材料配比(g)			硅酸乙酯水解液(mL)	Ca(OH)$_2$(g/100 mL水解液)	MgO(g/100 mL水解液)	H$_2$O$_2$(g)	10%甘油硼酸溶液(mL)	应用范围
锆英石浆料	270 目	200~106 目	20~40 目	25~35	0.35	—	—	3~5	中、大合金钢,碳钢件
	65	25	10						
铝矾土浆料	100/150 目		150 目/底盘	35	0.4~0.6	1.0~2.0	0.3	3~5	中、小铸铁、铝合金、铜合金件,大型铸铁、铝合金、铜合金件
	20~40		60~80	35			0.3		
	40~60		40~60						
硅石粉浆料	270 目	50~100 目	30~50 目	40	0.2~0.4			3~5	中、大碳钢件
	55	30	15						

注：1) 铝矾土浆料中可不用 H$_2$O$_2$。
2) 甘油、硼酸在混制浆料时可加入水解液中。
3) 如用(NH$_4$)$_2$CO$_3$ 作催化剂,应先配成(7~10)%质量浓度水溶液,每 100 mL 水解液加 3~5 mL。
4) 也可用混合的耐火材料配制浆料。

近几年来,无醇陶瓷浆料制陶瓷型的工艺得到了发展,即在制备浆料时,把硅酸乙酯的水解和浆料的混制放在一起进行,同时不采用溶剂——乙醇。利用硅酸乙酯、水、较多的盐酸和耐火材料在一起搅拌过程中促进水和硅酸乙酯的充分接触,并在催化剂作用下实现硅酸乙酯的充分水解。这样可避免陶瓷型在灌浆后固化、焙烧过程中因失去溶剂而出现的较大收缩,防止陶瓷型开裂,同时也可省去喷烧的工序。一般搅拌浆料时的加料次序为先使液相充分搅拌均匀,最后加入耐火材料。

表 2-2 列出了一例无醇陶瓷浆料的质量组成。

表 2-2　无醇陶瓷浆料质量组成举例

耐火材料	硅酸乙酯32	水	盐酸	催化剂
100	26~28	11~12	5~7	0.4~0.8

灌浆造型时,应注意以平稳速度灌浆,防止浆料卷入空气。最好边灌浆边振动型框和型板,促进浆料挤走气体和浆料的充填。

为进一步提高浆料在砂套和模样所形成的窄缝中的流动性,可在砂套表面刷一层有机硅清漆,形成 0.02~0.06 mm 憎水膜,可阻止有孔砂套对浆料的吸附作用,增大浆料的光型能力,也可加压灌注浆料,在制形状复杂铸件时很有效,且可使铸件轮廓花纹清晰,但压力不可太大。

2.2.3　起模、喷烧和焙烧

陶瓷浆料在成形后的固化需要一段时间,其形态由黏稠状态向弹性状态发展,起模时间太早,陶瓷型强度不够,很易把型破坏。最好的起模时刻是陶瓷浆料已有很好弹性,但尚未开始脱液收缩之前。从陶瓷型中取出模样有时需要用较大的力量,手工起模困难,生产中常用一些

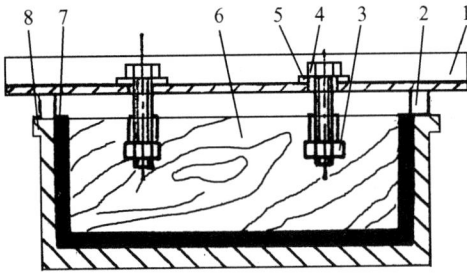

图 2-3　螺栓起模工具

1—角铁　2—垫块　3—螺母　4—起模螺栓
5—垫块　6—模样　7—陶瓷型　8—砂套

工具辅助起模,图 2-3 示出了一种螺栓起模的工具,同步拧动螺栓便可实现起模。

自型中取出模样后,陶瓷型表面开始大量挥发溶剂,为使陶瓷型表面的溶剂挥发速度分布均匀,使陶瓷型表面的收缩速度一致,陶瓷型表面上只形成微细、均匀分布、不影响铸型表面光洁度的微细裂纹,而不会形成破坏铸型表面的集中性大裂纹,因此需要对铸型喷烧。点燃铸型表面挥发出来的乙醇,向型面喷吹压缩空气,调节铸型各部位的燃烧速度,如铸型的窄深凹处、内转角处,挥发出来的溶剂不易燃烧散失,这些部位的陶瓷层固化速度就慢,陶瓷型表面的收缩就易在这些部位集中而形成大的裂纹。喷烧时就应多向这些部位吹压缩空气助燃。在喷烧过程中,陶瓷型很快固化,型腔形状很快得以固定下来,可提高铸件的尺寸精度。喷烧中在型面形成的微细裂纹可增加铸型的透气性。

经喷烧后,陶瓷材料中的水分和溶剂可排除 80% 以上。为进一步驱除型中的水分、溶剂和其他有机物,提高陶瓷型的强度,喷烧后的陶瓷型需送入高温炉中焙烧。用砂套时,陶瓷型的焙烧保温最高温度不超过 600℃。但有时铸钢时,陶瓷型的焙烧温度也有升至 800℃ 的。焙烧保温时间一般为 2~5 h。铸型可随炉冷至 200℃ 以下后合箱,在室温浇注;也可热型合箱浇注。

为防止碳钢件热型浇注后表面脱碳,可在陶瓷型型腔面上喷涂薄层酚醛树脂的酒精溶液。

第 3 章

石膏型铸造

概　述

石膏型铸造是指主要以石膏为材料制造铸型,并使金属在此种型内成形的铸造方法。

石膏型的制造过程与陶瓷型相似,即把石膏浆灌注入带有模板的型框内,待石膏浆固化后取出模样,将石膏型干燥、焙烧,即可制得铸型。

制型的模样如用木材、石膏、环氧树脂和金属制成,则造型时只能用"拔"的方法从型中取出模样,此种石膏型称为拔模法石膏型。用拔模法造型制得的铸件尺寸精度稍低,形状不能太复杂。还可用熔模制造石膏型,用加热的方法自固化的石膏型中取走熔模。由此种石膏型得到的铸件尺寸精度高,形状可以很复杂。这种方法又称石膏型熔模铸造。

根据石膏型的内部结构状态又可把石膏型分为:① 普通石膏型,即对石膏浆或石膏型不作特殊处理按一般工艺制得的石膏型,此种石膏型的透气性很低,但强度高,而型腔尺寸不稳定。② 压蒸石膏型,将①法制得的石膏型在有压(0.1~0.2 MPa)热蒸汽(110~140℃)中经6~8 h 薰蒸处理过的石膏型,由于其中石膏晶粒成长,在晶粒间留出空隙。故此种石膏型具有较高的透气性,型腔尺寸稳定性好,但强度较低。③ 发泡石膏型,系用混有大量气泡的石膏浆制成,石膏型内部有气泡,故透气性高,但强度和尺寸稳定性低。

石膏型铸造的优缺点可归纳如下:

① 用石膏型生产的铸件为精密铸件,锌合金、铝合金铸件的表面粗糙度可为 $Ra0.8$~$3.2\ \mu m$,而铜合金铸件的表面粗糙度为 $Ra3.2$~$12.5\ \mu m$。铸件的尺寸精度可达 CT3 级。

② 铸件形状可以很复杂,其表面微细的凹凸花纹都可铸出,如高度为 $12\ \mu m$,间隔距离为 $0.2\ mm$ 的规则凹凸花纹。由于金属在石膏型的冷却速度仅为在砂型中的 $1/2$~$1/3$,故可铸得很薄的铸件壁厚,为 0.5~$1\ mm$。铸件的最大尺寸可为 $500\ mm$(熔模法造型)至 $1\ 000\ mm$(拔模法造型)。

③ 由于金属在石膏型中凝固慢,故铸件中的铸造应力小、变形小、组织和力学性能分布均匀。但组织中晶粒粗大,铸件力学性能较低,不过可通过热处理进行强化。铸件易出现收缩性缺陷。

④ 制石膏型模样的铸造斜度可小于 $2°$,有特殊要求时甚至可以无斜度或有较小的倒斜度,因石膏型浆料在胶凝时有线膨胀,并且其湿态强度也较高,起模时不易损坏铸型。

⑤ 浇注后的石膏型易打箱,铸件清理容易。

⑥ 铸型制造周期长,常需 2~3 天。

⑦ 由于石膏在 $1\ 300℃$ 左右或甚至更低的温度(与浇注金属有关)时会分解,失去强度,故只能浇注温度低于 $1\ 100℃$ 的合金和金属,如铝、锌、镁、铜等合金和金、银。

⑧ 除了发泡石膏型透气性较好外，其他石膏型在浇注时常需采取加压浇注、真空吸注等工艺，使浇注工序复杂化。

⑨ 造型时对设备和工装要求简单，但不易实现机械化生产，故只适于单件和小批量生产。

⑩ 造型材料价高，不能回收。

石膏型铸造始于 20 世纪初叶，最初用于金属假牙的铸造，在 20 世纪的 20 年代开始用于首饰类工艺品的制造，浇注的金属主要为金、银、铂和铜合金。只是在 1940 年起，此法才开始用来生产工业制品。目前用此法较多地生产塑料制品模、橡胶制品模、首饰、美术工艺品、航空、汽车、电气、通讯、制造业的零件，如叶轮、波导管、各种壳体仪表框架等。

3.1 制石膏型用材料及其组成

（1）石膏

制造石膏型的石膏为熟石膏，它是用天然石膏矿石(二水石膏 $CaSO_4 \cdot 2H_2O$)经加热处理后而得到的半水石膏 $CaSO_4 \cdot 1/2H_2O$。有两种半水石膏；用水蒸气加热处理而得的称 α 型半水石膏；用直接煅烧法(干法加热)使二水石膏脱水的半水石膏称 β 型半水石膏。用 α 型半水石膏制造的石膏型的强度比 β 型半水石膏做的型高得很多，而且用 α 型半水石膏制造时需水量又较少，可使石膏型的干燥工序周期缩短；α 型半水石膏浆料的膨胀量又较大，可使造型时的取模省力。故石膏型铸造时都用 α 型半水石膏制型。

半水石膏与水制成浆料后，会进行下述凝结反应：

$$CaSO_4 \cdot 1/2H_2O + 3/2H_2O = CaSO_4 \cdot 2H_2O + 17\ 166 \pm 84(J/mol) \qquad (3-1)$$

此反应生成的 $CaSO_4 \cdot 2H_2O$(二水石膏)在水中溶解度很小，以细长针状晶体析出；随着二水石膏晶体的不断析出和长大，浆料的黏性上升，失去流动性，与此同时体积膨胀。最后相互搭接的二水石膏使石膏表现出硬化并具有一定强度的状态。这一过程可持续数十小时。α 半水石膏在此全部反应过程中的膨胀量可达(0.4~0.6)%。全部凝结后的石膏组织为包罗有水分的二水石膏晶体网络组织。

石膏浆的(胶)凝速度随混水量的增加而放慢，随加入水的温度(<50℃)提高而加快，随后减慢。

石膏型成形后，由于其中还有水分，而且强度的潜力还没充分发挥，所以要对二水石膏进行加热干燥和脱水。在不同的加热温度范围区间，石膏会发生以下变化：

在 128℃左右

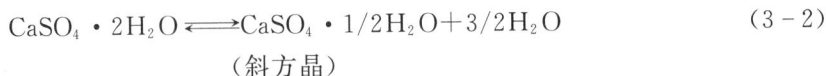

$$CaSO_4 \cdot 2H_2O \Longleftrightarrow CaSO_4 \cdot 1/2H_2O + 3/2H_2O \qquad (3-2)$$
$$（斜方晶）$$

在 164℃以上

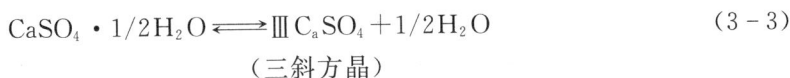

$$CaSO_4 \cdot 1/2H_2O \Longleftrightarrow Ⅲ C_aSO_4 + 1/2H_2O \qquad (3-3)$$
$$（三斜方晶）$$

该反应中的 $Ⅲ CaSO_4$ 为可溶性无水石膏，遇水还会变成半水石膏。这样的石膏型就可用来浇注铸件。石膏在脱水过程中出现线收缩。

但如用熔模制造石膏型，为彻底清除石膏型内模料，石膏型需加热至 700℃。如浇注金属，则石膏被加热的温度还要更高。在 400℃左右，会出现下述同质异构变化：

$$Ⅲ CaSO_4 \longrightarrow Ⅱ CaSO_4 \qquad (3-4)$$
$$（斜方晶）$$

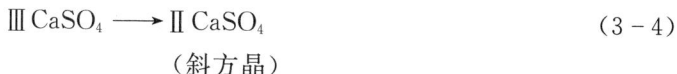

Ⅱ $CaSO_4$ 为难溶性无水石膏,遇水再不能转变为半水石膏了,故又称死烧石膏。

在 1 200℃左右,Ⅱ $CaSO_4$ 再度转变为 Ⅰ $CaSO_4$（单斜晶）。在 1 330℃左右,石膏开始分解,其反应式为

$$CaSO_4 \longrightarrow CaO + SO_2 + 1/2 O_2 \qquad (3-5)$$

分解后的石膏失去强度,所以石膏型浇注金属后很易打箱清理。

图 3-1 示出了石膏在不同温度时的线膨胀率变化情况。

石膏的开始分解温度还与所接触的金属有关。如铜、铁与石膏高温接触时,能使石膏有一定程度的还原,并生成 CaO 和金属氧化物。铜可使石膏开始热分解温度降至 1 220~1 240℃,而纯铁和铸铁则使石膏开始热分解温度降至 900℃和 1 020~1 030℃。因此石膏型可浇注铜合金,但不能用来浇注铸铁和钢。锡、锌、镁、铝在高温时与石膏接触后产生放热反应,可使石膏进一步还原,产生硫化钙和金属氧化物。好在被降低的石膏开始分解温度远高于这些金属的浇注温度,故石膏型仍可浇注这些金属的合金。

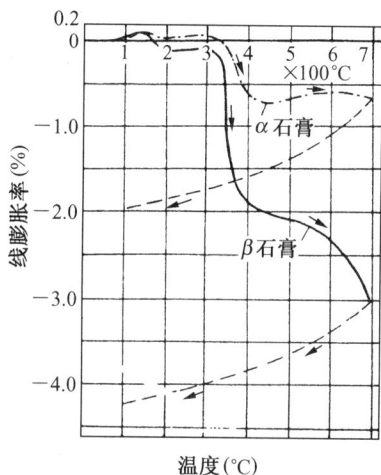

图 3-1　$α,β$ 石膏的热膨胀曲线

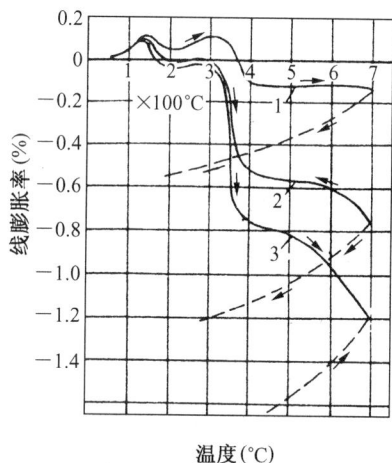

图 3-2　三种填料质量含量为 70% 的石膏型混合料的热膨胀曲线

1—30%石膏+70%方石英　2—30%石膏+70%硅石粉
3—30%石膏+70%煤矸石

（2）填料

为预防纯石膏制的铸型在加热干燥过程中出现较大收缩而引起的铸型开裂和变形和提高铸件尺寸精度,常在石膏浆料中加入一定量的硅铝系耐火材料,如硅石粉、硅砂、方石英粉、莫来石粉(砂)、上店土、铝矾土粉(砂)、红砖粉等。利用这些材料在受热时可能出现的膨胀或本身的不收缩性来部分地抵消石膏的总收缩量。图 3-2 示出了几种填料对石膏型热膨胀的影响曲线。将此图与图 3-1 上的曲线比较,可明显地发现填料对降低石膏型收缩的影响。当然对填料的粒度分布也有一定的要求。

（3）改性剂

一些能显著改变石膏胶凝膨胀和随后干燥收缩性能的物质,用量较少,如硫酸钾、氯化钡、

氧化钙、水泥、石棉等。它们都可使石膏的胶凝膨胀量降低。制备石膏浆时用水量的增加和加入水温度的升高都可降低石膏的胶凝膨胀率。

一般希望把石膏型型腔尺寸变化控制在$(0 \sim \pm 05)\%$的范围内。

（4）缓凝剂和促凝剂

碳酸钠、柠檬酸钠、硼砂、骨胶、硅溶胶、淀粉、酒精等都能迟缓石膏浆料的胶凝速度。而温水、氧化镁、食盐、硫酸钾、硫酸钠、硫酸铝则能起促进胶凝的作用。其中硫酸盐可成为石膏$(CaSO_4)$的形核剂。它们的用量应控制在不损害铸型强度和型腔尺寸精度的范围内。使用食盐、硫酸盐时，应注意它们在干燥石膏型时会迁移到铸型表面，使表面粉化和产生硬点，破坏铸型表面质量，需注意控制。在配制浆料选用水时，应注意水的硬度，因硬水中含有这些盐类，水的硬度也会影响石膏浆的胶凝速度。

（5）增强剂

为提高石膏型的强度，可在浆料中加入$(1 \sim 2)\%$质量分数的直径为几十微米，长度为$1 \sim 3\ mm$的玻璃纤维、陶瓷纤维或碳纤维等耐火纤维材料。它们还可抑制石膏在凝胶、干燥时的膨胀和收缩。而且也对石膏的胶凝时间有影响，在发泡石膏制备时会阻碍气泡的生成。

（6）透气剂

为提高石膏型的透气性，可在石膏浆中加长纤维滑石（石膏型需在$800℃$保温数小时）、木素粉（石膏型加热时碳化缩小或气化）。也可在石膏浆中加酒石酸、金属镁粉、碳酸钙等，它们能在石膏型成形过程中产生气体，形成气泡，使石膏型的透气性提高。硅藻土也可提高石膏型的透气性。

前面已提到过的压蒸石膏型和发泡石膏型也是一种提高石膏型透气性的措施。

（7）提高铸型导热性的材料

石膏的热导率很低，只有$0.22\ W/(m \cdot K)$，会降低铸件的力学性能。为改善石膏型的导热性，可在石膏中加入铁粉。当石膏型的质量组成为石膏95%＋铁粉5%时，其热导率可提高1倍多，达$0.46\ W/(m \cdot K)$。

石膏型中混合硅砂，也可提高其热导率。

（8）发泡剂和消泡剂

在石膏浆料中加入表面活性剂，如烷基磺酸钠，可使石膏浆内充满气泡，浆料体积增大$(50 \sim 150)\%$，改善石膏型的透气性，但铸型强度降低。

为增强铸型强度、消除气泡的削弱作用，可在浆料中放消泡剂正辛醇。其用量可参考熔模陶瓷浆料的配方。

表3-1列出了一些石膏型材料的质量组成举例。

表 3-1 石膏型材料的质量组成举例

序号	α石膏	硅石粉、砂	方石英粉	莫来石粉、砂	铝矾土粉、砂	上店土粉	红砖粉	硅藻土	硫酸钾	水（外加）
1	33.5	粉29，砂35.5						2	0.15～0.30	30～50
2	30	粉70								42～55
3	30	粉50，砂20								35～45
4	30	砂20				50				31～43
5	30	20		50						40

序号	α石膏	硅石粉、砂	方石英粉	莫来石粉、砂	铝矾土粉、砂	上店土粉	红砖粉	硅藻土	硫酸钾	水（外加）
6	30	35	35							40
7	30	35			35					60
8	30			70						45
9	30				45		25			35
10①	55	45								55

注：在上述配方中，可根据对铸型性能的要求加入少量缓凝、促凝剂，增强剂，消泡剂。镁合金铸造时可加入1%硼酸，防镁氧化。

① 该配方只适用于拔模石膏型。

3.2 石膏浆料的配制和石膏型制造工艺

3.2.1 石膏浆料的配制

有两种用来制型的石膏浆料：非发泡浆料和发泡浆料。

配制非发泡浆料时，可用如图3-3的石膏浆料搅拌桶。锥形桶的上、下直径比为3：2，搅拌用螺旋桨的位置如该图所示。螺旋桨的使用转速为200～500 r/min。

先把能溶于水的配料溶于水中，如有耐火纤维也可一起加入，并搅匀，倒入搅拌桶中，将混匀的干料倒入水中，静置浸湿约30 s。而后用螺旋桨搅拌，持续3～5 min，直至浆料无沉淀和气泡呈奶油状为止。

也可将浆料桶放入真空室中，进行真空搅拌，使气泡从浆中逸出，真空度为4～6 kPa。

配制发泡浆料时，采用如图3-4的橡胶圆盘搅拌器，搅拌含有发泡剂的石膏浆。为吸入空气，搅拌器的放置情况应如图3-5a所示，圆盘转速为2 000 r/min，持续约1 min。而后为破碎浆料中气泡，应把圆盘浸入浆料中（图3-5b）搅拌，其转速为1 000 r/min。最终气泡增量达70%以上，气泡尺寸约为0.25 mm。

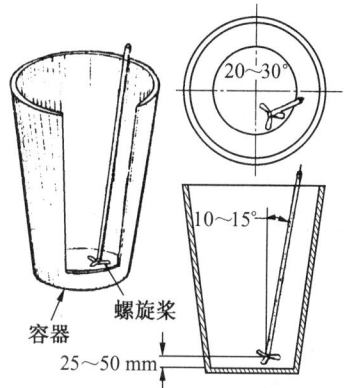

图 3-3 石膏浆料搅拌桶

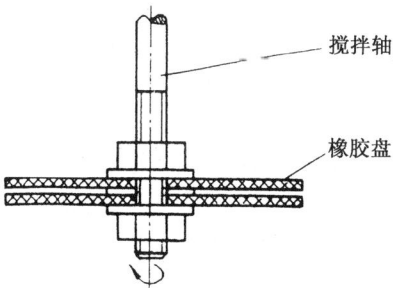

图 3-4 橡胶圆盘搅拌器

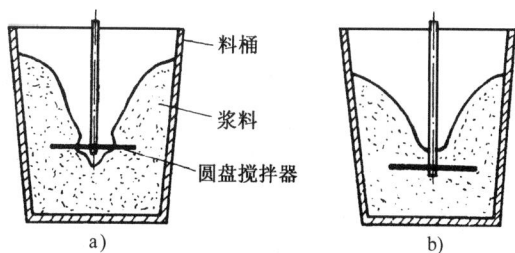

图 3-5 发泡石膏浆的搅拌

a) 吸入空气　　b) 打碎气泡

3.2.2　铸型的灌浆和脱模

(1) 模样的准备

如同制陶瓷型那样,需先在模样和模板表面涂抹分型剂。如型框为活脱式的,在型框内表面上也应涂抹分型剂。金属、环氧树脂和木制模样的分型剂为石蜡或硬脂酸的煤油溶液;石膏模样的分型剂为肥皂水;石膏型之间的分型剂为凡士林、润滑脂;硅橡胶模样的分型剂为矿物油。石蜡、硬脂酸的煤油溶液是把石蜡或硬脂酸切成小块,放入温度为 60~80℃,质量与它们相等或更多的煤油中溶解,冷却后使用。

灌浆前将模样和型框放在模板或假型上。

如制熔模石膏型,则应将模组表面清洗干净,并固定在置于底盘上的砂箱中。

(2) 灌浆和脱模

将浆料平稳地倒入型框(砂箱)的底部,防止浆料冲击模样和熔模,防止浆料裹气。为防止型腔工作表面出现气泡,可用毛笔轻轻刷抹模样或熔模表面,驱赶气泡。灌浆时可轻轻振动底板或底盘,以使浆料能很好地充填模样与型框(砂箱)间的空间。

也可在真空条件下灌浆,此时在真空室内搅拌完的浆料可通过管道直接流入置于下面真空室中的型框或砂箱中。灌浆室中的真空度为 3~5 kPa。

浆料在型框(砂箱)内胶凝固化,其温度逐渐升高,一般当温度升到最高点时,便可以脱模了,大概需时 20~30 min。

如为拔模石膏型,最简单的方法是向铸型与底板(假型)间和铸型与模样间的缝隙吹 0.2~0.5 MPa 的压缩空气,可容易地从型中取出模样。也可如陶瓷型那样用简单的工具起模。有时外形复杂的模样,则把模样分成几块,一块一块地从型中取出模样,这可减少分型面和铸造斜度。但模样制造工作量增大,而且铸件尺寸精度受损。

熔模石膏型凝固后在脱模前至少应停放 1~2 h,以使石膏型充分膨胀,但不宜放置过久,因过分干燥的石膏型在脱模时容易开裂。

常用热空气或蒸汽脱模,脱模的温度稍高于 100℃,过高的温度会使在模料自型中流完前,铸型失水过多,而使模料渗入型内。由于石膏型传热太慢,故脱模时间较长,需 2 h 左右。脱模后的熔模石膏型应在空气中放置 24 h 以上。

3.2.3　石膏型的干燥和焙烧

为使石膏型在浇注前为强度较高的无水石膏型,必须对脱好模的石膏型进行干燥和焙烧。石膏型的干燥和焙烧最好在强制循环排风式的电气干燥炉内进行,也可利用燃气或微波为热源。石膏在升温过程中先脱去过剩水,而后随着温度的升高进行如式(3-2),(3-3),(3-4)的反应。对非熔模石膏型而言,一般石膏型的最高加热温度为 200~300℃。石膏的同质异构转变只进行到式(3-3)为止。而熔模石膏型的加热最高温度需达 700℃,以烧去残留模料,式(3-4)所示的同质异构反应也就完成了。

由于石膏的热导率低,石膏型在干燥、焙烧时的升温速度应较小,以免因型内温度的太不均匀而引起的各处不同收缩速度相差太大,致使石膏型出现裂纹和翘曲变形。往加热炉中装型时,炉温应低于 100℃。铸型与铸型间和铸型与炉壁间的距离应大于 20 mm,以利炉气对流。

下面列出了一些石膏型的升温制度。

普通拔模石膏型:

100℃(保温 3 h)──→150℃(保温5h)──→250℃(保温 20 h)

压蒸拔模石膏型：

150℃(保温 5 h)──→250℃(保温 15 h),或

100℃(保温 5 h)──→300℃(保温 8h)

发泡拔模石膏型：

100℃(保温 5 h)──→150℃(保温 5h)──→200℃(保温 15 h)

熔模石膏型(厚度<50 mm)：

80～100℃(保温 8 h)──→150℃(保温 5 h)──→300℃(保温 2 h)──→700℃(保温 2 h)

熔模石膏型(厚度>50 mm)：

80～100℃(保温 8 h)──→150℃(保温 5 h)──→250℃(保温 2 h)──→350℃(保温 2 h)──→450℃(保温 1 h)──→550℃(保温 1 h)──→700℃(保温 2 h)

焙烧完毕的石膏型应随炉冷却至铸型在浇注时的温度,保温 1～2 h,准备浇注。

焙烧熔模石膏型时,炉内应保持氧化气氛,以利模料的烧净。

干燥、焙烧应一次完成,不得中途停顿或反复加热,使铸型型腔尺寸保持稳定。

检查石膏型是否干燥、焙烧终了的最简便办法是在石膏型壁厚中心部插热电偶,观察该处的温度是否与炉温一致。

3.2.4　石膏型的浇注

浇注时的拔模石膏型温度为 100～200℃,熔模石膏型的温度为 200～300℃。如石膏型在干燥焙烧后,在库中存放过一段时间,则在浇注前,这种石膏型必须重新加热至上述的相应温度,保温 2 h 以上。

最简单的石膏型浇注法为重力浇注。但石膏型的铸件壁常较薄,其透气性又不好,常会使金属液充型不畅,而且金属在型中的凝固冷却速度又慢,故常采用一些特殊浇注方法。

(1)加压浇注法(见图 3-6)

在石膏型浇口上平面与压注筒之间先放置石棉板,自压注筒上口倒入一个铸型所需的金属液量。迅速盖好压注筒上盖,通入 0.02～0.08 MPa 的压缩空气,石棉板破裂,金属液在压力作用下充填型腔,解决了因铸型透气性不好阻碍金属液充型的问题。与此同时,创造了金属在压力下凝固的条件。

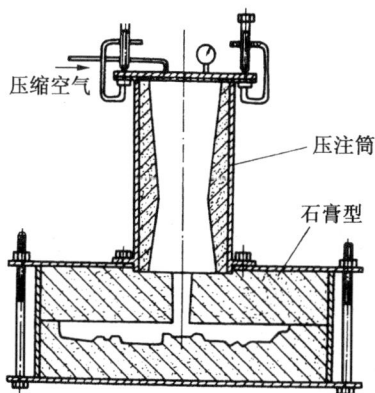

图 3-6　石膏型加压浇注示意图　　　　　图 3-7　石膏型负压浇注示意图

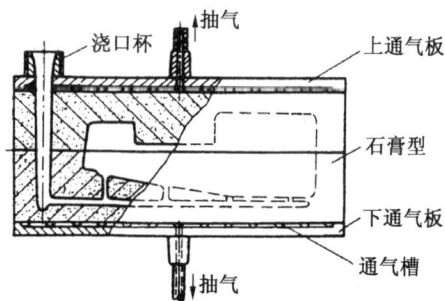

（2）负压浇注法（见图 3－7）

有通气沟槽的板紧压在石膏型的上下面。最好在铸型分型线的周边贴上橡胶带，增加密封。进行抽气，使型内真空压力约达 53 kPa，即可进行浇注，其改善效果同加压浇注法。减压法浇注还可抽走金属液与铸型表面接触时产生的气体。

（3）真空加压浇注法（见图 3－8）

将石膏型和盛有金属液的可翻转浇包放进浇注罐中，关闭浇注罐，抽真空。待真空度满足要求后，关闭真空阀，在罐外通过手轮转动浇包，将金属液浇入铸型。马上打开压缩空气阀，使在 45 s 内达到所需压力，铸件在气压下凝固。此法综合了前两个浇注法的优点。

对石膏型还可进行低压铸造法浇注和离心铸造法浇注，后者在制造金银饰品中用得很广泛。相关内容将在后面的相应章节中叙述。

为提高铸件的力学性能，细化铸件的晶粒，常在石膏型铸造的合金中添加一些用来细化晶粒的元素，以抵消石膏型内金属凝固速度较慢带来的负面影响。如锌合金中可加些铍和钛，熔化铝合金时应注意对合金作好孕育处理。

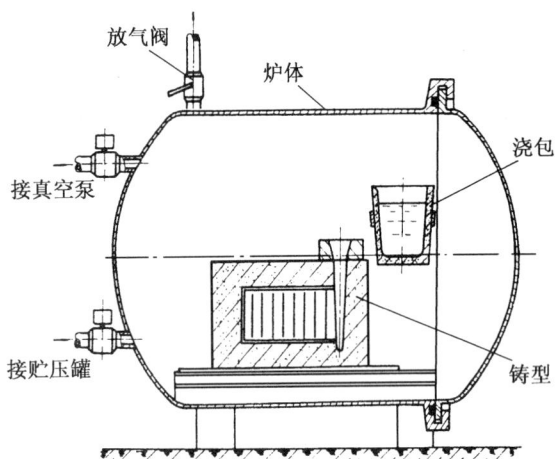

图 3－8　石膏型真空加压浇注法示意图

铍铜合金、铝青铜、硅锌青铜、高强度黄铜都能很好地用于石膏型铸造。不含铍、铝、硅的纯铜、黄铜、磷青铜中最好加少量（0.5～1）％上述元素之一后再用于石膏型铸造。含铅较多的青铜不适于石膏型铸造，因铅会使石膏的开始分解温度降低很多。

第4章

金属型铸造

概　　述

金属型铸造是指将金属液用重力浇注法浇入金属型,以获得铸件的一种铸造方法。由于铸型可以反复使用很多次(几百到几千次),故有永久型铸造之称。也曾经有过硬模铸造的称谓。

我国是世界上应用金属型最早的国家。早在春秋战国时代,人们已熟练地用白口铁铸型(古时称为铁范)铸造各种农具、兵器和日用品,如铁犁、铁锄、铁镰和铁斧等。在汉代,制造犁的铁范长可达半米,还用铁范生产出可锻铁件。如今,金属型铸造已被广泛地用于生产铝合金、镁合金、铜合金、灰铸铁、可锻铸铁和球墨铸铁件,有时也用于生产碳钢件。如汽油发动机的气缸盖和气缸头、活塞、轮毂、各种壳体等。

与砂型铸造比较,金属型铸造的优缺点可归纳如下:

(1) 由于使用金属型,铸件的质量和尺寸稳定,尺寸精度较高,一般为 CT7～9 级,轻合金铸件可达 CT6～8 级,而砂型铸件的尺寸精度等级都小于 CT8。金属型铸件的表面粗糙度较细,一般为 $Ra6.3～12.5\ \mu m$,最好的可达 $Ra3.2\ \mu m$ 或更细,而砂型铸件的表面粗糙度一般都粗于 $Ra12.5\ \mu m$。铸件的铸造斜度、加工余量都可相应减小,废品率较低。

(2) 由于铸件金属在金属型中冷得较快,铸件对热节的敏感性也相应降低,液态金属中过饱和气体不易析出,使铸件组织致密度提高,与此同时晶粒也较细小,故铸件材质的力学性能比砂型铸件高,如铝合金件的强度可提高 20%～25%,伸长率可提高约 1 倍。铸件表面层上形成的组织特致密的"铸造硬壳",可提高抗蚀性。

由于铸件金属在金属型中冷却较快,金属型铸件的最小壁厚受一定限制,铝合金件为2.2～3.5 mm,镁合金件和青铜件为 4 mm,铸铁件为 5 mm,铸钢件为 7 mm。铸件上易出现浇不足、冷隔的缺陷,灰铸铁件上易得白口。

(3) 金属型上可方便地采取较多工艺措施,如涂料的组成、涂料层的厚薄、铸型的局部加热和强制冷却、转型浇注等,来控制铸件在铸型中的凝固顺序、金属充填的平稳程度,以保证获得优质铸件。

(4) 铸造生产中可不用型砂或很少量的芯砂,可节省造型材料(80～100)%,相应地减少了砂处理和型砂运输设备,很大程度地改善了铸造生产的环境。在中小铸件生产中易于机械化、自动化,使生产效率成倍提高。

(5) 液体金属的工艺获得率高,可比砂型铸造节约 15%～30% 液体金属的消耗。

(6) 金属型制造成本高,生产准备费时多,不能生产大型铸件(因金属型太笨重,金属液充型时间长),铸件外形不宜太复杂。

所以金属型铸造适用于生产批量大、中小型铸件的生产,特别在铝、镁合金铸件方面,应用得较为广泛。

4.1　金属型铸件的成形特点

与砂型铸造比较,金属型铸造时,铸件的成形特点为:(1) 金属型材料的导热性比砂型材料的大,(2) 金属型材料没有透气性,(3) 金属型材料没有退让性。

4.1.1　由金属型材料的导热性特点引起的铸件成形特点

当液态金属进入铸型后,随即形成一个铸件—中间层—铸型—冷却介质的传热系统(见图4-1)。金属型铸造时,中间层由铸型内表面上的涂料层和因铸件表面冷却收缩、铸型膨胀以及由涂料析出、铸型表面吸附气体遇热膨胀而形成的气体层所组成。中间层中的涂料材料和气体的导热系数远比浇注的金属和铸型的金属小得多(表4-1)。而冷却介质系指铸型外表面上的空气或冷却水。在铸型外表面上出现对流换热。因此,金属型铸造时的传热系统特点可用图4-1上的系统温度分布曲线表示。

表 4-1　金属和中间层材料的导热系数

材料名称	铸铁	碳钢	铝合金	铜合金	镁合金	白垩	氯化锌	氧化钛
导热系数 [W/(m·K)]	39.5	46.4	138~192	108~394	92~150	0.6~0.8	约10	约4

材料名称	硅藻土	黏土	石墨	氧化铝	烟黑	空气	水蒸气	烟气
导热系数 [W/(m·K)]	约0.08	约0.9	约13	约1.5	约0.03	0.02~0.05	0.02~0.06	0.02~0.06

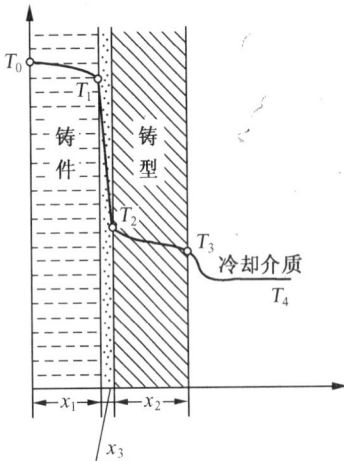

图4-1　金属型铸造时传热系统
的温度分布特点

x_1—铸件壁厚的一半　x_2—金属型壁厚
x_3—中间层厚度　T_0—铸件中心温度
T_1—铸件表面温度　T_2—铸型内表面温度
T_3—铸型外表面温度　T_4—冷却介质温度

由此表可见,中间层材料的导热系数比金属材料的导热系数小2~3个数量级,而一般中间层的厚度比铸件或铸型壁的厚度小一个数量级,即中间层在铸件—中间层—铸型—冷却介质传热系统中的热阻相对很大,因此金属型铸造时铸件—中间层—铸型—冷却介质传热系统中的温度分布曲线如图4-1所示。并可用如下的数学式表示传热系统中温度分布特点,即

$$(T_0-T_1)/(T_1-T_2)\ll 1,(T_2-T_3)/(T_1-T_2)\ll 1 \tag{4-1}$$

这些数学式表明,如将(T_0-T_1)或(T_2-T_3)与(T_1-T_2)比较,则前二者对于后者来说都是很小的。对于一般的金属型铸造而言,如不采取金属型的强制冷却措施,在静止的空气中,铸型表面散热是比较慢的。因此可推断中间层的传热特点决定了金属型中铸件的传热特点。

根据傅立叶定律,通过中间层的比热流q可用下式表示:

$$q = \lambda_3 (T_1 - T_2) t / x_3 \qquad\qquad (4-2)$$

式中　λ_3—中间层导热系数；

　　　t—传热时间。

由此可见,通过调节中间层的热阻(如改变涂料层的厚度或材料),可以控制金属型中铸件的凝固、冷却速度。图 4-2 所示为涂料层的材料和厚度对传热速度的影响。涂料的导热性越好,其厚度对传热速度的影响越明显。而这种现象在砂型铸造时是见不到的。

金属型对铸件凝固冷却速度的影响主要与金属型材料的热物理性能(如导热系数 λ_2,比热容 C_2,热扩散系数 $\alpha = \lambda_2 / \rho C_2$)、金属型壁厚和金属型的冷却条件有关。

铸件在冷凝过程中,通过中间层将热量传至铸型,铸型在吸收热量的同时,通过型壁将热量传至外表面,并向周围介质散发。在铸型自然冷却的情况下,一般铸型吸收的热量往往大于铸型向周围介质散失的热量,因此在生产中连续浇注铸件时,铸型的温度会不断升高。显然铸型材料的热扩散系数越大,则 T_2 值越小,通过中间层的传热速度也大,铸件的凝固速度越快。而金属型(如材料为铸铁)的热扩散系数比砂型大约 20 倍,如

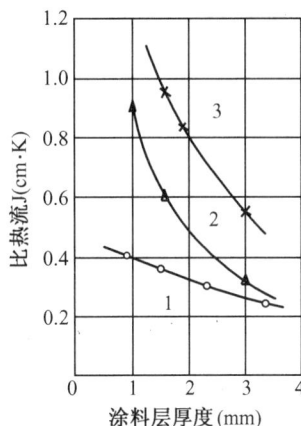

图 4-2　涂料层的厚度和材料对比热流的影响

1—硅藻土涂料(测定温度为 350℃)
2—锆英粉涂料(测定温度为 350℃)
3—石墨粉涂料(测定温度为 250～400℃)

不考虑中间层的影响,同样的铸件在金属型中的冷却速度要比在砂型中快约 20 倍。由于中间层把铸型内表面的工作温度降低了很多,所以金属型的导热作用受到了一定抑制。纯铜的热扩散系数比铸铁的大很多倍,所以铸铁金属型壁的局部如镶以铜块作为"外冷铁",可以提高该处铸件的冷却速度。

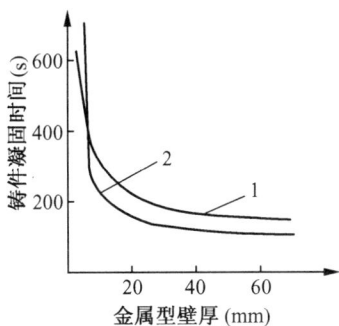

图 4-3　铸件凝固时间与金属型壁厚的关系

1—平板铸件(300×300×30 mm)
2—圆柱形铸件(ϕ 68×250 mm)

一般来说,增加金属型壁的厚度,可提高其蓄热能力,降低铸型内表面的温度,加速通过中间层的传热能力,提高铸件的凝固冷却速度。但是由于铸型壁内温度由内表面起始逐步下降是越来越平缓的,当壁厚增加到一定程度后,铸型壁再向外增厚层的温度提高已经不多,对铸型内表面的温度影响不大,因而继续增加铸型壁的厚度已对铸件凝固速度无多大影响了。图 4-3 示出了铸件凝固时间与金属型壁厚的关系,在此图的曲线上可见当铸型壁厚超过约 20 mm 后,铸件的凝固时间变化很小。

前已述及,在金属型吸收热量的同时,在其外表面上也向周围介质散热。因此对金属型外表面上的强制冷却措施,如吹风冷却、水冷却等,都可加强金属型的散热效果,提高铸件的凝固速度。这时金属型的热阻应尽可能小,即铸型材质的导热性要好,铸型壁要薄,以便通过

中间层传出的铸件热量,迅速地通过型壁传至铸型外表面由冷却介质带走。如连续铸造时所用的结晶器(详见连续铸造章节)就是这方面的一个典型例子。结晶器实际上也是一个水冷金属型,其壁相对较薄,常用导热性很好的紫铜制造。

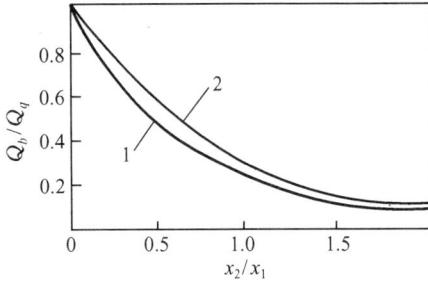

图 4-4　铸型外表面散失热量的相对值与
x_2/x_1 之间的关系

1—铸铁　2—铸钢,散热系数 $\alpha=11.63\,\mathrm{W/(m^2 \cdot K)}$

图 4-4 表明了金属型铸造时,通过铸型外表面散出的热量 Q_b 与铸件凝固放出热量 Q_q 之比值与 x_2/x_1 之间的关系。由该图的曲线可知,铸型壁厚 x_2 对铸件壁厚 x_1 的相对厚度(即 x_2/x_1)越小,通过铸型外表面散出热量所占比例也越大。

由于金属型具有高的导热性和热扩散性,不论采取什么样的工艺措施,铸件在金属型中的凝固速度总是比在砂型中要快得多。表 4-2 示出了壁厚为 10 mm 的不同合金铸件在金属型和砂型中凝固时间的差异。

综上所述,可见金属型铸造时,铸型材料的导热性对于铸件—中间层—铸型系统的热交换过程起着主导的作用,它对金属液的型腔充填和铸件成形过程有很大的影响。在一定的条件下,可通过相应的工艺措施改变金属型本身的导热作用,获得优质的铸件。

表 4-2　不同材料的铸件在不同铸型中的凝固时间

铸件材料	灰铸铁	可锻铸铁	铝合金	黄铜	碳钢
砂型中凝固时间(min)	2.04	0.82	—	0.31	0.592
金属型中凝固时间(min)	0.21	0.25	0.10	0.07	0.148

4.1.2　由金属型材料没有透气性引起的铸件成形特点

液体金属在充填铸型的过程中,需挤走型腔中原有的气体和由于涂料、砂芯和铸型表面受热作用而析出的气体,由于金属型材料本身没有透气性,很易被挤赶入铸型内凹入的死角(如图 4-5a 所示)或两股金属液流的汇合处(见图 4-5b),形成气阻,使液体金属不能充满该处而使铸件形成浇不足和冷隔的缺陷。另一种可能是处于这些部位排不走的气体受热膨胀,形成很大的反压力,把金属液反推出去,严重时甚至会引起金属液返流、自浇口涌出的事故。

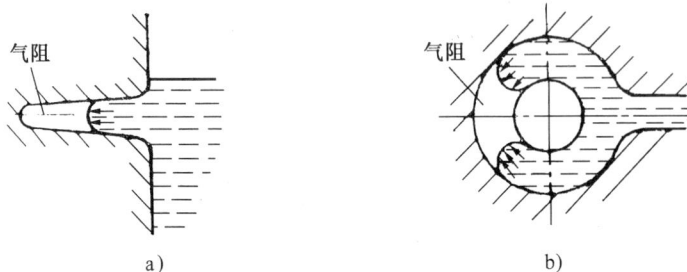

图 4-5　气阻阻碍液态金属充填型腔
a)型腔深凹处的气阻　b)液流汇合处的气阻

此外,经长期使用的金属型表面会出现许多细微裂纹,在浇注后被液态金属封闭了出口的裂纹中气体会受热膨胀,产生很大的压力,钻入已失去流动性的糊状铸件金属中,会使铸件表面出现密集或分散的针孔(如图 4-6 所示)。涂料层中的小疙瘩、圆球中也可能包有气体,当他们被金属液包围或覆盖时,气体体积胀大,如不能从涂料层排出,也可能产生较大压力钻入铸件表面层,形成针孔缺陷,严重时个别穿透整个铸件壁的针孔会使铸件在水(气)压检漏试验时出现泄漏的缺陷。

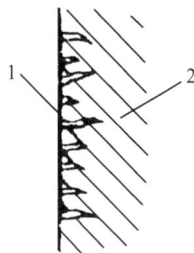

图 4-6　铸件表层的针孔
1—针孔　2—铸件

因此,设计金属型时,必须注意金属型排气系统的建立,如开通气孔、排气槽,设排气塞等。考虑金属型铸造工艺时,必须注意型腔气体的引出,如利用砂芯和较厚的涂料层排气。还要尽可能消除产生气体的根源,如采用发气性小的涂料原材料,金属型必需预热至 $100℃$ 以上才浇注,涂料层应充分干燥,及时去除型腔表面的铁锈和微裂纹等。

4.1.3　由金属型材料无退让性引起的铸件成形特点

金属型铸造时,在采用金属型芯的场合,铸型和型芯都没有退让性,因此,当金属凝固至固相枝晶形成连续骨架时,铸件上某些部位产生的线收缩便会受到金属铸型和金属型芯的阻碍,在此情况下,铸件上收缩受阻的部位内出现拉应力,不能收缩的铸件部位呈现拉伸变形。其应变值 ε_1 可由下式粗略估算。

$$\varepsilon_1 = \alpha_1(T_s - T_1) \tag{4-3}$$

式中　α_1—合金在 T_s 至 T_1 温度范围内的线收缩率;

　　　T_s—合金开始出现线收缩时的温度;

　　　T_1—凝固至某一时刻铸件的温度。

当 ε_1 值大于铸件本身在温度 T_1 时的可允许变形率时,在铸件上就可出现热裂纹。若铸件收缩受阻的部位有热节存在,则铸件上其他无热节收缩受阻部位的受拉应变值会向热节部位集中,促使铸件更易形成热裂。

铸件金属随着温度的下降,其弹性模量值 E 迅速增大。收缩受阻的铸件部位一方面由于温度下降,其拉应变不断增大,另一方面 E 值的增大,都促使铸件中拉应力迅速上升。当拉应力值超过铸件材料的抗拉强度时,铸件上就会出现冷裂纹。更多的情况是铸件中拉应力的增大,使铸件与金属型的接触面产生大的压力,当需将铸件自型中取出或将金属型芯自铸件中取出时,大的压力所引起的接触面上的大摩擦力将会阻碍铸件自型中取出或从铸件中取出金属型芯,使生产过程不能顺利进行,或使铸件和金属型受损。

考虑到金属型和金属型芯无退让性可能引起的后果,在金属型铸造时特别注意尽可能早地自型中取出铸件和自铸件中取出金属型芯;金属型设计时需考虑设置能简易、平稳取出铸件和型芯的机构;还可采取一些工艺措施:如对严重阻碍铸件内孔收缩的部位改用砂芯形成孔腔,增大金属型铸件的铸造斜度,增加涂料层的厚度,在涂料中加入可减少摩擦系数的成分等。

4.2　金属型设计

金属型是实施金属型铸造过程的基本工艺装备。铸件的质量、生产条件和生产效益,在很大程度上都与金属型有关,因此必须重视金属型的设计。

金属型的结构组成包括型腔、浇冒口系统、型芯结构和取芯装置、排气系统等。在复杂的金属型上还设有取出铸件机构、金属型的加热和冷却以及金属型的测温和控温装置。

金属型应结构简单、制造容易、操作安全、方便,能实现高效率生产,保证获得优质铸件。

4.2.1　金属型结构型式

按照金属型分型面的布置情况,金属型可为下面几种型式:

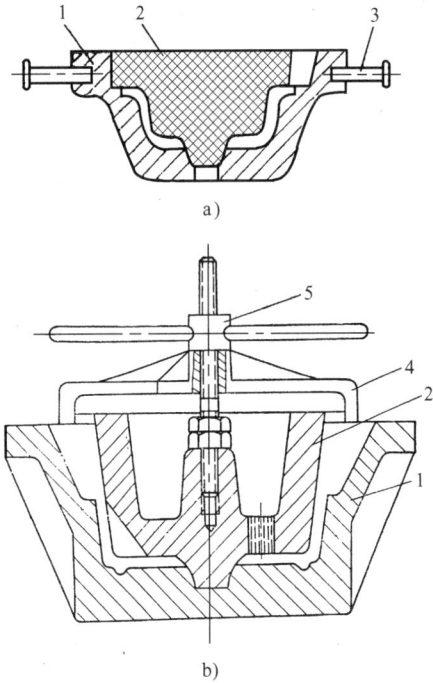

图 4-7　整体式金属型两例

1—金属型　2—型芯　3—转轴　4—支架　5—扳手

(1) 整体金属型(见图 4-7)

这种金属型无分型面,结构简单,铸件在一个型内形成,尺寸稳定性好。常可把铸型的手把做成转轴(见图 4-7a),通过它将铸型安置在支架上(见图 4-8a)。浇注完毕,待铸件凝固后,即可将铸型翻转 180°,铸件和砂芯一起自型中落下,再把铸型转正至工作位置,又可准备进行下一个浇注循环。这种铸型又叫做摇落式金属型。这种整体式金属型操作方便,生产率高,但只能生产外形较简单的铸件。

图 4-7b 所示的整体式金属型采用了金属型芯,支架 4 和扳手 5 是用来自铸件中取出金属型芯的机构。

(2) 水平分型金属型(见图 4-8)

铸型分型面处于水平位置,这种金属型可将浇注系统设在铸件的中心部位,浇注时液体金属在型中的流程短,铸型和铸件中温度分布均匀,它们都不易变形,故特别适用于生产高度不大的圆筒、薄壁轮状、圆盘、平板类铸件。铸件上如有镶铸件,则放置较易。但由于浇冒口系统需贯穿上半型,如把浇冒口设在金属上半型中,则铸件

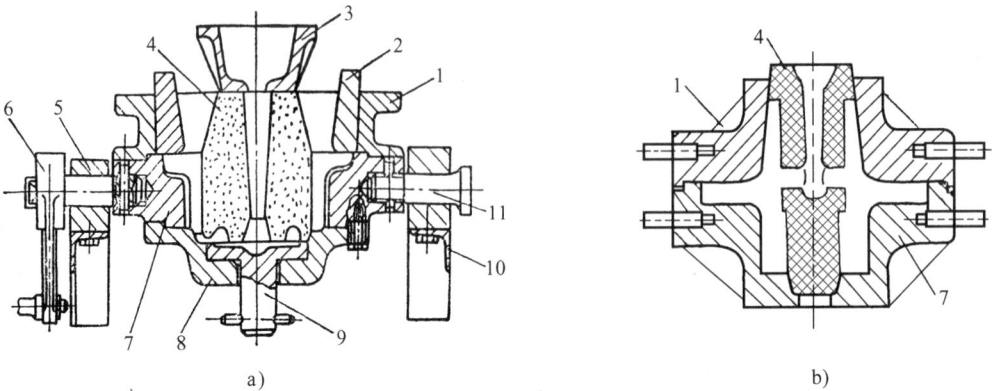

图 4-8　水平分型金属型两例

1—上半型　2—半金属环　3—浇口杯　4—砂芯　5—轴座　6—手柄
7—下半型　8—型底　9—顶杆　10—角钢　11—转轴

出型将发生困难,故常用型芯形成浇冒口。开型时铸件留在下半型中。

此种金属型制造方便,但铸件外形不能太复杂,上半型的装卸、取出铸件的操作都比较费力麻烦,不易实现机械化。但如采用如图 4-8a 所示的摇落式下型结构,可使操作简化很多。低压铸造时,由于浇注过程的特殊要求以及配备有专门的开合型机构,则主要采用水平分型金属型(详见低压铸造章节)。

(3) 垂直分型金属型(见图 4-9)

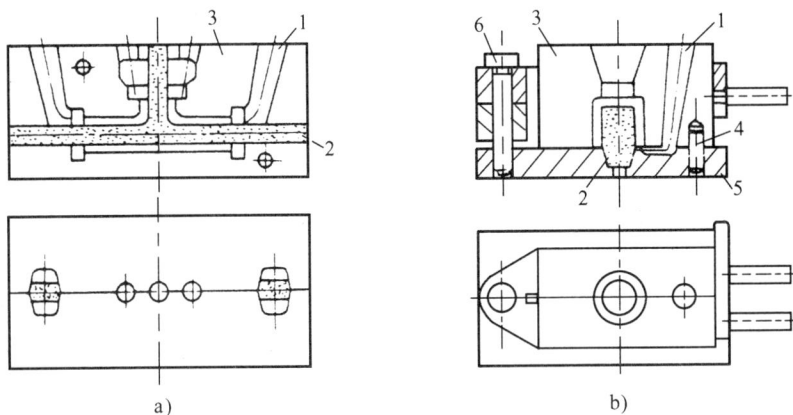

图 4-9　垂直分型金属型

a) 半型直线运动开合　　　b) 半型旋转运动开合

1—浇道　2—砂芯　3—半型　4—定位销　5—底板　6—心轴

铸型的分型面处于垂直的位置,半型开合时可以直线运动(图 4-9a)或旋转运动(图 4-9b)。前者在小型铸件生产时可用手工开合,稍大的型常需装在铸造机上,借助机上的动力进行开合。后者在小型铸件生产时常用,手工操作简易。

垂直分型金属型上易于设置浇冒口,设在分型面上的浇冒口不会阻碍铸件从型上取下来。操作方便,易于机械化,但有时放置砂芯、镶块不太方便。

(4) 综合分型金属型(见图 4-10)

铸型分型面有两个或两个以上,分型面既可水平,也可垂直,有时还可以是倾斜的,主要根据铸件的结构形状决定。它主要用来生产形状复杂的铸件。

图 4-10 所示的是手工操作、铸造铝合金轮毂的金属型,由四个型块 1,3,4 和 7 组成,3,7 两型块垂直分型,而它们与 1 和 4 两型块又水平分型。为防止从上口浇注时铝合金液的飞溅,浇注前可手执手柄 5 上抬下型,使整个铸型处于倾斜状态,浇注金属液过程中逐步把型放平。

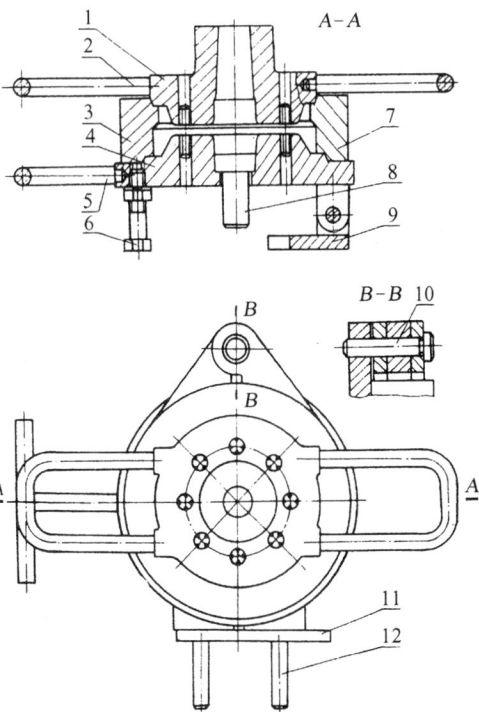

图 4-10　综合分型金属型

1—上半型　2—手柄　3—左半型　4—下半型
5—手柄　6—支承螺钉　7—右半型　8—顶杆
9—固定板　10—轴　11—锁扣　12—手柄

4.2.2　金属型分型面、型腔和型壁厚度的设计

型腔是金属型的主要工作部位,铸件的尺寸、形状和结晶凝固条件等主要由它决定。设计时,主要应考虑铸件的分型面、型腔的尺寸、型腔边缘与金属型边缘间的距离以及型壁的厚度等。下面分别加以叙述。

（1）铸件分型面的选择

金属型铸造时,铸件分型面的选择原则与砂型铸造时一样,但应注意金属型铸造的特点,着重考虑以下几点:

① 要力求注意提高铸件的尺寸精度,降低铸件重量。如应尽量把分型面开在铸件的最大平面上,使铸件在一个半型中形成(见图4-11a);对矮的盘形、筒形铸件,分型面尽量不选在轴心上,而放在端面上(见图4-11b);分型面的位置应尽量使铸件避免有铸造斜度,同时很容易自型中取出型件(见图4-11c)等。

② 要力求简化金属型结构,降低金属型制造成本。少用或不用活块(见图4-12);分型面最好在一个平面上,不要是曲面、折面;尽可能减少分型面的数量等。这些措施还可简化操作,减少铸件上的飞边、飞翅,提高铸件尺寸精确度。

③ 要便于浇冒口的设置、型芯的安放和稳固,并易于自型中取出铸件,操作过程易于机械化。

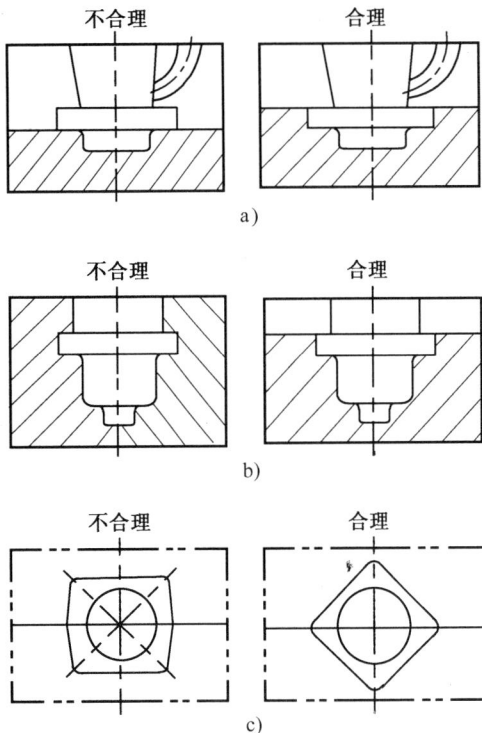

图4-11　提高铸件尺寸精度、降低铸件重量的
金属型分型面选择举例

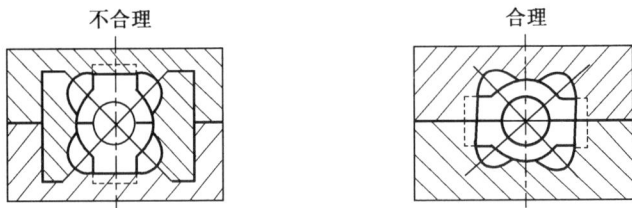

图4-12　少用或不用活块的金属型分型面选择举例

如图4-13所示为铸造轮状铸件时的两种分型面选择方案,图4-13a所示为垂直分型面,开合型过程易实现机械化,浇冒口可直接由金属型形成,取出铸件也容易,但中央砂芯安放不便,易歪斜,且在轮毂部位不能设冒口。图4-13b所示水平分型面选择的优缺点刚好与垂直分型面相反。

④ 在金属型上设置顶出铸件机构时,要考虑在开型后,铸件应留在装有顶出机构的半型中,为此在分型面选择时可考虑让装有顶出铸件机构半型的工作表面与铸件有较多的接触面积,使铸件与型腔表面间有较大的摩擦力,把铸件留在这半型中。

⑤ 应避免在铸件机械加工的基准面上开分型面,以免分型面上的分翅痕迹影响铸件在机械加工机床上的定位安装。在精度要求高的面上也不要设分型面。

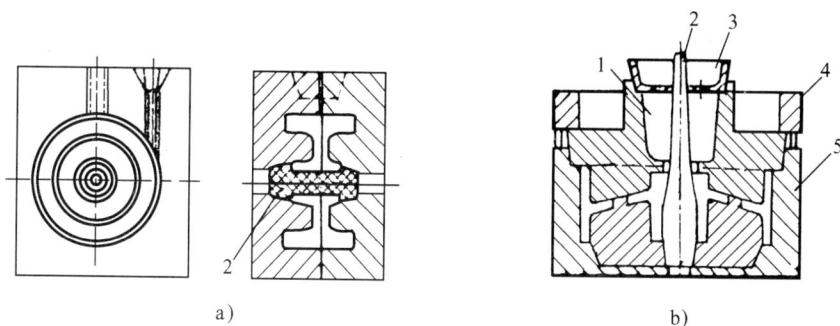

图 4 - 13　金属型铸件分型面选择方案的比较

a) 垂直分型面　　　b) 水平分型面

1—冒口　2—中央型芯　3—浇口杯　4—上半型　5—下半型

(2) 金属型型腔和型芯尺寸的确定

确定金属型型腔的型芯尺寸时,主要的根据是:铸件的外形和内腔(孔洞)的名义尺寸,铸件的线收缩率 ε、涂料层的厚度 δ 和加工公差。

参照图 4 - 14,金属型型腔和型芯的尺寸可按下面数学式确定。

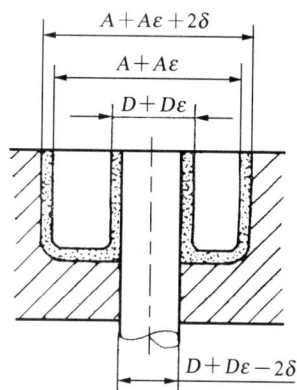

$$Ax = (A + A\varepsilon + 2\delta) \pm \Delta Ax \qquad (4 - 4)$$

$$Dx = (D + D\varepsilon - 2\delta) \pm \Delta Dx \qquad (4 - 5)$$

式中　Ax, Dx——分别为型腔和型芯的尺寸;

　　　A, D——分别为铸件外形和内腔(孔)的尺寸;

　　　$\Delta Ax, \Delta Dx$——金属型和型芯的加工公差。

图 4 - 14　金属型型腔和型芯尺寸的确定

金属型铸造时,几种合金的线收缩率列于表 4 - 3 中。必须注意,由于影响合金线收缩率的因素多而复杂,主要是合金的种类、铸件的结构形状、铸型的工作温度和热膨胀性,以及铸件的出型温度等。因此,要在设计金属型时就准确地确定型腔和型芯的尺寸,这是很困难的,所以,在设计金属型时应给型腔和型芯尺寸留有修整的余地。一般对形成铸件外形部位(型腔)的尺寸取较小值,对于形成内腔、孔洞部位(型芯)的尺寸取较大值,以便在新金属型浇注调试时,可根据试浇铸件的尺寸对型腔和型芯进行切削性修整。

表 4 - 3　金属型铸造时几种合金的线收缩率 ε

合金种类	铝合金	锡青铜	硅黄铜	铸　铁	铸　钢
$\varepsilon(\%)$	0.6~0.8	1.3~1.5	2.2	0.8~1.0	1.5~2.0

(3) 分型面上型腔之间、型腔与金属型边缘之间距离的确定

为了防止在浇注时和铸型充满金属液后,液体金属通过分型面上的缝隙由一个型腔流入另一个型腔或流出型外,并为了保证直浇道有足够的高度使金属液在一定压头作用下充填型腔,以及防止因型腔间距离和型腔与金属型边缘的距离太小而引起的铸型局部

过热,在设计金属型时,对上述各个尺寸应有一个最小的限度。其值列于表 4 - 4 中,可供参考。

表 4 - 4　金属型分型面上的尺寸

尺 寸 名 称	尺寸值(mm)
型腔边缘至金属型边缘的距离(a)	25～30
型腔边缘间的距离(b)	＞30　小件 10～20
直浇道边缘至型腔边缘间的距离(c)	10～25
型腔下缘至金属型底边间的距离 d	30～50
型腔上缘至金属型上边间的距离(e)	40～60

附图:

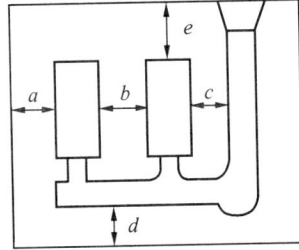

（4）金属型壁厚的设计

金属型在服役时,其型壁除了传递和蓄积铸件放出的热量外,同时还要经受高温液体金属的压力,液体金属的热作用还可使型壁因温度分布不均而出现热应力,尤其在对铸型采取水冷或气冷情况下,铸型壁中的应力会更大。与此同时,金属型还受到开合铸型,取出铸件时的机械作用力。所以在确定铸型型壁厚度时应保证铸型有足够的结构强度和刚度,以免在工作时出现变形或损坏;同时还应考虑铸型壁厚对铸件凝固速度的影响,本身温度在工作时是否会升得太高或太低;还要注意金属型不要太重,以利于制造和操作。

一般生产中主要根据经验确定金属型的壁厚,大多是在顾及铸件合金前提下,根据铸件的壁厚确定铸型壁的厚度。有关参考书提供了多种形式的确定铸型壁厚的方法,本书只提供一个坐标图(图 4—15)供参考。一般生产铝合金等低熔点合金铸件时,铸型壁可以薄一些,但最小壁厚不得小于 12 mm。生产铜合金和铁基金属铸件时,铸型壁厚不得小于15 mm。如金属型的材料为球墨铸铁或钢,壁厚可稍小。

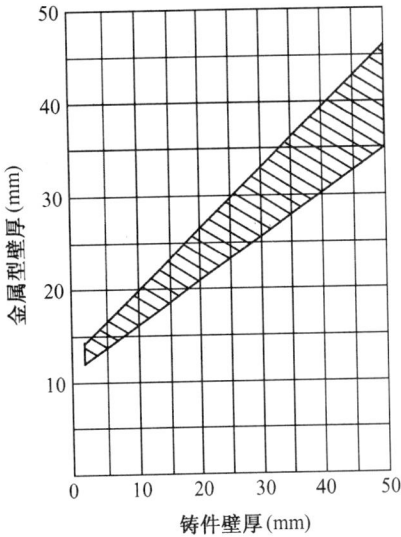

图 4 - 15　铸铁金属型壁厚与
铸件壁厚的关系

此外,在决定金属型的壁厚时,还应考虑金属型的分型面尺寸的影响。分型面尺寸小时,可取较小的铸型壁厚;随着分型面尺寸的增大,铸型壁厚也应增大。一般当铸型分型面平均尺寸(分型面的长度与宽度之和的一半)小于 130 mm 时,15 mm 的金属型壁厚已够。当分型面平均尺寸大于 500 mm 时,金属型壁厚应不小于30 mm。

为了进一步增大铸型的刚度,常把金属半型制成箱形(见图 4-16)。箱的高度 H 约为铸型分型面长度 l 的 $1/5\sim1/3$。加强肋的厚度 t 与铸型壁厚相等。

4.2.3　金属型上型芯的应用

为形成铸件的内腔和孔洞,在金属型上既可采用金属型芯,也可用砂芯,在大量生产时还可用壳芯代替砂芯,使铸件内腔和孔洞的尺寸精度更高,表面粗糙度更细。在有可能的情况下当然要尽可能采用金属型芯,尤其是因为金属型芯的操作可机械化、自动化,对提高金属型铸造的生产效率,节省成本有很大的作用。

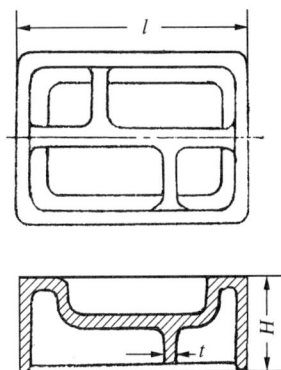

图 4-16　金属型的加强肋箱形结构

(1) 金属型芯的结构和抽芯机构的设计

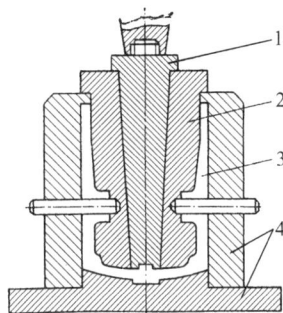

图 4-17　铝合金活塞的金属型
1—中央芯块　2—侧芯块
3—型腔　4—金属型

金属型芯主要用于形成外形较简单的铸件内腔和孔洞,因为它需要在铸件凝固后能顺利地自铸件中取出。对于孔、腔侧表面平直,取芯不困难的金属型芯,通常将它做成一个整体。如孔、腔的侧表面是凹凸不平的,可将型芯分成几块,克服自铸件中取出金属型芯时的难处。图 4-17 所示为浇注铝合金活塞的金属型。由于活塞中央孔腔的左右侧面上有凸台,故将型芯分成三块组合而成。取芯时先将中央型芯块 1 向上拔出,然后分别把两侧芯块 2 往内腔中间推移,向上自铸件中取出。

为使金属型芯在金属型中设置稳定,金属型芯上需保证有一定尺寸的芯头与金属型壁芯座相接触(见图 4-18)。如型芯的工作部位为圆柱形,其直径为 d,则芯头部位的直径 D 应比 d 大 1 mm 或更多,而芯头的长度 H 可由下面的数学式确定。

对于上、下型芯

$$H=(0.2\sim1)D \tag{4-6}$$

对于侧型芯

$$H=(0.3\sim2)D \tag{4-7}$$

D 大,H 值可取较小;D 小,H 值应较大。

芯头与芯座间缝隙不能太大,以防浇注时金属液进入。但也不能太小,使金属型芯的安放和取出困难。适宜的芯头、芯座间隙配合为 H12/h12。

图 4-18 中的销钉用来给型芯定位。

铸件在凝固收缩时,将紧紧地包住金属型芯,对金属型芯单位面积上的包紧力 p 的大小与铸件合金的线收缩率、抽芯时铸件温度情况下的弹性模量成正比关系。抽芯时铸件的温度越高,p 值则越小。型芯表面上的总包紧力 N 为

$$N=pF \tag{4-8}$$

型芯被包住的表面积越大,总包紧力 N 也越大。

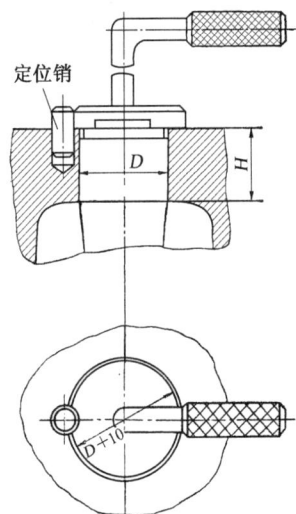

图 4-18　金属型芯的芯头定位

抽金属型芯时,需要克服由总包紧力引起的铸件对型芯的摩擦阻力 P,即

$$P = fN \qquad\qquad (4-9)$$

式中,f—摩擦系数,其值的大小与型芯表面的涂料成分、铸件的温度有关。

由图 4-19 中的曲线可知:铸件的温度越高,f 值就越小;硅石粉水玻璃涂料所引起的 f 值最大。

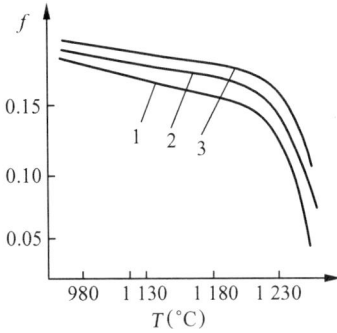

图 4-19　铸件温度、涂料成分对 f 值的影响

1—机油涂料　2—乙炔烟涂料

3—硅石粉水玻璃涂料

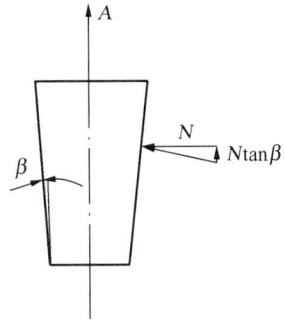

图 4-20　抽芯力分析

当金属型芯具有铸造斜度时,如斜角为 β,则如图 4-20 所示,N 会在抽芯方向产生一分力 $N\tan\beta$,此时抽芯力 A 可减少,即

$$A = fN - N\tan\beta \qquad\qquad (4-10)$$

因此,增加型芯的铸造斜度,可减小抽芯力,但由于受铸件形状和内孔加工余量的限制,斜角不能太大,一般为 $30' \sim 4°$。

目前尚无有关数据可供设计时计算,大多凭经验估计。图 4-21 示出了铝合金金属型铸造圆柱形金属型芯抽拔时所要求的抽芯力。

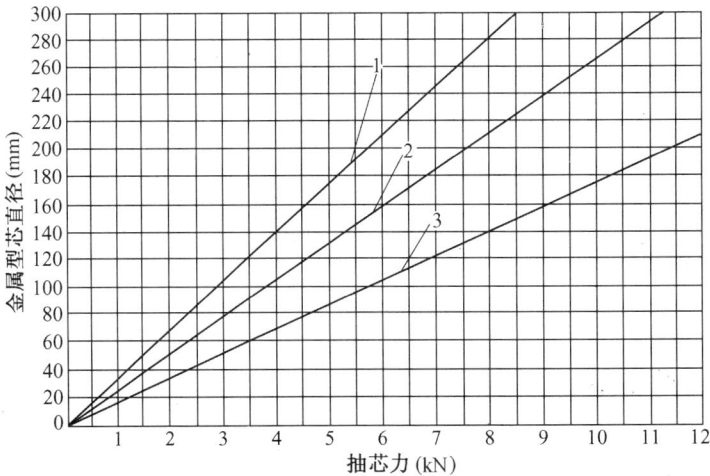

图 4-21　金属型芯每长 10 mm 从铝合金件中抽出所需的力

1—型芯铸造斜度为 3°　2—铸造斜度为 2°　3—铸斜度为 1°

为及时地自铸件中取出型芯,很多金属型中都设置抽芯机构。抽芯机构可手动、气动、液压传动和电动等。现介绍几种常用的手动抽芯机构于下。这些机构的某些传动部分可直接用于其他动力的抽芯机构上。

① 撬棍抽芯机构

图 4 - 22a 上示出了用来抽芯的钢制万能撬棍。由图 4 - 22b 可知,只需用手按箭头方向扳动撬棍,即可将金属型芯从处于尚未打开铸型中的铸件中抽出,操作方便,既可抽出型芯,也可抽侧型芯,一般用于小金属型芯的抽拔。

撬棍的另一端也可用来开启金属型(见图 4 - 22c),此时在两个金属半型的相应分型面边缘上应如图 4 - 22c 所示全长地开出深度约 4～6 mm、宽约 15～20 mm 的凹槽;此凹槽也可开在分型面边缘的局部长度上。

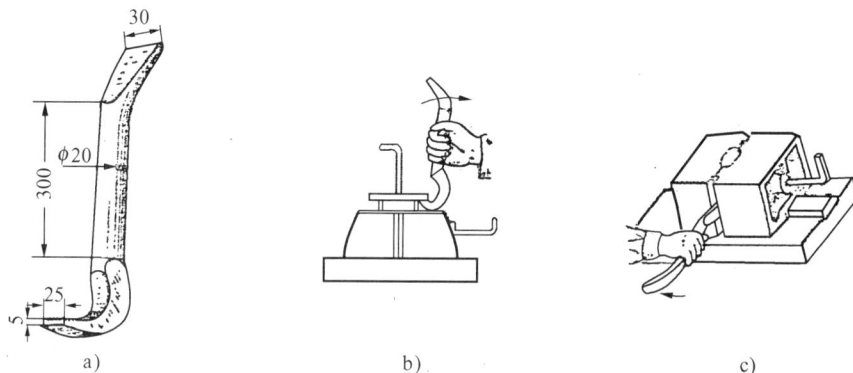

图 4 - 22　用撬棍抽芯和开型
a) 撬棍图　b) 撬棍抽芯　c) 撬棍开型

② 齿轮—齿条抽芯机构(见图 4 - 23)

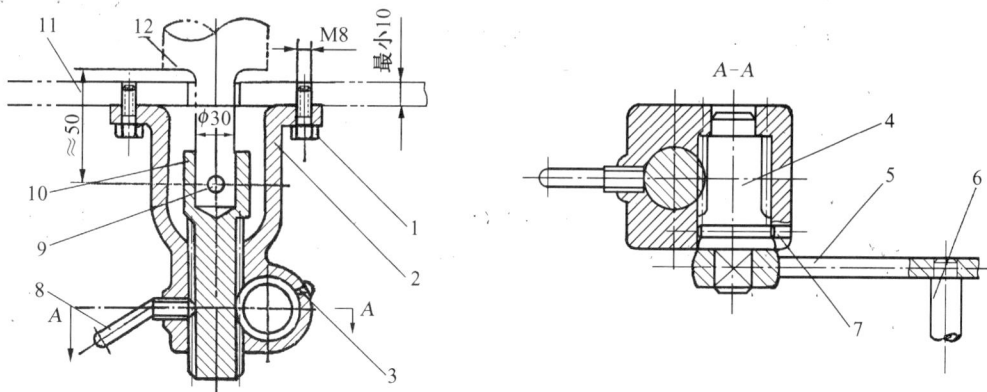

图 4 - 23　齿轮—齿条抽芯机构
1—螺栓　2—壳体　3—油杯　4—齿轴　5—摇臂　6—手柄
7—止动螺钉　8—压紧螺钉　9—插销　10—齿条　11—底座　12—型芯

这是一种用得较广泛的抽芯机构,用手转动手柄 6,齿轮 4 转动,使齿条上、下移动,实现金属型芯 12 的复位和抽芯。其特点是抽芯平稳,操作方便,但结构复杂。为简化结构,型芯可与齿条做成一体。一般齿的模数为 2.5～4 mm,抽芯的最大长度可达 500 mm。它只可用来驱动侧型芯和下型芯,不能用于上型芯,因这套机构会妨碍对金属型的浇注和取出铸件等操作。

③ 螺杆抽芯机构(见图4-7b)

这是结构简单的抽芯机构,转动扳手5,它里面的内螺纹使连住型芯的螺杆向上移动,可自铸件中轻易地拔出型芯。如果型芯表面有铸造斜度,只需转动扳手不到1圈,使型芯脱离铸件,即可连同型芯抬走整个型芯机构。抽芯平稳可靠,常用来抽拔深埋于铸件中的型芯。

④ 偏心轴抽芯机构(见图4-24)

经由手柄4转动偏心轴3,即可由轴头2上、下移动型芯。此结构简单,使用方便,适于抽拔位于金属型底部的型芯。其缺点为当芯头处椭圆孔制造与芯轴不够垂直或金属型上圆孔位置偏斜时,抽拔型芯时会使型芯出现轻微转动,如铸件内腔形状不轴向对称并有凹凸时,会划伤铸件。

(2) 金属型上砂芯(壳芯)的应用

除了金属型芯外,在下列情况下也常在金属型铸造时使用砂芯或壳芯。

① 形成铸件中形状复杂的孔腔,其侧面凹凸不平,妨碍金属型芯自铸件中取出。

② 作金属型的活块用,使铸件能顺利地从金属型中取出,如水平分型金属型常在砂芯内形成浇冒口系统(见图4-8,4-13b)。

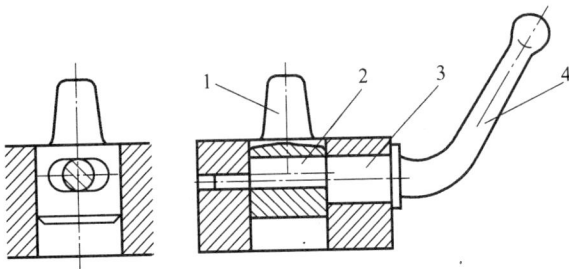

图4-24　偏心轴抽芯机构

1—型芯　2—轴头　3—偏心轴　4—手柄

③ 调节铸件的凝固顺序。如用砂芯形成冒口,可提高其补缩效果(见图4-13b)。也可在金属型冒口内壁放砂套。

④ 保护金属型易损部位,延长金属型服役寿命,一般金属型的浇注系统部位因受高温金属冲刷,易坏,故可用砂芯形成浇注系统(见图4-25)。

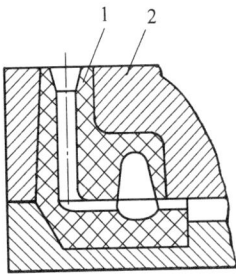

图4-25　用砂芯形成浇冒口

1—砂芯　2—金属型

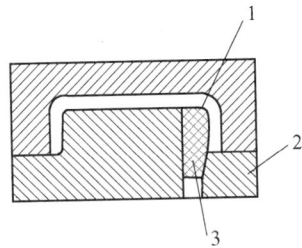

图4-26　金属型局部用砂芯防止铸件开裂

1—砂芯　2—金属型　3—芯头

⑤ 改善金属型的排气条件。通常在砂芯芯头一端的金属型壁上开有通孔,可使型腔内气体通过砂芯芯头排出型外(见图4-13),壳芯的这种作用更为显著。此外,砂芯和壳芯在与金属液接触受热后析出的气体也需经金属型芯座端面处的孔洞外逸。

⑥ 防止铸件开裂。图4-26所示的砂芯可使铸件在水平方向收缩受阻减弱,该处金属型的退让性改善,铸件开裂危险性降低。

砂芯或壳芯的芯头与金属型上的芯座应有一定的配合间隙,以免装芯和合型时碰坏型芯。垂直芯头表面应有一定斜度,金属型芯座的垂直面也应有一定的斜度(图 4 - 27)。根据 D 或 $(A+B)/2$ 数值和 h 值的大小,砂芯芯头与金属型芯座间的配合间隙 δ 的数值变动范围为 $0.15\sim2$mm。D(或 $(A+B/2)$)值和 h 值越大,则 δ 值越大。壳芯芯头与金属型芯座间的配合间隙 δ 可稍小。

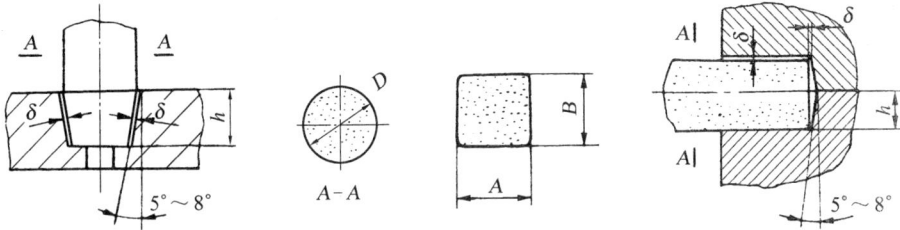

图 4 - 27　砂芯芯头、金属型芯座的斜度和配合间隙

(3) 金属型上铜管型芯的应用

在一些铝合金、镁合金铸件中有直径小(最小可为 $3\sim4$ mm)而长(最大可为直径的 60 倍)、弯曲或分叉的孔道,这很难用机械加工法获得,也无法用砂芯、普通金属型芯形成。但可用铜管型芯形成。其具体情况可简述如下。

① 根据孔道的直径,选用外径与孔道直径一样的紫铜管或黄铜管,其壁厚为 $0.5\sim0.75$ mm。

② 在考虑到铜管遇合金液后的热膨胀率为 1.8%,铸件合金线收缩率为约 1.3% 情况下,铜管的工作部分长度应比铸件孔洞长度短 0.5%。按此情况再加上铜管芯头部分所需的长度截取铜管。对铜管进行退火软化处理,并清理毛刺、脱脂、除污和平整校正。

③ 为防止铜管在弯制过程中被压扁,应先向铜管中灌注低熔点合金。如熔点为 70℃的铋、铅、锡、镉共晶合金,其质量组成为 Bi 50%,Pb 26.7%,Sn 13.3%,Cd 10%。还有由这些元素的其他组成以及铅、锡和锑组成的低熔点合金。它们的部分组成情况可参照表 1 - 17。

也可用松香替代低熔点合金灌注铜管。

④ 在夹具上按图纸要求弯曲铜管。

⑤ 铜管型芯的水平段和弯曲段在浇注铸件金属时易产生呛气,故应在铜管的上述部位的上、下、左、右做出排气孔。孔径为 $0.4\sim0.6$ mm,孔距为 $8\sim15$ mm。可用钻头钻孔,也可用钢锥打孔,但打孔应在弯管前进行。

⑥ 用加热法去除管中低熔点合金或松香,清理管上残留的合金或松香。

⑦ 用焊接法组合铜管型芯,为使组合的型芯各分叉在空间的位置准确,可在专用夹具上进行焊接。有时铜管型芯还需与砂芯组合。图 4 - 28 所示的是组合好的铜管型芯总体在金属型中的定位情况。

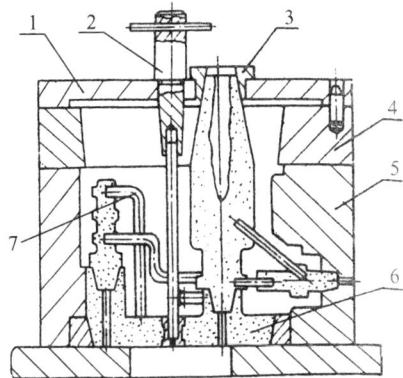

图 4 - 28　在金属型中定位安装铜管型芯总体

1—定位板　2—铜管定位套　3—壳芯定位套
4—上半型　5—下半型　6—铜管型芯总体　7—铜管

⑧ 在将铜管型芯放入金属型中定位前,应在铜管表面喷刷涂料并烤干。涂料可为一般浇注铝合金时用的金属型涂料(见金属型铸造工艺节),也可以是石墨水玻璃涂料、胶体石墨或乙炔烟。

⑨ 浇注后,可在铜管中通浓硝酸或把带铜管的铸件泡在硝酸中,把铜腐蚀掉。此时发生下述反应:

$$Cu + 2HNO_3 = CuNO_3 + NO_2 \uparrow + H_2O \qquad (4-11)$$

而后铸件应在弱碱水溶液中进行中和,然后用清水冲洗干净。

铝在浓硝酸中不会被腐蚀。

也可让铜管留在铸件中起细长通道的作用。

镁合金铸造时,除铜管外,还可用铝管(用苛性钠去除)、中性玻璃管(用氢氟酸与氟磷酸的混合液去除)替代铜管。

铝合金铸件中的大直径单条细孔通道还可用可溶型芯形成。

4.2.4 金属型排气系统的设计

金属型材料无透气性,因此在设计金属型时,应考虑排除型内气体的措施,一般有如下几种。

① 利用金属型上的明冒口,或在型腔上部易气阻处的型壁上开直径为$\phi 1 \sim 10$ mm 的排气孔(见图 4 - 29)。

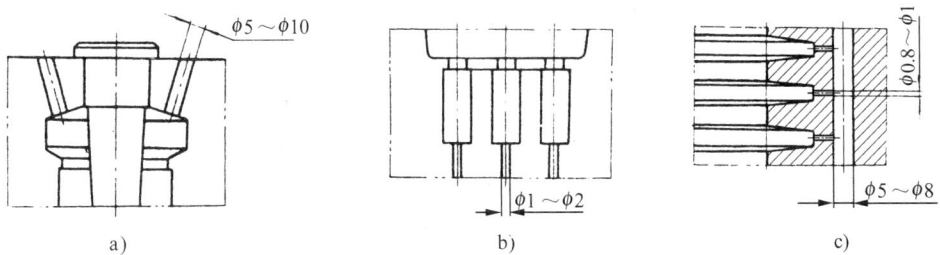

图 4 - 29 金属型排气孔举例

② 利用分型面和金属型芯、顶杆与金属型上芯座、顶杆孔的配合间隙进行排气。也可在分型面上开排气槽(见图 4 - 30),在金属型与活块、镶件的结合面上也可开排气槽。槽的深度选择以气体能通过,金属液流不进去为依据。

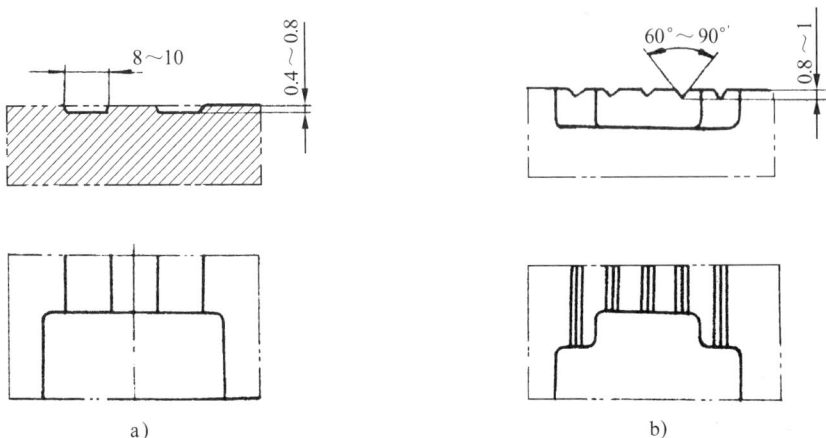

图 4 - 30 金属型分型面上的排气槽

③ 使用排气塞。排气塞是用钢或铜合金制成的圆柱体,在圆柱表面开排气槽(见图 4 - 31a)或铣出小平面(见图 4 - 31b,c),使用时按紧配合装在金属型壁上的透孔中,其一端与型腔表面齐平(见图 4 - 32a)。常设在铸型易集气的凹坑处、加强肋处、大平面上。

有时也可用水玻璃砂塞排气(见图 4 - 32b)。

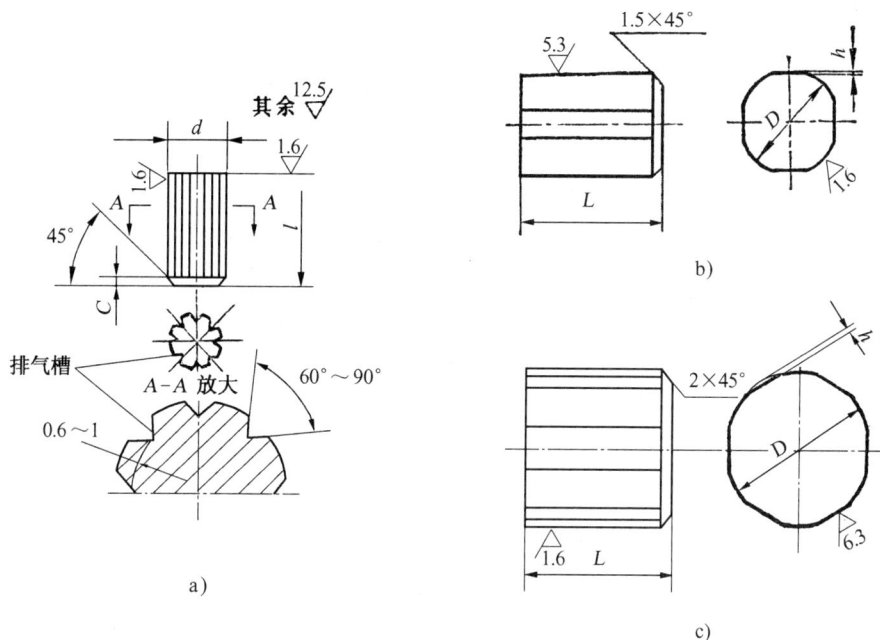

图 4 - 31　排气塞

a) A 型排气塞　b) B 型排气塞($D=15, 20$ mm;$L=15, 20, 30、50$ mm;$h=0.5$ mm)

c) C 型排气塞($D=25, 30$ mm;$L=25, 30, 40, 50$ mm;$h=0.5$ mm)

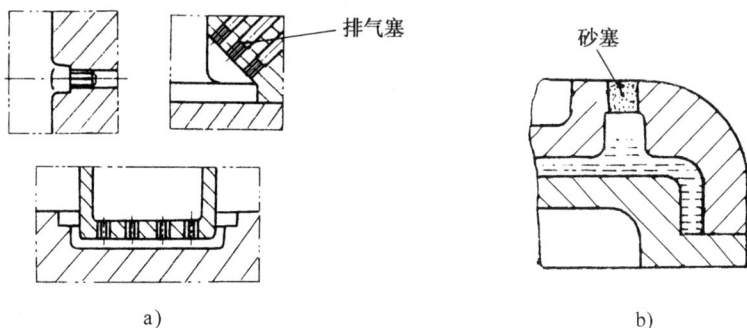

图 4 - 32　排气塞的安装

a) 金属排气塞的安装　　b) 水玻璃砂塞的应用

也可在排气塞表面车出螺纹,通过螺纹将排气塞安装在金属型上。

此外,如金属型系用几个型块组合,则可在型块接触面上开排气槽,把气体从型腔引往型外,此时最好把排气槽的引气方向与铸件自型中取出的方向一致,以便偶尔进入排气槽中的铸件金属能在取出铸件时,把排气槽中已凝金属一起带出。

4.2.5　金属型半型间的定位

为了在合型后使金属型半型间不发生错位,常用定位销定位(见图4-33a)。定位销用紧

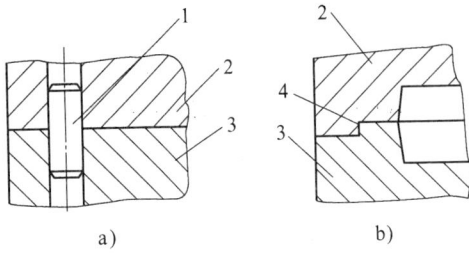

a)　　　　　　　　b)

图4-33　金属型的定位方法
a)定位销定位　b)止口定位
1—定位销　2—上半型　3—下半型　4—止口

配合固定在一个半型上,而它对另一个半型上的孔为间隙配合,以适应金属型工作时因其温度的变化而使分型面上两个定位销之间距离的变化。为了防止因定位孔磨损而影响两半铸型间的配合精度,可不直接在型壁上开定位孔,而用带孔的衬套嵌入型壁。

根据金属型的大小,定位销工位面处的直径变化范围为6～20 mm,其与定位销孔的配合面高度为4～16 mm。

圆盘形的金属型,因加工方便,也可用止口定位(见图4-33b)。

有时采用垂直分型金属型时,可在底板上固定定位销,在两个半型分型面的底部各开"半"个定位孔,配合定位销实现半型间的定位(见图4-9b)。

4.2.6　金属型的锁紧机构

合型后,需将两半铸型锁紧,以防在浇注时铸型内各个组成部分发生位移甚至跑火。如果在金属型铸造机上进行浇注,铸型的开合由专门机构执行,它们具有锁紧的作用,故一般不需要再在金属型上设专门的锁紧装置。因此,锁紧机构通常用在手工操作的金属型上。

(1)摩擦锁紧机构(见图4-34)

在金属型两个半型的侧面靠分型面处各制出一个凸耳,在其中一个凸耳上,用销子2固定摩擦锁紧手把3。另一个凸耳的a面上有一定的斜度,合型后,将锁紧手把3扣在此凸耳的a面上,就可将金属型锁紧。这种机构的结构简单,操作方便,适用于中小型金属型。

(2)楔销锁紧(见图4-35)

在靠近分型面处两个半型的凸耳上有锥度为4°～5°的孔,但合型后,它们的中心线偏差1～1.5 mm,凸耳1上的孔偏向左边,凸耳4上的孔偏向右边。当楔销2插入凸耳孔中后,便将左、右两个半型拉紧。这种机构常用在垂直分型铰链式金属型上。

(3)偏心轴锁紧机构(见图4-36)

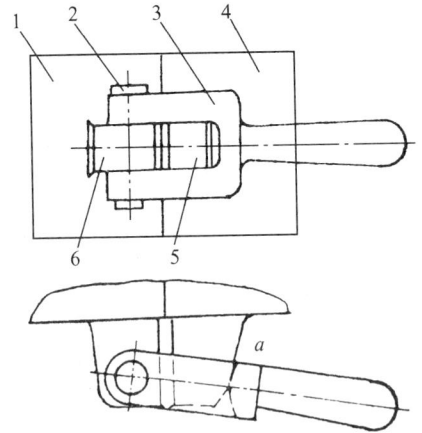

图4-34　摩擦锁紧机构
1—左半型　2—销子　3—摩擦锁紧手把
4—右半型　5,6—凸耳

在靠近分型面的两个半型的侧面上,安装轴1和偏心轴4,锁扣3可绕轴1旋转。合型后,把锁扣套在偏心轴上,转动偏心轴,便可将铸型锁紧。这种机构的使用、制造都方便,缺点是由于偏心轴是用螺纹与金属型壁连接的,它在工作时经常需要转动,故螺纹易磨损,因此只适用于生产铸件批量不大的小型金属型。

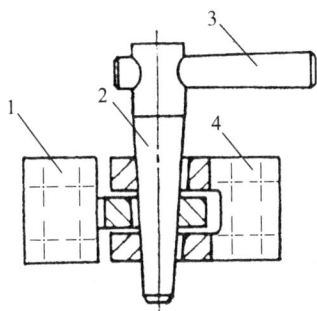

图 4-35　楔销锁紧机构
1,4—凸耳　2—楔销　3—手柄

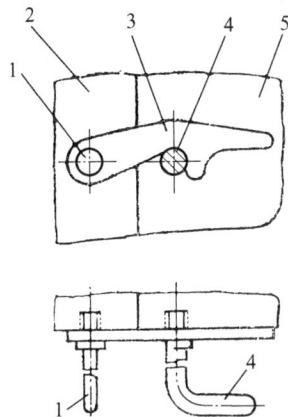

图 4-36　偏心轴锁紧机构
1—轴　2—左半型　3—锁扣
4—偏心轴　5—右半型

（4）套钳锁紧机构（见图 4-37）

又称螺旋锁紧机构，套钳是用两块夹板 2 与带有螺孔的平板 4 用销钉 7 定位后焊牢制成的。转轴 11 把套钳连接在一个半型的凸耳 9 上。用可抽动的手柄 1 扭转螺杆 3，使其紧顶在另一个半型上的凸耳 8 的圆窝中，两个半型被锁紧。螺杆 3 上的螺纹为方形或梯形螺纹。

套钳锁紧能承受很大的力，工作可靠，使用中无需特殊维护，但操作时较费时，适用于大、中型金属型。

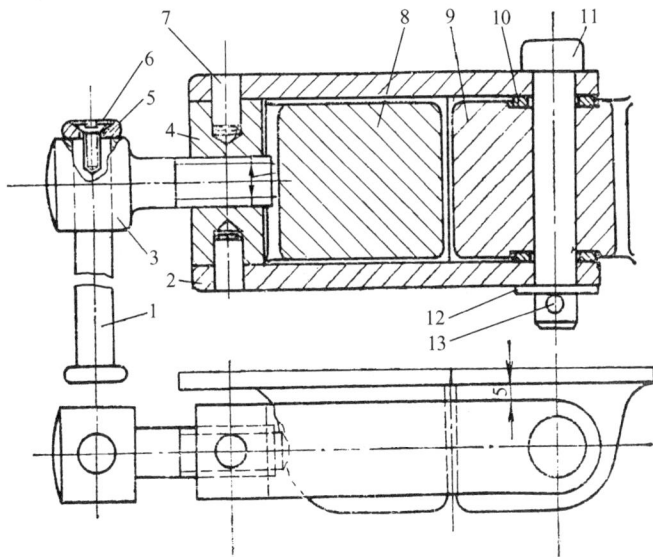

图 4-37　套钳锁紧机构
1—手柄　2—夹板　3—螺杆　4—平板　5—挡块　6—螺钉　7—销钉
8,9—凸耳　10—垫圈　11—转轴　12—垫片　13—开口销

4.2.7　顶出铸件机构

当采用配有底座的垂直分型金属型时,如果铸件在型中凝固时,其收缩基本不受阻,其外形又较简单,不会阻碍开型,并能较方便地自型中取出铸件,则在这种铸型上不用设置顶出铸件机构。

但在很多情况下,由于金属型无退让性,铸件常会与金属型型腔的一些表面贴得很紧,随着铸件在型中停留时间的增长,铸件的收缩受阻增剧,自型中取出铸件的阻力会增大,有时铸件在型中停留太久,甚至会引起铸件的开裂。所以在金属型上常要设置顶出铸件机构,以便能及时、平稳、简易地从铸型中取出铸件。

常用圆柱形顶杆的端部把铸件自型中顶出。有单个顶杆机构和组合顶杆机构两种。

(1)单个顶杆机构(见图4-38)

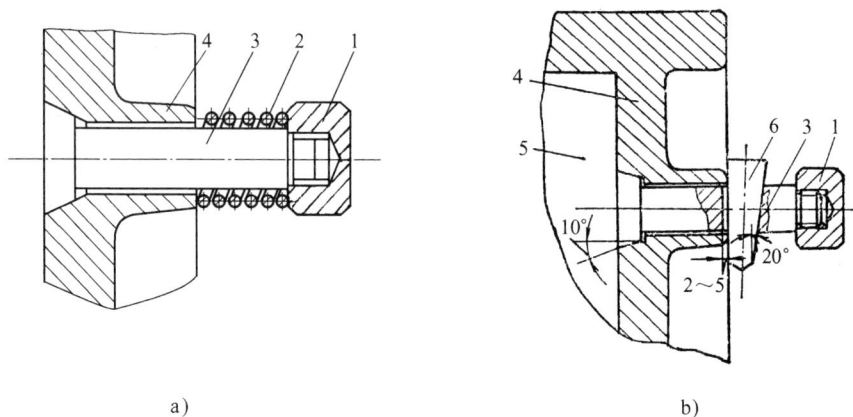

图4-38　单个顶杆机构
a)弹簧顶杆　　b)楔销顶杆
1—螺母　2—弹簧　3—顶杆　4—金属型　5—型腔　6—楔销

弹簧顶杆的结构示于图4-38a。弹簧2可自动地把顶杆3的端面放到与铸型表面平齐,准备浇注。铸件在型中凝固和开型后,用锤敲打螺母1的端面,顶杆端面把铸件顶出金属型,而弹簧2可自动地把顶杆回复至准备浇注的位置。

图4-38b所示的是一种楔销顶杆。用楔销6打紧顶杆轴上的销孔,一方面可使顶杆复位,同时又固定了顶杆在金属型中的位置。浇注铸件后,打开铸型,再从下面把楔销打出顶杆轴孔,敲打螺母1的端面,顶杆的端面便可自型中顶出铸件。

(2)组合顶杆机构(见图4-39)

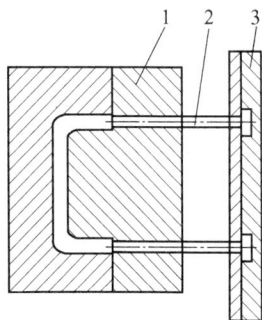

图4-39　组合顶杆机构
1—金属型　2—顶杆　3—顶杆板

对于形状复杂的铸件,在顶出铸件时应使铸件受力均匀,因此应设置多个能同步动作的顶杆,故用顶杆板3将多个顶杆的一端连结在一起,创造同步动作的条件。只需在铸型打开后,把力作用在顶杆板的背面,多个顶杆便一起动作顶出铸件。

设计顶出铸件机构时,应注意以下几点。

① 要把此机构放在开型后铸件所停留的半型中。如

图 4-39 上的铸件凝固收缩时,会包紧型内的凸台而留在右半型中,故顶出铸件机构设在右半型上。如铸件在两个半型中对称布置,则可借助于两个铸型中铸件的不同铸造斜度,使铸件留在铸造斜度小的半型中(见图 4-40a)。或是不对称地在分型面的两个半型上设置浇冒口(见图 4-40b),以保证铸件能留在与铸型接触面较多的半型中。

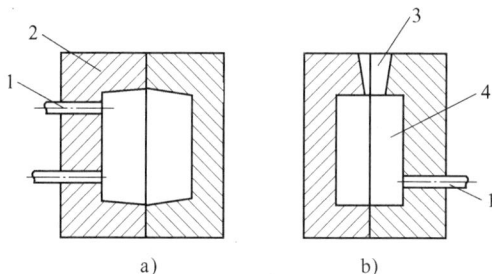

图 4-40　把铸件留在设有铸件顶出机构的半型中的措施
a) 采用不同铸造斜度的措施　b) 浇冒口不对称布置的措施
1—顶杆　2—金属型　3—浇冒口　4—型腔

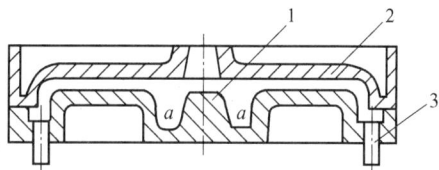

图 4-41
1—中间型芯　2—金属型　3—顶杆

② 顶杆应布置在铸件在出型时受阻力最大的部位,而且要使铸件受力均匀,防止铸件在顶出时变形。如图 4-41 所示的圆盘形铸件的金属型,只靠铸件边缘上设置的顶杆 3,是很难将铸件顶出铸型的,因铸件对中间型芯 1 的包紧力很大。只有在 a 处的铸型壁上也设置顶杆,以克服中间型芯对铸件出型的阻力。与此同时,在 a 处顶杆的力相对于中间型芯表面的力矩也最小,铸件被顶出时变形的可能性也变小了。

③ 顶杆应有一定的数目,顶杆端面的直径应足够大,以免铸件被顶的铸件部位上单位面积受力过大而出现深的压痕。故在铸件重要面的铸型相应部位上不应设顶杆。

④ 为使顶杆受热膨胀时不会被卡死在金属型上的顶杆孔中,顶杆与孔之间应有一定的配合间隙,一般可采用 H12/h12 级配合。

4.2.8　金属型的加热和冷却装置

每个工作班开始时,为了去除金属型工作表面上所吸附的水分,减轻浇注第一个铸件时金属液的高温对金属型的热冲击和保证金属液能很好地充填型腔,必须对金属型进行预热。可把金属型放在加热炉内预热,也可用金属型铸造机上的固定式电加热器预热金属型,也可把移动式电加热器放在两个半型之间预热金属型。上述的加热器的能源也可以为燃气。有时候,也有直接浇注金属液预热金属型的措施,此法虽然方便、简捷,但操作不安全,会缩短金属型的工作寿命。

最可靠和省事的加热金属型的方法是在金属型内设置电加热器,它不但可用于预热金属型,而且还可在金属型的工作过程中自动控制金属型局部的温度。图 4-42 所示为铝合金气缸头金属型中为加热冒口型腔的电炉丝加热装置。为控制金属型的工作温度,可在型壁上安装热电偶,通过电气控温仪器控制金属型的温度。

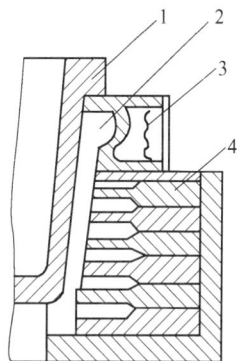

图 4-42　金属型局部电阻丝加热
1—中央型芯　2—冒口型腔
3—电阻丝　4—金属型

比较可靠的金属型电加热元件还有管状电热元件。图 4-43 所示为两种类型的管状电热元件,它们可直接设置在金属型壁中(见图 4-44),其尺寸 A, B, D 已系列化。管状电热元件的热效率高,拆装方便,寿命长。在不影响金属型强度情况下,把它装得离型面越近越好,以提高加热效率。

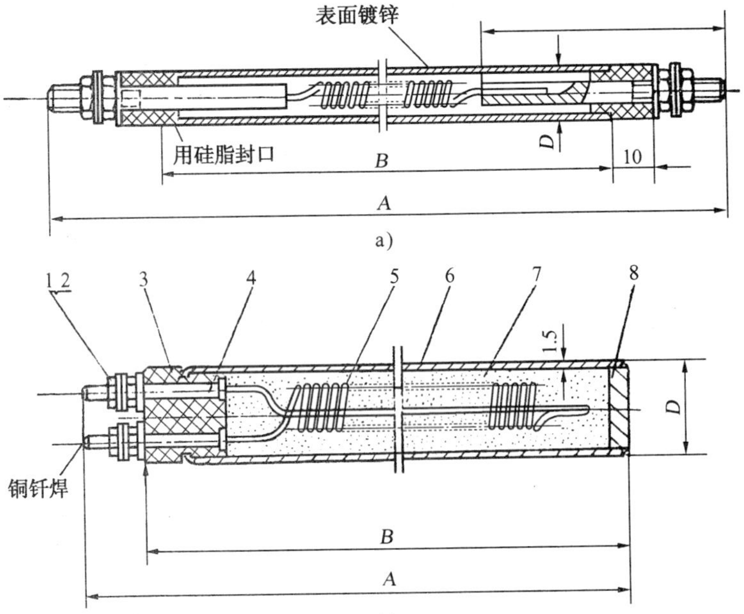

图 4-43　管状电热元件
a) 双端管状电热元件　　　b) 单端管状电热元件
1—螺母　2—垫片　3—陶瓷绝缘子　4—接线头　5—电阻丝
6—外壳　7—电熔氧化镁填料　8—堵头

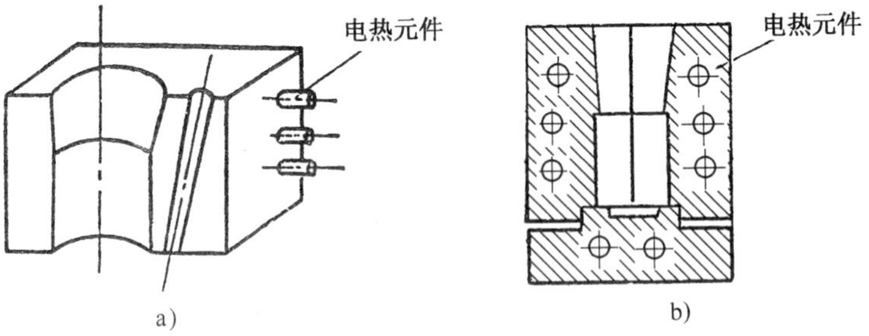

图 4-44　装有管状电热元件的金属型的外观和剖面
a) 外观　　b) 剖面

在很多场合,金属型在连续生产情况下,其温度会不断升高,常会因其温度太高而不得不中断生产,待金属型温度降下来,再行继续浇注。所以常对金属型采取加强冷却的措施。具体的方法为:

① 在金属型的背面做出散热片或散热针以增大金属型向周围散热的效率(见图 4-45)。散热片的厚度为 4～12 mm,片与片间的距离为散热片厚度的 1～1.5 倍。散热刺

的直径为10 mm左右,间距 30～40 mm。散热片和散热刺的高度以不超过金属型的轮廓尺寸为宜。

② 加强铸型背面的气流流动,使铸型散热速度增大。如图 4-45 中金属型背面的散热片或散热针虽易制造,但其散热效率仍不高,可如该图 b 所示,将金属型背面用铁板封上,设置进气口和排气口,通过金属型背面上的较大气体对流,可使金属型的散热速度大为提高,并且在背面上各处的散热速度分布均匀。这种对金属型的强制冷却也不会引起金属型中太大的热应力,因此可有效提高金属型的生产效率和工作寿命。

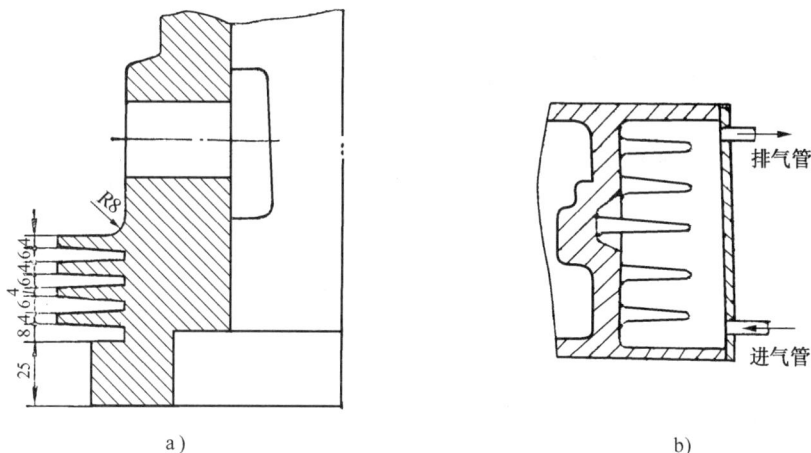

图 4-45　金属型背面的散热片和散热刺
a) 散热片　　　b) 散热刺

也可用自金属型背面的散热箱中抽气的方法加强铸型背面的气体对流。

③ 用水强制冷却金属型,即在金属型或型芯的背面通循环水或设喷水管加强铸型的冷却。图 4-46 所示为一种设有水套的水冷金属型剖面,在水套与金属型背面的间隙中,可充填石墨粉以增强间隙的导热作用。也可不另做水套,让水直接与铸型背面接触。用水冷却比用气冷却的效率高,但金属型壁中的温度落差太大,会使型内出现大的内应力,降低金属型的寿命。工作时应密切注意铸型上的裂纹,以防水渗入铸型工作表面,引起事故。

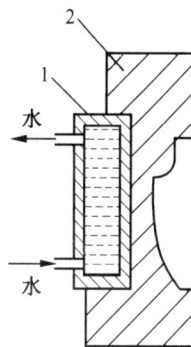

图 4-46　水冷金属型
1—冷却水套　2—金属型

④ 热管冷却　热管是一种高效的传热元件,即使在温度梯度较小的情况下,也能高效地传热,其导热能力比铜大 100 至 1 000 倍。图 4-47 为其结构示意图,外壳为密封的管子,内壁铺一层毛细管组织层,管内装低温能气化的液体,如酒精、氨水、氟利昂等。由于热的作用,使气化端的液体变为气体,向冷凝端移动。气体在冷凝端放出热量,又凝为液体,并凝聚在毛细管层上,在毛细管力的作用下,液体向气化端移动。这样,在热管内进行着液体气化——气体液化过程的重复循环,并把气化端周围的热量传至冷凝端周围的介质中。

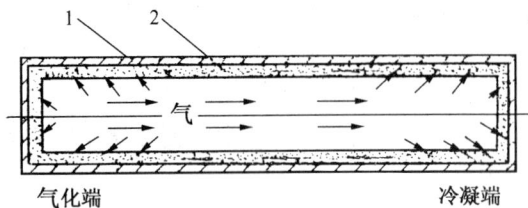

图 4 - 47   热管结构示意图
1—外壳   2—毛细管组织层

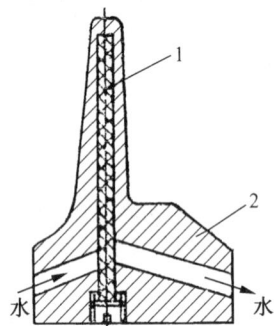

图 4 - 48   金属型局部设置热管
1—热管   2—金属型

图 4 - 48 所示为金属型中使用热管冷却的实例。金属型上的凸出部位在工作时被金属液包围,温度升得很高,设置热管可显示改善该部位的工作条件。

在金属型局部设置热管,其结构简单、维护方便,冷却金属型的热管外径为 2～8 mm,长度为 40～225 mm。在国外,热管产品已系列化、商品化。它也在压铸型上得到应用。

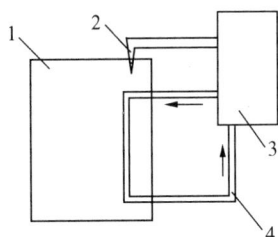

图 4 - 49   金属型温度自动控制装置示意图
1—金属型   2—热电偶   3—循环液控温机
4—输液管

⑤ 用温度可自动调节的液体(如矿物油)在金属型内循环流动,以控制金属型的工作温度(见图 4 - 49)。当金属型的温度太高或太低时,热电偶 2 会给出信号,控温机 3 就自动向金属型输送温度较低或较高的循环液冷却或加热金属型。目前这种装置已广泛地用于重要的金属型铸件的生产中,不少压铸型也用这种装置控温。

4.2.9 制金属型材料的选择

本节只介绍金属型专用零件的材料选择,一般通用机械零件(如螺母、弹簧等)的材料选择可参考机械零件等有关资料。表 4 - 5 示出了一些金属型专用零件的适用材料。

表 4 - 5   金属型专用零件用材料

零件名称	材 料	热处理要求	应 用 范 围
型 体	HT 150, HT 200	时 效	结构简单的大、中、小型金属型型体
	45	HRC 30～35	各种结构的中、小型金属型型体
型 芯 活块、镶块	HT 200	时 效	结构简单的大、中型金属型芯、活块、镶块
	45	HRC 30～35	一般结构的金属型芯、活块、镶块
	3Cr2W8V, 5CrMnMo	HRC 30～35	细长金属型芯、薄片及形状复杂的组合型体、型芯,片状活块和镶块

零件名称	材 料	热处理要求	应 用 范 围
排气塞、激冷块	45		一般排气塞
	紫 铜		起激冷作用的排气塞、激冷块
顶杆、导柱、定位销、复位杆	45，T8A	HRC 45～50	受力、耐磨
底板、顶杆板	HT 200，45，A6	HT 200 需时效	大型件用 HT 200，小型件用 45，A6

4.2.10 金属型的破坏原因

金属型是较贵重和生产中起关键作用的模具，为保证生产的正常进行和降低生产成本，应尽可能延长金属型的服役寿命，为此必须了解金属型的破坏原因，以便采取相应的措施。金属型的破坏原因主要有以下几种。

① 应力的叠加

铸铁件中常有铸造应力，如采用铸铁作为制型材料，其坯件事先没经消除应力的时效处理，或时效处理的程度不够，则铸造应力就可能存在于制成的金属型型体中。浇注铸件时，由于铸型中温度分布的不均，会使金属型型体中产生新的热应力。若热应力与金属型中的原有残余应力的符号相同，则两种应力相互叠加，有可能使金属型某部位的应力值大于该处金属型材料的抗拉强度值，金属型上就可能出现贯通性的裂缝。这种破坏常在新的金属型试浇初期出现。裂缝一般在铸型外表面上有应力集中部位（尖的凸起物、铸造缺陷）处出现。所以铸铁金属型的毛坯应经充分的时效处理后再机械加工；铸型外表面上应尽可能消除易应力集中的结构和减少铸型外表面上铸造缺陷的存在。浇注前铸型应先预热。

② 热应力疲劳

金属型工作时，每生产一次铸件，金属型型壁就会经受一次加热和冷却的过程。如图 4-50 所示，在浇注之前，如认为金属型型壁内厚度方向上的温度基本是一样的，则在高温液态金属进入铸型后，其内表面层上的温度会迅速上升，而型壁中间层和型壁外表面处的温度还来不及同步上升，因此便出现如图 4-50a 所示的型壁内部在壁厚方向上的温度分布。铸型内表面上的温度升得很高，而中间层和外表面层处的温度尚低。铸型内表层的线膨胀量便比中层和内表面层要大得多，即型壁的中间层和外表面层阻碍内表面层的膨胀，内表面层受压，中间层受拉，而外表面层上的应力很小，因紧靠它的型壁内层温度升得不高。铸件在型内凝固时，型壁的中间层和外表面层上的温度逐渐上升，型壁上的温度分布曲线逐渐平缓（见图 4-50b），但铸型壁靠近内表面层仍受压应力，外表面层上出现了拉应力。自铸型中取出铸件后，金属型内表面直接与空气接触，降温较快，而型壁中间层的温度仍较高，此时铸型内、外表面层需收缩较多，而型壁中间层因温度较高而阻碍表面层的收缩，型壁内、外表面层上产生拉应力，如图 4-50c所示。因此每浇注一次铸件，金属型内表面就经受一次交变应力的作用。在长期的工作过程中，金属型内表面就得经受很多次交变热应力的作用，当这种交变应力超过金属型材料的高温疲劳强度值时，金属型内表面就会出现微小裂缝。裂缝处易应力集中，所以随着浇注次数的增多，裂缝扩大，最后在金属型表面形成明显的网状裂缝，严重时，金属型会因此而报废。

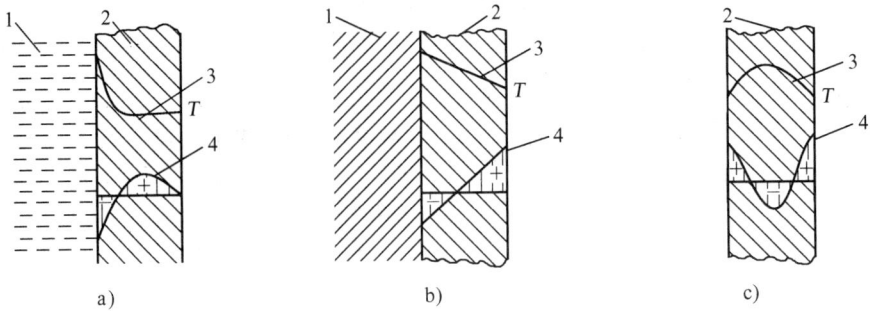

图 4-50　金属型受交变热应力示意
a) 刚浇注完　　b) 铸件凝固时　　c) 取出铸件后
1—铸件金属　2—金属型壁　3—温度分布曲线　4—应力分布曲线

　　网状裂缝中还可能存储空气和积聚氧化铁,浇注时,裂缝中的空气受热膨胀,就可能进入铸件中,使形成针孔和细小贯穿孔。如浇注的金属为铸铁或钢,则其中的碳会与铁氧化反应,产生气体进入铸件造成同样的气孔缺陷。

　　热应力疲劳的裂缝还较易在铸型表面切削加工时的刀痕或铸造缺陷处形成,因为这些地方易应力集中。

　　因此,采用涂料来减轻金属型工作表面的受热程度,尽可能使用光洁程度较高的金属型工作表面,或在铸型内表面上一旦出现微小裂缝时就及时地将其磨去,以延缓裂缝的扩展趋势,适当地减轻热应力疲劳的破坏作用。

　　③ 铸铁生长

　　当金属型的材料为铸铁时,铸铁中的珠光体在浇注金属的热作用下,会分解为石墨和铁素体,伴随有体积的增大,这种增大称为铸铁生长,但这种生长是不会在金属型整体内同步均匀地进行的,而是有的部位生长得较多,有的部位则生长很少。如同热应力的形成机理一样,相变得较快的部位的生长受阻,这部位的材料受压,相变得较慢部位来不及生长,这个部位阻碍相变较快部位的生长,它本身受拉。这种应力如同热应力一样会加快热应力疲劳裂缝的扩展。严重的时候,它还会和铸造应力、热应力一起引起金属型的弯曲变形,以致使型腔尺寸变化,降低铸件的尺寸精度,还会使两个半型不能严密合型,易在铸件上出现飞边。

　　④ 氧气侵蚀

　　热应力疲劳裂缝中的空气中的氧会在高温情况下加速与裂缝壁上的金属发生氧化反应,此时也伴随有体积膨胀,与此同时,还使裂缝中的金属变得疏松,使裂缝进一步扩展。

　　⑤ 金属液的冲刷

　　浇注时,液体金属流过金属型表面,有一股冲刷的作用,金属型工作表面在高温金属流的冲刷下,温度迅速升高,其强度也很快降低,故在受冲刷的金属型表面上会较早地出现裂缝。有时受液体金属冲刷侵蚀的金属型表面甚至会和铸件粘合在一起(在压力铸造铝合金铸件时,这种现象常会遇到,因冲刷得厉害,铝与铁又有亲和力),如强力取下铸件,则会进一步破坏金属型的表面。当然这种铸件粘型现象有时还和金属型受冲刷处的裂缝有关,在裂缝较大时,冲刷金属型的金属液有时会钻入裂缝,促使铸件粘型现象的产生。

　　所以金属型铸造时应合理设计浇注系统,避免金属型某部位受集中剧烈的冲刷,考虑金属型铸造工艺时要选择合适的涂料,尽可能减轻金属液对铸型表面的直接冲刷。

⑥ 铸件的摩擦

因金属型无退让性,铸型中受铸件包住的部位,会在取出铸件时承受较大的表面接触摩擦,这种摩擦会使金属型受损,浇注后温度升得较高的铸型部位,由于其膨胀量大,强度又下降得多,就更易被摩擦破坏。因此采取选择合适的涂料(如减小摩擦系数的涂料),控制好铸型各处的工作温度,尽可能早地自型中取出铸件等措施,都可减轻铸件对铸型的摩擦破坏。

为了提高金属型的工作寿命,应在考虑金属型破坏原因的基础上合理地选择金属型的材料和机械加工的质量,同时还要制订合理的铸造工艺,规定科学的操作规程和金属型的维护制度。

4.3　金属型铸造工艺

正确制订金属型铸造工艺,合理确定有关的工艺参数,对于保证生产的高效进行,获得优质铸件,是一个必不可少的环节。

4.3.1　浇冒口系统的设计

浇冒口在金属型铸造时的作用基本与砂型铸造时相同,其设计原理也一样,但由于金属型的冷却作用大,排气条件差,浇注位置安排受金属型结构限制等特点,在设计金属型铸造浇冒口时还应注意:

① 由于金属型冷却作用大,为了预防金属液过早失去流动性,浇注系统应保证铸件金属在规定时间内充满铸件,一般不希望浇注时间超过 $20\sim25$ s;应尽可能使金属液平稳进入型腔,不发生飞溅、喷射现象,因飞溅的金属液滴在金属型中极易凝固,最后使铸件上产生"铁豆"的缺陷;在浇注铝、镁合金时,飞溅的金属液也易氧化,使铸件上产生夹渣的缺陷。

② 由于金属型排气条件差,浇注系统的设置应尽可能使进入型腔的金属液不妨碍型内气体的排出。

③ 为延长金属型的工作寿命和降低金属型的成本,浇注系统内浇口的设置还应注意不让金属液直接冲击金属型芯和型壁,不使金属型的局部温度过热太高,要尽可能使金属型的结构简单、操作方便。

(1) 浇注系统尺寸的确定和直浇道形式

确定浇注系统截面积尺寸时,通常先计算该系统中的最小截面积,然后再根据比例关系求得系统中其他组元的截面积。

由于金属型具有较强的冷却作用,在不引起紊流的前提下要尽可能缩短金属液的充型时间,一般金属型铸造时的浇注时间要比砂型铸造时缩短 $20\%\sim40\%$。浇注时间 t(s)根据铸件的高度 H(cm)和限定的型内液面最小允许上升速度 v(cm/s)来决定,即

$$t=\frac{H}{v} \tag{4-11}$$

对铝、镁合金铸件: $v=\dfrac{2\sim4.2}{b}$,式中 b 指铸件的壁厚。一般铸件高度较大时,则取较大的 v 值。

对铸铁件:当 $b<1$ cm 时, $v=2\sim3$ cm/s。

因此,可以根据浇注时间 t 和液体金属流经浇注系统最小截面处的允许最大流动线速度 v_{max} 来计算最小截面积 F_{min},即

$$F_{min} = \frac{Q}{\rho t v_{max}} \qquad\qquad (4-12)$$

式中　Q——通过浇注系统的金属液质量;

　　　　ρ——金属液密度。

浇注时,为了防止液体金属在流经浇注系统时产生较大的紊流,卷入气体,发生氧化,破坏浇注系统的挡渣、挡夹杂的作用,一般 v_{max} 不能太大,对镁合金液 $v_{max} < 130$ cm/s;对铝合金液 $v_{max} < 150$ cm/s。

确定了浇注系统最小截面积 F_{min} 后,便可确定浇注系统中其他组元的截面积。浇注铝、镁合金时,为防止液体金属在充型时出现飞溅和二次氧化造渣现象,需要降低金属液进入型腔时的线速度,常采用开放式浇注系统,此时浇注系统中的最小截面积应是直浇道的截面积 F_Z,故各组元的截面积比例关系为:

大型铸件(>40 kg)　　　$F_Z : F_H : F_N = 1 : (2 \sim 3) : (3 \sim 6)$ $\qquad (4-13)$

中型铸件($20 \sim 40$ kg)　$F_Z : F_H : F_N = 1 : (2 \sim 3) : (2 \sim 4)$ $\qquad (4-14)$

小型铸件(<20 kg)　　　$F_Z : F_H : F_N = 1 : (1.5 \sim 3) : (1.5 \sim 3)$ $\qquad (4-15)$

式中　F_H,F_N——横浇道和内浇道的截面积。

如浇注系统中无横浇道,则

$$F_Z : F_N = 1 : (0.5 \sim 1.5) \qquad\qquad (4-16)$$

浇注黑色金属时,常采用封闭式浇注系统,此时浇注系统中的最小截面积为内浇道的截面积,各组元截面积比例关系为:

$$F_N : F_H : F_Z = 1 : (1.05 \sim 1.25) : (1.15 \sim 1.25) \qquad\qquad (4-17)$$

内浇口长度一般应小于 12 mm。

在浇注开始时,为了防止直浇道内自由降落的金属液冲击型壁时产生飞溅现象,可将直浇道做成倾斜状或鹅颈状(见图 4-51a,b);对于较高的铸件,也可用蛇形直浇道或在浇注系统中设置节流器(见图 4-51c);还可在浇注系统中设置过滤网、集渣包起挡渣的作用(见图 4-51d,e)。

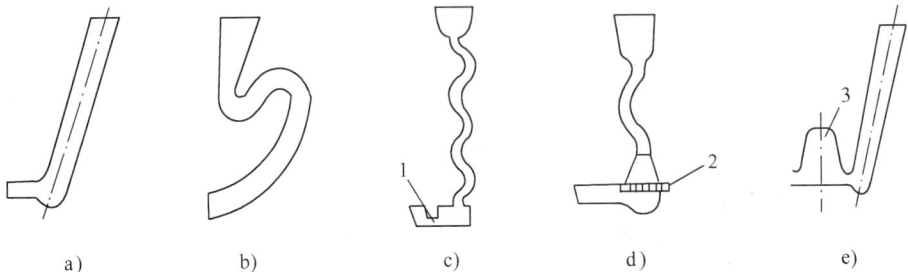

a)　　　　　　b)　　　　　　c)　　　　　　d)　　　　　　e)

图 4-51　不同形状的直浇道和直浇道底部的挡渣

a)倾斜状直浇道　b)鹅颈状直浇道　c)蛇形直浇道　d)底部有过滤网　e)底部接集渣包

1—节流器　2—过滤网　3—集渣包

（2）浇注系统在型内的布置

根据内浇道在铸件高度上分布位置的不同,可把浇注系统分为顶注式、底注式、中注式、侧注式和综合式数种。

顶注式浇注系统的内浇道设在铸件的顶部。这种浇注系统可简化金属型结构;浇注完后,较热的金属液处于铸件顶部,这有利于建立自上向下对铸件补缩的条件;且浇注系统消耗的金属少。但充型时液体金属易飞溅,因而出现卷气、氧化、形成"铁豆"等问题。一般用于高度较小(<100 mm)的铸件。对黑色金属铸件言,铸件的高度可稍大。

有时,顶注式浇道可用砂芯形成,内浇道还可为雨淋式,或直浇道与冒口合二为一。图 4-52 示出了一些铸件的顶注式浇道举例,其中图 a 即为直浇道与冒口合二为一的实例。

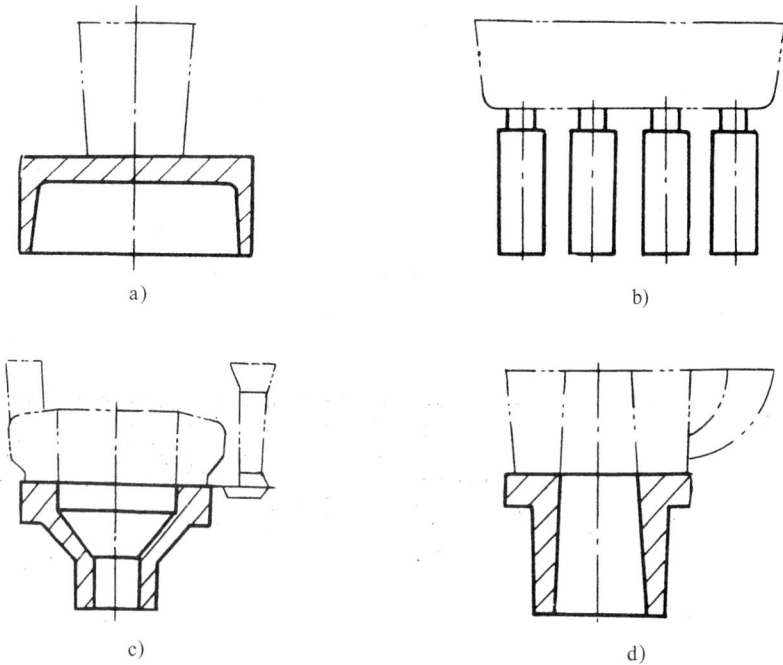

a)　　　　　　　　　　　　　　b)

c)　　　　　　　　　　　　　　d)

图 4-52　顶注式浇冒口系统铸件举例

（双点划线为浇冒口系统）

底注式浇注系统的内浇道布置在铸件的底部。这种浇注系统可使金属液能自型腔底部平稳地向上充填型腔,有利于型腔排气和浇注系统挡渣作用的发挥。但先进入型腔的金属液处于铸件上部,其温度较铸件底部的金属温度低,不利于铸件的凝固补缩,并使金属型结构复杂。它适用于各种尺寸的铸件,为了改善铸件的补缩条件,可在铸件上部设冒口;在考虑工艺余量时可设法使铸件壁上厚下薄;也可同时增大型腔上部的涂料厚度或在型腔上部采用绝热性较好的涂料,使铸件上部凝固较慢。

图 4-53 举例示出了几个铸件的底注式浇注系统和冒口布置。其中 c 图所示为在直浇道上部开出一个叉道;当型腔内金属液在浇注时上升至快充满铸件型腔时,后进入直浇道的金属液经叉道直接进入冒口,使冒口中的金属液有较高的温度,以改善对铸件的补缩。图 d 示出了一种浇道中放置过滤网的形式。

中注式浇注系统的内浇道设在铸件高度方向上的中部,金属液充型比顶注式平稳,铸件金属温度在高度上的分布较底注式合理,但仍存在充型时金属液飞溅和铸件温度在高度方向上

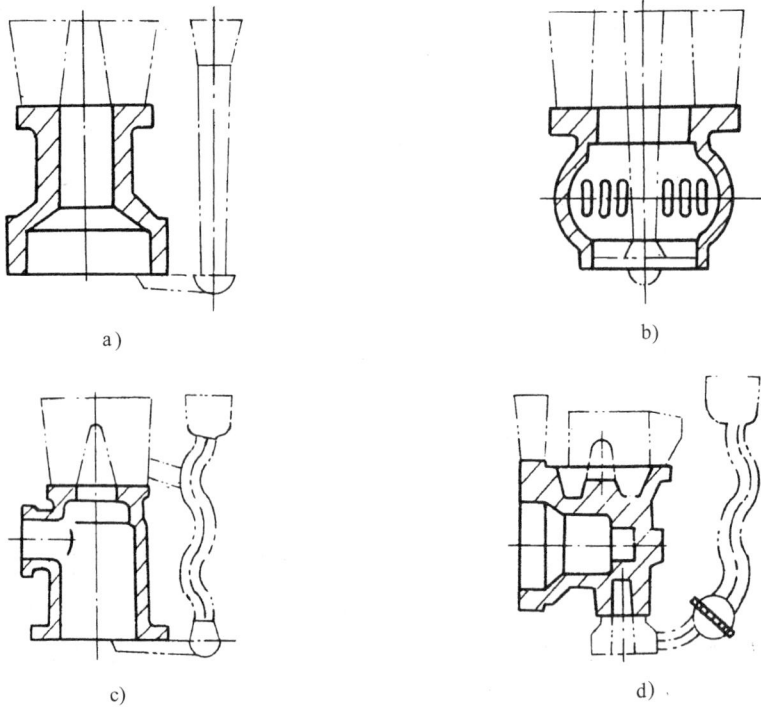

图 4 - 53　　底注式浇注系统和冒口举例

（双点划线为浇冒口系统）

不尽合理的问题。它适用于高度较大而又不便放置底注式浇注系统的铸件。图 4 - 54 示出了
几例中注式浇注系统，其中 d 图所示的内浇道为缝隙式的，其具体应用情况将在下段中予以
叙述。

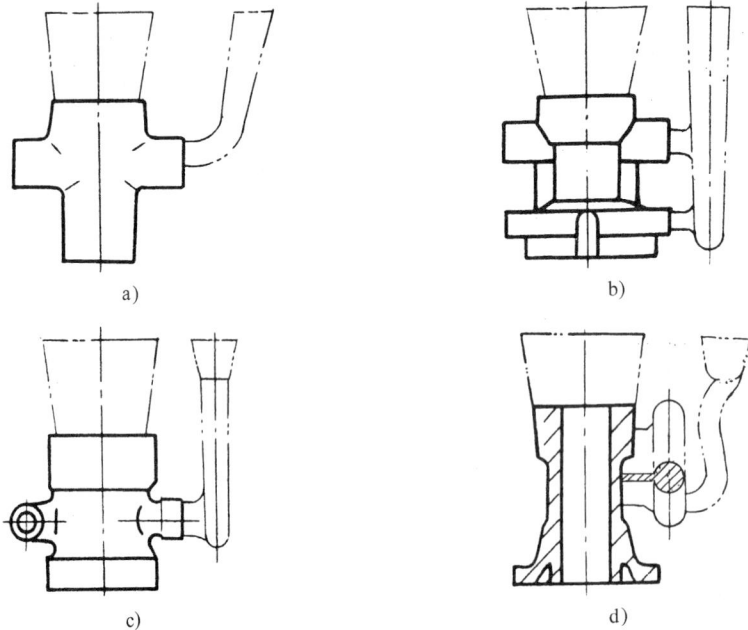

图 4 - 54　　中注式浇注系统举例

（双点划线为浇冒口系统）

缝隙式浇注系统采用缝隙式的内浇道,沿铸件高度设置(见图 4-55),浇注时,金属液经直浇道的底部先进入截面积较大的垂直过道,然后经截面积较小的缝隙内浇道进入型腔,所以浇注时在垂直浇道内的金属液液面总高于缝隙式浇道和铸型型腔中金属液液面。这样,既创造了金属液平稳进入型腔的条件,又使较热的金属液总是处于铸件型腔的上部,创造了铸件自上向下补缩的有利条件,并且也有利于挡渣和型腔内气体向铸型上部排出。这种浇注系统通常用于圆筒形、箱形薄壁铝、镁合金铸件和高大平板铸件的铸造。但是这种浇注系统使金属型结构复杂化,在此系统中消耗的金属也较多,铸件清理较麻烦。

缝隙内浇道的厚度约为铸件壁厚的 0.7~1.0 倍,前者适用于圆筒形铸件,后者适用于平板形铸件,其宽度约为内浇道厚度的 3~4 倍,内浇道厚度越大,宽度的倍数越小,其最小值为 10 mm,最大值为 40 mm。垂直过道的直径约是铸件壁厚的 3~6 倍。壁厚小的取较大的倍数,壁厚大的取较小的倍数。

图 4-55 示出了几例缝隙式浇注系统和冒口应用的实例。

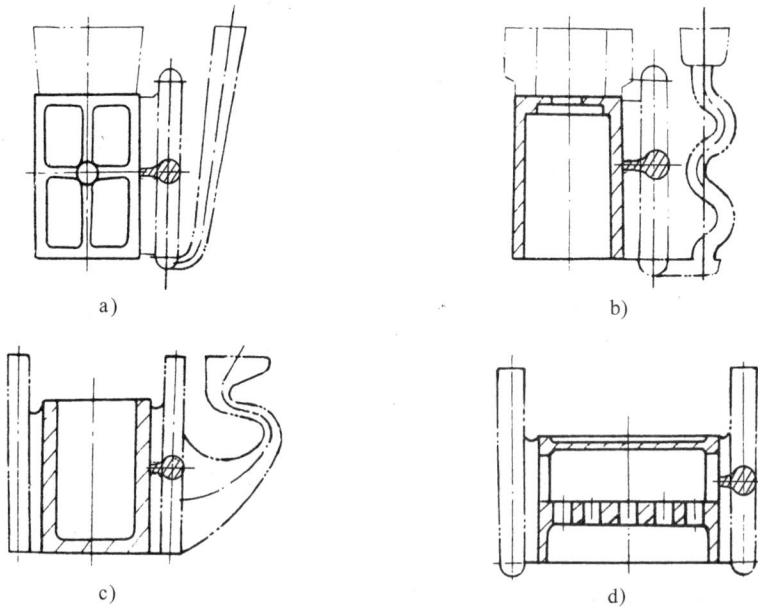

图 4-55　缝隙式浇注系统和冒口
(双点划线为浇冒口系统)

综合式浇注系统的内浇道有两个以上,内浇道的位置往往兼有上述类型浇注系统中的两种或更多种的形式,如图 4-56a 上的铸件上就有顶注、中注、底注三种内浇道。

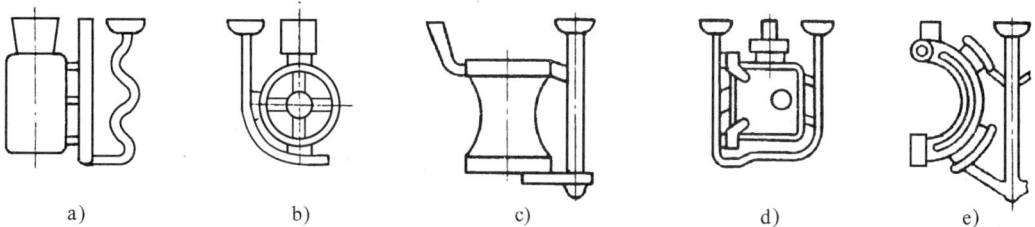

图 4-56　综合式浇注系统举例

总之,设计金属型铸件的浇注系统时,主要应根据多方面(铸件结构、尺寸、铸件的浇注位置、铸件金属的特性等)情况进行综合性考虑,按实际需要决定所采用的浇注系统形式。

(3) 冒口的设计

金属型灰铸铁件一般不使用冒口。

铝、镁合金铸件冒口的体积约为它们所补缩铸件热节的 $1.5\sim2.0$ 倍。

球墨铸铁和可锻铸铁件冒口的直径约为它们所补缩铸件热节圆直径的 1.2 倍,冒口的高度约为铸件热节圆直径的 1.25 倍。冒口径的直径为铸件热节圆直径的 $0.3\sim0.5$。

冒口可为明冒口或暗冒口。

为延缓冒口中金属液的凝固速度,对铝、镁合金铸件,当用金属型形成冒口时,可在冒口型腔表面涂上绝热性好并且厚度较大的涂料层;对球铁件和可锻铸铁件,可用砂芯形成冒口型腔。在内浇道与直浇道之间的集渣包(见图 4-51e)也可起冒口的作用。

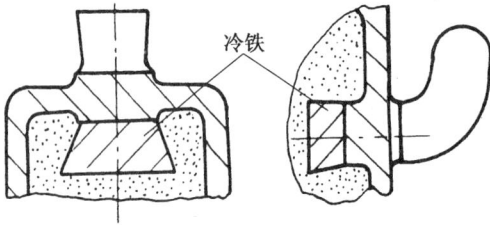

图 4-57　冒口与冷铁补缩的联用

如果铸件热节处的内腔用砂芯形成,则可在铸件外壁上设冒口的同时,在紧贴热节的砂芯部位设置冷铁以增大补缩效果,相应地也可减小冒口的体积(见图 4-57)。

4.3.2　金属型用涂料

金属型铸造时,需在型腔的表面上涂敷涂料层,其目的为:

① 保护金属型。浇注时可减轻金属液对金属型的热冲击,隔绝液体金属对铸型表面的直接冲刷,防止铸件粘型;在取出铸件时,可缓冲铸件对金属型和型芯的摩擦破坏,并使铸件易于自型中取出。

② 调节铸件各部位在金属型中的冷却速度,控制铸件的凝固补缩顺序,保证获得薄壁的铸件。

③ 改善铸件表面的质量,预防可能因铸型激冷作用太强而引起的铸件表面冷隔、流痕缺陷现象。预防灰铸铁件表面层出现白口组织。

④ 适当改善金属型的排气条件。如图 4-58 所示,死角 A 处的气体可通过涂料层按箭头路线在 B 处排出。

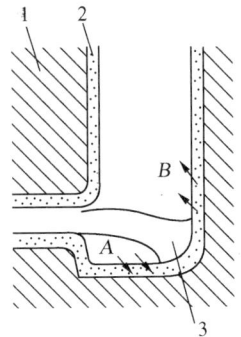

图 4-58　气体通过涂料层排出
1—金属型　2—涂料层
3—金属流

对涂料的要求为:

① 涂料中不应含有能与金属液起化学作用和耐火度小于金属液温度的物质。

② 对型壁应有一定的粘着强度,不会被浇注的金属液冲刷掉落,能抵抗铸件自型中取出时的磨损。不会因温度变化开裂或自型上剥落。

③ 用来涂敷的涂料应有好的流变性能。在涂敷过程中,它应有高的流动性;涂敷到型壁上以后不会流淌;在刷涂时不会在涂料层表面留下毛刷的痕迹。存放时涂料最好不会因其中粉粒的沉降而分层。

④ 在型面上的涂料层中物质的挥发成分应尽可能少,应能在浇注之前挥发干净。浇注时,最好无发气性。

⑤ 浇注镁合金铸件时,涂料应能起防氧化的作用。

⑥ 易于自型上清除。

涂料一般由粉状耐火材料、黏结剂、载体和附加物组成。

① 粉状耐火材料。一般既有能满足要求的耐火度，又具有较好的绝热性能。铝合金、镁合金铸造时常用白垩粉($CaCO_3$)、氧化锌、石棉粉、石墨粉和滑石粉；铝合金铸造时，除前述耐火粉料外，还用氧化钛、氧化镁。铸钢时常用硅石粉、石墨粉、耐火黏土。铸铁时所用材料与铸钢相似，有时还用石棉粉和镁粉。铜合金铸造时所用材料与铸铁时相似，但不用硅石粉和镁粉。

② 黏结剂。常用的为水玻璃，铸钢、铸铁时有时还用糖浆。

③ 载体，是把涂料各种组成均匀混为一体的物质，并使涂料具有良好的涂敷性能。一般用水。铜合金铸造时常用矿物油(如机油、润滑油)。

④ 附加物，赋予涂料特殊性能的物质。如石棉粉、硅藻土可高效地提高涂料的绝热性能，石墨粉、滑石粉可减轻铸件自型中取出时所遇的摩擦阻力，镁合金铸造时常在涂料中加硼酸以防止镁合金氧化。硅铁粉可预防铸铁件表面产生白口。铸铁和铸钢有时在涂料中加表面合金化元素。铝、镁合金铸造时有时用硅酸钡来提高涂料层的塑性。

表 4-6 示出了数例铝、镁合金金属型铸造时的涂料配方。

表 4-6　铝、镁合金金属型铸造时涂料的质量组成(%)

浇注合金	氧化锌	白垩粉	氧化钛	石棉粉	滑石粉	石墨粉	硼酸	水玻璃	热水	用　　途
铝合金	9~11							4~6	余量	厚壁中小件型面
	6	5	3					5	余量	铸件表面要求光滑的型面
	4		9			9		7	余量	大型厚壁件型面
	5~7		11~13	11~13				9~11	余量	薄壁件型面
						10~20		4~6	余量	斜度小的芯面，型腔局部厚大处
		8~15	9~14					5~9	余量	浇冒口系统
镁合金		10				5		3	余量	大型铸件型面
						8	3	3	余量	一般铸件型面
	10					5		3	余量	铸件表面要求光滑的型面
		5				10	3	3	余量	中小件铸件型面
		5			5		3	3	余量	中小件铸件型面
		2~5		10~30				2~5	余量	浇冒口系统

注：1. 有时可用水玻璃将石棉纸粘在冒口型腔壁上。
2. 浇注镁合金前，在型面上喷含(5~10)%硝酸的水溶液。

铸灰口铁时的金属型涂料的质量组成配方可为：

① 石墨粉(10~15)%＋黏土(10~15)%＋表面活性剂 0.5%＋水玻璃(5~7)%＋水余量，用于型腔。

② 耐火砖粉 35%＋黏土 25%＋硅石粉 25%＋水玻璃 15%＋水(另加)适量，用于浇冒口。

③ 石墨粉 28~63 份＋黏土 30~70 份＋烟子 23~52 份＋碳酸钠 0.5~2 份＋水适量，用

于型腔。

金属型铸钢用涂料的质量配比成分可为:

① 刚玉粉(30~40)%＋硼酸(0.7~0.8)%＋水玻璃(5~9)%＋水余量,用于型腔。

② 硅石粉(61~66)%＋黏土4%＋糖浆2%＋重油(0.2~0.3)%＋水余量。

③ 沥青在汽油中的溶液,体积浓度为25%,或100%机油,或100%脱水焦油。

铝青铜、黄铜金属型铸造时,一般不在金属型表面涂敷涂料。如有特殊需要,可涂敷其他铜合金金属型铸造用涂料。质量配比成分为:

① 机油96%＋石墨4%。

② 机油50%＋石蜡50%。

③ 酒精20%＋松香80%。

④ 松香28%＋烟墨或石墨粉14%＋汽油58%。

⑤ 机油100%。

每浇注1~3次,在金属型表面涂一次。带有石墨粉的涂料会使铸件表面不太光洁。

混制涂料时,应先把硼酸溶化,水玻璃稀释,然后将液体和粉料放在一起充分搅拌,最后在过滤后使用。

涂料在配制后,不宜放置过久,以免变质。

在金属型型面上涂敷涂料时,应事先将干净的金属型预热至160~200℃,最好用喷雾器将混匀的涂料液喷涂在型面上,使形成致密均匀的覆盖层。喷涂时,若铸型温度太低,喷至型上涂料不能很快干燥,会使涂料层表面被"吹"坏,或会出现涂料流淌现象。若铸型温度太高,则喷射到铸型表面的涂料中水分会剧烈蒸发,使到达铸型表面的涂料被反射离型,无法进行喷涂。有时会使涂料层鼓泡或成片脱落。

喷涂料时要掌握好喷嘴离型面的距离和喷嘴的移动速度。

涂料层的厚度一般小于0.5 mm,在浇冒口系统的型面上可为0.5~1 mm,个别情况有达4 mm的。

铸件的凸台、肋板和壁的交界处需快速冷却,有时可将和这些部位相对应的型面处的涂料层刮去。

4.3.3　金属型在浇注开始时的工作温度

为了保证铸件的成形质量,预防因浇注开始时液体金属的热冲击而导致金属型的过早损坏,所以在浇注开始时,应使金属型有一定的工作温度范围。

金属型的工作温度与所浇注的合金、铸件的大小、结构特点等因素有关。一般壁薄和复杂的铸件取较高的金属型工作温度。在保证铸件能成形的前提下,希望尽可能降低铸型的工作温度。表4-7列出了浇注不同合金时金属型的工作温度。

表4-7　浇注不同合金时金属型的工作温度

合金种类	铝 合 金		镁 合 金		铜合金	铸 铁	铸 钢
铸件复杂程度	一般	复杂	一般	复杂	一般	一般	一般
金属型工作温度(℃)	200~300	350~450	200~300	300~450	120~200	250~350	150~350

4.3.4　金属型的浇注

（1）浇注温度

由于金属型有较强的冷却作用，所以合金的浇注温度比砂型铸造时高。浇注温度同样与浇注的合金、铸件的结构和金属型铸造的其他工艺有关。一般浇注薄壁、复杂形状铸件时，浇注温度应较高，采用顶注浇注系统时的浇注温度可比底注式浇注系统时低，可供参考的不同合金的浇注温度示于表 4-8 中。

表 4-8　金属型铸造时各种合金的浇注温度

合金种类	锡铅合金	锌合金	铝合金	镁合金	黄　铜	锡青铜	铅青铜	铸　铁
浇注温度(℃)	350～450	450～480	690～750	700～780	900～950	1 100～1 150	1 150～1 300	1 300～1 400

（2）浇注操作

浇注时，除了一般应注意的问题，还应结合金属型的铸造特点控制好浇注速度和应用倾型转动浇注法。

① 为防止浇注时金属液飞溅所引起的铸件气孔、夹渣、铁豆的缺陷，浇注时应尽量使金属流沿浇道壁进入型腔。

② 由于金属型的排气条件差，开始浇注时，速度宜慢，以便遇热膨胀的型腔内气体能及时排出，同时也可避免第一股金属液往内浇进入型腔时的喷射现象，然后应加快浇注速度，使金属液尽快充满型腔，避免因金属型冷却作用强而易引起的铸件冷隔，浇不足的缺陷。

③ 为进一步防止浇注时的金属流飞溅现象，金属型铸造时常采用倾型转动浇注法（见图 4-59）。

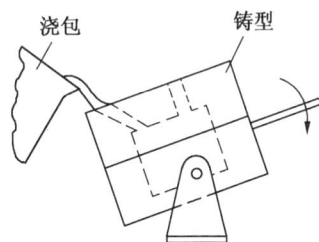

图 4-59　金属型倾型转动浇注示意图

即浇注前，先把铸型倾斜约 45°，然后开始浇注，一边浇注，一边把铸型转成正位。除了手工可如此操作外，不少金属型铸造机上都专门有实现倾型转动浇注的机构。

4.3.5　覆砂金属型铸造

覆砂金属型铸造又称铁型覆砂铸造，是在金属型表面覆盖一层 3～8 mm 厚或更厚的型砂层，用来浇注铸件。

（1）覆砂金属型铸造工艺特点

可在金属型表面覆盖的型砂有一般造型砂、流态自硬砂和酚醛树脂覆膜砂。一般造型砂的覆盖通常只能通过人工春实的方法，但这只有在铸件外形简单（如圆筒形、平板形等），砂层较厚（>15 mm）情况下才能实施。故制型劳动强度大，生产效率低，只适用于小批量生产，在替代砂型铸造可获得较好效果。如 2G55 托轮铸件的生产，由于铸件尺寸精度的提高，仅轮面的金属加工余量就可节省 20%～30%。

也可如制作带有砂套的陶瓷型那样，将流态自硬砂灌注在模样与金属型之间的缝隙制造覆砂金属型。但生产效率低。

用得最为成功和广泛的覆砂金属型制造方法为射砂造型。所吹的砂为酚醛树脂覆膜砂

（见图 4-60）。射砂前，把模板和金属型加热至 200～300℃。一般大量流水线生产时，模板可用燃气或电加热，而金属型则可利用浇注后铸件金属留给金属型的余热。一般金属型的温度总比模板的温度稍低。合好的模板和金属型，在射砂机上用压力为 0.2～0.6 MPa 的压缩空气把覆膜砂吹进模板与金属型之间的缝隙中，在模板和金属型热量的作用下，树脂覆膜砂固化，树脂砂层留在金属型上，便可制得覆砂金属型。

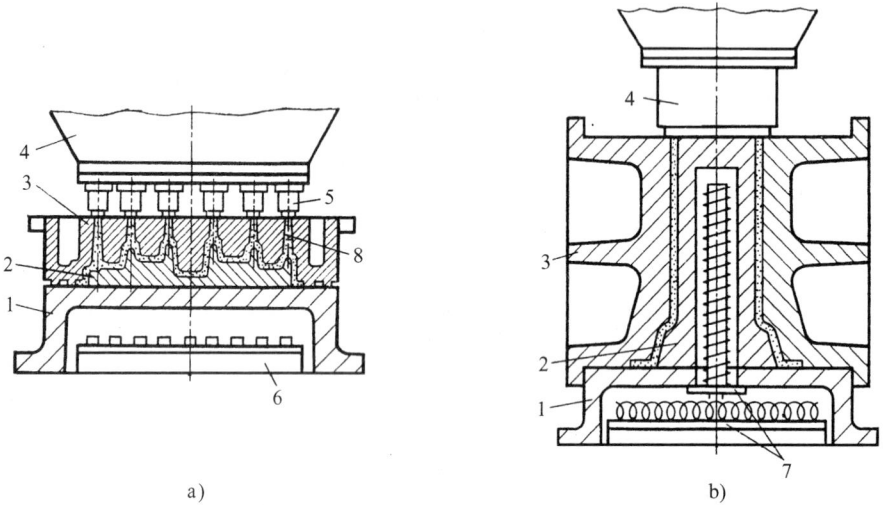

图 4-60　用射砂法制造覆砂金属型示意图

a）通过进砂孔射砂　b）通过模样与型间缝隙射砂

1—模板　2—模样　3—金属型　4—吹砂头　5—吹嘴　6—燃气加热器　7—电加热器　8—进砂孔

图 4-61 示出了覆砂用的金属型结构示例。其剖面 B-B 示出了金属型框边上的密合带的断面形状（图 4-61b），此密合带的宽度为 30 mm（当金属型长度小于 1 000 mm 时）。图 4-

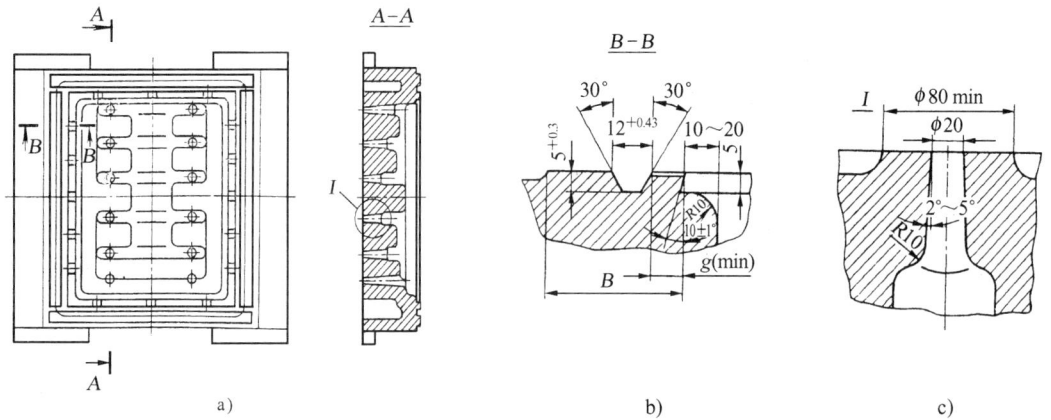

图 4-61　覆砂用金属型结构示例

a）金属型结构图　b）B-B 剖面，型框上的密合带　c）I 处放大，进砂孔尺寸举例

当金属型长度为 <1 000 mm，1 000～1 500 mm 和 >1 500 mm 时，B 的尺寸相应为 30 mm，50 mm 和 75 mm

61c 所示为进砂孔的相关尺寸举例。此图所示为一种厚壁金属型,其壁厚最大可达 40 mm,采用厚壁金属型的优点是金属型工作时温度比较稳定,并能积蓄有足够的热量供射砂后树脂砂固化用。但在生产小型铸件时,也可用壁厚较薄的金属型。

也可用组合式的金属型,即把金属型周边的密合带作为通用的型框。而在型框中间形成铸件型腔的型壁可做成活动的,以满足浇注不同形状铸件的需要。当然活动型壁与型框之间的配合面上需预先设置热胀冷缩补偿缝隙。

进砂孔应设在针对模样凸出处的型壁上,当模样各部分的高低落差不大时,吹砂孔之间的距离为 150～250 mm。

为使射砂的树脂砂层能留在金属型一边(不是留在模样和模板上),可在金属型面上事先做出小槽。也可在密合带内壁上做出倒斜度,以便在射砂固化后自型中取出模样时,利用此倒斜度把覆砂层留在金属型一边。此密合带可起防止覆砂层松散的作用。

为了自模样与型之间的空间和射砂时把与砂一起进入此空间的气体排走,可在金属型的分型面上开缝隙式排气沟槽,这些构槽的外端与集气的较大凹槽相连(见图 4 - 61a)。如果排气沟槽无法连通金属型的外缘,则可在型上做出专门的排气通孔。在金属型的深凹处,可用排气塞将气体引出型外。排气孔、槽的总断面积约为进砂孔总断面积的 20%。

由于金属型的透气性不好,为了减少在浇注时型砂层中树脂燃烧所产生的气体,在保证覆砂层强度的前提下,要尽可能减少树脂覆膜砂中树脂的用量,一般砂中酚醛树脂的质量用量(2～3)% 已够,因为金属型的衬托可很有效地提高覆砂层的抗破坏能力。

射砂后,树脂砂层的固化时间对覆砂层的强度和发气性有一定的影响,一般黄色的覆砂层表明树脂的固化程度不够,而咖啡色表面则对树脂的加热已过火,一般棕色覆砂层的质量为最好。图 4 - 62 示出了不同模板和金属型的温度情况下合适固化时间的确定曲线。

浇注后,金属型上残砂层可用间歇吹压缩空气的办法清除。而进砂孔中的残砂可用顶杆自铸型背面顶出铸型, 与此同时,也可带下一大片吹砂孔周围型面上的残砂。为了减轻顶砂时所遇的阻力,除了在吹砂孔壁上做出斜度外

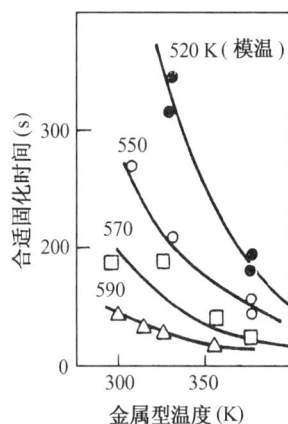

图 4 - 62　不同模板和金属型温度条件下,合适固化时间的确定曲线

(见图 4 - 61c),还可在射砂制型开始前在进砂孔壁上涂抹一些滑石粉、白垩粉、硅石粉或石灰的水基悬浮液。

(2) 覆砂金属型铸造的应用

覆砂金属型铸造法可用来生产铸钢件、灰铸铁件、可锻铸铁件、球墨铸铁件、各种有色金属件,主要是因为覆砂金属型铸造具有一系列的优点。

① 与砂型铸造比较,覆砂金属型具有很大的刚度,型腔尺寸精度大,且抵抗涨箱的能力强,型腔的表面粗糙度细,因此铸件具有更高的尺寸精度和表面粗糙度,如铸钢件,这两项指标几乎可与陶瓷型铸造时等同。尤其在生产球墨铸铁件时,可充分利用铸铁凝固过程中出现的石墨化膨胀和覆砂金属型的刚度和较强的抗胀箱能力,不用冒口生产组织致密的球墨铸铁件。目前已广泛用此法大量生产像曲轴、平衡轴、凸轮轴、液压阀体、磨盘、方向器壳体等球墨铸铁件。

　　覆砂金属型铸造球墨铸铁件时,应用半封闭式浇注系统,内浇道的截面积 F_N 应最小,以使石墨化膨胀作用能充分地在铸件内部得到发挥。研究表明,当铸件金属的碳当量超过 4.4% 时,石墨化的体积膨胀量比金属液凝固收缩量还大 0.32%。一般可取 $F_Z:F_H:F_N = 1:(1.5 \sim 2.5):(0.6 \sim 0.9)$。较大的横浇道截面积 F_H 可以较好地挡住熔渣进入型腔。与此同时,还应采用体积同时凝固的工艺,可在铸件周边设置多个内浇道,尽可能均衡型腔内金属温度的分布。

　　② 可以简易地通过改变铸型各部位的覆砂层厚度和金属型壁的厚度来调节铸件各部位的冷却速度,如汽车发动机的凸轮轴(球铁件)要求凸轮尖端处表面硬度大于 HRC 49,表面白口层的厚度为 1.5～3 mm。为此将对应于此表面的金属型部位上的覆砂层减去,而使铸型的其余部位的表面上有 3～5 mm 厚的覆砂(根据铸件各部位的断面直径变化,在直径为 52 mm 处的覆砂层厚度为 3 mm;而在直径为 25 mm 处的覆砂层厚度为 5 mm)。从而获得了能满足技术要求的铸件。

　　又如一些青铜铸件,其砂型铸件的水密性很差,铸件常因水压试验时渗漏而报废。通过覆砂金属型上覆砂层厚度的变化,使铸件能及时按顺序凝固,从而提高了铸件的成品率。

　　③ 由于铸件精度的提高、球铁件可以无冒口铸造,铸件加工余量也减小,从而使覆砂金属型铸造时消耗的金属液数量大为减少。

　　覆砂金属型铸造还可使型砂消耗量比一般砂型铸造时的耗砂量少很多,如覆砂金属型铸造生产一种球铁曲轴时,每吨铸件的砂消耗量约为 190 kg,而砂型铸造时所消耗的新砂质量大致与铸件的质量相等。

　　覆砂金属型铸造时可大大提高生产效率,一般铸件在覆砂金属型中的凝固速度比在砂型中快 2～3 倍。

　　球铁件在覆砂金属型铸造时基本没有皮下气孔的缺陷发生,而这种缺陷在砂型铸造的球铁件上是很容易出现的。

　　综上所述,可见覆砂金属型可创造很好的经济效益,同时也减少了生产铸件时的劳力消耗。

　　但是,覆砂金属型铸造时所需模具太多、太贵,生产过程必需机械化,所以它只适用于一些铸件的大量生产。铸件的形状也不能太复杂。目前在我国大约有 100 多条的覆砂金属型铸造生产线。

　　图 4-63 示出了一条外国的自动化覆砂金属型铸造生产线,该线由两条纵向分支和两条横向分支组成,呈长方形。覆砂制型在 4 工位的立式转台射砂机 1 上进行。金属型由操作机从射砂机上取出移至辊道 3 上,在辊道 3 上可往型中放芯。而后铸型移至合箱机 4 上,合完箱的铸型沿辊道 5 到达浇注区,用专门的阻尼器稳住铸型,进行浇注。浇注完的铸型进入恒温室 7 冷却,在发生意外生产线被迫停止作业时,恒温室又是一个暂存合好箱的铸型的场所,所以恒温室内部是两层的。铸件已冷却好的铸型随后进入开箱区段 6,在此用机械将铸型打开,顶出铸件,并用机械法消除型上进砂孔中和金属型分型面上的砂层,型腔面上的焦砂则在装置 8 中用压缩空气清理。在区段 9 上,金属型在辊道上冷至给定温度,而后进入翻型机 10,再由操作机装到射砂机 1 的转台上准备再次制型。

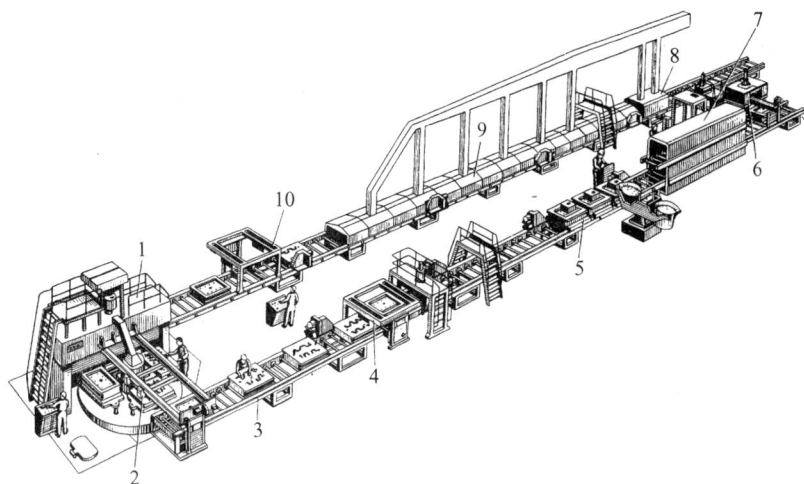

图 4 - 63　自动化覆砂金属型铸造生产线举例
1—带有立式转台的射砂机　2—模板　3—辊道　4—合箱机　5—浇注辊道段　6—开型区
7—恒温室　8—清理装置　9—冷却区　10—翻型机

4.4　金属型铸造机

　　金属型铸造时,需开合笨重的铸型、装卸型芯、取走铸件,而且这些操作又都完全是在高温下进行的,如果单纯用手工操作,体力劳动繁重,工作条件恶劣,而且会大幅度降低生产效率,所以要使用金属型铸造机,充分实现金属型铸造的优点。

　　按用途分类,可把金属型铸造机分为:

　　① 通用金属型铸造机。在这种机器上可使用同种分型面,但尺寸不同的金属型,生产多种铸件。适用于成批生产。

　　② 专用金属型铸造机。专为生产一种铸件而设计制造的金属型铸造机,机器生产效率高,很多操作都可自动化。但机器成本高,设计制造时间长,只适用于复杂、需要多种操作程序和大量生产的金属型铸造。

　　按机器的动力源分类:

　　① 手动金属型铸造机。用手工机械操作,可实现铸型的开合,简单的装芯、抽芯和顶出铸件的动作,结构简单,制造方便。但劳动强度大,开型力小,只有 1 000～5 000 N。适用于简单的中小型铸件的小批量生产。

　　② 气动金属型铸造机。利用压缩空气为动力源,操作维护方便,劳动强度低,手工金属型的操作动作都可实现。但开(合)型力小(5 000～10 000 N),运动不平稳。适用范围同手动金属机铸造机。

　　③ 电动金属型铸造机。用电动机传动,操作方便,运动周期准确,开合型力可大于10 000 N。但结构复杂、成本高。适用于大量和成批生产的复杂铸件的生产。

　　④ 液压金属型铸造机。结构紧凑、运动平稳,操作方便,开型力可大于 10 000 N。但需另设昂贵的液压传动系统。应用范围同电动金属型铸造机。

　　一些复杂的金属型铸造机常有数种动力源并用。

4.4.1　通用型手动金属型铸造机

手动式金属型铸造机上常用杠杆机构、齿轮齿条机构和螺杆机构驱动金属型的各部动作。

（1）杠杆式手动金属型铸造机

图4-64所示为一种简易的杠杆机构驱动的金属型铸造机。金属型为垂直分型，它的一个半型（定型4）固定在机座5上。把手柄1上下移动，即可实现铸型的开合。合型时，曲柄连杆处于死点位置，故有自锁作用，使铸型不会因浇注进型腔金属液压力的作用而被推开。

作用在手柄1端部的力Q可由下式计算：

$$Q = \frac{PL_2 \sin(\alpha + \beta)}{L_1 \cos \beta} \tag{4-8}$$

式中　P—使动型移动所需克服的阻力，其余符号见图4-64。

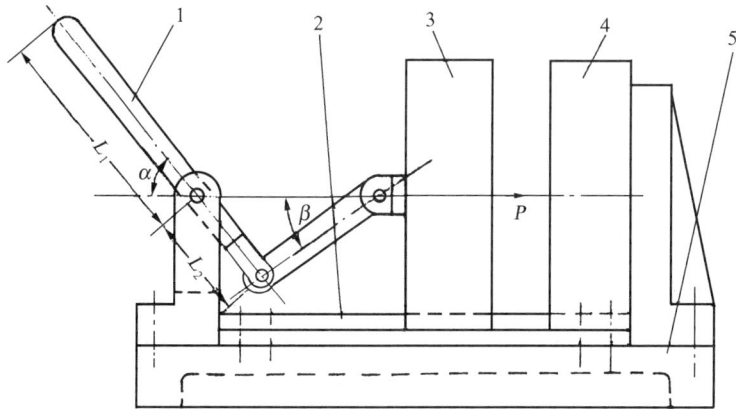

图4-64　杠杆式金属型铸造机
1—手柄　2—滑轨　3—动型　4—定型　5—机座

（2）可倾斜螺杆传动金属型铸造机

图4-65示出了一种可使金属型实现倾斜转型浇注的螺杆传动的手动式金属型铸造机。

在此机上，垂直分型的两个半型都可移动。平台2中央下部装有齿轮齿条机构，可借手柄9实现向下抽芯。可用手柄10操作使平台绕轴8转动45°，实施倾斜铸型进行转动浇注。该图上示出了金属型的安装尺寸。

如把此种机器上的左右两个螺杆驱动机构改为如6，7所示的齿轮齿条机构，则可实现铸型开合的手动齿轮齿条传动。

在此类机器上的铸件顶出大多采用如图4-66的机构，在开启铸型的同时带动动型3上的顶杆4和顶杆板6，当顶杆板移动碰到挡块7后，便不能继续向右移动，而动型则继续向右移动，顶杆4便可将留在动型中的铸件顶出铸型。合型时，动型往左移动，在弹簧5的作用下，把顶杆重新埋入型壁。

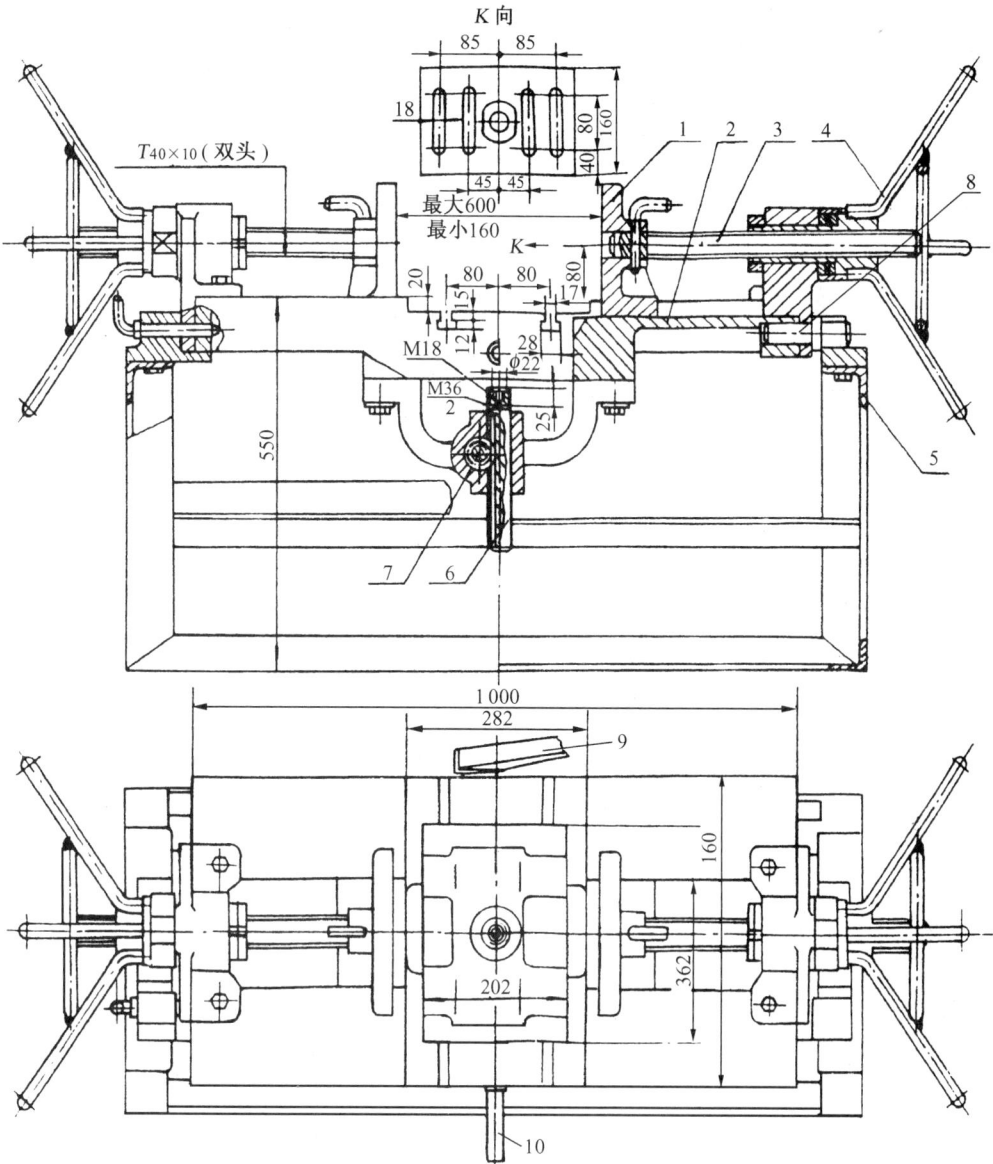

图 4-65　可倾斜螺杆传动金属型铸造机

1—金属型安装板　2—平台　3—螺杆　4—手轮　5—机架　6—齿条　7—齿轮
8—轴　9—齿轮齿条机构手柄　10—倾转平台手柄

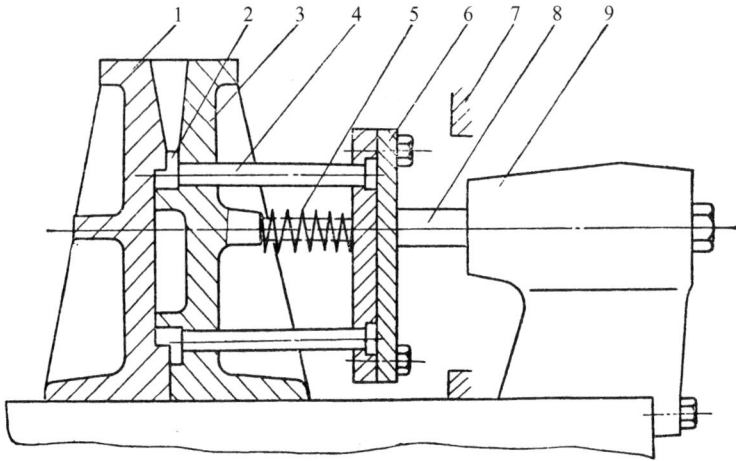

图 4-66　顶杆顶出铸件的机构示意图
1—定型　2—铸件　3—动型　4—顶杆　5—复位弹簧　6—顶杆板
7—顶杆板挡块　8—活塞杆　9—气缸

4.4.2　非手动金属型铸造机

（1）可倾斜液压式金属型铸造机

图 4-67 示出了一种可倾斜的液压传动金属型铸造机。在此机器上有左、右开合型和下抽芯 3 个油缸,分别由 3 个控制阀 7 控制,全部机构都装在平台上,平台可作 40°倾斜,以实现铸型的倾斜转动浇注。图上还示出了金属型的安装尺寸。在此机上可装上多种尺寸的垂直分型金属型。

如果用气缸代替油缸,则此机便变成气动金属型铸造机,在气动金属型铸造机上不用油泵、电动机、油箱等设施,机器结构将大为简化,但开合型力、抽芯力将减小,不能用来生产较大的铸件。

（2）机身可转动 90°的金属型铸造机

图 4-68 所示为一种机身可转动 90°的金属型铸造机。它既可以用于垂直分型金属型,又可用于水平分型金属型,还可实施在转动铸型情况下的浇注。机器各部液压传动和整个铸造动作:开合型、机器翻转、复位、铸件的顶出等均可按指令自动实现。

在这种机器上,可在铸型处于水

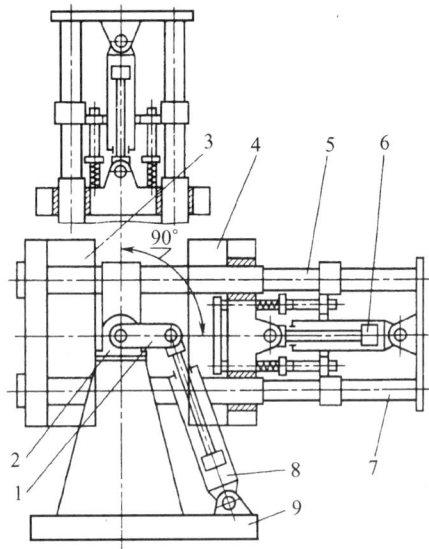

图 4-68　机身可转动 90°的金属型铸造机
1—曲柄杆传动机构　2—轴承座　3—定型安装板　4—动型安装板
5,7—导柱　6,8—油缸　9—机座

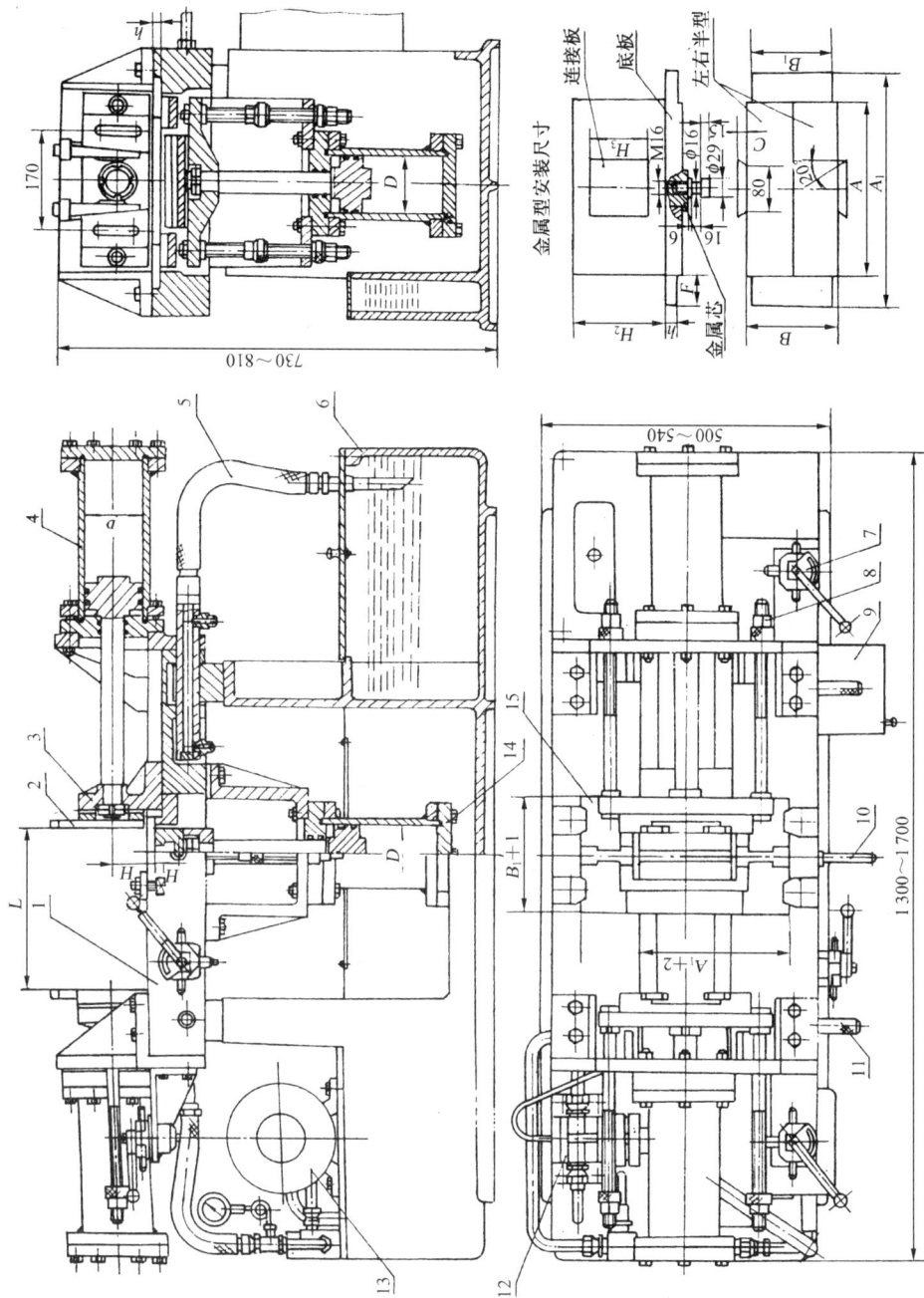

图 4 - 67　可倾斜液压金属型铸造机

1—平台　2—斜销　3—金属型箱　4—开合型油缸　5—高压软管　6—机座　7—控制阀
8—调整螺母　9—电器箱　10—倾斜平合用手柄　11—定位插销　12—油泵　13—电动机
14—抽芯油缸　15—通用底板

平分型状态下方便地安放砂芯。可在铸型处于垂直分型状态下开型,自铸型中顶出铸件,让其自动掉落到放在铸型下面的铸件接受箱中或铸件传送带上。

这种机器广泛地被用来大量生产小型铝合金金属型铸件。

(3) 气缸盖机动金属型铸造机

图 4 - 69 示出了一种专门用来生产汽油发动机气缸盖(铝合金)的机动金属型铸造机。左右主型组合 9 的开合用电动机通过蜗杆蜗轮丝杠传动机构 4,5 实现,中间气门芯组合 2 的向下抽动和复位则依靠手柄 20 通过齿轮齿条传动机构实现。冒口芯组合 8 则用手工通过手柄 21 放置和向上抽出。主型上面的浇冒口组合型的开合则用手工通过手柄 22 实施。浇注时,

铸型需倾斜并实现转型情况下浇注,铸型的倾斜和转动则通过手柄 15 实现。

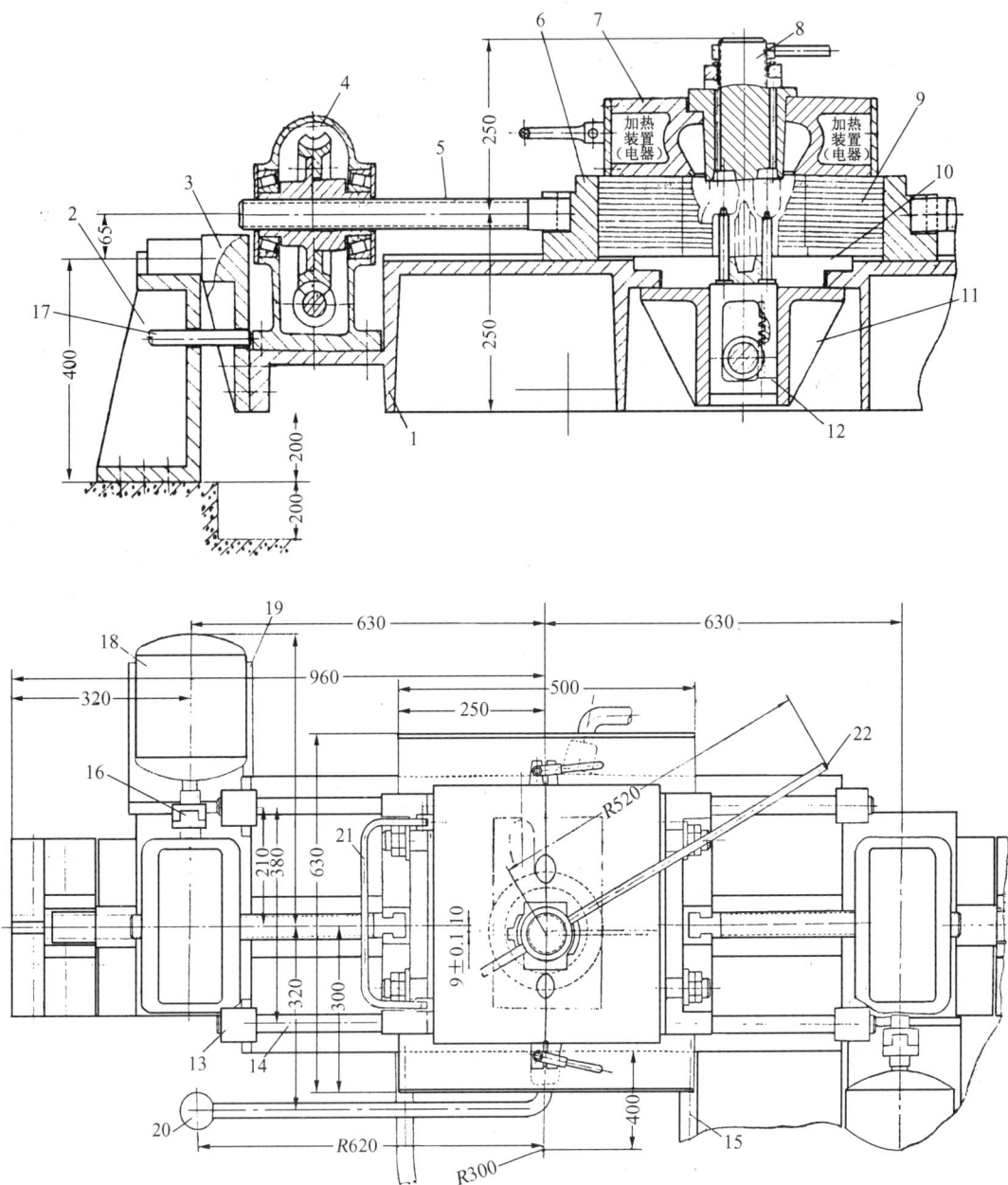

图 4-69　气缸盖金属型铸造机

1—机架　2—支座　3—悬臂　4—蜗轮蜗杆变速箱　5—丝杠　6—滑块　7—浇冒口组合型　8—冒口芯组合
9—组合主型　10—底座　11—抽芯架　12—气门金属芯组合　13—平行掌　14—导杆　15—转型手柄
16—联轴节　17—止动销　18—电动机　19—电机座　20—手柄　21—手柄　22—手柄

(4) 四开型液压金属型铸造机

生产形状复杂的铸件时,金属型需有多个分型面,图 4-70 所示为一种四开型液压金属型铸造机。在此机器上有 5 个液压缸,在工作平台 5 四周有 4 个方向的开合型块的油缸,其中左右两个油缸是主油缸,用来移动主要型块,前后两个油缸是辅助缸,用来移动前后型块或金属型芯。平台下面的油缸 7 用于抽金属型芯或顶出铸件。金属型的合型位置由限位螺母 3 调整。液压油缸用电磁阀控制。

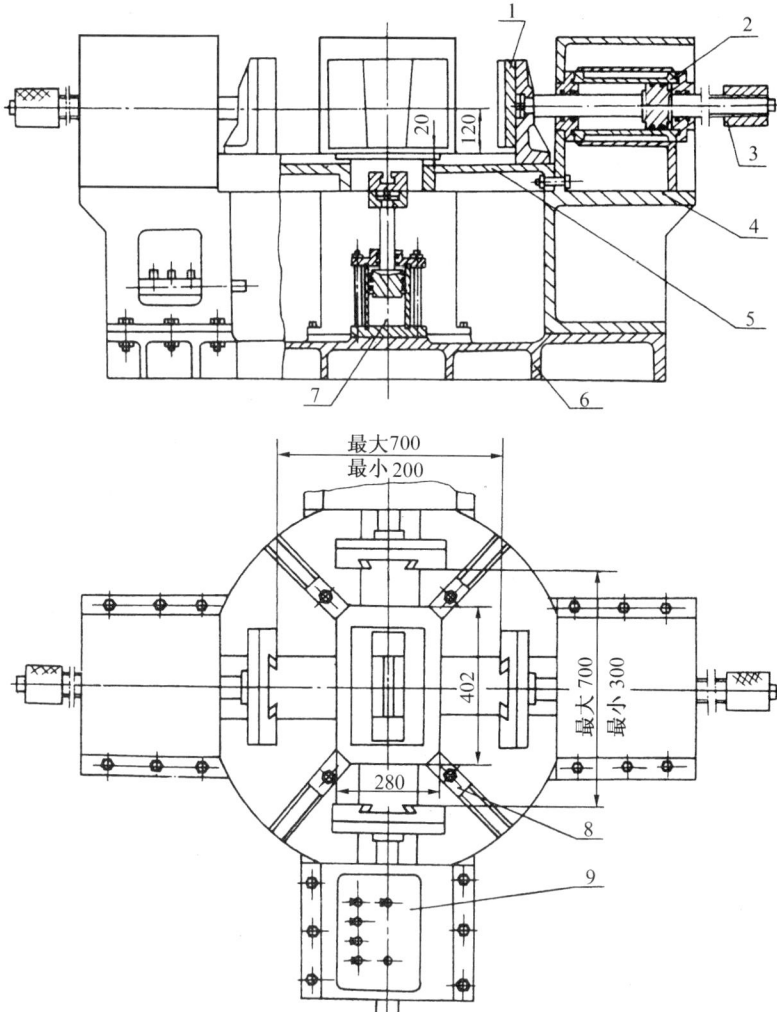

图 4 - 70　四开型液压金属型铸造机
1—金属型安装板　2—油缸　3—限位螺母　4—油缸支架　5—工作平台
6—底座　7—抽芯油缸　8—压板　9—控制箱

（5）转台式 8 工位金属型铸造机

图 4 - 71 示出了转台式 8 工位金属型铸造机。在转台 10 上辐射式等距离地设置 8 台金属型组 5。转台每隔一固定时间转动 1/8 圈,相应地在每一固定的工位上,借助设在中间柱上的固定操作机构实施开型、合型、下芯、抽芯、顶出铸件等工序,而喷涂料和浇注等工序则可由工人站在固定的工位旁边进行手工操作。

此机有 4 个油缸,其中两个在转后停止时实施铸型的合拢、锁紧以及铸型的开箱。此机器的生产效率可达每小时 240 个铸件,铸件材质为灰铸铁,重 4 kg。机器的轮廓尺寸为 4 200×3 200 mm。

（6）小车传送带式金属型铸造生产线

把金属型放在小车上,由众多小车沿轨道组成封闭的输送器,金属型在一定的工位上完成一定的工序操作,就形成了一条传送带式的多工位金属型铸造生产线。它特别适用于大量高效率生产各种铸件。

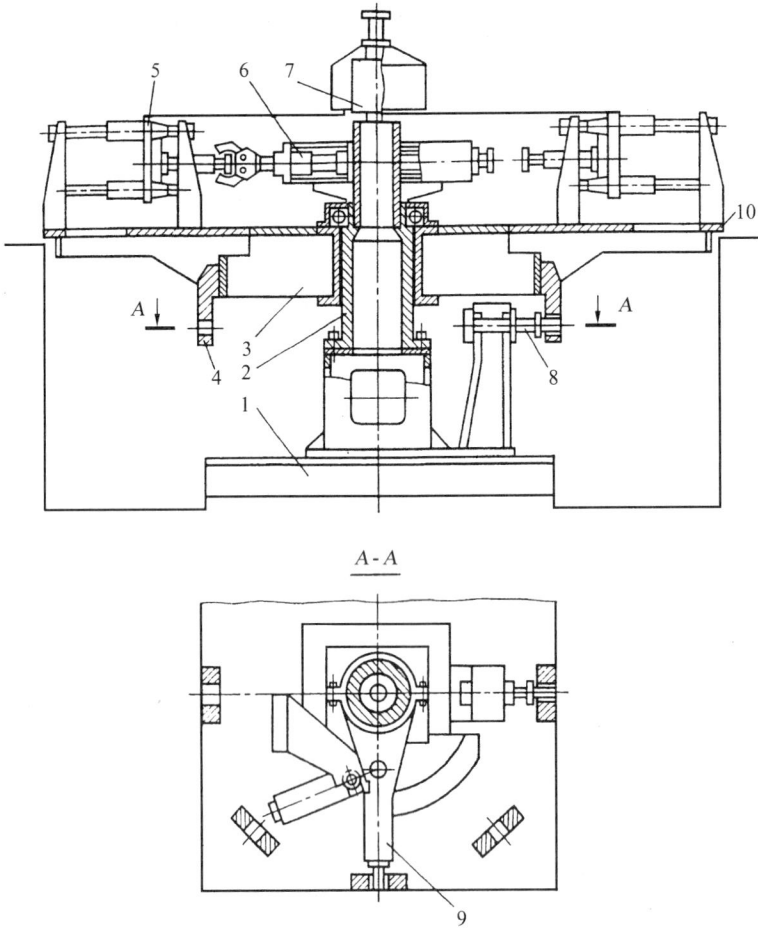

图 4 - 71　8 工位转台式金属型铸造机

1—机座　2—中柱　3—中心框　4—带有定位孔的角架　5—金属型组　6—开型机构
7—水、油分配筒　8—定位锁止器　9—拨杆式转台驱动装置　10—转台

　　图 4 - 72 示出了在一个小车上设置的金属型组,它为水平分型,用来生产矿车车轮。小车 1 在地面的轨道上移动,小车上放金属型支架 2,在支架上有一组与小车行进方向平行的轴座 7,下型上的两个转轴就放在此轴座组内,因此金属型下半型可翻转 180°以倾倒出型内已凝固的铸件,掉入滑槽 6 中,移出生产线。支架上另有一组与小车行进方向垂直的轴座 8,上半型的轴放置在这组轴座组上。轴的两端有带有滚轮的臂杆 3。当小车移动至一定的工位处,在行进的过程由小车两旁靠(导)板拨动滚轮的空间位置,使上型绕轴转动,实现铸型的开合。合好的铸型随小车行进至浇注工位时进行浇注,浇注后,小车继续行进,约过 30～40 s,依靠靠板将上型打开。铸型随小车再行进,约经 5～6 min,下半型绕轴翻转 180°,倒出铸件和砂芯。下半型回至正常工作位置,在金属型冷却至 520～570 K 时,用金属刷清理型腔,吹压缩空气。当小车行进至喷涂料工位时,由喷雾器对型腔自动地喷涂料,而后就是放砂芯,合型,铸型又回到浇注工位。

　　在我国曾出现相似的铸造生产线,用以生产铁锅,但所用的铸型为半永久泥型。

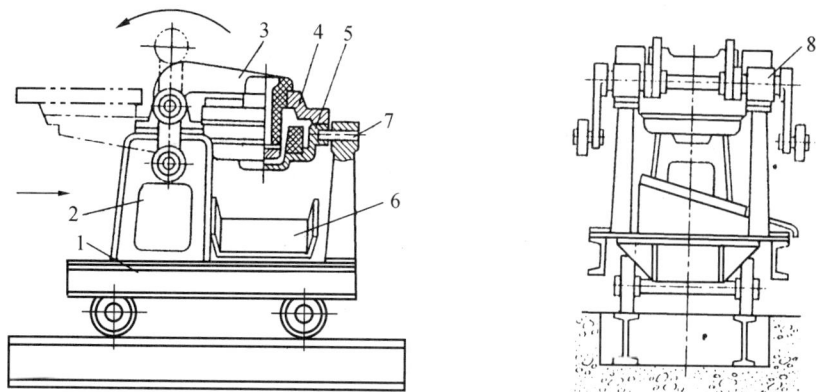

图 4 - 72 小车传送带式金属型铸造生产线的小车
1—小车底座 2—支架 3—带滚轮的臂杆 4—上型盖
5—下型 6—铸件流槽 7—轴座 8—轴座

在小车式金属型铸造生产线上也可采用垂直分型金属型。

金属型铸造机常可与熔化设备、金属液运输设备、浇注机、取出铸件机械手、浇冒口系统切除装备、铸件清理设备,甚至铸件热处理设备,由输送装置连结组成一条机械化、自动化程度很高的金属型铸件生产线。

第5章
低压铸造和差压铸造

概　　述

前几章的铸造方法中所采用的主要浇注工艺都是重力浇注。这种浇注方法的优点是工艺简单,但是其缺点也是很明显的,如金属流免不了会在型内出现飞溅;很难控制在浇注过程金属液流的流动状态;对铸造位置处于铸件底部的热节较难进行补缩等,所以人们提出了一种液体金属在不大的外界压力(20～80 kPa)作用下,从型腔底部引入金属液,让金属液由下而上地充填型腔,以形成铸件的铸造方法,并把这种方法称为低压铸造。

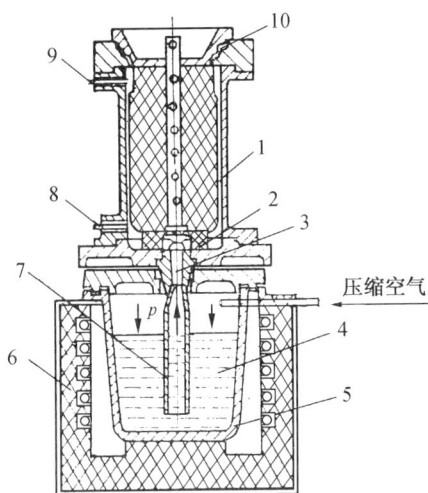

图5-1　低压铸造工作状态简图
1—铸型　2—内浇道　3—直浇道　4—金属液　5—坩埚
6—电阻保温炉　7—升液管　8—下触点
9—上触点　10—排气道

图5-1所示为一种低压铸造工作状态的简图。铸型1安放在密封坩埚5的上方,坩埚中的金属液由电阻炉6进行保温,当往坩埚中金属表面上方通进干燥的压缩空气或惰性气体时,金属液在气体压力的作用下,沿升液管7上升,经直浇道3和内浇道2进入型腔。此时电触点8因与金属液接触,使指示灯回路接通,这一阶段称为升液阶段。随后开始充型阶段,液体金属由铸型下部向上充填型腔,型腔中的空气和充型过程所产生的气体被排挤通过铸型上端的排气道10进入大气。当铸型充满金属时,电触点9接通另一指示灯。随后在由下向上的压力作用下,铸造过程进入铸件凝固阶段。待铸件凝固完毕,关闭通入坩埚的气阀,同时打开排气阀,解除坩埚金属液面上的气体压力,升液管中尚未凝固的金属液流回坩埚中,然后打开铸型取出铸件。

低压铸造时用的铸型可为金属型、砂型(干型或湿型)、石膏型、陶瓷型和熔模型壳等。图5-2示出了用熔模型壳进行低压铸造的装置示意图。经焙烧后的型壳2被放入圆筒形砂箱3中造型,型壳与砂箱间的填料是干砂粒1,砂箱的两端用水玻璃型砂5封口。为使砂箱底面紧贴升液管6的法兰表面,在砂箱上端部用螺杆4将砂箱下压。而后便可向坩埚中的金属液表面通入压缩空气,进行如同上述的低压铸造。

低压铸造金属液充型过程中,金属液的充型速度可以按铸件结构特点、铸型类型进行调整。铸件凝固时通过升液管中金属液向铸件的补缩压力也可在一定范围内调节。因此可把低压铸造的优点归纳于下：

① 液态金属是自下而上地平稳充填型腔,型腔中液流方向与气体排出方向一致,故可避免金属液对型壁和型芯的冲刷,同时还可减少金属液流卷入气体和金属液二次氧化的可能性,防止铸件产生气孔和非金属夹杂物的缺陷。低压铸造铸件中夹渣缺陷的减少还与进入铸型的金属液是处于坩埚中自由表面下部无氧化夹渣的金属液有关。

② 铸件凝固补缩过程是在外加压力下进行的,故补缩效果好,铸件致密度高、力学性能好。一般低压铸造铸件的抗拉强度和硬度都可比重力铸造提高约10%。故此法用于生产耐压、防渗漏铸件时效果好。

③ 液体金属是在外加压力作用下充填型腔的,提高了金属液的充型能力,故在生产形状复杂或散热面积较大的薄壁铸件时,此法在使铸件成形方面特别有效。

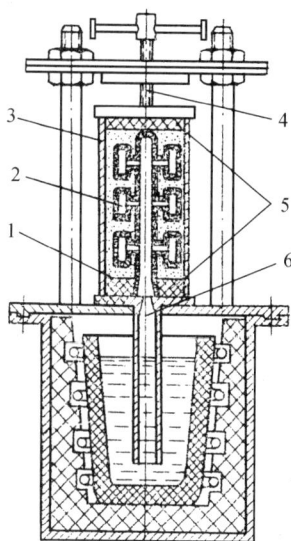

图 5-2　熔模型壳的低压铸造
1—干砂　2—型壳　3—砂箱　4—螺杆
5—水玻璃砂封口　6—升液管

④ 由于简化了浇冒口系统,并且升液管中未凝固的金属可回流至坩埚中,重复使用,所以生产铸件所消耗的金属液相对较少,提高了工艺收得率。

⑤ 减轻了浇注时工人的劳动强度,整个铸造过程易于机械化、自动化,生产效率高。既适用于大量生产,也适用于批量生产和单件生产。

但也有一些缺点,如要实现低压铸造,总要在装备、模具等方面增加消耗;在生产铝合金铸件时,坩埚和升液管长期与金属液接触,易受侵蚀而报废;也会使金属液因增铁而性能恶化。

低压铸造是在 20 世纪 40 年代第二次世界大战初期开始用于工业生产的,到 20 世纪 60 年代开始得到重视,获得推广。目前主要用于生产铝合金、镁合金件,如汽车工业的汽车轮毂、内燃发动机的气缸体、气缸盖、活塞、导弹外壳、叶轮、导风轮等形状复杂、质量要求高的铸件。在铜合金铸件方面有轴瓦、泵体、船用舵、舵杆、螺旋桨等,最大的螺旋桨铸件重量可达 30 t。在铸铁件方面有大型柴油机的气缸套、内燃机车曲轴等。曲轴为球墨铸铁件,质量达 1.5 t,长度达 3 800 mm。

5.1　低压铸造工艺

由于低压铸造时所用的铸型都是其他铸造方法采用的,造型过程和铸型结构都基本没有原则性的变化,只是由于低压铸造时的金属液充型和铸件的补缩特点引起某些变化,因此本节只叙述由低压铸造时金属液充型过程和铸件补缩特点所引起的工艺特征。

5.1.1　低压铸造金属液充型工艺

低压铸造时,金属液充填铸型的动力源是作用在坩埚内金属液面上的气体压力,因此欲让金属液充满型腔,所需的气体压力 p 可由下式决定：

$$p = H\rho g\mu \qquad\qquad (5-1)$$

式中　H —充型时需把金属液提升的高度；

　　　ρ —金属液的密度；

　　　g —重力加速度；

　　　μ —阻力系数，一般取 $\mu = 1.0 \sim 1.5$。

p 值是在充型过程中逐渐增大的。

从充型开始到铸件凝固完结，可把金属液形成铸件的过程划分为升液、充型、凝固三个阶段。根据具体铸件的具体工艺情况，这几个阶段的组合情况又有下面几种形式。

（1）低压充型工艺

所谓低压充型工艺，系指只利用气体压力使金属液充填型腔，不用气体压力对铸件的凝固过程产生影响。这种工艺一般采用上端有敞口的铸型，如带有明冒口的铸型，通常用于大、中型铸件的砂型铸造。

为尽早在金属液充型完成后撤去气体压力，要尽可能采用截面积较小的内浇道，使内浇道能在很短时间内被封死；也可使内浇道的铸型壁用石墨形成，以加速内浇道内金属液的凝固；还可使用浇道闸板，在充型完成后，立刻用闸板封死内浇道，防止型内金属液掉落回坩埚。

因此，采用低压充型工艺时的压力曲线应如图 5-3 所示。

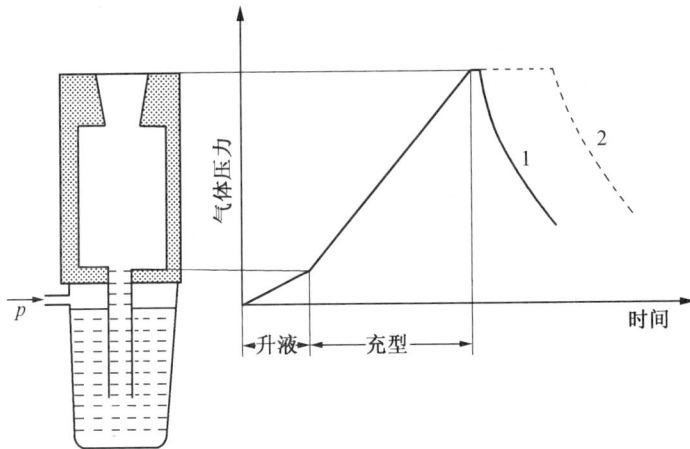

图 5-3　低压充型工艺的压力曲线
1—浇道上设闸板　2—使用薄浇道或石墨浇道

使用这种充型工艺时，应注意：

① 升液阶段，指金属液沿升液管上升至浇口的阶段。此时金属液应平稳流动，不产生紊流，以免卷进升液管内空气，或自由表面波动，使金属液面加剧氧化。在金属液流出升液管进入型腔的瞬间，要防止出现喷射飞溅而造成氧化夹渣。所以升液阶段的气体压力应缓慢增大。

② 充型阶段，指金属液由铸型底部向上的充填型腔阶段。此时可适当增大气体的加压速度，使金属液面在型内的上升速度超过某一最低值，以防铸件产生冷隔和欠铸。同时气体增压速度也不能太快，以免金属液在型腔内产生紊流，对铸型产生太大的冲刷。当金属液面上升至冒口型腔时，要减缓增大气体压力并及时稳定气体压力，使金属液不致溢出冒口。冒口内未充满金属液的空间可以高温金属液用浇包补浇。

（2）稳压结晶工艺

稳压结晶是指在金属液充满型腔后，稍增加些压力后，立即稳住气体的压力，使铸件在此压力下结晶凝固。这种工艺主要用于湿砂型和金属型薄壁复杂铸件的浇注，因为太大的气体压力易使砂型铸件产生粘砂、涨箱的缺陷。而对薄壁金属型铸件言，金属液充型后便很快凝固，金属液充型后的过大加压已不能起改善铸件补缩的作用。

稳压结晶工艺时的压力曲线可见图 5-4。

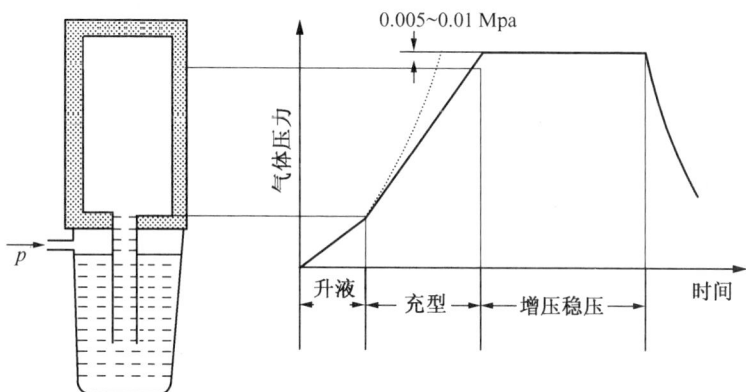

图 5-4　稳压结晶工艺时的压力曲线
......金属型铸件的加压曲线

升液和充型阶段的要求已如上述。

（3）缓慢增压结晶工艺

指在金属液充满型后，先稳定气体压力，让铸件表层凝成一层硬壳，再增加气体压力，使铸件在较高压力下凝固结晶的工艺。它主要用于厚壁砂型铸件的低压铸造成形，因铸型性能不允许承受太大的金属液压力，否则会引起铸件粘砂、涨箱的缺陷，或铸型跑火的事故。所以在金属液充型后先稳住气体压力，待铸件表层形成硬壳后再逐渐增大气体压力，使铸件尚未凝固部分能得到充分的补缩。一般最大的气体压力值不超过 0.25 MPa，通常为 0.1～0.15 MPa。

缓慢增压结晶工艺的压力曲线示于图 5-5 中。

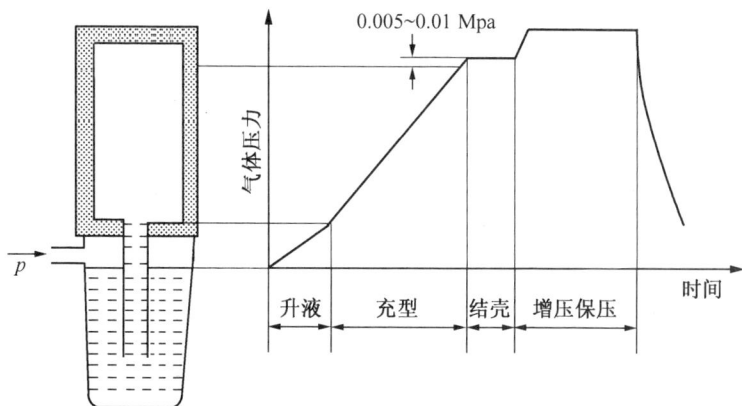

图 5-5　缓慢增压结晶工艺压力曲线

（4）急速增压结晶工艺

指在合金液充满型腔后，迅速增大气体压力，使铸件在较高压力下凝固结晶成形。这种工艺适用于金属型、石墨型低压铸造,因铸型有较强的承受金属液压力的能力,同时铸型的冷却作用又大,故需迅速增大气体压力,使气体压力能充分发挥改善铸件补缩的效果。这种压力增大的速度可达 0.01 MPa/s。铸件凝固结晶时的压力值可达 0.3~0.5 MPa,一般为 0.1~0.25 MPa。

图 5-6 示出了急速增压结晶工艺的压力曲线。

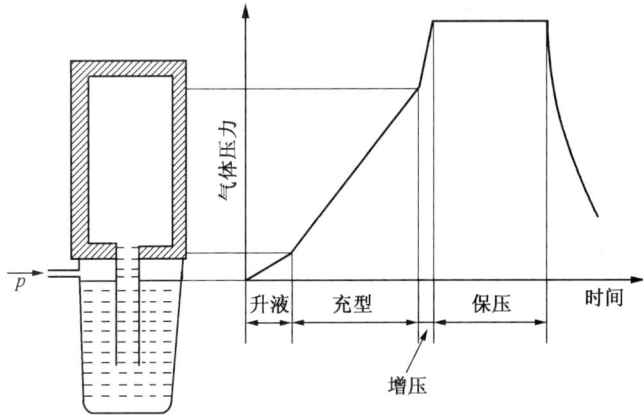

图 5-6 急速增压结晶工艺压力曲线

能承受较大金属液压力的铸型,虽然其冷却作用不一定较大,如石膏型、陶瓷型低压铸造时也可采用此工艺。

5.1.2 低压铸造的升液管

升液管是实施低压铸造工艺的特殊工具,它的工作条件较为恶劣,长期浸泡在高温的金属液中,并承受金属液的冲刷和侵蚀,还得起较好的引导金属液进入铸型的作用,所以采用形状合适、工作寿命长、工作性能优越的升液管是低压铸造生产准备中的重要事情。

一般需根据铸件的金属、铸件的尺寸、浇注系统特点决定升液管的结构。

根据升液管上端的形状,可把升液管分为直筒式、正锥式、倒锥式和潜水钟式四种,其形状特点示于图 5-7。

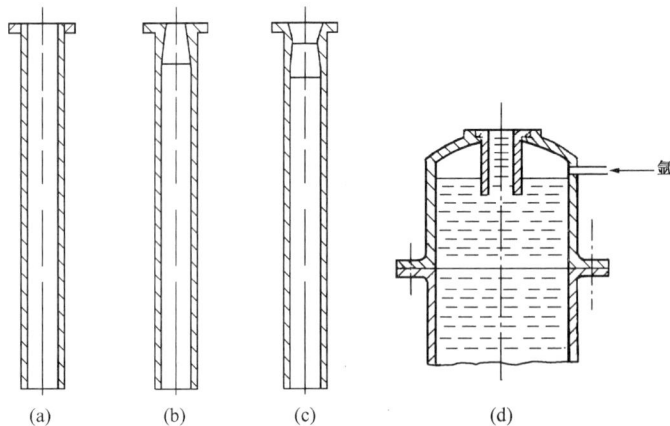

图 5-7 上部形状不同的升液管

a) 直筒式   b) 正锥式   c) 倒锥式   d) 潜水钟式

（1）直筒式升液管（见图 5-7a）

直筒式升液管结构简单、制造方便，在铝合金、镁合金铸造时，大多直接用无缝钢管制成，在其上面端部焊上法兰，敷上保护涂料，即可应用。管的内径为 60～100 mm，选择此尺寸时应考虑让它比与它联结的铸型浇道直径大，而浇道的直径又应大于它所联结的铸件热节处热节圆的直径，以使铸件浇道凝固后，升液管内金属尚未凝固，使开型取出铸件时不致因升液管上部的金属凝固而有所困难。如图 5-8a 所示的升液管口与铸型浇道口的联结形式总免不了会出现升液管上部金属凝固妨碍取走铸件的情况。如果将直筒式升液管的直径取得比铸型底部浇道口的直径大（见图 5-8b），则在 c 处会形成憋气死角，在其中产生涡流，卷入气体和形成夹渣，最后随金属液进入铸型，造成铸件缺陷。

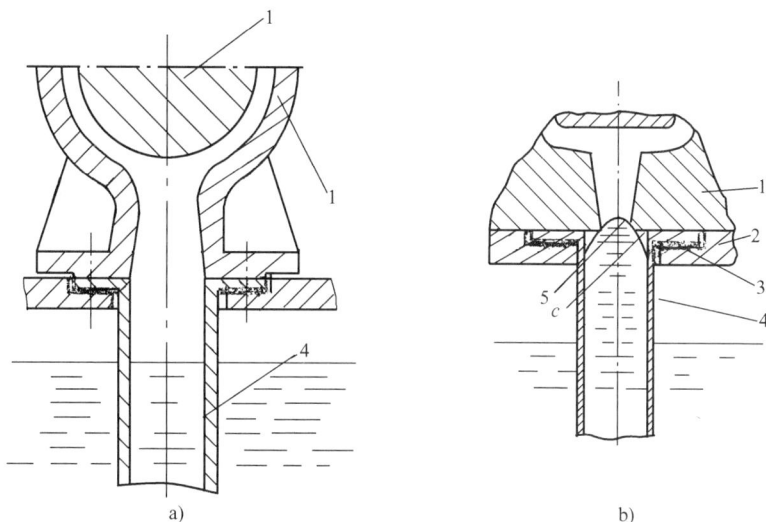

图 5-8　直筒形升液管与铸型的连结
a）升液管内径与浇道口直径相等　　b）升液管内径大于浇道口直径
1—铸型　2—坩埚盖板　3—密封圈
4—升液管　5—抛物线状液面

有时采用在升液管上端通电保温的方法来减小或避免升液管上部金属液凝固的问题。

虽有前述的缺点，但其应用还是很广泛的。为减小和避免金属液对升液管的侵蚀，常需在升液管表面涂敷保护性涂料。表 5-1 示出了不同合金铸件时的涂料组成。

表 5-1　升液管用保护涂料的质量组成

铸　件　合　金	涂　料　质　量　组　成
铝合金	（1）氧化锌 7＋滑石粉 7＋硼砂 5～7＋热水适量 （2）碳酸镁 55＋硼酸 45＋热水适量 （3）石棉粉 285＋氧化锌 9＋水玻璃 57＋热水适量
镁合金	碳酸镁 7＋硼酸 3＋水玻璃 3＋热水适量
铸　铁	（1）黏土 2＋铝矾土 9＋糖浆 8＋热水适量 （2）石墨粉 87＋黏土 8＋糖浆 5＋热水适量

在铸钢、铸铁时，也有在升液管表面用等离子喷涂 αAl_2O_3 的陶瓷层，或在升液管内、外表

面用耐火材料的保护措施(见图 5 - 9)。

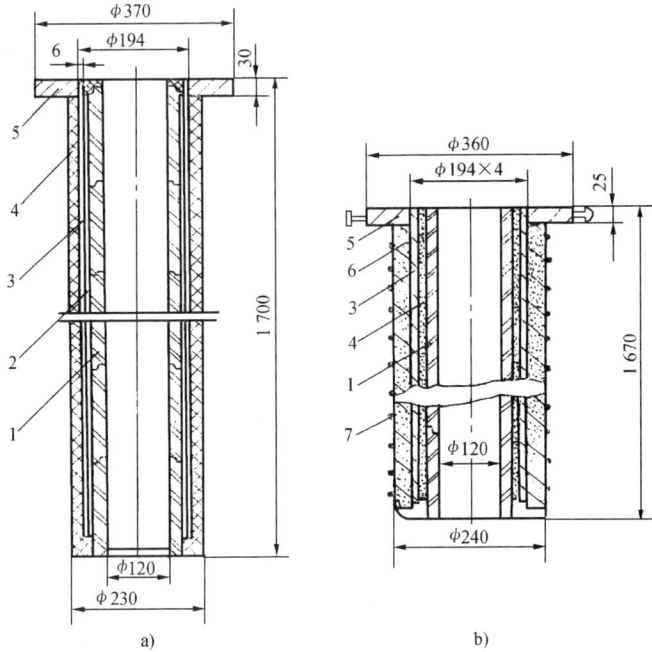

图 5 - 9　外表面用耐火材料保护的直筒形升液管

a)大型铸铁件低压铸造用升液管　　b)大型铸钢件低压铸造用升液管
1—耐火砖管　2—间隙　3—无缝钢管　4—型砂层　5—法兰　6—镁砂　7—铁丝

(2) 正锥式升液管(见图 5 - 7b)

这种升液管能平滑地收缩口径与铸型的浇道口连接,可避免直筒式升液管使用时出现的憋气死角。当金属液表面升入锥面处,由于锥面的阻碍,可使靠近锥面的金属液层在上升时流速较慢,而升液管中心的液体则流得较快,在上升的液流自由表面上产生中心处金属液向升液管边缘的径向流动(见图 5 - 10),升液管内金属液面呈抛物线凸起状,液面上的金属氧化物向升液管锥面移动,最后粘在升液管壁上,干净的金属液进入型腔。但如在开型取走铸件时,升液管锥面段有金属凝固,铸件就很难从低压铸造机上取走。在升液管锥面段旁设置电加热套可有效地延缓升液管内金属的凝固(见图 5 - 11),避免上述问题的产生。

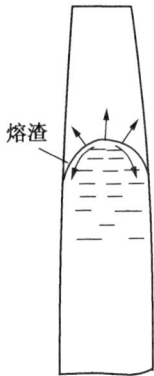

图 5 - 10　升液管内正锥面段
金属液面的流动

正锥式和下述倒锥式升液管的材质大多为铸铁。

(3) 倒锥式升液管(见图 5 - 7c)

这种升液管可适当延长铸件凝固保压时间,如果升液管上口中金属凝固,铸件同样可顺利地取离低压铸造机。

(4) 潜水钟式升液管(见图 5 - 7d)

这是一种专门用于易氧化金属液(如镁合金)低压铸造的升液管。升液管内充惰性气体氩,当升液管内液体金属上升时,可把氩气通过浇道驱赶至型腔中,替代型腔中的空气。当金属升至能盖住升液管上端的圆管口时,在液面上端形成封闭的气腔,液面的继续上升使气腔内氩气压力升高,阻碍金属液面在升液管内的继续上升,而迫使金属液经圆管上升通往型腔。升液管上端中气腔内气体压力保护氩气入口不会被金属液浸没,并使入气口总是保持畅通的状态。

5.1.3　低压铸造铸型工艺特点

由于低压铸造时采用了底注和由下而上的补缩方法,因此铸型的工艺设计也应作相应的改变,现逐条叙述十卜。

（1）铸件在铸型中的位置和铸型的结构

低压铸造时,为充分利用金属液在压力作用下由下而上的较大补缩能力,铸件在铸型中位置安排时应注意创造铸件从上向下的顺序凝固条件,即壁厚较大或铸件的热节部位应尽可能放在铸型的底部,以便直接利用浇道作为冒口就近实现补缩。

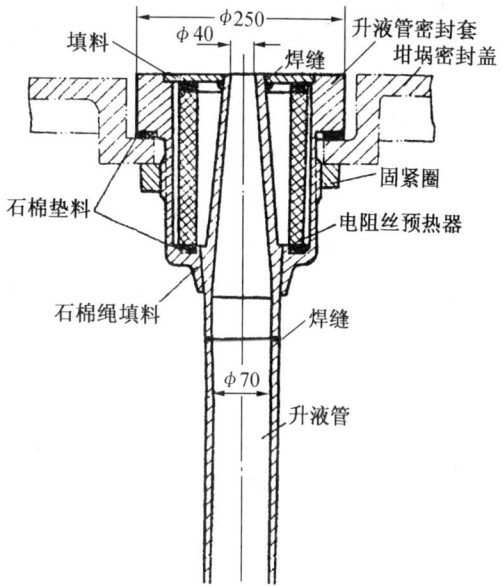

图 5-11　带有加热装置的升液管

当采用涂料金属型或覆砂金属型进行低压铸造时,可以通过涂料层或覆砂层的厚度变化或金属型壁的厚度变化来获得铸件由上向下的凝固顺序。即铸型表面上涂料层或覆砂层的厚度应由上向下逐渐变厚,或金属型壁的厚度由上向下地逐渐变薄。

低压铸造时常采用水平分型金属型,大多数情况下,只能在上半型中设置顶出铸件机构,所以考虑铸件在铸型中位置或铸型结构时应设法在开型后铸件能留在上半型中,利用低压铸造 机的动力和铸型中的取出铸件机构,自动化地使铸件脱型。图5-12所示的是常见的低压

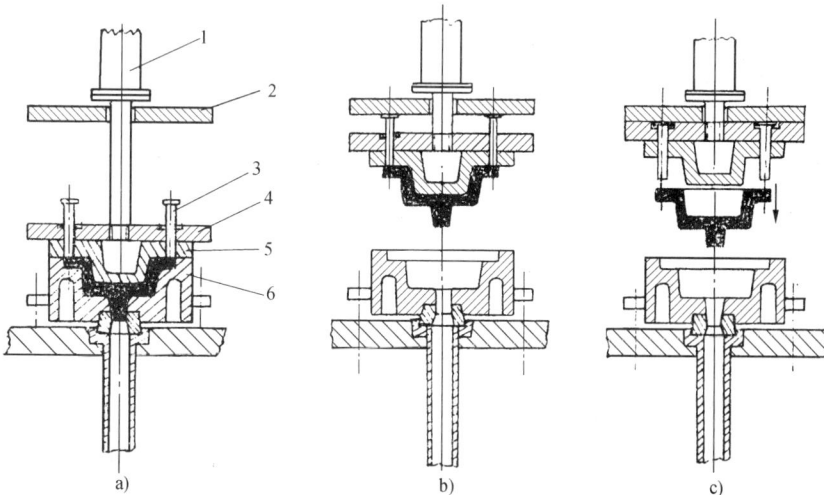

图 5-12　铸件脱型过程示意图

a)铸件在型中凝固冷却　　b)固定在型板4上的上半型5被油缸1上提　　c)顶杆3顶下铸件

1—油缸　2—挡板　3—顶杆　4—型板　5—上半型　6—下半型

铸造铸件脱型的方式。

由于金属液是由下而上地充填型腔,除了应注意一般铸型的排气措施外,还应注意铸型顶部的排气措施,在金属型上可设排气缝隙,在砂型的顶部应注意多扎排气孔。

(2)浇注补缩系统的设置

因为低压铸造时浇注系统常兼有补缩系统的功能,所以在考虑浇注系统各组成单元的截面积时,先用内切圆法确定铸件金属液引入部位热节处的内切圆直径,然后确定内浇道的截面积应稍小或等于热节的内切圆面积。在浇注不易氧化金属液时,可采用封闭式浇注系统,即内浇道截面积 F_N 的总值要小于横浇道截面积 F_H 的总值,横浇道截面积的总值要小于升液管出口的截面积 F_S,即

$$\sum F_N < \sum F_H < F_S \qquad (5-2)$$

这样也可保证升液管口处的金属液最后凝固。

对易氧化的浇注金属液言,人们倾向于采用开放式浇注系统,即

$$\sum F_N > \sum F_H > F_S \qquad (5-3)$$

但是对浇注系统的各单元言,应为

$$F_N \geqslant F_H < F_S \qquad (5-4)$$

因为一个铸件的浇注系统中升液管常为一个,而横浇道、内浇道可为多个,式(5-3)和(5-4)既可保证金属液平稳进入型腔,又可保证升液管口金属液最后凝固。

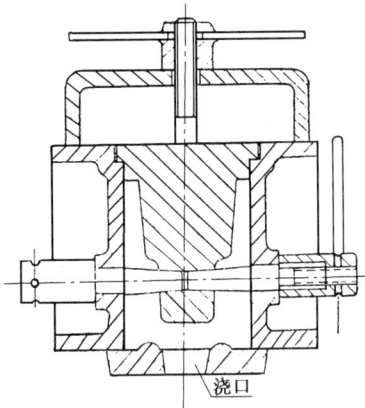

图 5-13　采用点式浇注系统的
活塞金属型

为了防止升液管金属液面上氧化渣和金属液中的渣子进入型腔,常在升液管上口处放过滤网,过滤网可用钢丝网或耐热玻璃丝网,网眼尺寸以小于1 mm为宜。

浇注系统的形式有点式(不用横浇道)和分流式两种:

① 点式浇注系统

图 5-13 示出了点式浇注系统,在铝活塞的低压铸造时,这种浇注系统得到了普遍采用。它消耗的金属液最少,并有很好的补缩效果,铸型结构简单。图 5-2 所示也是点式浇注系统。

② 分流式浇注系统

对于长条形状、大圆筒形状、壳体形状的铸件,常需设多个内浇道,此时需用横浇道把内浇道与升液管口连通起来,液体金属自升液管进入型腔后,通过横浇道分流至各个内浇道充填型腔。图 5-14 示出了 6 种分流式浇注系统。

当铸件的铸造位置高度上有多个热节需补缩时,除了底部热节可用浇注系统补缩外,其他部位的热节都可用常规暗冒口进行重力补缩。如用砂型低压铸造,也可用冷铁调节铸件各部位的凝固顺序。

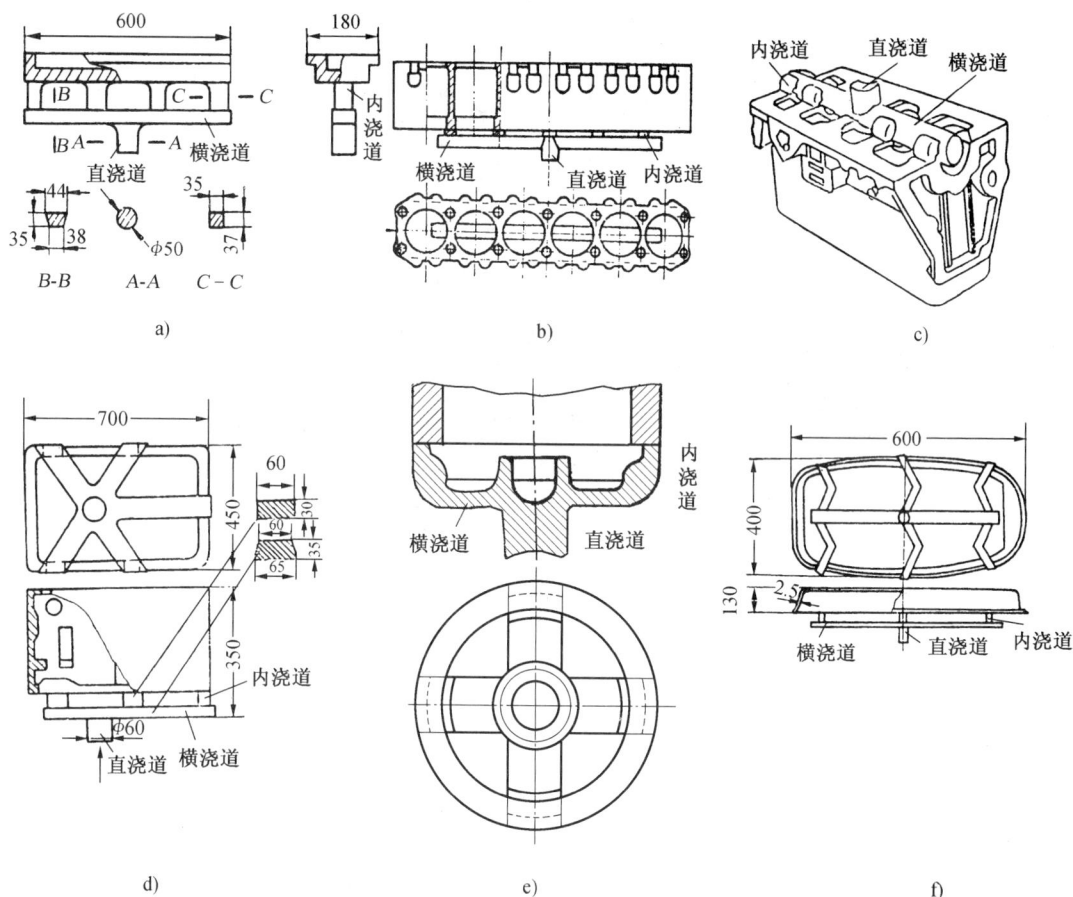

图 5-14 几种分流式浇注系统
a) 板状厚壁件浇注系统 b) 水套浇注系统 c) 气缸体浇注系统
d) 箱体浇注系统 e) 圆筒浇注系统 f) 壳体浇注系统

5.2 低压铸造装置和低压铸造机

5.2.1 低压铸造装置

在单件和批量生产时,为实现低压铸造,一般不用专门的金属液保温炉,而用安装在密封压力罐中的浇包替代。图 5-15 中示出了螺旋桨低压铸造时的顶铸式装置和舵杆低压铸造时的侧铸式装置。在这些装置上,所有的工序操作都是由工人借助于简单的机械和控制设置完成的。

在顶铸式低压铸造装置上,铸型直接处于金属液的上面。在这种装置中上升液管短而结构简单,金属液进入铸型前的流动距离短,热损失小,适用于中小型铸件的低压铸造。在侧铸式低压铸造装置上,铸型可直接放在车间地面上,减轻了压力罐的负荷,操作方便。但升液管

（金属通道）长而结构复杂，金属液在进入铸型前的流动距离长，热损失大，适用于中、大件单件、小批量的低压铸造。

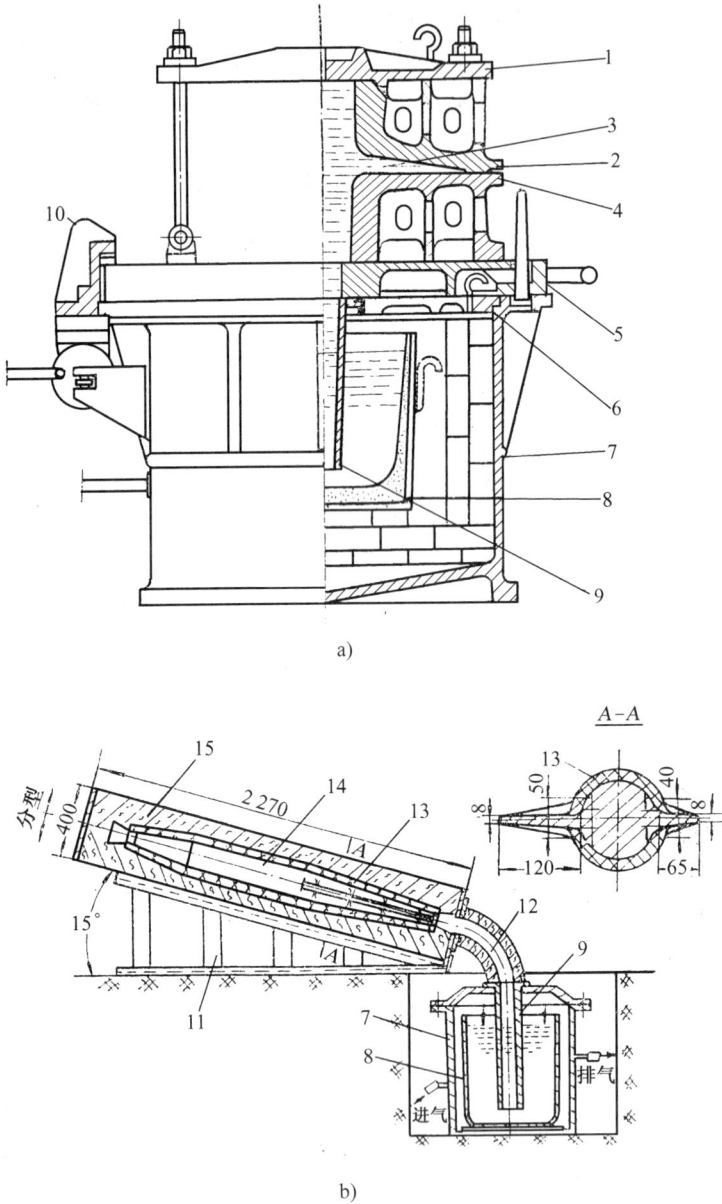

a)

b)

图 5-15　低压铸造装置

a) 螺旋桨金属型顶铸式低压铸造装置　　b) 舵杆砂型侧铸式低压铸造装置

1—上压板　2—上半型　3—螺旋桨　4—下半型　5—底板　6—密封板
7—压力罐　8—浇包　9—升液管　10—紧固器　11—铸型支架
12—金属通道　13—石墨冷铁　14—舵杆　15—砂型

5.2.2　低压铸造机的结构类型

低压铸造时用得较广泛的是低压铸造机。它主要由三部分组成，即机体（保温炉、承压密封器）、机架（上有工作台、铸型开合装置、顶出铸件机构、从机器上取下铸件的机构等）和液面控制系统。

　　根据机体和机架相对位置的安排,同上述装置一样,低压铸造机可分为顶铸式和侧铸式两种。顶铸式低压铸造机的机架直接处于机体上方,如图 5-1,5-2 所示。其优点是占地面积小,升液管结构简单,金属液由保温炉至铸型的距离短,故热量损失小;压力传递能力强,升液管的维修简便。但是在工作时间较长情况下,铸型下部受热作用较大,不易控制铸型内温度分布;生产结构复杂铸件需要向下抽芯时,无法设置抽芯机构。这类应用较多。

　　侧铸式低压铸造机上的机架放在机体旁边(见图 5-16),其优缺点刚好与顶铸式相反。适用于复杂铸件的生产。

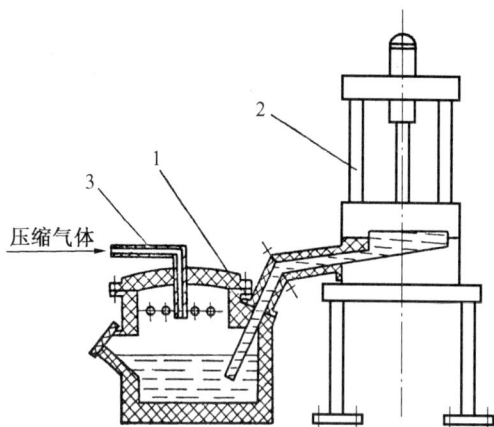

图 5-16　侧铸式低压铸造机

1—电热反射式保温炉　2—机架　3—气管

　　由于在日常生产中常需对金属保温炉进行保养维修,对顶铸式低压铸造机而言,机架的位置会妨碍对保温炉的维护,故常需把它们分开。根据把机体和机架分开的方式,可把低压铸造机分为下面几种。

　　(1) 机架吊装式低压铸造机(见图 5-17)

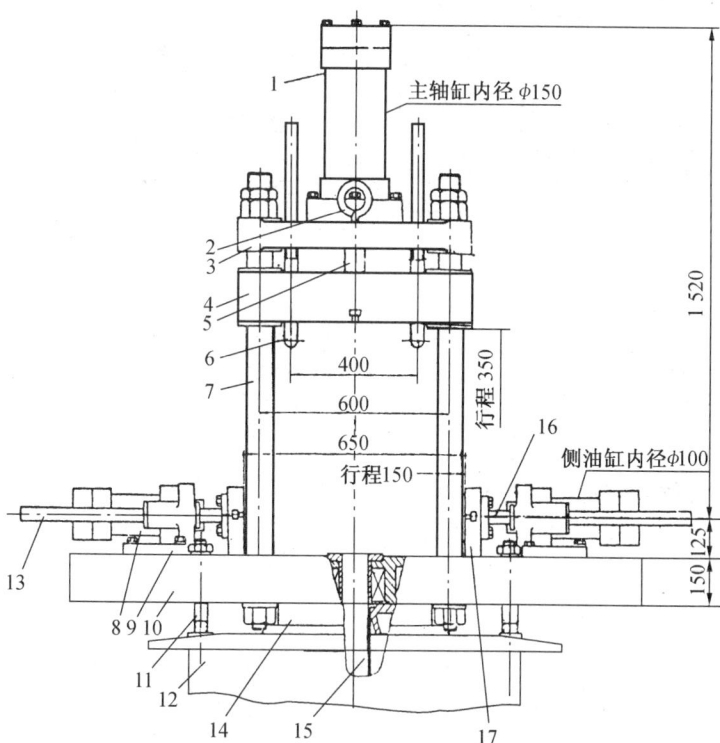

图 5-17　三开型吊装式机架

1—主油缸　2—吊环　3—横梁　4—动型(上半型)板　5—活塞杆　6—顶柱
7—立柱　8—侧油缸　9—支架　10—底板　11—支撑杆　12—保温炉
13—导杆　14—密封盖　15—升液管　16—活塞杆　17—动型(侧半型)板

在需要的时候可用车间的吊车从机器上吊走整个机架,使用时再吊回机器安装,经密封配合后,即可使用。机架上主油缸 1 用来开合上半型、顶出铸件用,如图 5 - 12 所示。底板上的两个侧油缸 8 可用来开合侧型块或抽拔侧型芯。其优点为结构紧凑、简单,但炉体承受较大的机架重量,易坏,装配、拆卸时需同时装拆各种电器、管路的接头,操作麻烦。故此种结构只适用于机架质量不大于 2.5 t 的低压铸造机,用于小型铸件的批量生产。

(2) 机架水平摆动式低压铸造机(见图 5 - 18)

炉体固定在地坑中,由回转油缸 20 驱动旋臂机身 15,使走轮 9 沿弧形轨道 10 移动,旋臂机身 15 带动机架绕主轴 12 摆动,使机架水平移离或回至炉体上方。通过翻转油缸 17、扇形轮 16 机架在垂直面内绕旋臂中的轴旋转 90°,以便给上半型喷刷涂料。适用于无吊车或吊车负荷大车间的小型铸件生产。

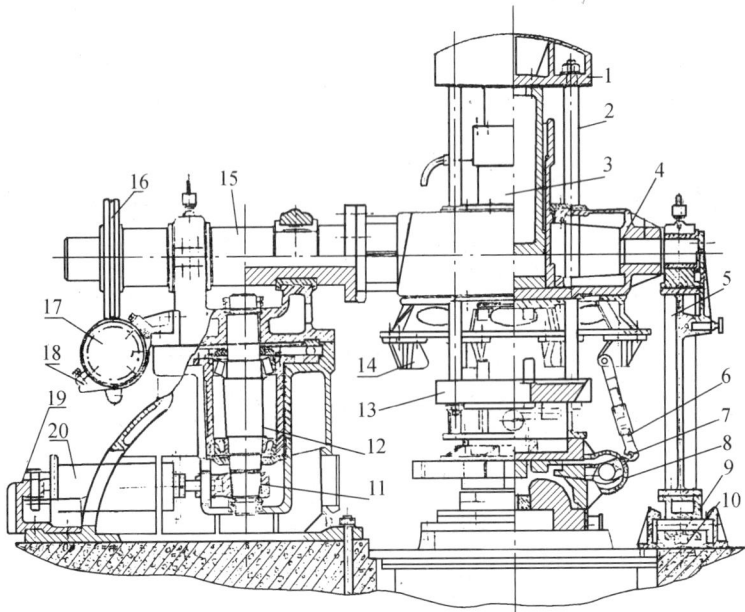

图 5 - 18　机架水平摆动式低压铸造机

1—横梁　2—导柱　3—主油缸　4—主梁　5—支撑架　6—连杆　7—滑块
8—凸轮机构　9—走轮　10—弧形轨道　11—连杆机构　12—主轴　13—工作台　14—接爪
15—机身　16—扇形轮　17—翻转油缸　18—弯板　19—座架　20—回转油缸

(3) 机架垂直倾转式低压铸造机(见图 5 - 19)

通过倾翻油缸 5 可将机架绕轴 7 倾翻或拉正。拉正时机架的重量压在放置在弹簧上的保温炉上,弹簧的反作用力使保温炉中的升液管与铸型底部浇口紧密吻合。适用于小件生产。

(4) 机体平移式低压铸造机(见图 5 - 20)

整个机架都置于有滚轮 8 的底板 10 上,因此整个机架可在轨道 7 上水平移动。工作状态下铸型与炉体间的密封可借千斤顶 3 的下降而获得,也可在保温炉炉底下设置托举油缸上抬炉体,使炉体与铸型底部密封。这种机器占地面积大,但适用性好,用于大、中型铸件的生产。

还有炉体平移式的低压铸造机,即把炉体放在台车上,机架固定不动,利用台车在轨道上的移动,使炉体移出或移入机架下方。这种结构可使机架上的油路管道全采用硬管,有利于管路的保养和防止接头处的泄漏,适用于大型铸件的生产。

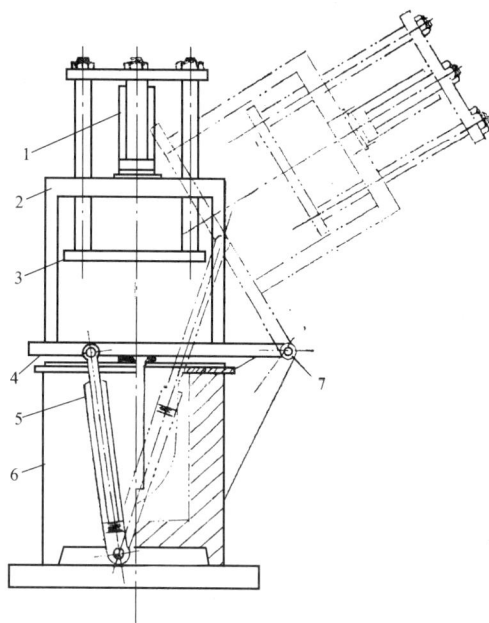

图 5-19　机架倾转式低压铸造机

1—主油缸　2—机架　3—上型板　4—工作台　5—倾翻油缸　6—机体　7—轴

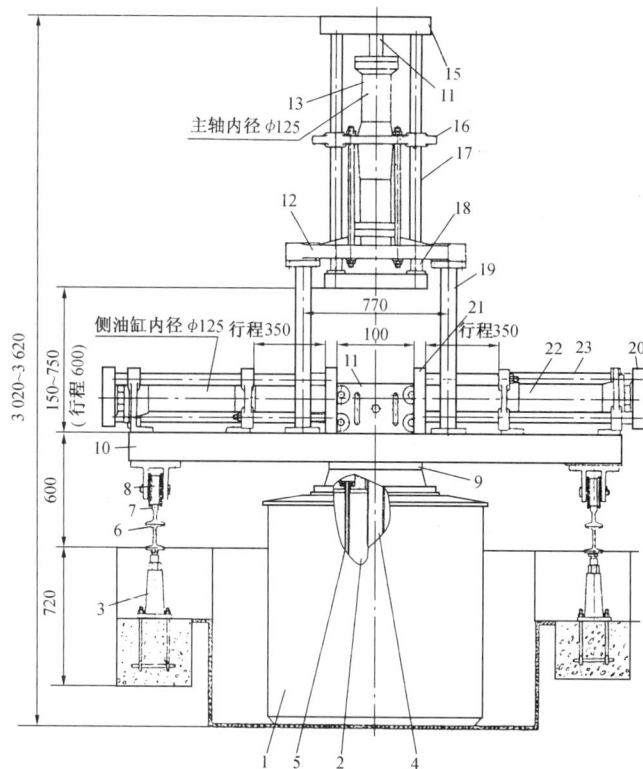

图 5-20　四开型机架平移式低压铸造机

1—保温炉　2—坩埚　3—千斤顶　4—升液管　5—热电偶　6—托架　7—活动轨道　8—滚轮　9—密封盖
10—底板　11—动型板　12—横梁　13—主油缸　14—活塞杆　15—横梁　16—导板　17—导杆.
18—动型板　19—立柱　20—横梁　21—动型板　22—水平开型油缸　23—导杆

（5）电磁泵驱动金属液的低压铸造机

近二三十年来，出现了不用压缩气体，而用电磁泵驱动金属液充型的低压铸造机（见图 5-21）。电磁泵 1 处于敞开保温炉的金属液中。在电磁泵的驱动下，金属液经输液管 2 流入处于保温炉旁机架 3 上的铸型中，输液管用陶瓷材料制成，可对它进行电加热，避免金属液在输液管内凝结或降温太多。

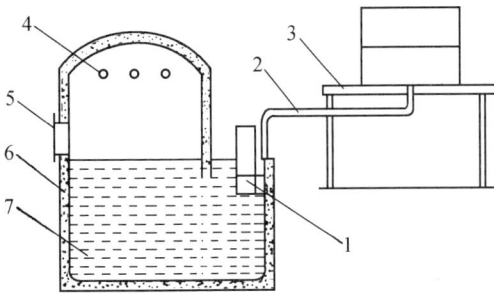

图 5-21 电磁泵驱动金属液的低压铸造机
1—电磁泵 2—输液管 3—机架 4—电加热元件
5—操作门 6—炉体 7—金属液

可用施加在电磁泵线圈上电压的大小以调节金属液进入铸型的流速，从而保证获得优质铸件。可进行自动控制。

电磁泵驱动的低压铸造机消除了对保温炉的密封要求，并使炉体不承受机架的载荷。还可用一台电磁泵服务于两台铸型的生产，只需移动升液管的位置即可。还可在一台保温炉上放两台电磁泵进行低压铸造，使生产组织更为灵活。

5.2.3 低压铸造机上的液面加压控制系统

低压铸造时，工艺控制的重点是将干燥的压缩气体按规定的加压规范作用于保温炉中的金属液表面上。一般要求是升液、充型保压、增压各阶段的气体压力应不同，并且在充型阶段，为保证金属液在型腔内总保持一定的上升速度，气体的压力也应相应地增大。

此外，由于低压铸造机上的生产往往是连续进行，即在进行一个生产循环后，接着又进行下一循环，此时，低压铸造机上的生产工艺条件已发生变化，如坩埚内金属液面已降低，金属型的温度已变化，气体管路和炉体的密封性能也会发生变化，如果仍采用前一生产循环的液面加压参数，肯定会使后一生产循环中的液体金属的升液、充型和受压结晶情况不同于前一个生产循环，即已使低压铸造工艺的重复性被破坏，而使生产铸件的质量不能稳定。因此低压铸造机上的液面加压系统应有对上述工艺条件的变化进行补偿的功能。

（1）定流量式液面加压控制系统

目前应用于实践的液面加压控制系统种类繁多，从手动控制到微机控制不下数十种，在考虑到生产条件、铸件对金属液充型工艺要求的情况下，有的液态加压控制系统能完全满足上述的要求，有的则只能部分满足，因为前者一般技术要求较高，系统结构复杂，价高；而后者则相反，但对一些铸件的生产还是能满足要求，所以还是被采用。图 5-22 所示为一种最简单的液面加压控制系统——定流量手动控制系统。空气压缩机 1 把压缩空气通过节流阀 2 以稳定的要求压力进入空气干燥过滤器 3，在此，空气中的水分和油被过滤器中的硅胶所吸附，又经减压阀 4 储存在稳压罐 5 中。稳压罐的体积应比保温炉中金属液

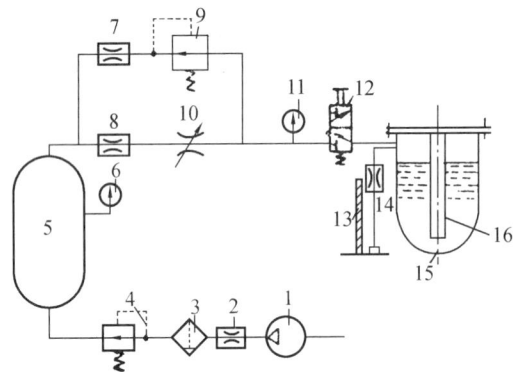

图 5-22 定流量手动液面加压控制系统
1—空气压缩机 2,7,8,14—节流阀 3—空气干燥过滤器
4—减压阀 5—稳压罐 6,11—压力表 9—定值器
10—节流器 12—电磁气阀 13—水银压力计
15—坩埚 16—升液管

面上的空间大许多倍,一般为每次生产循环耗气量的五倍以上,以保证生产时,气源的空气压力稳定在一定范围内,不会出现太大的波动。开始生产循环时,开启电磁气体阀 12,定压的压缩空气以一定的流量通过节流阀 7 和定值器 9 进入保温炉实施升液。与此同时可以手动操作节流器(针形阀)10 控制进入保温炉中的压缩空气流量的增大速度,以达到控制金属液面在铸型内的上升速度和保压压力、保压时间的目的。金属液面上的气体压力值可由水银压力计 13 得知。铸件凝固后,开动电磁阀 12,把保温炉中压缩空气放入大气。

此系统气路结构简单,元件容易购买,投产快,并且操作灵活。但全凭工人经验操作,工艺再现性差,液面加压速度也满足不了线性的要求,故只适用于单件、小批量或产品试制生产。

图 5-23 所示为半自动定流量液面加压控制系统。在此系统中按升液、充型和增压速度的要求事先调整好锥形节流器 5,6,7 的进气流量。利用电器控制 DF_1,DF_2,DF_3 电磁气阀的程序动作,实现控制保温炉内液面上气体压力增加的速率。铸型内电触点 Z_1 和 Z_2 自动给出充型开始和充型终了的信号以操纵电磁气阀的动作。

此系统除了具有定流量手动控制系统的优点外,操作更为方便,但缺点仍保留了下来。一般适用于多品种的批量生产和产品的试制。

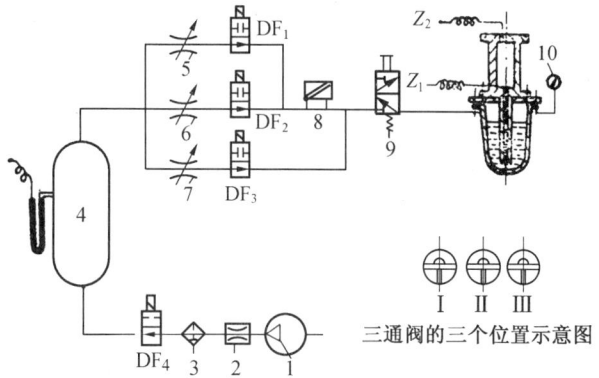

图 5-23　定流量自动液面加压控制系统

1—空气压缩机　2—节流阀　3—空气干燥过滤器　4—稳压罐
5,6,7—锥形节流器　8—压力计　9—电磁三通气阀　10—压力表

(2) 定压力液面加压控制系统

上述两种定流量液面加压控制系统都不能保证气体的增压规范在每一生产循环中都一样,即难以做到加压工艺的再现性,因保温炉内金属液面的下降、密封系统的泄漏而引起的气体压力下降都没有得到补偿。所以,为保证使每个生产循环中保温炉中金属液面上的压力值变化都能遵循一定的规律,必须采用能按设定规范自动调整液面上气体压力值的定压力液面加压控制系统。

在此系统中关键的气动元件为薄膜反馈式浇注阀,此浇注阀能根据信号气体的压力保证炉内工作气体压力保持为所设定的压力,可使因炉体密封泄漏和炉内金属液面下降可能引起的压力降低得到及时的补偿。薄膜反馈式浇注阀结构图示于图 5-24。

浇注阀的上部为工作气路。进气阀的阀塞 1 通过阀杆 2 与平衡膜片 3 连成一体,膜片下方与控制信号气路相连。当膜片下方引入的信号气体压力为 p_1 时,平衡膜片在压力作用下,推

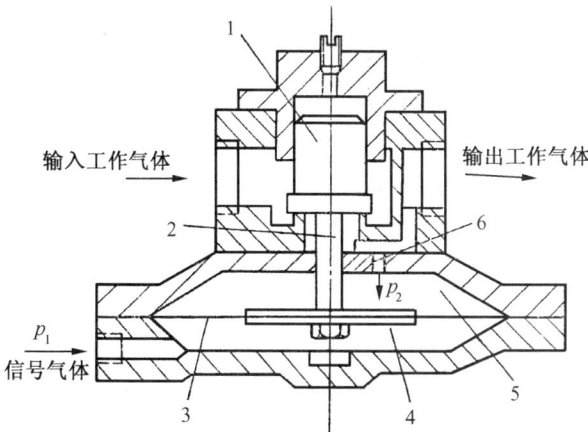

图 5-24　薄膜反馈式浇注阀结构图

1—阀塞　2—阀杆　3—平衡膜片　4—信号气体进气室
5—炉内气压反馈室　6—反馈孔

动阀塞向上移动,工作气路内压力为 p 的压缩空气经由输入、输出口进入低压铸造机上的保温炉,同时也经反馈孔进入反馈室 5,而此反馈室通过反馈孔又与保温炉腔相连,正常工作时炉腔内的气体压力 p_2 应等于 p_1。当 $p_2 > p_1$ 时,膜片会带动阀杆向下移动,将阀塞关闭或使阀塞下的气路变窄,使工作气体不能进入保温炉,或使工作气体的流量减小。当保温炉内工作气体的压力下降时,即 $p_2 < p_1$,阀塞又自动打开或开大,工作气体加大流量进入保温炉,使炉内气体压力获得自动补偿。

　　图 5 - 25 所示为手动定压力液面加压控制系统。在此系统中,经干燥但未经减压的压缩空气分成工作气体和信号气体两路。工作气体通过薄膜反馈浇注阀 7 直接进入保温炉,而另一路信号气体经减压阀 4 和定值器 6 进入浇注阀 7 的膜片下方。金属液充型时,只要拧动定值器的手柄,使定值器的输出压力由零逐渐增大,浇注阀处的工作压力也相应变大,使进入保温炉的工作气体压力增大。将定值器的手柄拧得越快,保温炉内工作气体的压力也增大得越快。因此,通过定值器就能控制保温炉内金属液面上的气体压力和压力增大的速度。

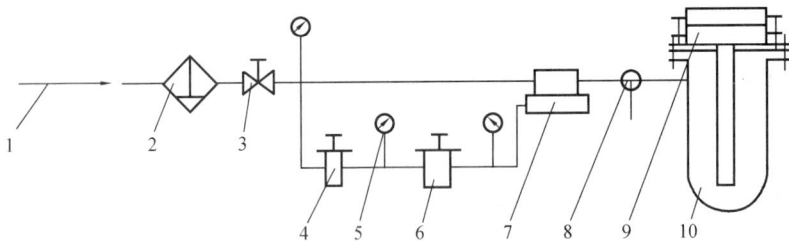

图 5 - 25　手动定压力液面加压控制系统
1—气源　2—空气干燥器　3—截止阀　4—减压阀　5—压力表　6—定值器
7—浇注阀　8—三通阀　9—铸型　10—坩埚

　　这个系统结构简单,维修方便,操作灵活,但加压曲线的再现性很差,适用单件、小批量生产。

　　图 5 - 26 示出了半自动定压液面加压控制系统,它是图 5 - 25 系统的改进,用电磁阀、针

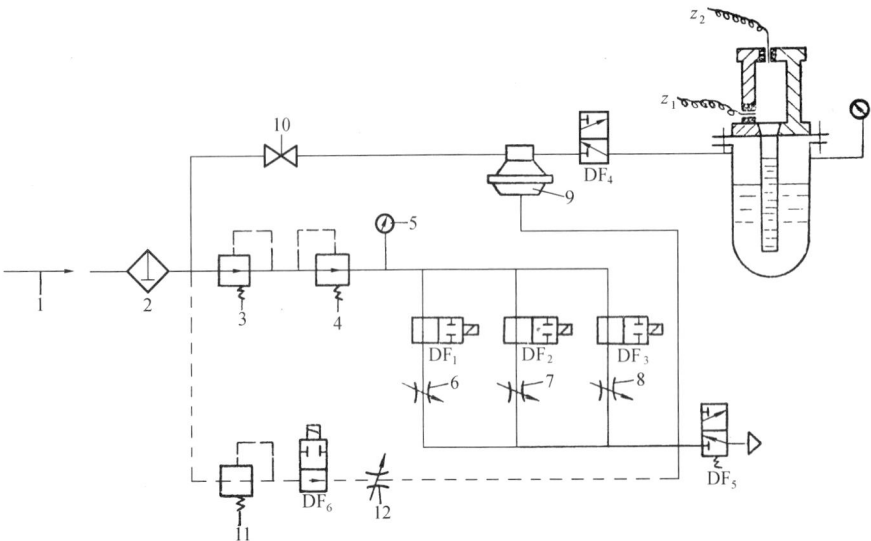

图 5 - 26　半自动定压液面加压控制系统
1—气源　2—干燥器　3,11—减压阀　4—定值器　5—压力表　6,7,8,12—针阀
9—浇注阀　10—截止阀　DF_1、DF_2、DF_3、DF_6—二位二通电磁阀　DF_4、DF_5—三通电磁阀

阀系统替代手工定值器,实现半自动控制,而电磁阀 DF_1,DF_2 和 DF_3 的动作控制与图 5 - 23 所示系统一样,故不多叙述。

由上可知,通过信号气体的压力变化,借助薄膜补偿浇注阀,可以实现任何的低压铸造时的金属充型压力变化曲线,为此出现了多种控制信号气体压力变化的气动元件,如压簧线性信号控制器、比例积分调节器、气液缸、气动继动器等,用它们与其他元件组成了各具特殊功能的液面加压控制系统,如 DKF1 型、随动式、继动式、LPN - A2 型、CLP 型液面加压控制系统,它们都适用于大批量生产。

还可以用计算机控制液面加压系统,通过对低压铸造时工艺参数(如压力、温度等)的采样,经输入通道把模拟量变成数字量送给计算机,或把开关量直接变成数字量。计算机根据这些数字信息按预定的控制规范进行处理,再将计算结果转换成模拟量(或直接输出数字量)进行工艺参数的控制。

5.3　差　压　铸　造

差压铸造又称反压铸造、压差铸造,它是在低压铸造基础上派生出来的一种铸造方法。与低压铸造的不同点是在铸型外面放一个密封罩,内充压缩气体,使铸型处于气体的一定压力之下。金属液充型时,使保温炉中气体的压力大于铸型中气体的压力,如低压铸造时那样实现金属液的充型、保压和增压。但此时铸件是在更高的压力作用下结晶凝固的,所以可保证获得致密度更高的铸件。

保温炉金属液面上和铸型内气体压力差的获得方案有两个。

① 增压法。先向密封罩和保温炉内同时通入同样压力的气体,使它们之间的压力平衡。然后保持密封罩内的气体压力值,向保温炉中金属液面上逐步通入压力更大的气体,创建上、下两个空间之间的气体压力差,实施金属液的充型、保压。

② 减压法。先向密封罩和保温炉内同时通入同样压力的气体,在达到平衡后,逐步放去密封罩内的压缩气体,使压力逐步降低,实施金属液的充型和保压。

图 5 - 27 示出了一种差压铸造装置的简图,砂型 9,上压力筒(密封罩)10 是用吊车铁链通过吊耳放置在装置上的。并用两个气缸 14 驱动的卡环 8 使上压力筒紧贴保温炉上方的密封环。密封环与上压力筒之间的密封由 O 形圈 15 完成。电阻保温炉 3 外有下压力筒 1,压缩气体直接通入下压力筒内。

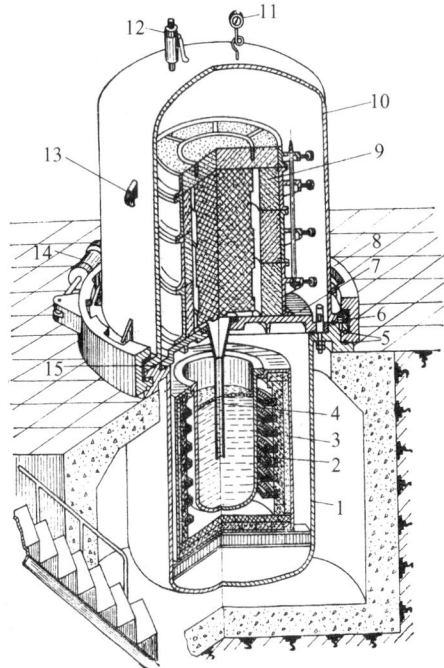

图 5 - 27　差压铸造装置简图

1—下压力筒　2—坩埚　3—电阻保温炉　4—升液管　5—滚珠
6—定位销　7—中隔板　8—卡环　9—铸型　10—上压力筒
11—压力表　12—安全阀　13—吊耳　14—气缸　15—O 形圈

　　图 5-28 示出了此装置的供气部分的组成和气体加压控制系统。最上由 $\frac{1}{2}''$ 管子连接的气路是控制卡环气缸动作的气路。在此加压控制系统中是采用上压力筒减压实现金属液充型并在气体压力作用下凝固的。

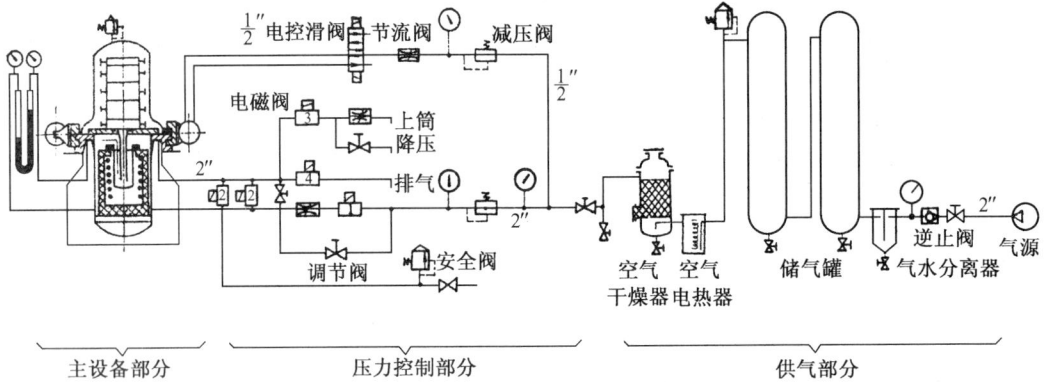

图 5-28　差压铸造装置的供气和加压控制系统的气路图

　　与低压铸造机一样,差压铸造机(装置)上还可采用手动、自动、微机控制的液面加压系统。

　　保加利亚制造的差压铸造机已系列化,机器上的上压力筒内径尺寸为 $200\sim2\,000$ mm。它主要由主机、液压系统、冷却系统、气路系统、电路系统、保温炉系统组成。如果用砂型铸造,还有一套砂型更换系统。在此种机器上,保温炉外壳就是下压力筒。上压力筒分为两部分,下半部分直接坐落在中隔板上,上半部分固定在托架上,此托架由液压系统控制,能在立柱上上下移动,借以打开或合拢上压力筒,合拢后两半压力筒用 O 形圈密封。中隔板也可通过液压系统控制它沿立柱上下移动,以便于检查和维护保温炉。机器的控制系统有点动和微机控制两种,各动作之间相互连锁,前一工序或动作没有完成或不到位,后一工序就不能进行。在机器的故障显示屏上可显示出故障原因,便于检查维修。

第6章

压 力 铸 造

概　　述

压力铸造是液态或半固态金属在活塞的高压作用下以较高的速度充填铸型型腔,并在压力作用下凝固而获得铸件的方法。

压力铸造时,作用在金属上的压力可为几个到几十个 MPa,有时甚至达 200 MPa。金属充填铸型时的线速度约为 0.5~75 m/s,有时可高达 120 m/s。充填时间很短,一般为 0.01~0.2 s。压力铸造时金属充型时的高压、高速特点决定了适于压力铸造生产铸件的结构特点、铸件的性质和压力铸造生产的过程。

(1) 不同压铸机上的铸件压铸过程

压铸机有热压室和冷压室之分,热压室是指压铸机上给铸件金属施加压力的空间浸泡在熔融的金属液中,而冷压室的周围则没有特殊的加热措施。冷压室压铸机根据压室在空间位置的不同又可分为立式、卧式和全立式三种。不同类型压铸机上的铸件压铸过程是不一样的。

① 热压式压铸机上的铸件压铸过程

图 6-1 上示出了活塞式和气压式压铸机的压射机构简图。喷嘴左端和压铸型上的直浇道口相接,坩埚和压室(压力容器)一般都用铸铁铸成一体,在坩埚外面用燃气或电阻丝加热。压铸时,活塞式热压室压铸机上的活塞上提,金属液从坩埚流入压室,活塞下压,把压室内金属液经鹅颈、喷嘴压入铸型。而在气压式热压室压铸机上,压铸开始时,用金属流入阀把鹅颈上的孔洞堵死,向压力容器通入一定压力的压缩空气,把压力容器中金属液经鹅颈、喷嘴压入铸型。活塞上升或

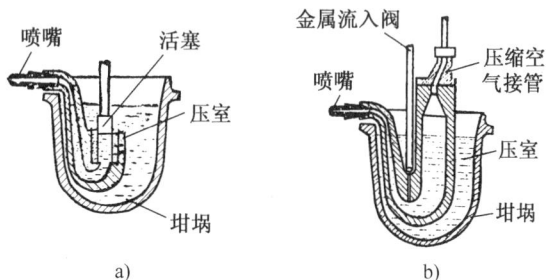

图 6-1　热压式压铸机的压射机构
a) 活塞式热压室压铸机　　b) 气压式热压室压铸机

撤去压缩空气,喷嘴和鹅颈中未凝固的金属液又返回压室或压力容器中,在活塞上升的同时,打开压室上的进液口,坩埚中的金属液自动流入压室,补充已经进入铸型形成铸件的金属液。而在气压式热压室压铸机上,通过金属流入阀的开启向压力容器补充金属液。如果压力容器的金属液容量可供几次压铸的需要,则不必每压铸一次就开启一次金属流入阀,可连续压铸数次,因此气压式热压室压铸机的生产效率比活塞式热压室压铸机高。但活塞式热压室压铸机可根据金属液充型的要求实施分级加压,而且作用在金属液上的压力可达 3.5~45 MPa,铸件质量可得到更好的保证。故气压式热压室压铸机只能用于生产不重要的铸件。

② 立式冷压室压铸机上的铸件压铸过程

图 6-2 示出了立式冷压室压铸机的压射机构的简图,表明了一个压铸过程的三个阶段。先用浇勺把一次压铸所需的合金注入压室(见图 6-2a),此时反活塞封住金属进入型腔的通道。而后压射活塞下压,反活塞下移,打开金属进入型腔的通道,压室中金属在活塞压力作用下进入压铸型(见图 6-2b)。铸型中铸件成形后,反活塞上升,从直浇道上切断浇注余料,送出压室,动型向左移动,带出铸件和浇道,由顶杆把铸件顶离动型(见图 6-2c)。

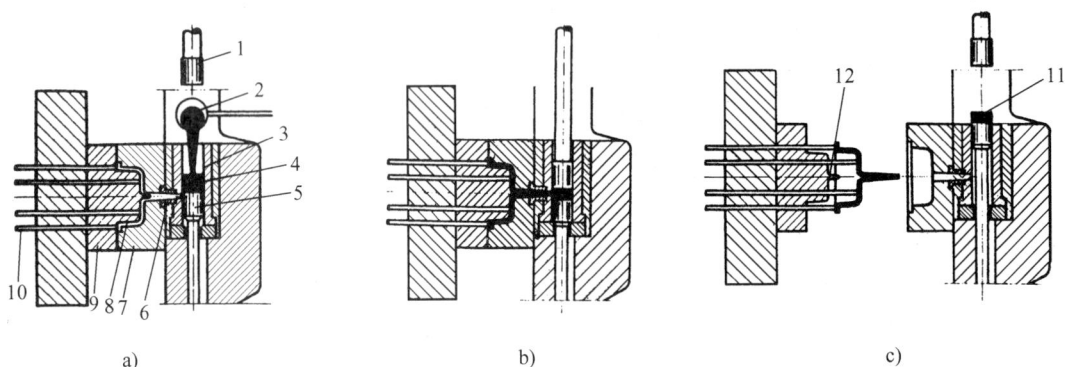

图 6-2　立式冷压室压铸机上的铸件压铸过程
a) 浇勺将合金倒入压室　b) 压射合金进入型腔　c) 开型取下铸件
1—压射活塞　2—浇勺　3—压室　4—合金　5—反活塞　6—浇口套　7—定型
8—型腔　9—动型　10—顶杆　11—浇注余料　12—分流锥

在此压铸机上既可浇注液态合金,又可浇注粥状半固态合金;并且压射金属时不会把压室内空气卷入金属一起进入型腔;便于把浇道设置在铸件的中心部位,缩短金属在型腔中的流程。但压射机构较复杂;活塞加压方向与压室中金属流动方向成直角,故压力损失大;直浇道长,消耗金属量大。目前新制造的立式冷压室压铸机已越来越少。

③ 卧式冷压室压铸机上铸件压铸过程

图 6-3 上所示为卧式冷压室压铸机上铸件的压铸过程,表明了该过程的连续三个阶段。在铸型合拢锁紧后,用浇勺经注口把合金液倒入横卧的压室中(见图 6-3a)。压室的左端部分设在定型之中。压室活塞向左移动,把金属液压入压铸型(见图 6-3b)。动型左移,打开铸型,形成的铸件连同浇注余料一起随动型左移,最后由顶杆机构把铸件顶离动型,完成一个压铸循环(见图 6-3c)。

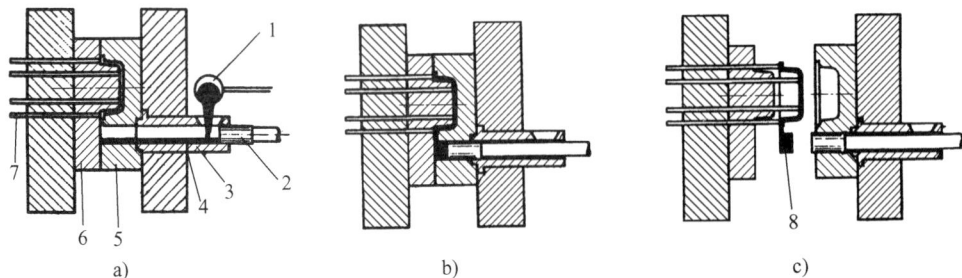

图 6-3　卧式冷压室压铸机上的铸件压铸过程
a) 浇勺将合金液倒入压室　b) 压射合金进入型腔　c) 开型取下铸件
1—浇勺　2—压射活塞　3—压室　4—合金　5—定型
6—动型　7—顶杆机构　8—浇注余料和铸件

在此种压铸机上既可浇注液态合金,也可浇注呈固体状态的半固态合金(触变铸造),但较难浇注粥状的半固态合金,因粥状半固态合金在压室中流不开来,不能充分利用压室的容积;而且浇道短、拐弯少,金属充型时的压力和热量损失都少,可较好提高铸件的致密度。开型时直接把浇注余料带出定型,可省却顶走余料的操作时间。压射机构简单,使用中故障少,易维护。但压室内合金与空气接触面积大,压铸时压室中合金会卷进气体进入型腔,而且压室中金属表面易氧化,氧化渣也可能被送进型腔。在卧式冷压室压铸机上必须使用专门切断浇注余料的机构或复杂的压铸型,才能把浇口设置在铸件的中心部位。

卧式冷压室压铸机的应用较广泛。

在上述两种冷压室压铸机上,作用在金属上的压力为 30～300 MPa。

(4) 全立式冷压室压铸机上铸件压铸过程

图 6-4 示出了全立式冷压室压铸机上的铸件压铸过程[①]。在此机器上采用水平分型的压铸型,下半型为定型,压室就设在定型的中央。上半型为动型,由压铸机顶部的液压缸带动上下移动。先在铸型打开情况下,用浇勺向压室中注入金属液(见图 6-4a)。而后上半型下降,合上铸型,压射活塞上移把金属液压入型腔(见图 6-4b)。铸件凝固后,上半型上移,铸件随上半型脱离下半型,上移一定高度后,由顶杆机构顶下铸件(见图 6-4c)。

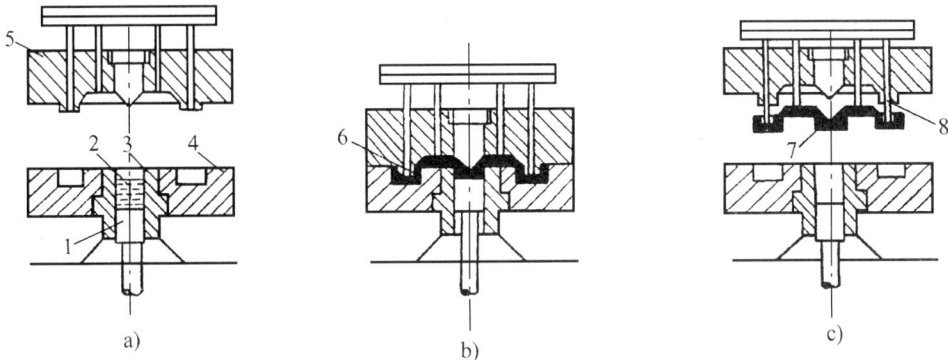

图 6-4　全立式冷压室压铸机上铸件压铸过程
a) 金属液注入压室　b) 压射金属　c) 开型取下铸件
1—压射活塞　2—金属液　3—压室　4—定型　5—动型　6—型腔中的铸件　7—浇注余料　8—顶杆

在此机器上,金属液在型内流程短,活塞压力的损失小。开型时直接带出余料,工序简单,压射机构简单,机器占地面积小,易于放置镶铸件,特别适用于为电动机转子的铁心导线槽压铸铝液,并可同时铸出短路环和风扇叶片。还可在此种机器上利用压铸件装配组合其他零件。但在此机器上装卸和维护铸型较麻烦,生产效率较前两种冷压室压铸机低。

(2) 压力铸造优缺点

与其他铸造方法比较,压力铸造具有如下的优缺点:

① 铸件尺寸精度高,一般可达 CT3～CT6 级;铸件的表面粗糙度可为 $Ra0.4～0.8\ \mu m$,最细的可达 $Ra0.2\ \mu m$,是所有铸造方法中能生产尺寸精度最高、表面粗糙度最细铸件的方法。因此一般压铸件可不经机械加工而直接使用,有时只在铸件上的个别配合面轻微机械加工,铸件有较好的互换性。这一方面提高了金属的利用率,又可节省大量的零件机械加

① 一些文献把全立式冷压室压力铸造称为间接挤压铸造。

工的消耗。

② 由于压铸型的壁厚比压铸件的壁厚大很多倍,并且又是用导热性较好、比热容较大的合金钢制成,因此相对于铸件凝固时散放的热量,压铸型具有很大的热扩散能力(吸收热量的能力);铸件金属又是在很高压力作用下紧贴铸型壁凝固的,传热条件好,所以金属在型内凝固特别快。在铸件表层易得致密、晶粒细小、强度高、耐磨、耐蚀性能好的组织。压铸件上这层组织的铸态强度可较砂型铸件高 25%～40%,但伸长率会有所降低。

③ 由于金属是在高压作用下以高的线速度充填型腔,其充型能力特强,故压力铸造可以生产形状复杂的薄壁铸件。如锌合金件的最小壁厚可达 0.3 mm,铝合金件可达 0.5 mm。一般情况下,对锌合金铸件而言,其最佳壁厚为 0.8～3 mm,铝合金和镁合金件的最佳壁厚为 1～4 mm,铜合金件的最佳壁厚为 1.5～4 mm。因为高速进入型腔的金属液会卷裹型腔内来不及排出的气体,最后形成的气孔停留在铸件壁的中心部位,铸件壁越厚,这种现象越剧烈,所以压铸件的壁厚不宜太大。

高速进入型腔的金属液还能很好地复制型腔的轮廓、型壁上的花纹、文字、图案,并能在表面上形成螺距小至 0.75 mm 的螺纹。

在压铸件上还能铸出直径仅 0.7 mm 的小孔。

④ 在压铸件上还可镶铸其他材料(如钢、铁、铜合金、钻石等)的零件,以节省贵重材料和加工工时,形成形状复杂、工作性能多重的机件(如铝合金件中镶铸铜螺纹、锌合金件中镶铸磁钢件)。有时还可用压力铸造的方法装配机件,如压铸铝合金箍套装配由钢管组成的自行车车架。

⑤ 压力铸造生产效率高。压铸机的机械化、自动化程度高,一般冷压室压铸机每八小时的工作循环可达 600～700 次,而热压室压铸机每八小时的工作循环可达 3 000～7 000 次。

但由于前述的压铸金属易裹气体使压铸件中常有气孔的缺陷,而使压铸件不能热处理,也不能焊接,因为铸件受热时会使裹在铸件壁中的气体受热膨胀冲破铸件的表层或使铸件上出现鼓泡。一般带有气孔的压铸件也不能作为承力件使用,但在采用技术措施的前提下,承力压铸件仍得到了发展。

由于压铸时只能采用金属型和金属芯,所以外形内凹、内腔内凹外凸太复杂的铸件用压铸方法生产较麻烦,有的常不能制造。

太大的金属液充型线速度使压铸型受很大的冲刷破坏力,故高熔点合金压铸时,压铸型的寿命低,所以目前黑色金属的压力铸造尚不能广泛用于生产。

压铸型是一种价值昂贵的模具,所以压力铸造一般适用于大量生产壁较薄的有色合金铸件,如锌合金、铝合金、镁合金和黄铜铸件。至于铅合金和锡合金铸件,由于它们在劳动保护、价格和性能方面的缺点,已用得很少。

文献记载表明,最早用压力铸造方法生产的铸件是印刷用铅字,1838 年,勃鲁斯(Bruss)制出了第一台制造铅字的压铸机。1839 年,一种活塞式压铸机获得了第一个压力铸造的专利。在 1849 年斯都奇斯(Sturges)在他自己制造的活塞式热压室压铸机上制造生产锡合金、铅合金的小型机械零件,并取得了热压室压铸机的专利。当时合金的熔点小于 90℃,用手动杠杆驱动活塞,把金属液压入铸型。作用在金属液上的压力达 0.1～0.15 MPa,生产出铸件的表面轮廓清晰度比砂型铸件不知好了多少倍。1885 年,在前人的工作基础上,默根瑟勒(Mergen Thaler)将活塞式压射缸(压室)浸入熔融合金中生产出条型活字铸件,发明了一种铅字压铸机。

19 世纪 60 年代,人们开始用手动活塞式热压室压铸机制造熔点为 400~450℃的锌合金铸件。1907 年瓦格内(Wagner)首先用气缸替代手动驱动活塞把金属液压入铸型,在此种机器上,生产效率得到提高。1914 年多赫勒(Doehler)利用压缩空气替代活塞把金属液压入铸型,压缩空气的压力达 0.3~0.5 MPa,使机器的生产效率又提高了 4~5 倍。而后空气的压力曾提高至 3~4 MPa。这种机器曾使用了一段时间,如直到 1926 年至 1928 年间,美国的基普(Kipp)公司还专门制造了一台机械化程度很高的用压缩空气压铸金属的热室压铸机。人们也曾在这种机器上试验过压铸铝合金铸件,但由于铝合金液长期与空气接触的氧化问题而没有成功。也曾在活塞式热压室压铸机上试验过铝合金铸件的压力铸造,由于活塞与压室壁的咬合也以失败而告终。1920 年英国人罗赫日(Roehri)制造出冷压室压铸机,冷压室压铸机的出现为铝合金和高熔点合金的压力铸造创造了良好的条件。

1927 年,捷克人波拉克(Polak)制出了第一台立式冷压室压铸机,最初想用来压铸黄铜,而后发现用此设备也可压铸铝合金。此后此种形式的压铸机得到了广泛传布和改进,我国也在 20 世纪 60 年代开始系列化生产此类压铸机。

1924 年,德国埃克特(Ekert)公司制造了卧式冷压室压铸机。

为了消除压铸件中的气孔,增大压铸件的致密度,人们做了很多研究工作,1958 年真空压铸在美国获得专利。1966 年美国通用汽车公司提出了精、速、密压铸法。1969 年美国人爱列克斯提出充氧压铸的无气孔压铸法。现在这些特殊的压铸工艺在很多重要铸件的生产中已得到广泛的应用。

目前,压力铸造生产的铸件已广泛应用于飞机、汽车、拖拉机、仪器仪表、计算机、家用电器、农业机械、林业机械、医疗机械、国防器械等制造行业,如汽车发动机的气缸体、气缸盖、变速箱箱体、汽车轮毂、齿轮和叶轮、仪器、仪表和各种机械上的支架、框架、各种壳体(照相机外壳、电锯外壳、电动机壳等)。还有笔记本电脑盖子、摩托车车轮、管接头、机枪盖、导弹的弹翼和尾锥等。质量小的压铸件只有几g,大的可达 50 kg 或更大。功率最大压铸机的合型力达 3.9 MN。

6.1 压铸时金属流的特征

压力铸造过程的主要特点就是金属在高压作用下的高速充填型腔,因此欲掌握压铸件的成形实质,主要就应了解压力铸造时金属充型过程中的所受的压力变化,充型时金属的流动形态,以便采取合适的技术措施,充分运用压铸时金属充型特殊现象的有利方面,避免和克服此现象可能带来的负面影响,高效地制出质量符合要求的压铸件。

6.1.1 压铸时金属所受压力和活塞移动速度

不同类型压铸机上由于压室位置的不同,压铸时金属充填型腔的形式会有所不同,但包含压铸充型阶段最完全的应是卧式冷压室压铸机上的压射过程。所以本节以卧式冷压室压铸机上的压射过程为对象叙述金属在充型各阶段中所受的压力和活塞的移动速度。

在卧式冷压室压铸机上铸件压铸成形的全过程可分为下述几个阶段:

① 压室全断面充满过程阶段。在向压室中注完金属液后,一般金属液所占的压室体积只有压室整个体积的 75%以下,所以活塞开始移动后,首先的步骤是推动金属液全断面地充满压室靠近铸型一端部分的压室。此时,从移动速度为零的压射活塞逐步增加其移动速度,使在活塞前端出现被推动金属液液面的抬高和传布(见图 6-5a,b,c)。

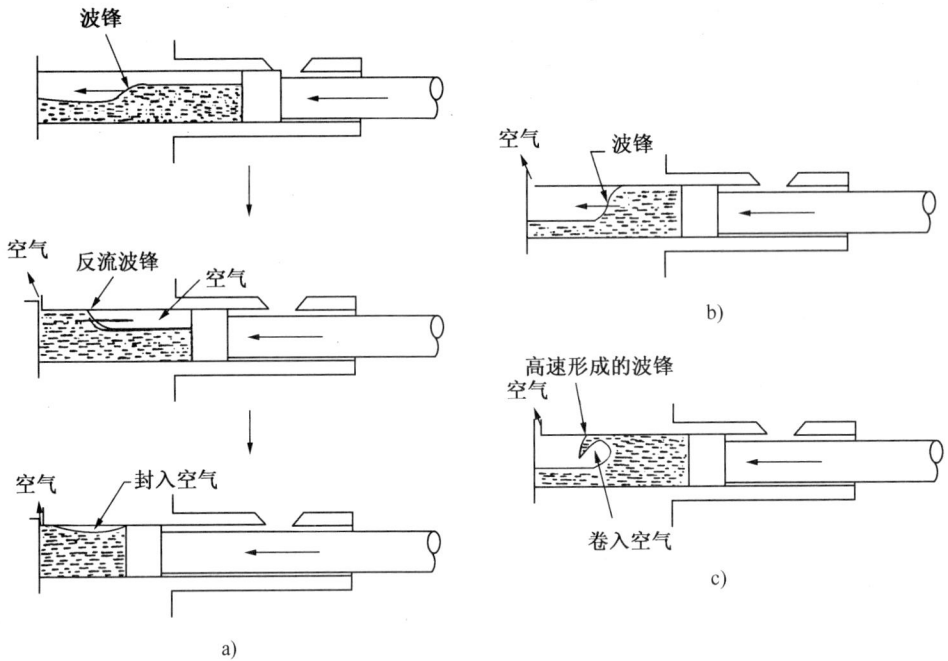

图 6-5   不同活塞移动速度时压室内金属液波锋的形成和传布
a) 活塞移动加速过慢时的相继阶段   b) 活塞移动加速合适   c) 活塞移动加速过快

如果活塞移动的加速过慢,则可能会使液面上波锋的前进传布速度大于活塞的移动速度
(见图 6-5a),当波锋前进传布到达压室的左端面时,在波锋后面的金属液面上还有一个充满
空气的空间,最后反流波锋和活塞面上升高的金属液便会在压室中裹进被封死的空气进入压
铸型,使铸件中形成气孔。

如果活塞移动时的增速过快,则在活塞端面前可能会形成如图 6-5c 所示的波锋,它也会
把空气裹入金属液,在铸件中形成气孔。最合适的活塞移动加速情况应如图 6-5b 所示,随着
活塞的移动,在活塞端面前形成充满压室整个断面的液面抬高段,随着活塞的继续向左前进,
依次增加抬高段的长度,把压室内空气向左挤,进入型腔,通过排气通道进入大气。瑞士一压
铸机生产商提出了一种活塞移动的等加速压射系统,据说能获得如图 6-5b 所示的理想压室
全断面的充满过程。

在金属液充满压室全断面阶段,金属液中所受压力较小,并且在大部分时间中,此值保持不变,只有在此阶段将结束前,压力开始上升,这是由于金属液开始被压入铸型浇道前活塞前进所遇阻力增大而引起的(见图 6-6)。与此同时活塞的移动速度也开始增加,为创造金属液快速充填型腔作前期准备。在不少压铸机上有相应的装置促使活塞移动速度在金属液充满压室全断面的时刻迅速提高。

有文献称此阶段中的活塞动作为慢速压

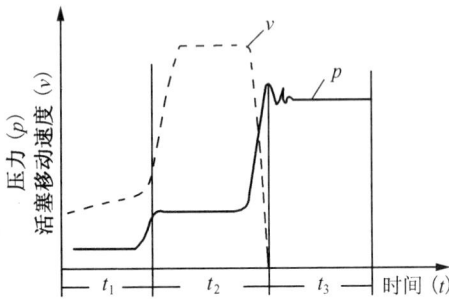

图 6-6   卧式冷压室压铸机上压射时活塞移
动速度和金属中压力的变化

t_1—压室全断面充满阶段 t_2—型腔充填阶段
t_3—保压阶段

射,活塞的平均移动速度为 250～450 mm/s。

②　型腔充填阶段。在此阶段中,金属液在活塞压力作用下经浇道快速充填型腔,一般情况下,活塞的移动速度约为 1 000～1 200 mm/s,型腔充填延续时间为十分之几秒至百分之几秒。在型腔充填阶段,活塞施加在金属液上的压力增大,再加上活塞移动的高速度,使金属液具有很大的动能去克服在浇道和型腔中流动时所遇的阻力,表现出很好的型腔充填性。型腔中流动的金属液由于一部分能量消耗于摩擦和它本身运动的动能,所以金属液上所感受的压力比压室中金属液所受的压力要小,但其值仍比上一阶段要高出很多。此时活塞的运动称为快速压射。一般压铸机上的液压控制系统都有型腔充填阶段所需的增大活塞移动速度和增大活塞压力的装置,这种控制装置系统称为二级增压压射。

在型腔被金属充满的时刻,快速流动的金属液突然速度降低为零,金属液的动能顷刻变为压力,所以金属中的压力突然增得很高(见图 6-6),这一增高的压力促使金属液更紧密地贴紧型腔表面,充填进型腔上很细窄的缝隙,能更好地复制型壁上的线条和花纹,使铸件表面更为光洁和清晰。同时也更进一步地改善了金属液与型壁间的热传导,促使压铸件晶粒变得很细小。这一突然增高的压力还可使金属液中裹进的气泡体积变小,减小了铸件中气孔的危害。

③　增压、保压阶段。先进的压铸机上,在压射结束的末了都有一个突然增高活塞上压力的控制机构,使在 0.01～0.02 s 时间内活塞上的压力突然升到某一设定值,一方面抵消充型终了时金属液产生的反压力,同时也争取在压铸型内内浇道凝固前加大压室中金属液上的压力,增大这部分金属的补缩能力,进一步提高铸件的致密度。此一增大的压力值一直保持到型内铸件全部凝固。这一增压称为第三级增压。最终的活塞上的压力值可为 50～500 MPa。

日本有一压铸机公司设计了一种防止压射充型终止时刻型内金属压力升得太高的控制系统,以免型内金属推开动型的力量瞬间大于压铸机的合型力时出现的动型突然轻微移动又很快合上的现象。因为这种动型移动会引起压铸件尺寸精度的降低,压铸终了时金属液自压铸型分型面喷出和压铸件分型面上出现较厚飞边的问题。

在热压式压铸机和立式冷压室压铸机上没有压室全断面充满阶段。在全立式压铸机上这一阶段的现象也与卧式冷压室压铸机有所不同,但第二、三阶段的现象在各种压铸机上应都一样。

6.1.2　压铸时金属充填型腔的形态

至今共提出了三种金属流充填压铸型型腔形态的理论。

(1) 弗洛梅尔(Frommer)理论

这一理论是弗洛梅尔在 1932 年提出的,这也是第一个有关压铸时金属流充填型腔形态的理论。其理论实质可用图 6-7 上的示意图表示。当金属流经浇口进入型腔后,仍保持浇口的断面直向型腔远端的对面型壁射去(见图 6-7a)。待到达对面型壁后,在此处的型腔中聚积,消失了冲击力后,沿型壁在整个型腔断面上反向移动(见图 6-7b,c,d,e)。如果浇口的断面积 f 与型腔断面积 F 之比 $f/F > (1/3 \sim 1/4)$,这个反向流动是

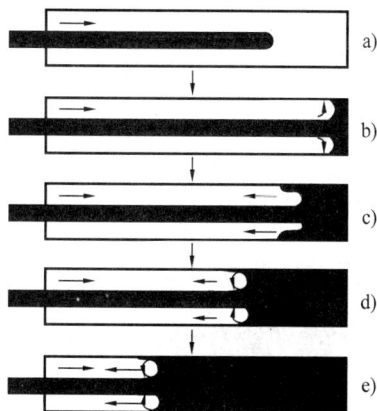

图 6-7　弗洛梅尔的金属流充填压铸型型腔形态理论示意

a),b),c),d),e) 金属流充填型腔各阶段

比较平稳的,积聚的金属液以小的旋转涡流形式向浇口方向移动。如果 $f/F<1/3$,则进入型腔的液流速度较高,在浇口对面远端型壁上积聚的金属液在反向移动充填型腔时,返回流的表面会出现强烈的涡状紊流。型腔中的空气和随金属液流进入型腔的空气依靠金属液充填型腔时的压力挤出型外。

(2) 巴顿(Barton)理论

1944 年巴顿在弗洛梅尔理论的基础上作出了修正,巴顿认为金属流充填型腔可分为三个阶段(见图 6-8)。

第一阶段。金属液经浇口射出型腔后,仍保持金属流断面不变,直冲浇口对面的型壁,但随后进入型腔的金属液不会在该处积聚回填型,而是沿型壁向四周分流,在型腔壁上组成一完整的"薄壳"层(见图 6-8a)。

第二阶段。通过首先在型腔的角落、凹陷处积聚的紊流金属液区域的扩大、相互连接的形式,使型腔被整个充满(见图 6-8b,c,d),此时在型腔断面上的各层金属的黏度是不一样的,在铸件壁的中心部位,金属液的黏度最小。

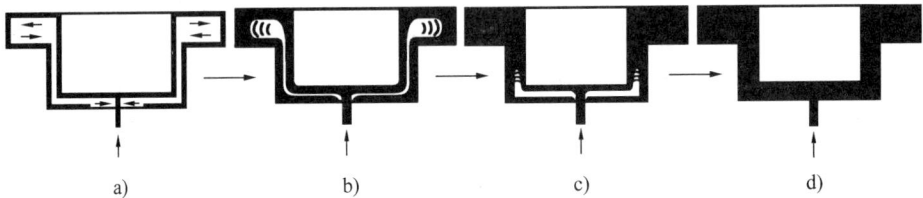

图 6-8　巴顿的金属流充填压铸型型腔形态理论示意图
a),b),c),d) 金属流充填型腔各阶段

第三阶段。浇注系统、型腔和压室中的金属组成一封闭的流体系统,在其中压力分布一致。

巴顿认为,在第一和第二阶段,压力只用来创建金属流动的速度,使移动地充满型腔的金属流能与最先形成的型壁上的薄层金属相互熔合。而第三阶段的较大压力主要用来降低由于铸件各部位不均匀冷却所引起的应力。第一阶段决定铸件的表面质量,第二阶段决定了铸件的硬度,第三阶段决定铸件的强度。

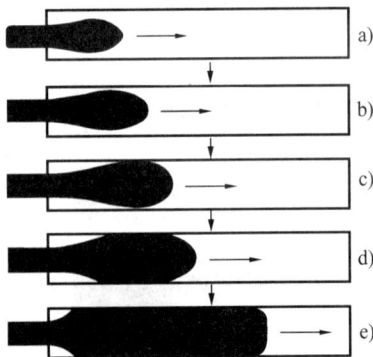

图 6-9　勃兰特的金属流充填压铸型型腔形态理论示意图
a),b),c),d),e) 金属流充填型腔各阶段

(3) 勃兰特(Brandt)理论

1937 年,勃兰特通过在压铸型壁上设置电触点了解金属流充填型腔的试验,提出了与当时流传的弗洛梅尔理论完全不同的金属流充填型腔形态的理论。其理论实质示于图 6-9。

勃兰特认为,压铸时,金属经浇口流入型腔后即扩大其断面(见图 6-9a,b,c),然后在后续进入型腔金属的补充情况下,沿型腔整个断面地向针对浇口的型腔另一端充填(见图 6-9d,e),直至充满型腔。有人把此种充填形态称为层流充填。在这种充填形态下,金属流中不会卷入型腔中的气体,也不会有涡流现象,浇道和型腔中的金属几乎同时开始凝固。

后人在他们理论的基础上又通过了多种试验研究,

作出了不少修正或补充性的意见,归纳起来,可作下述几方面的叙述。

① 大多数研究工作者认为,在大多数压力铸造的场合,弗洛梅尔和巴顿提出的形态是存在的。但有时会在金属流流入速度过大时,在冲撞浇口对面型壁时出现液滴飞溅的现象,飞溅的金属液滴混合型腔中的气体反向向浇口方向移动,充填型腔。混合在金属液中的气泡在随后进入型腔的金属液的挤压下,被挤出金属并通过排气道逸出铸型。这种飞溅情况和它的强烈程度由金属流入型腔的速度、金属液的黏度、弹性等性能有关,但与作用在金属液上的压力无关,因为可自由运动的金属流中的压力应与型腔空间中的压力相等。有关这种观点的金属流充填型腔形态示意可见图 6-10,每一图下的数字表明从开始充填型腔后的延续时间(s),此图是根据高速摄影胶片的图像描绘下来的。在此图上还可见到射入型腔液流断面的逐渐变粗的现象(见图 6-10 0.026~0.055 s),这是由于金属流充型过程中型内气体来不及逸出而引起的气体反压力的增大而产生的。金属流进入型腔的速度越大,在充型的最初时刻所产生的飞溅液滴越小。

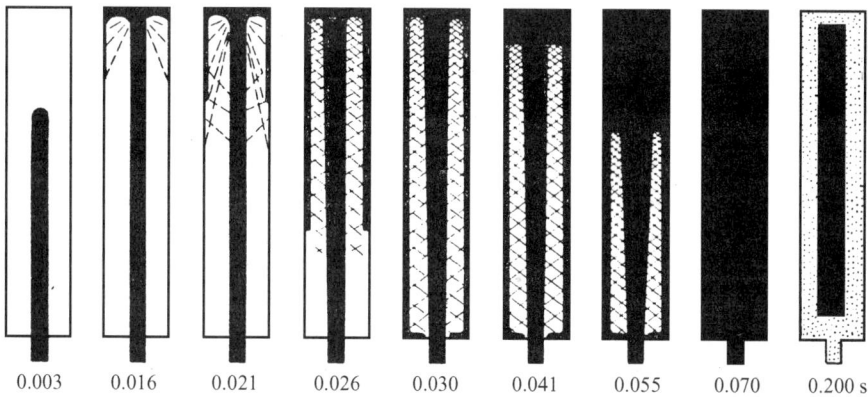

图 6-10 高速电影摄像所获的压铸时金属流充填型腔流态示意图
(数字表示开始压射后的时刻 s)

在较小的金属流进入型腔的速度情况下,金属流在型壁上冲撞飞溅和弗洛梅尔式金属充填型腔可能同时出现。

② 当压射金属液由浇口进入型腔之初,如果金属流上所受的压力突然增大,有可能出现金属流喷射式地进入型腔的现象(见图 6-11)。此种喷射会堵塞型腔的排气道,喷射的金属液滴也易氧化,故应尽可能避免。

③ 在生产厚壁较大压铸件时,常使用厚度较大的内浇口和非常小的金属流流入型腔的速度,在金属流入型腔的过程中施加在金属上的压力较小,如后面将会提到的慢速压铸工艺,此时可能出现如勃兰特提出那样的金属流充填型腔的形态,特别在压铸半固态金属时,勃兰特提出的形态更易出现。此时进入型腔的金属以较慢速度向型腔的远端移动,同时使型腔中气体来得及经排气通道被金属流挤出。一般金属经内浇口流入型腔时的速度不超过 15 m/s,从理论上言,对锌合金,有效的压射压力可减少到 1 MPa,内浇口的厚度可大于 3 mm。

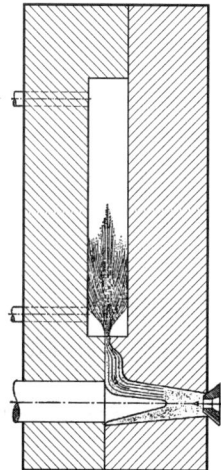

图 6-11 金属流喷射式进入型腔

综上所述,可见压铸时金属充填型腔的形态是多种多样的,而且金属流动的形态对压铸件的质量和压铸型结构(如压铸型的排气系统、浇注系统设置等)的设计都有很大的影响。在压铸形状复杂的铸件时,同一型腔的不同部位金属流充填形态也可能不同。图 6 - 12,6 - 13,6 - 14 举例示出了不同内浇口位置、不同压铸型温度对充型金属流形态的影响。

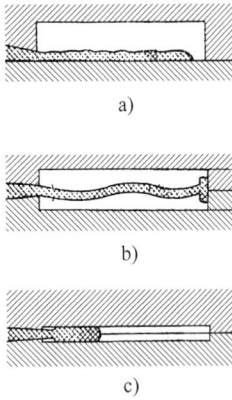

图 6 - 12　不同内浇口位置和不同内
浇口厚度相对型腔厚度的
大小对金属流形态的影响

　a) 内浇口设在型腔边上
　b) 内浇口设在型腔厚度的中间
　c) 内浇口厚度与型腔厚度接近

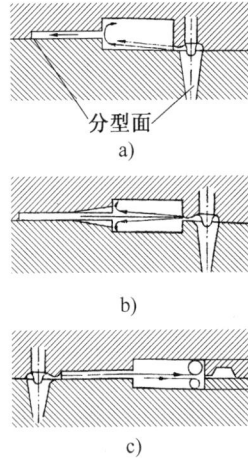

图 6 - 13　不同内浇口位置对金属流
充填型腔形态的影响

　a) 内浇口设在厚型腔的边缘,薄型腔会充填不好
　b) 内浇口设在厚型腔中间,薄型腔可充填很好
　c) 内浇口设在薄型腔一端,厚型腔先被充填,然后薄型腔被
　　充填

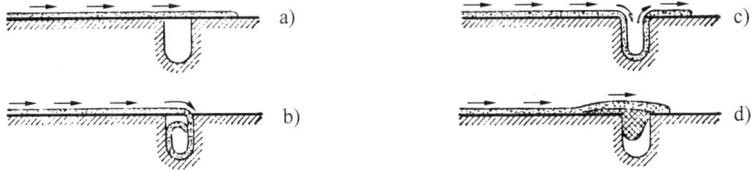

图 6 - 14　不同压铸型温度对金属流充填型腔内凹坑的影响
　a) 压铸型极度过热　b) 压铸型过热　c) 压铸型温度合适　d) 压铸型温度过低

6.2　压铸件工艺设计

压铸件工艺设计是压铸型设计前必须做的工作,此时应大致确定所使用的压铸机、合适的压射压力和压射速度。与此同时,应精确地设计铸件的分型面、浇注排气系统,因为后两项对压铸件的生产和质量具有决定性的影响,并且也决定了压铸型型腔的结构。在本节中将对后两项作详尽的叙述,而对压铸机选择的知识可散见于本章有关各节,压射压力和压射速度的参考数据将在浇注系统设计的有关部分提及。

6.2.1　压铸件分型面的选择

压力铸造时,铸型大多分为两半,即定型和动型,除了全立式压铸机上铸型是水平分型外,其他类型压铸机上的铸型都垂直分型,也有在垂直分型的动型中装水平分型的滑块,以获取外形复杂压铸件的个别情况(见图 6 - 15)。

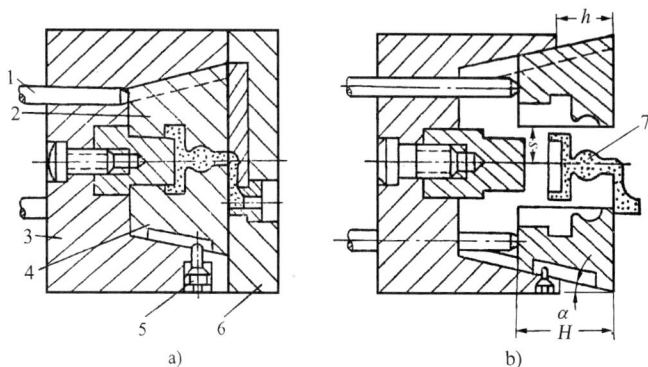

图 6 - 15 垂直分型加水平分型的压铸型
a) 合型压射 b) 开型取出铸件
1—顶杆 2,4—水平分型的斜滑块 3—动型 5—挡钉 6—定型 7—铸件

压铸件分型面选择原则大多与金属型铸件相同,但也有其本身的某些特点,现综述如下。

① 分型面最好通过铸件的最大截面。

② 应使铸件在开型后留在动型内,以便在动型移动过程中利用顶出铸件机构同时自型中取出铸件,所以铸件对铸型包紧力较大的部分应放在动型内。

③ 铸件相互尺寸精度要求高的部位应放在同一半型内。

④ 铸件分型面应尽可能不通过铸件外表面,以免在铸件外表面上留下有损外观的分型面痕迹(见图 6 - 16)。

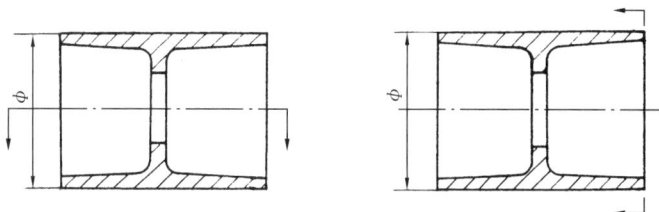

图 6 - 16 把通过铸件外表面的分型面改成通过铸件端面
a) 分型面通过铸件外表面 b) 分型面通过铸件端面

⑤ 把分型面选在铸件需机械加工的面上,这有利于控制铸件精度,去除铸件飞边,还可改善铸件外观。

⑥ 分型面应有利于浇注系统和排气系统的布置(见图 6 - 17),b 图的浇注系统中,金属进入型腔时,气体可经分型面排出。

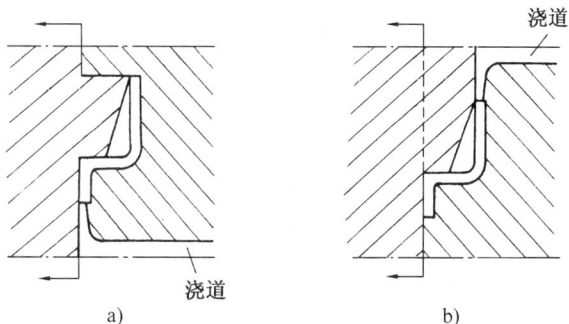

图 6 - 17 改变分型面有利于型腔排气
a) 排气不易的分型面选择 b) 充型和排气条件都好的分型面选择

⑦ 尽可能避免形成过深的型腔(见图 6-18)。

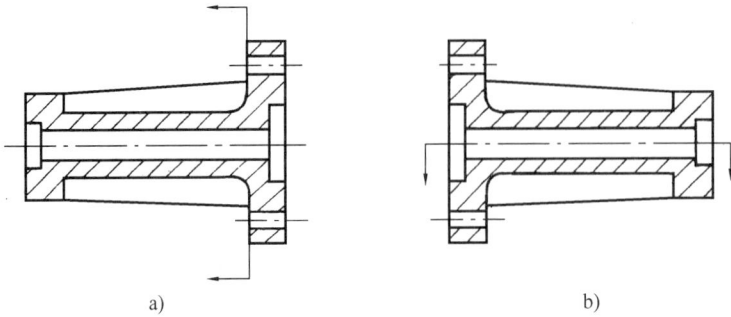

图 6-18　改变分型面位置以避免过深型腔
a)使型腔过深的分型面选择　b)避免型腔过深的分型面选择

对某一具体铸件而言,分型面要全部满足上述条件是很难的,设计者应在全面考虑、权衡轻重后选择铸件的分型面。

6.2.2　压铸件浇注系统的设计

(1) 不同类型压铸机上的浇注系统结构

类型不同的压铸机上有压射系统的不同布置方案,因此引起了浇注系统结构的不同,图6-19 示出了同一种铸件在不同类型压铸机上的浇注系统结构。

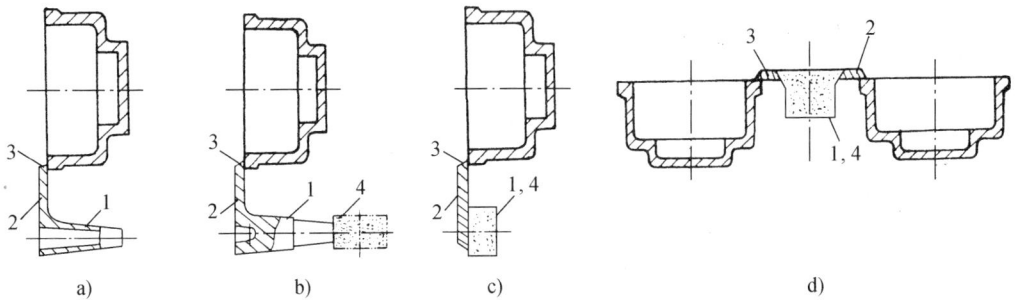

图 6-19　不同类型压铸机上铸件浇注系统的结构
a)热压室压铸机上的浇注系统　b)立式冷压室压铸机上的浇注系统
c)卧式冷压室压铸机上的浇注系统　d)全立式压铸机上的浇注系统
1—直浇道　2—横浇道　3—内浇口　4—压射余料

在立式冷压室压铸机上的浇注系统中,直浇道由两段组成,较细靠近压射余料的一段由压铸机上的浇口套(见图 6-2)形成,而较粗的一段由定型上的相应通孔形成。直浇道底部的锥形小孔由动型上的分流锥形成(见图 6-2),分流锥主要起导引金属流转向 90°流往型腔和减小高速金属流对铸型冲击的作用,同时在动型开型时可把直浇道从浇口套和定型一起带出。热压室压铸机上直浇道的底部也有分流锥形成的锥形孔,但其长度相对较长(图 6-19a)。

在卧式冷压式压铸机和全立式压铸机的浇注系统结构中都没有直浇道,压射余料兼起直浇道的作用,因此卧式冷压室压铸机和全立式压铸机的浇注系统消耗的金属液就比另两类型压铸机少。

(2) 直浇道的设计(见图 6-20)

典型的立式冷压室压铸机上的铸件直浇道由喷嘴、浇口套和定型上的相应孔洞形成。而在每台立式冷压室压铸机上常有几种内孔直径的喷嘴,一般喷嘴的金属入口(即直浇道的小端处)直径 D 为压室直径的 $1/8 \sim 1/5$,直浇道成锥形,可使直浇道易于自喷嘴、浇口套和定型取出,其每段的母线斜度如图 6-20 所示。直浇道上每段对接处后一段的直径总比前一段的直径大 $1 \sim 2$ mm。包围分流锥处的直浇道环形断面的尺寸,应满足下式的要求:

$$\pi(d_1^2 - d_2^2)/4 = (1.1 \sim 1.3)\pi D^2/4 \tag{6-1}$$

并且
$$(d_1 - d_2)/2 \geqslant 3 \tag{6-2}$$

此两式指出,直浇道的断面是逐渐增大的,并且直浇道环形断面的厚度应保证自定型拔出直浇道时,环形断面应有足够的强度,不被拉断。

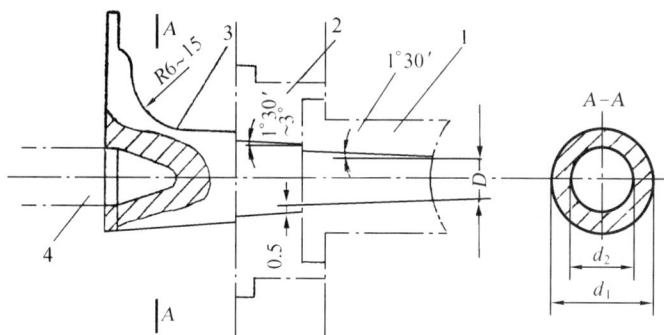

图 6-20 立式冷压室压铸机用直浇道的主要尺寸
1—喷嘴 2—浇口套 3—直浇道 4—分流锥

形成直浇道喷嘴金属入口处的直径根据压铸件金属的种类和经喷嘴被压射金属的质量(不包含溢流槽[①]的质量)进行选择。表 6-1 示出了喷嘴入口直径与压铸件金属和质量的关系。

表 6-1 根据压铸件金属和质量对喷嘴入口直径的选择

喷嘴入口直径 (mm)		$7 \sim 8$	$9 \sim 10$	$11 \sim 12$	$13 \sim 16$	$17 \sim 19$	$20 \sim 22$	$23 \sim 26$	$27 \sim 28$	$29 \sim 30$	$31 \sim 32$
铸件质量 (kg)	锌合金	<0.1	$0.1 \sim 0.25$	$0.2 \sim 0.3$	$0.35 \sim 0.7$	$0.7 \sim 1.2$	$1 \sim 2$				
	铝合金	<0.05	$0.05 \sim 0.12$	$0.1 \sim 0.2$	$0.18 \sim 0.35$	$0.32 \sim 0.7$	$0.6 \sim 1$	$0.8 \sim 1.5$	$1.2 \sim 1.6$	$1.6 \sim 2$	$2 \sim 2.5$
	铜合金	<0.1	$0.1 \sim 0.25$	$0.2 \sim 0.35$	$0.3 \sim 0.35$	$0.65 \sim 1$	$0.8 \sim 1.5$				

太粗的直浇道会浪费金属液,还会引起铸型局部过热。太细的直浇道会提高压铸时金属液在浇道中的流速,有可能冲刷下在浇口套壁上初凝的金属层进入型腔堵塞内浇口使金属液充型不畅。

除了图 6-20 所示的形成直浇道前段的短浇口套形式外,还有不用浇口套,全部直浇道都在定型中成形的结构。但由于压铸型的直浇道的靠近小端一段因压射时受热金属冲刷破坏最强烈,易损坏,故对定型的修理不利。也有整个长度的直浇道都由浇口套形成的结构,它可消除压射金属液进入定型与短浇口套间接缝的可能性,使表面无接缝痕迹的直浇道能顺利地从浇口套中取出。直通分型面的浇口套对调试的新压铸型还可提供改变横浇道形状和尺寸的方

① 溢流槽用来排气、排污,将在后面章节中叙述。

便,因横浇道直接在浇口套上做出,如要改变横浇道,只需在浇口套上加工修改或更换另一个横浇道即可,不必对整个定型进行机械加工。但对浇口套的加工要求较高,需要注意定位的问题,并且增大了横浇道的长度。

　　形成直浇道底部内孔的分流锥锥体母线的夹角大多做成 30°,其顶端的圆弧半径为5～6 mm。锥体下的圆柱部分的高度为 3～4 mm,使直浇道根部能较好地包紧分流锥,在开型时分流锥能起从定型拔出直浇道的作用。

　　分流锥的结构形式可有多种,如图 6 - 21 所示。圆锥形分流锥使用较普遍,其结构简单,适用于把金属液向四方分流。偏心式分流锥主要用来把金属引向铸型的一个方向。带圆环槽的分流锥的头部有 R0.5 的圆环槽,便于从定型带出直浇道,所以此分流锥的工作部位没有圆柱面,但圆环槽对分流锥的金属流导向不利,这种分流锥只在必要时使用。带顶杆的分流锥中心设有顶杆(见图 6 - 21d 的虚线所示),在自动型中顶出铸件时,顶杆可平稳地顶出夹住分流锥的直浇道,而且顶杆与分流锥间的间隙还可起排气的作用。当动型较厚时,可用螺纹固定的分流锥,以缩短分流锥零件的整体长度,其圆柱部位应埋入型内 2～5 mm,以免产生垂直于开型方向的钻进分流锥圆柱端面与动型平面间缝隙的飞刺,妨碍直浇道离开动型。大量生产时,为防止分流锥的过热,也可采用水冷分流锥。

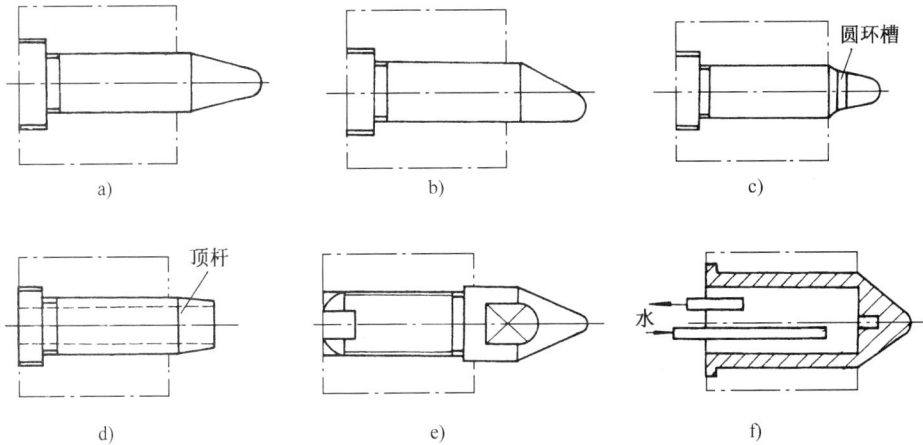

图 6 - 21　立式冷压室压铸机上不同结构形式的分流锥
a) 圆锥形分流锥　　b) 偏心式分流锥　　c) 带圆环槽分流锥
d) 带顶杆分流锥　　e) 螺纹固定分流锥　　f) 水冷分流锥

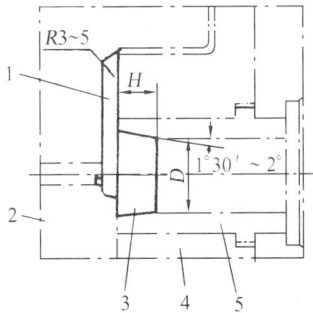

图 6 - 22　卧式冷压室压铸机用直浇道结构
1—横浇道　2—动型　3—直浇道
4—定型　5—浇口套

　　卧式冷压室压铸机的压铸件上浇注系统的直浇道与压射余料合二为一。在定型上作为压室的延长段用专门的浇口套形成(见图 6 - 22)。所以直浇道的直径与压室的直径相同,为使压射余料易自浇口套中取出,也可在靠近分型面的一端(长度 H 为15～25 mm 处)做出 $1°30'\sim2°$ 的铸造斜度。压室(直浇道)直径由压铸件所需的压射压力决定。表 6 - 2 示出了不同合金、不同形状复杂程度压铸件所需的压射压力,此表可供参考。压射余料(直浇道)的厚度 H 一般取为压室直径的 1/3～1/3。

表 6-2 不同合金、不同形状复杂程度压铸件的压射压力(MPa)

合金种类	壁厚小于 3 mm			壁厚 3~6 mm	
	形状简单	形状复杂	形状非常复杂	形状简单	形状复杂
锡铅合金	30	35	45	45	50
锌 合 金	45	45	50	55	60
镁 合 金	50	55	60	70	80
铝 合 金	35	45	50	60	65
黄 铜	60	70	80	90	100

也经常有压室和浇口套制成一体的结构。

卧式冷压室压铸机的压铸件直浇道的底部也常设分流锥。分流锥的形式示于图 6-23。变向分流锥可较好地引导压射金属液进入型腔。带顶杆分流锥可便于直浇道自型中顶出。而弹性分流锥则用于直浇道下面有型腔的压铸型中,可在压射开始前预先封住横浇道,防止压室内金属液在压射前自动流入下面横浇道中,而在压射时,分流锥被压向左移,让金属液经横浇道射入型内。

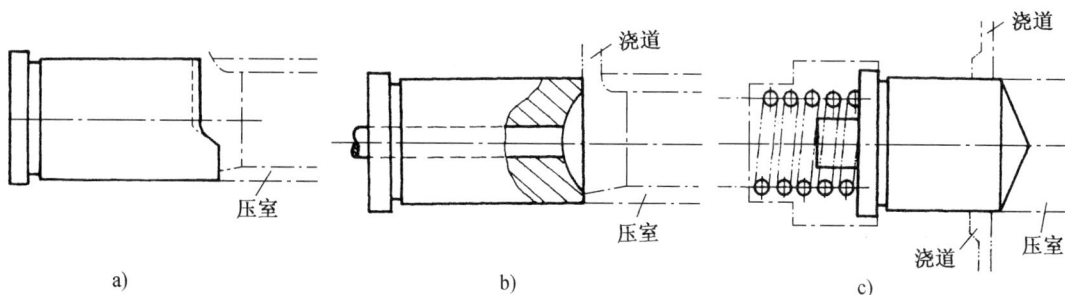

图 6-23 卧式冷压室压铸机上直浇道底部的分流锥
a) 变向分流锥 b) 带顶杆分流锥 c) 弹性分流锥

热压室压铸机用的直浇道结构示于图 6-24。直浇道中心孔由分流锥形成,较长。其环

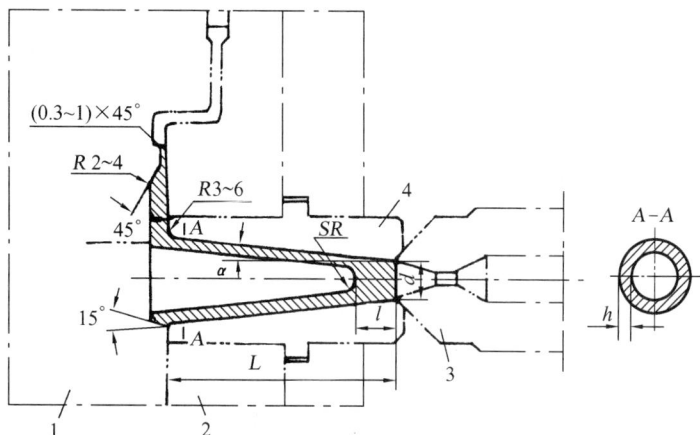

图 6-24 热压室压铸机用直浇道结构
1—动型 2—定型 3—喷嘴 4—浇口套

形断面的厚度 h 为 2～3 mm(小铸件)或 3～5 mm(中等铸件)。直浇道表面母线的斜度 α 为 2°～6°。为适应热压室压铸机的高效率生产,有时形成直浇道的浇口套内部用通水冷却。

(3) 内浇口的设计

设计压铸件浇注系统时很重要的一点是选择内浇口的设置点,即选择铸件上金属液的流入处。一般在大多数压铸型中,内浇口都设置在分型面上,所以在决定压铸件的分型面时就应考虑内浇口的设置。

选择内浇口设置点时应注意以下几点:

① 为缩短金属液在充填型腔时的流动距离,最好把内浇口设置在铸件的较长一边,或把浇口设在铸件的中央。

② 内浇口设置应尽可能减少金属液充型过程中可能遇到的阻碍,如直冲型壁、型芯,进入型腔后两个内浇口流入的金属流就相互冲撞,这不但会使金属液充型不畅,而且冲撞飞溅的金属液还可能卷进型腔中的气体,增加铸件内出现气孔的可能性。受剧烈冲刷的型壁、型芯还易过热,提前破坏,甚至使铸件与之粘连,如图 6 - 25 中 b, c, d, e 所示。在压铸螺纹时,应使浇口方向顺着螺纹方向(见图 6 - 25g)。

③ 设置内浇口应设法避免金属流在型腔内对撞,最好让各股金属流从铸件一侧平行充填型腔,或对圆环形铸件采用切向浇口(见图 6 - 25b)。如把浇口设在铸件的中央,最好只用一个浇口(见图 6 - 26f)。

④ 内浇口一般设在金属难以充填的铸件部位,但当铸件的壁较厚,当采用勃兰特形式充填型腔时,则浇口宜设在铸件壁厚处,以便利用压射终了时的增压进行补缩。当铸件上有几个局部壁厚时,浇口应设在它们之间的一段铸件壁上。

⑤ 设置内浇口位置时应注意使金属流的方向与型腔排气方向一致,不要过早封闭型腔排气系统。如图 6 - 25a, b, c, d, e 上的溢流槽的设置。

⑥ 内浇口设置不应引起铸件变形,如图 6 - 25f 所示的有三个浇口的浇注系统可使铸件圆环收缩均匀,最后仍能保持圆形,而两个浇口的浇注系统会使圆环在左右方向收缩受阻较大,铸件将呈椭圆形。

内浇口的形式多种多样,图 6 - 26 示出了一些浇口的形式。

侧浇口。浇口设于铸件一侧,是最常见的浇口形式,适用于多数形状的铸件,便于在清理铸件时除去。

切向浇口。又称切线浇口,适用于环形铸件,内浇口的两条切线方向应注意尽量不让导引的金属液冲刷形成铸件内圆的型芯。

缝隙浇口。又称隙浇口,设在较高铸件的侧壁高度方向上,它有利于具有较深内腔、在压铸时不易排气铸件的排气,但在清理铸件时不易除去浇注系统,并使铸型结构复杂。

环形浇口。仅适用于筒形或半圆筒形铸件,在铸件的另一端设环形溢流槽,也可沿环将内浇口分成几段。它可避免金属液充型时对型芯的正面冲击,改善充型和排气条件。铸件清理时除去浇注系统较难。

中央浇口。又称中心浇口,它设在铸件中央,但不一定在中心上。可缩短金属液在充型时的流程,并有利于较深型腔内气体通过分型面的排出(见图 6 - 26e 之 2),浇注系统消耗金属少,可减少铸件、浇注系统和排气系统在铸型分型面上的投影面积,减小铸型轮廓尺寸,提高压铸机合型力的有效利用率。适用于有足够大的通孔或贯通深腔的壳体和箱形铸件。但只能用于单型腔的压铸型上。在立式冷压室压铸机和热压室压铸机上应用方便,在卧式冷压室压铸

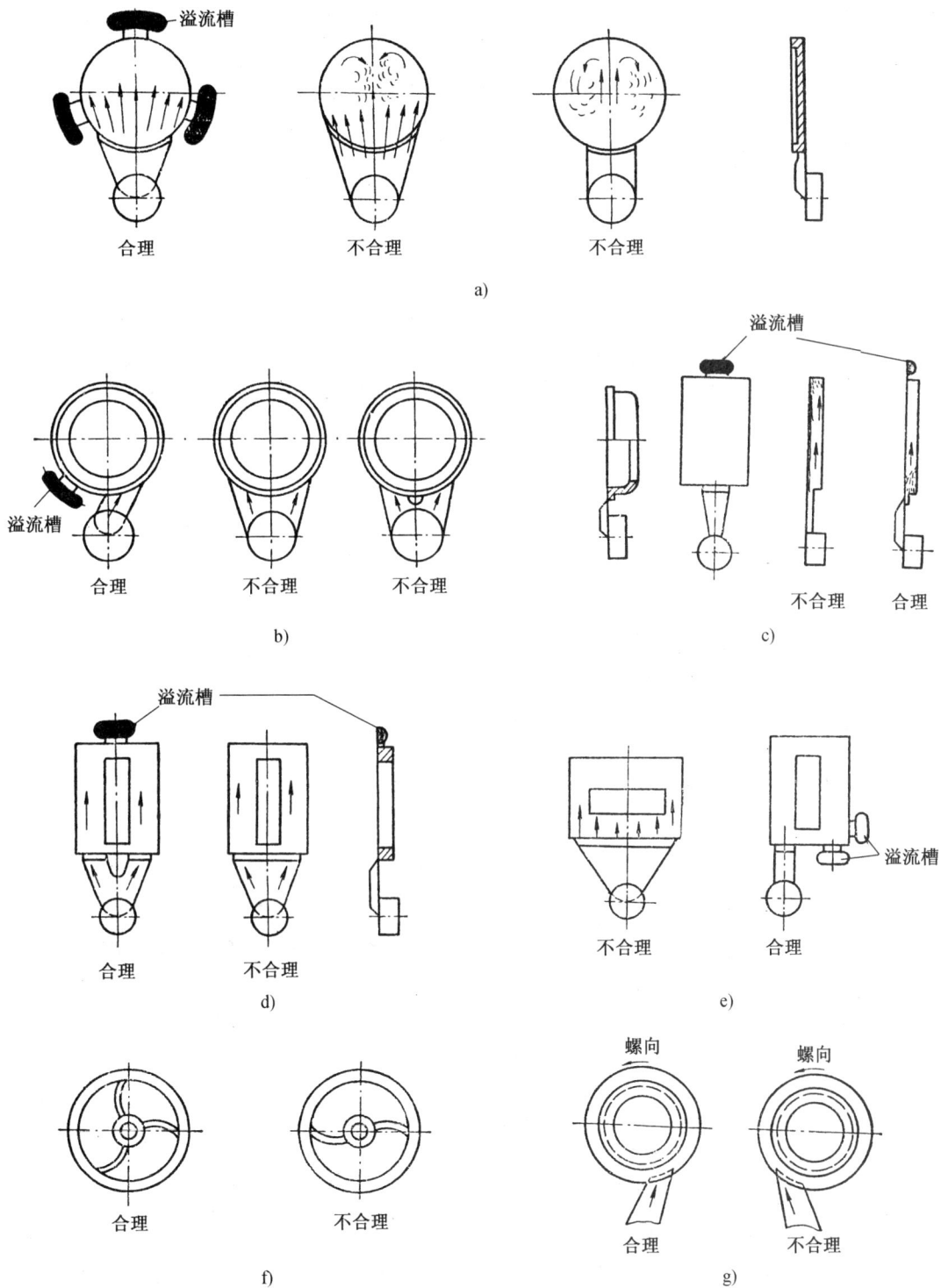

图 6 - 25　合理、不合理内浇口设置的示例

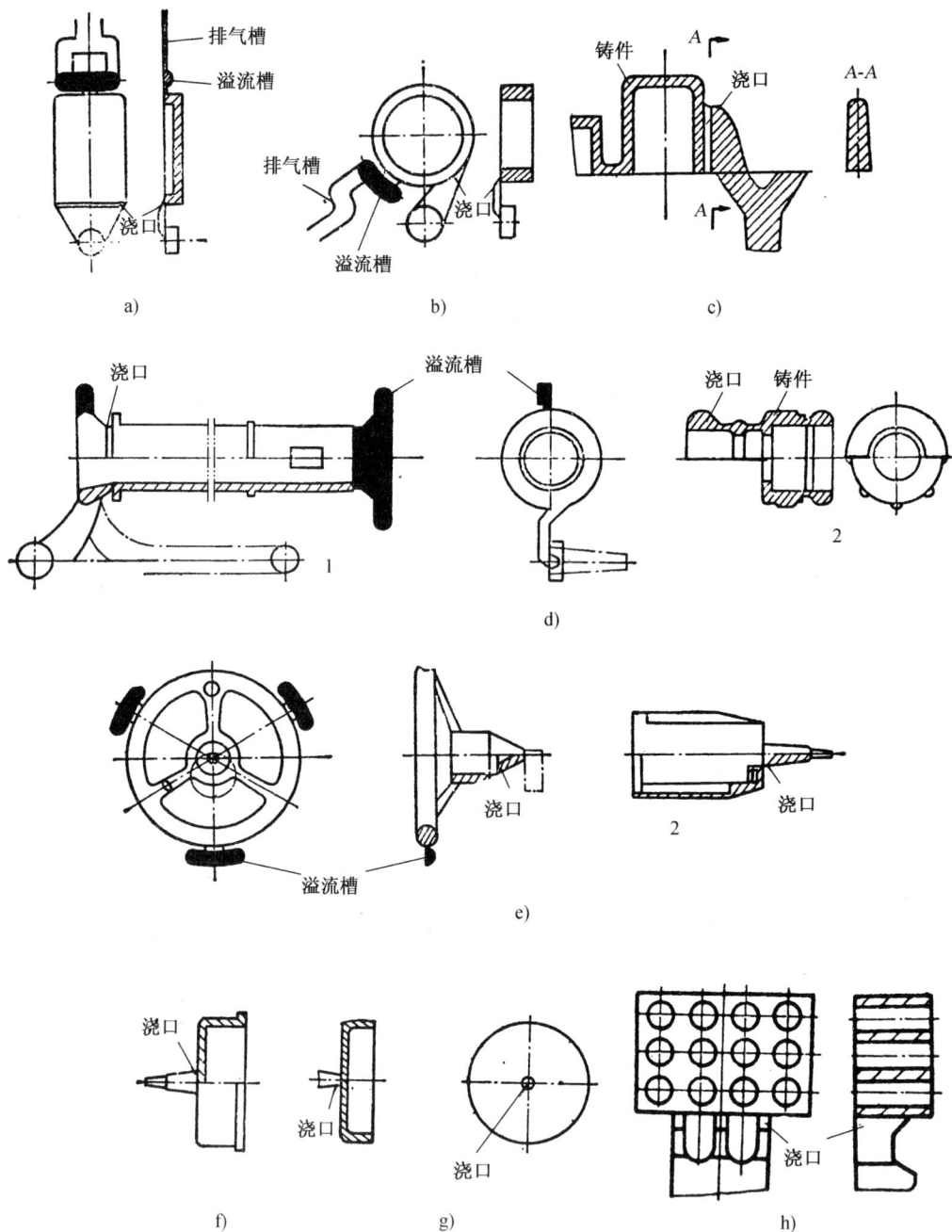

图 6-26　多种浇口形式

a）侧浇口　b）切向浇口　c）缝隙浇口　d）环形浇口
（1—全环形　2—半环形）　e）中央浇口　f）顶浇口　g）点浇口　h）多股浇口

机上应用很麻烦。

　　顶浇口。把直浇道的底部直接作为内浇口,故浇口面积较大。压力传递很好,但压射金属直接冲击形成铸件内腔的动型型壁或型芯,金属液飞溅剧烈,铸件表面易有麻点或花纹,受冲击的动型表面也易出现龟裂,缩短这部位型块的工作寿命,靠近浇口的铸件上易生气孔或缩孔,需用较高压射压力减轻这些缺陷。铸件上浇道的清除需用机械加工方法。此种浇口适用于顶部没有通孔,不能设置分流锥的较大壳体类铸件。适用的压铸机类型同中央浇口。

点浇口,是顶浇口的另一种形式。其直径约为其连接的铸件壁壁厚的 $1\sim1.4$ 倍,一般大于 3 mm。由于内浇口面积小,进入型腔的金属流流动速度可达 $150\sim250$ m/s,它冲击正对浇口对面的型壁,并立即弥散成雾状均匀快速充填型腔。在压铸型工作温度稍高情况下,可得到表面光洁、内部致密的铸件,浇口易于自铸件上去除。但要求严格控制压铸工艺参数,受金属液冲击的动型表面易损坏,在设计压铸型时可把此部位制成易于更换的型块。此浇口适用于壁厚均匀、高度不大、顶部无孔的壳体类铸件。

多股浇口。一个铸件上设多个内浇口,图 6-26h 所示为一种多股侧浇口。适用于大型格形、框形、多片形和多孔形的零件。图 6-27 所示为一种采用多股浇口的长条多片形压铸件。

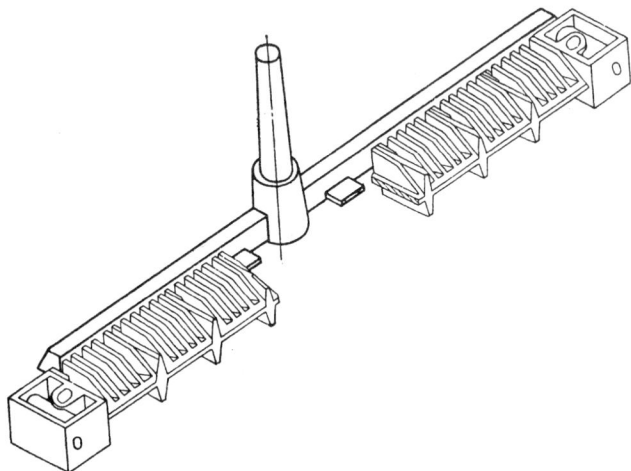

图 6-27 采用多股浇口的长条多片形压铸件

决定内浇口的截面形状和尺寸是设计压铸件浇注系统的重要环节,因为它直接影响到金属流充填型腔的形态和铸件的质量。直至目前为止,虽然人们曾对此问题作过许多研究,提出过多种观点,但对内浇口尺寸的决定主要还是停留在实践经验数据的水平上。

内浇口的截面形状除了像顶浇口和点浇口的截面为圆形外,其余的都为扁平形。其截面积的大小 F 可根据通过内浇口金属液的质量 G、铸件结构形状所要求的内浇口处金属液的线速度 v 和充型时间 t 决定,即

$$F = G/\rho vt \qquad (6-3)$$

式中 ρ—金属液的密度。表 6-3 列出了一些金属液的密度值。

表 6-3 合金液的密度值(g/cm³)

铅合金	锡合金	锌合金	铝合金	镁合金	铜合金
$8\sim10$	$6.6\sim7.3$	6.4	2.4	1.65	7.5

一般铸件的壁厚越小、铸件的形状越复杂,则要求浇口处金属液的充型线速度越大。此外充型金属液的线速度还对金属流在型腔内的流动形态有影响,如压铸厚壁铸件时要求勃兰特充型形态时,充型线速度就应较小;而一般的弗洛梅尔形态充型时,v 值就应较大。表 6-4 提供了根据铸件平均壁厚推荐的金属液在内浇口处的线速度值。对形状复杂的铸件应取较大的数值。

表6-4　铸件平均壁厚所要求的金属液内浇口线速度

铸件平均壁厚(mm)	1	1.5	2	2.5	3	3.5	4
内浇口处金属液速度(m/s)	46~55	44~53	42~50	40~48	38~46	36~44	34~42
铸件平均壁厚(mm)	5	6	7	8	9	10	
内浇口处金属液线速度(m/s)	32~40	30~37	28~64	26~32	24~29	22~27	

充型时间 t 值选择的出发点为：希望在金属液充型终结前，型内的金属尚没来得及开始凝固，以免充型过程中出现的凝固金属小块堵住排气通道，阻碍金属液充型或损害铸件表面质量。表6-5提供了根据铸件壁厚所推荐的充型时间值。在合金浇注温度较高、铸型工作温度较高、合金的熔化潜热和比热容较大、铸件厚壁部位离内浇口较远时，可选择较大的 t 值。

表6-5　铸件平均壁厚所要求的金属液充型时间

铸件平均壁厚(mm)	1	1.5	2	2.5	3	3.5	4
金属液充型时间(s)	0.010~0.014	0.014~0.020	0.018~0.026	0.022~0.032	0.028~0.040	0.034~0.050	0.040~0.060
铸件平均壁厚(mm)	5	6	7	8	9	10	
金属液充型时间(s)	0.048~0.072	0.056~0.084	0.066~0.100	0.076~0.116	0.088~0.138	0.100~0.160	

用式(6-3)和表6-3,6-4和6-5的数值计算得到的内浇口截面积只是一个参考数值，需在压铸型的试型和应用过程中加以修正。

内浇口的厚度比其设置处的铸件壁厚度要小。对于薄壁形状复杂的铸件，充填成形是主要矛盾，故应采用较薄的内浇口，以提高金属液在浇口处的流速，使能获得轮廓清晰、表面光洁的铸件。但太薄的内浇口会使金属液流动所遇阻力增得很大，金属液充型时压力急剧升高，使进入型腔的金属液产生喷雾现象，铸件表面会形成麻点，或使排气通道被堵塞。

对于厚壁且形状简单的铸件，需利用压射最终压力加强对铸件的补缩，故常取较厚的内浇口。较厚的内浇口还允许采用较低的浇注温度，有利于减少铸件内气孔。但厚的内浇口会使清除铸件上的浇注系统时增加难度。

一般设计时，先把内浇口做得薄些，然后在新压铸型试浇时进行修正，同时修正内浇口的截面积。表6-6提供了一些压铸件内浇口厚度的经验数据。

表6-6　压铸件内浇口厚度经验数据(mm)

铸件合金	铸 件 壁 厚(mm)						>6
	0.6~1.5		1.5~3		3~6		为铸件壁厚的(%)
	铸件结构复杂程度						
	简单	复杂	简单	复杂	简单	复杂	
锌合金	0.4~1.0	0.4~0.8	0.8~1.5	0.6~1.2	1.6~2.0	1.0~2.0	20~40
铝合金 镁合金	0.6~1.2	0.6~1.0	1.0~1.8	0.8~1.5	1.8~3	1.5~2.5	40~60
铜合金	0.8~1.2		1.0~2.0	1.0~1.8	2.0~4.0	1.8~3	40~60

内浇口在离开铸件方向上的长度不能太大,因金属液在流经内浇口时能量会损失太多;也不能太短,这样压铸型内浇口易被冲蚀。一般为 2~3 mm。

一些有关文献上有多种供设计内浇口的图表,国内也曾出现过设计压铸件内浇口的计算尺,都可参考。

(4) 横浇道设计

横浇道是连接直浇道和内浇口的液流通道。图 6-28 示出了几种横浇道的形式。

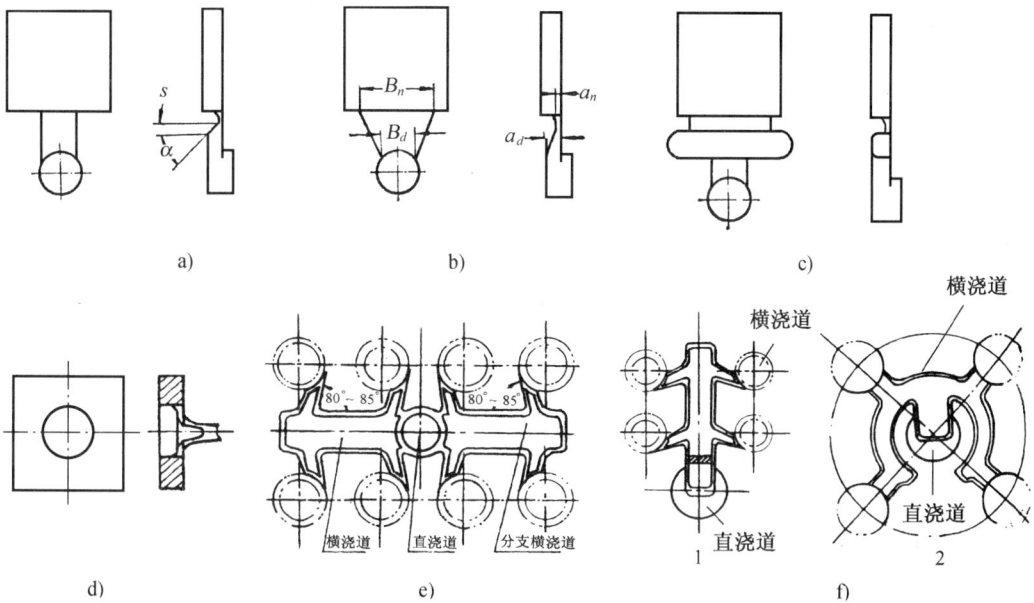

图 6-28 横浇道的一些形式

a) 等宽横浇道 b) 扇形横浇道 c) T 形横浇道 d) 圆形横浇道
e) 立式冷压室压铸机用分支横浇道 f) 卧式冷压室压铸机用的两种分支横浇道

等宽横浇道在接近内浇口时有一个突然的截面收敛,即 s 较短。一般横浇道的厚度 a_d 对内浇口厚度 a_n(见图 6-28b)之比为 3~5。扇形横浇道中金属液流的宽度逐步增大,其流速也逐渐增大,在近直浇道处的横浇道截面积 $a_d \times B_d$ 常为内浇口截面积($a_n \times B_n$)的 1.5~3 倍。T 形横浇道的平行于内浇口的一段中,中间部位的金属流有先充填型腔的趋势,而在两端有滞缓的现象,故在内浇口整个宽度方向上,进入型腔的金属流速是不均匀的。圆形横浇道常设在较大的铸件孔内,中央浇口常用。当铸型中有多个型腔,或在较大轮廓的铸件周边设置多个内浇口时(见图 6-27),就要用分支横浇道。

横浇道的截面形状可见图 6-29 所示。常用的为梯形截面形状,其 h/b 的数值对铅、锡、锌合金言为 1/4;对铝、镁合金言为 1/3~1/2;对铜合金言为 1/5。而圆角 $r = h/2$。

设计横浇道时应注意以下几点:

① 为减小金属液在横浇道中流动时所遇阻力,横浇道与直浇道及与内浇口过渡处截面形状要平缓转换。

② 采用等宽和扇形横浇道时,长度不要太大,通常为 30~40 mm。

③ T 形、分支横浇道的厚度,小型铸件取 4~6 mm,中

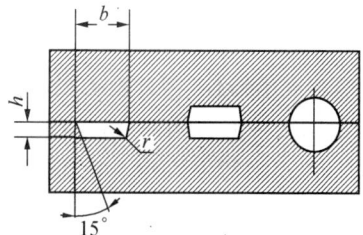

图 6-29 横浇道的三种截面形状

型铸件取 8~10 mm。

④ 立式冷压室压铸机和热压室压铸机上用的横浇道截面积,在铸型内只有一个型腔时,一般为喷嘴金属入口面积的 1.2 倍左右。而在卧式冷压室压铸机上,如铸型内只有一个型腔,横浇道的截面积约为压室截面积的 1/2。当一个铸型中有多个型腔时,横浇道截面积可由具体情况决定。

⑤ 分支横浇道的末端不应直接接内浇口,应延伸一定长度,以接纳金属流头部的渣皮,也可设排气槽。

⑥ 卧式冷压室压铸机用的横浇道一般应设在压室的正上方或侧上方,防止压室中金属液在压射开始前就过早地进入横浇道。

⑦ 应尽可能避免圆弧状走向的横浇道,防止金属流在横浇道内裹气。

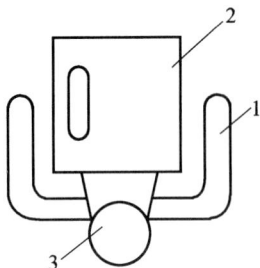

图 6 - 30 盲浇道的设置
1—盲浇道 2—铸件 3—压射余料

⑧ 有时可将横浇道延长(盲浇道)以平衡压铸型上的温度分布(见图 6 - 30),但这浪费金属液。

6.3 压 铸 型 设 计

压铸型是实现压力铸造的主要工艺装备,它的设计质量和制造质量与铸件的形状精度、表面质量和内部质量以及生产操作的顺利程度有直接的关系,更为重要的是,压铸型制造好以后,再修改的可能性已不大了,而且它的价格又很高,制造周期又长,所以在压铸型设计时必须细致分析铸件的结构和工作性能的要求,充分考虑生产现场的操作过程和工艺参数可实施的程度,才能设计出结构合理、切合实用并能满足生产要求的压铸型。

6.3.1 压铸型的总体结构

图 6 - 31 示出一个压铸型的结构总图,由此图可见压铸型主要由以下几个部分组成:

① 型架部分。压铸型上的动型压板 4、定型压板 9、动型套板 7、定型套板 8 都属于压铸型的型架部分,它们的作用是将压铸型的各组成部分按要求组合固定在一起。在型架上装有铸型的导向、定位、夹紧用零件,用来支承抽芯机构、顶出机构和制有型腔的镶块。

② 成形部分,由形成型腔的镶块 13,14,型芯 15,16 组成。形成部分浇注系统(如横浇道、内浇口)、部分排溢系统(排气槽、溢流槽)的镶块也应属于此部分。

③ 浇注系统。如分流锥 10、横浇道 11、浇口套 12 等。有关它们的设计在上一节中已经叙述。

④ 抽芯机构。活动型芯常需借助开合铸型的动力将型芯放入型腔和在开型顶出铸件前将型芯拔出铸件,因此就需要一套机构执行此一任务,图中滑块 17、斜销 18、压紧块 19 和挡块 20 都属于抽芯机构部分。有时也用手动抽芯机构。

⑤ 顶出铸件机构。它是借助开合铸型的动力将铸件自动型中顶出的机构,如图中顶杆板导柱 22、顶杆 23、顶杆固定板 24、顶杆板复位杆(又称反顶杆)25、顶杆压板 26 都属于这一机构,一般这个机构都处于动型一边。为使顶杆板在工作时有向左向右活动的空间,垫块 3 就起这个作用,动型座板 27 就是用来将动型固定在压铸机的动型拖板上的。在很多压铸机上动型

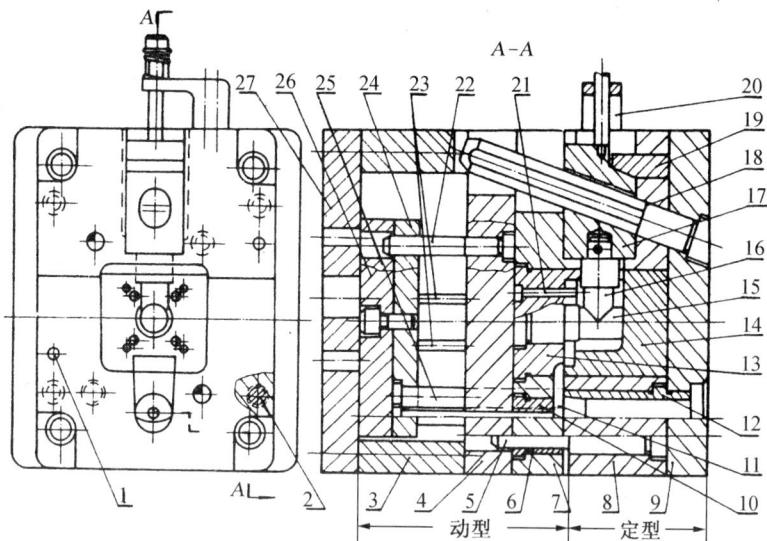

图 6 - 31 压铸型结构总图

1—圆柱销 2—螺钉 3—垫块 4—动型压板 5—导柱 6—导套 7—动型套板 8—定型套板 9—定型压板
10—分流锥 11—横浇道 12—浇口套 13—动型镶块 14—定型镶块 15—固定型芯 16—活动型芯
17—滑块 18—斜销 19—压紧块 20—挡块 21—固定型芯 22—顶杆板导柱 23—顶杆
24—顶杆固定板 25—顶杆板复位杆 26—顶杆压板 27—动型座板

座板和垫块是通用件,不需专门设计。有时也用手动顶出铸件机构。

⑥ 排溢系统。指用来排除冷金属、混有气体、涂料余烬的溢流槽和排除气体的排气槽和通气塞。

⑦ 导向零件。使动型和定型正确合拢不发生错型的零件,如图中导柱 5 和导套 6。

⑧ 铸型冷却加热系统。在冷却或加热工作时铸型温度升得太高或铸型温度不够的部位,有时需在铸型内设通过液体或气体的管路,在铸型侧壁上设连接管子的管接通;或在铸型内设置电加热元件。在图 6 - 31 所示的铸型上没有此系统。

除了上述 8 部分外,还有紧固用螺栓、销钉和各组件间的定位零件等,如图中的 1 和 2。此外,为能搬动沉重的动型和定型,常需在铸型的上部侧面,即套板上设吊环。

下面将分别叙述压铸型上除浇注系统以外的七个部分。

6.3.2 型架部分设计

设计型架部分时,主要只根据动型压板和装镶块的套板工作时受力情况设计它们的厚度,而其他部分的尺寸和形状结构则由在它们上面设置的其他零件而定。

动型压板在工作时的受力情况和可能出现的变形如图 6 - 32 所示。一般要求动型压板允许出现的挠度 f 值为 0.05～0.15 mm。在此思想指导下,经材料力学受力和变形关系方面的推导,得到如下的动型压板厚度 h 的计算数学式。

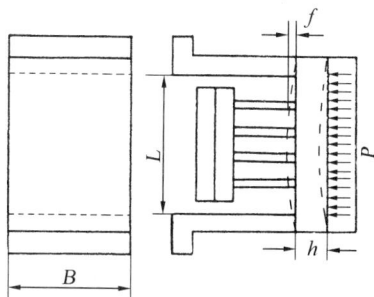

图 6 - 32 动型压板受力和变形情况
(虚线表示动型压板工作时可能出现的弯曲变形)

$$h \geqslant \sqrt[3]{PL^3/0.32EBf} \text{ (cm)} \qquad (6-4)$$

式中　P —压板承受的总压力(N)，$P = F \cdot p$；

　　　F —铸型中型腔、浇注系统和溢流槽在垂直于分型面上的总投影面积(m^2)；

　　　p —作用在压射金属上的压力(MPa)；

　　　L —垫块开档(m)；

　　　E —压板材料的弹性模数(MPa)，常用正火 45 号钢作压板，则 $E \approx 2.1 \times 10^5$ MPa；

　　　B —动型压板宽度(m)。

也可按表 6-7 选择动型压板厚度。

表 6-7　动型压板厚度选用表

压板所受总压力 P(t)	16~25	25~63	63~100	100~125	125~250	250~400	400~630
动型压板厚度 h(mm)	25,30,35	30,35,40	35,40,50	50,55,60	60,65,70	70,85,90	85,90,100

　　套板的中间放置镶块，有贯通式和中凹式两种(见图 6-33)，贯通套板中固定镶块依靠镶块四周的小台阶，此台阶的厚度根据顶出铸件力量的大小可在 6~12 mm 范围内变化。而在中凹式的套板中，镶块用螺栓固定，如此镶块在动型中，则顶出铸件时，螺纹受力，时间长了，便会松动。也可在套板的侧面钻孔用螺栓固定镶块。由上述可知套板的厚度主要取决于镶块的厚度，而套板四周框边的宽度则由在其上面设置的其他零件(如导套、导柱、抽芯机构等)决定。

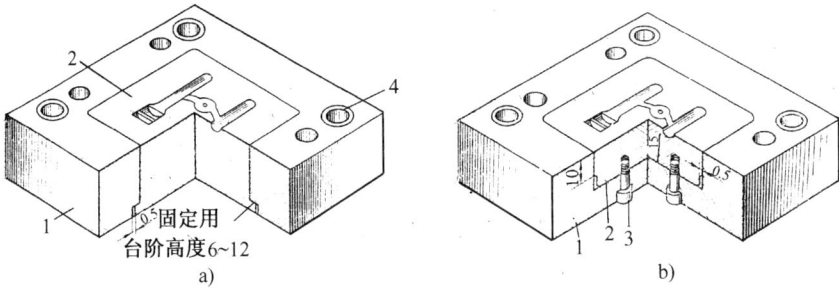

图 6-33　套板的形式
a) 贯通式　b) 中凹式
1—套板　2—镶块　3—螺栓　4—导套

　　有时为了谨慎起见，也对套板框边的宽度 t 是否足够保证它在工作时出现的变形挠度控制在 $f = 0.05 \sim 0.15$ mm 范围内进行检验。其检验用计算数学式为

$$t \geqslant \sqrt[3]{Pa^3/0.32Ehf} \qquad (6-5)$$

式中，a 为套板中孔长边的尺寸。其余符号意义同式(6-4)。

　　目前一般用的压板和套板都已标准化、规格化，这可缩短压铸型设计周期和制造周期，型架用各零件可专业生产，以降低成本、提高质量。标准化、规格化型架的系列和零件尺寸可从有关资料找到。

6.3.3　成形部分设计

压铸件的形状主要由型腔和型芯决定。型芯有固定型芯和活动型芯两种,固定型芯垂直于分型面,它不妨碍铸件自型中取出。其工作表面应有铸造斜度,装在动型上型芯表面的斜度可做得比固定在定型上的小,使开型时铸件易于停留在动型上。

型芯固定在镶块、滑块或套板内的方式有多种,而且型芯非工作部位的形状也有多种,以适应多种形式铸型结构的要求。最简单的固定方式为台阶式(见图 6 - 34a,b,c,d)。但如型芯太细而不易加工,则可在其非工作部位加粗(见图 6 - 34b,c)。如果细型芯的非工作部位太长(由镶块或套板较厚所引起),则可做短的型芯,在型芯后端面上配装圆柱以补充不够的长度(见图 6 - 34c)。为增大形成铸件通孔型芯在工作时的稳定性,以提高铸件孔的精度,可让型芯工作部位做得稍长,插入正对型芯的对面型壁孔中(见图 6 - 34d)。此外还可用螺钉、螺纹和螺塞固定型芯(见图 6 - 34e,f,g),不再需要压板。如为活动型芯,它在滑块上的固定可用销钉。

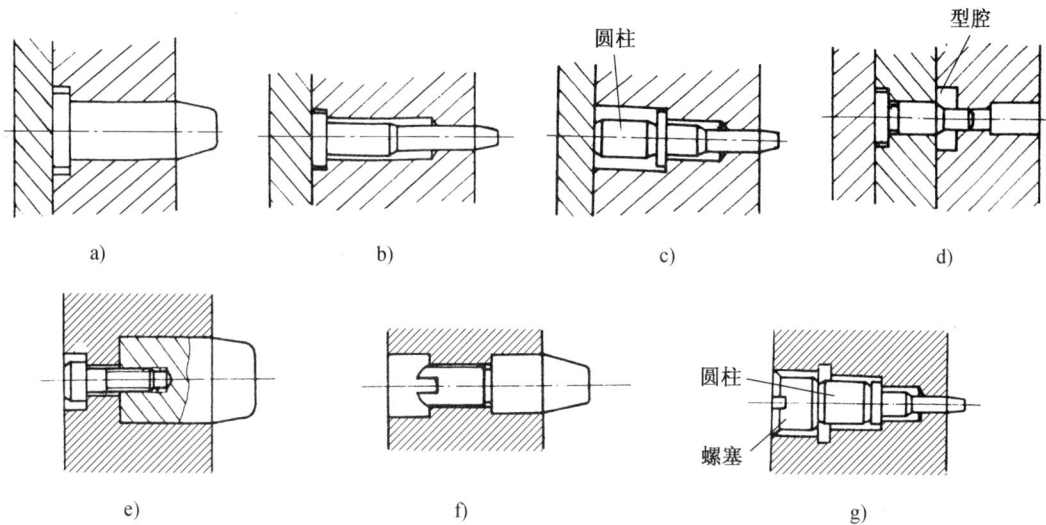

图 6 - 34　多种形式型芯的固定

a) 常用台阶式　b) 台阶式固定加强型芯　c) 用圆柱接长的台阶式固定
d) 双支点型芯的台阶式固定　e) 螺钉固定　f) 螺纹固定　g) 螺塞固定

镶入的镶块和型芯的配合尺寸最好比型芯的成形尺寸稍大,形成一配合台阶(见图 6 - 35),以防止压铸金属液沿型芯的成型表面钻到配合间隙中。配合台阶的 c 值为 $0.3\sim2$ mm。

型腔和型芯成形部位的尺寸直接影响铸件的尺寸,设计压铸型型腔和型芯的尺寸时,既要考虑铸件金属的收缩率,也要在铸件尺寸公差范围内设法让镶块和型芯能经受最多的取出铸件时的磨损作用,尽可能延长压铸型因型腔或型芯的磨损量过大使尺寸超差而报废前的工作时间。

型腔的尺寸 D_x 大多为磨损后变大的尺寸(见图 6 - 35),设计时用来计算此种尺寸的数学式为

$$D_x = (D_d + D_m \times K - n\Delta D_m) + \Delta D_x \tag{6-6}$$

而型芯的尺寸 d_x 大多为磨损后变小的尺寸(见图 6 - 35),用来计算此种尺寸的数学式为

$$d_x = (d_d + d_m \times K - n\Delta d_m) - \Delta d_x \qquad (6-7)$$

设计镶块成形部位的尺寸时还有一种在工作中既不变小、又不变大的尺寸 L_x（见图 6-35），如铸件孔或槽的中心距。计算此种尺寸的数学式为

$$L_x = (L_m + L_m \times K) \pm \Delta L_x/2 \qquad (6-8)$$

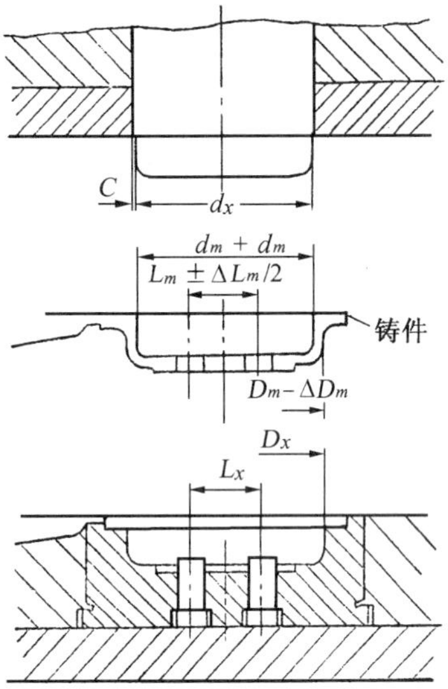

图 6-35　压铸型成形部位尺寸计算参考图

上三式中，D_m、d_m、L_m——铸件外形、内孔（槽）或内腔、槽或孔的中心距的名义尺寸；

D_d——铸件上外形的最大极限尺寸；

d_d——铸件上内孔、槽或内腔的最小极限尺寸；

K——铸件合金的综合线收缩率；

n——允许磨损的系数，一般取 $n=0.7$；

ΔD_m、Δd_m——D_m、d_m 的公差值；

ΔD_x、Δd_x、ΔL_x——D_x、d_x、L_x 的公差。

式（6-6）和（6-7）的意义为允许制好的新压铸型的型腔或型芯、凸出物的尺寸磨损量为 0.7 的铸件相应尺寸公差范围值。当铸型中受铸件磨损部位的磨损量超过此值时，压铸件的尺寸有可能超差。

上三式中的 K 值较难确定，因为影响 K 值的因素较多，并且较为复杂，大多要靠实践经验确定。表 6-8 提供了一些 K 的参考值。

表 6-8　不同合金压铸件不同收缩受阻部位的收缩率 K 值

合　　　金	$K(\%)$	
	自 由 收 缩	受 阻 收 缩
锌 合 金	0.5～0.65	0.4～0.6
铝 合 金	0.5～0.75	0.45～0.65
镁 合 金	0.6～0.85	0.5～0.75
黄　　铜	0.7～1.0	0.6～0.85

压铸型的制造公差 ΔD_x、Δd_x 和 ΔL_x 应根据铸件尺寸精度的要求和压铸型的制造工艺性而定，一般取铸件尺寸公差 ΔD_m、Δd_m 和 ΔL_m 的 $1/3 \sim 1/5$。要求严格时有取 1/8 的。

当铸件上有镶嵌件时，应按铸件实际壁厚确定铸型上相应成形部位的尺寸。一般铸件的尺寸公差范围中不考虑铸造斜度引起的尺寸误差，所以当某一尺寸受铸造斜度影响时，必须使斜度引起的尺寸误差值 $H\tan\alpha$ 小于 $0.375\Delta D$，其中 H 为具有铸造斜度的尺寸深度（mm），α 为所采用的铸造斜度的角度（°），ΔD 为铸件上的尺寸公差（mm）。

制造与压铸合金接触的压铸型成形部分零件的材料为 3Cr2W8V 和 4Cr5MoSiV，经调质淬火后硬度达 HRC 44～52。

6.3.4　抽芯机构设计

当压铸型上有活动型芯时,型芯在合型后的就位和开型后自铸件中的抽出都需由抽芯机构执行。根据驱动抽芯机构的动力,可把抽芯机构分为利用压铸机的开合型力的机动机构和利用专门液压缸的液动机构两种。少数场合,当铸件生产批量较小,只能应用简易的压铸型生产小铸件时,也有采用手动抽芯机构的。本节主要叙述前两种抽芯机构。

（1）型芯的抽拔力

工作时,活动型芯四周被铸件金属包围,抽芯时首先要克服铸件的包紧力,抽芯机构所能产生的抽拔力应克服由包紧力引起的抽芯阻力（参见第 4 章 4.2.3 节）。而铸件对型芯的包紧力受铸件合金的收缩率、抽芯时铸件合金的弹性模量、被铸件包住的型芯表面积、包住型芯处的铸件壁厚、型芯的截面形状、抽芯时铸件的温度、铸件合金和型芯间的摩擦系数等因素的影响,一般很难进行理论计算,只能由积累的经验确定。有关资料提供了多种类型的确定型芯抽拔力的图表,它们之间的数据相差很大,图 6 - 36 所示的为综合一些资料数据后所获得的根据非圆断面型芯周长 C 或圆断面型芯直径 D 和包住型芯处铸件的壁厚 δ 以及铸件合金种类确定型芯 10 mm 长度所需抽拔力 P 的图。由圆断面直径查得的抽芯力 P 值系相当于铸件壁厚 $\delta = 3 \sim 5$ mm 时的数值,如 δ 为 > 5 mm 或 < 3 mm, P 值可根据 δ 的坐标作适当调整。

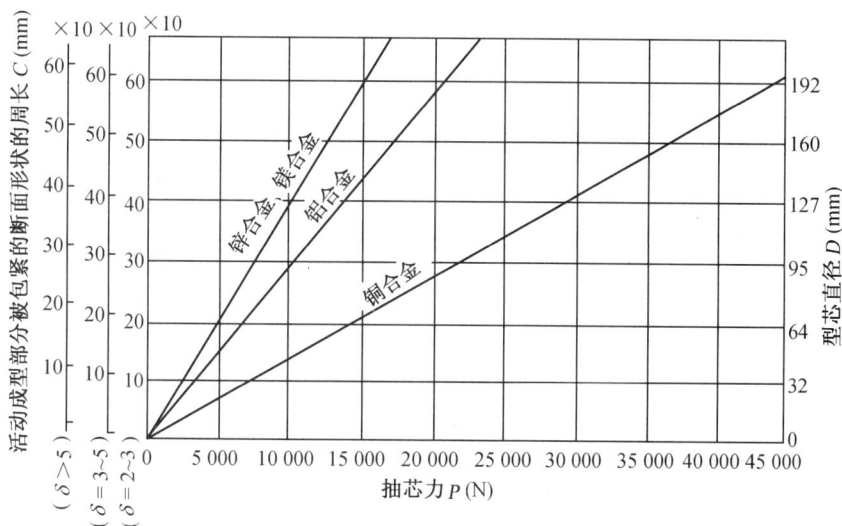

图 6 - 36　型芯 10 mm 长的抽芯力

P—抽芯力　δ—铸件壁厚　D—圆断面型芯直径　C—非圆断面型芯周长

（2）斜销抽芯机构

斜销抽芯机构又称斜拉杆抽芯机构,图 6 - 37 示出了用得较普遍的斜销抽芯机构在抽芯过程中的动作程序。当动型向左移动开型时,滑块 4 被斜销 3 推动上移,从铸件中抽出活动型芯 10（见图 6 - 37b, c）。当斜销与滑块上的斜孔脱离时,滑块与限位块 8 接触,由于弹簧 3 的作用,滑块不会因自重或其他力量的作用向下移动,并在合型时使斜销能顺利地进入滑块上的斜孔,使活动型芯复位。楔紧块（又称压块）2 用于在合型后压紧滑块,使它不会因受压射金属的压力而向上移动,保证型芯位置不变。

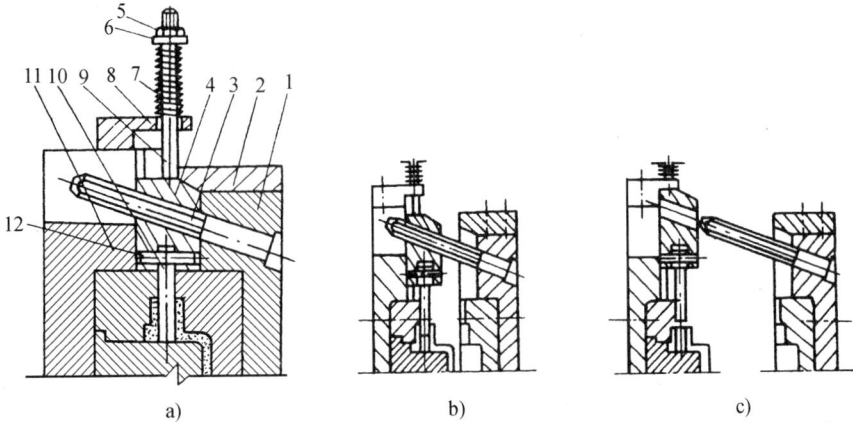

图 6-37　斜销抽芯机构组成和其抽芯过程的动作

a) 合型状态下的斜销抽芯机构组成　b) 开型抽芯　c) 抽芯结束

1—定型套板　2—楔紧块　3—斜销　4—滑块　5—螺母　6—垫圈　7—压缩弹簧
8—限位块　9—螺栓　10—活动型芯　11—动型套板　12—销子

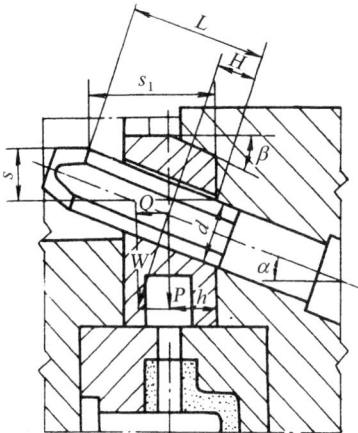

图 6-38　斜销受力情况

α—斜销的斜角　s—抽芯距离　P—抽芯力
W—抽芯时斜销受的弯曲力　Q—斜销引起的开型阻力
L—斜销的有效长度　s_1—完成抽芯所需开型行程
h—斜销受力中心到斜销支点的水平距离
β—楔紧块的楔紧角(一般 $\beta = \alpha + 3°$)　d—斜销直径

设计斜销抽芯机构时,首先应确定斜角 α 的大小(见图 6-38),当 α 较大时,如欲得到的抽芯距离 s 为定值,并且抽芯力 P 值也不变,则所需斜销的工作面长度 L 可缩短,但斜销上所受使其弯曲的作用力 W 会较大,因为

$$L = s/\sin \alpha = s_1/\cos \alpha \qquad (6-9)$$

$$W = P/\cos \alpha \qquad (6-10)$$

α 值过小时,不但斜销会增长,并且抽芯所需动型的开型行程 s_1 也要增大(见式(6-9)),会降低压铸机的生产率。一般取 α 值为 $10°,12°,15°,18°,20°$ 和 $22°$,不应超过 $25°$。因为太大的 α 角会使斜销和滑块孔表面出现斜面自锁现象,使抽芯机构不能工作。常用的 α 值为 $15°$ 和 $20°$。

应根据斜销所受弯曲力选用斜销的直径,其估算数学式为

$$d \geqslant \sqrt[3]{WH/30\,000} = \sqrt[3]{Ph/30\,000\cos^2 \alpha} \qquad (6-11)$$

式中符号意义见图 6-38,力的单位为 kN,长度的单位为 m,角度的单位为°。导出此式时取斜销的材料为 T10A 或 T8A,其许用弯曲应力为 $30\,000$ kN/m²。

斜销长度和斜销孔在各块型板上的位置尺寸可在参考图 6-39 的同时,按下式计算。

$$L = l_1 + l_2 + l_3 + l_4 + l_5 \qquad (6-12)$$

$$L = (s/\sin \alpha) + (H/\cos \alpha) + (D - d)\tan \alpha$$
$$+ [r(1 + \tan \alpha/2)]/\cos \alpha + (2\delta/\sin 2\alpha) + (5 \sim 10) \qquad (6-13)$$

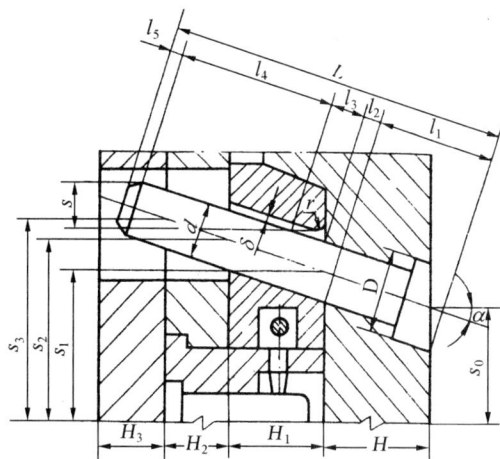

图 6 - 39　斜销长度和斜销孔在各块型板上的位置

l_1—斜销固定长度　l_3—斜销空程长度　l_4—斜销工作长度

式中　L—斜销长度；

　　　H—斜销固定段的型板厚度；

　　　D—斜销根部的直径；

　　　d—斜销工作段的直径；

　　　s—抽芯距离，应比铸件中型芯成形长度大 3 mm 以上，以保证型芯一定能被抽出铸件；

　　　δ—斜销和滑块斜孔之间的间隙，当 $\alpha \leqslant 20°$ 时，可取 $\delta = 0.5$ mm，当 $\alpha > 20°$ 时，可取
　　　　　$\delta = 0.8$ mm。δ 可防止开型瞬间斜销因突然受力而出现卡死的可能；

　　　r—滑块斜孔倒角半径，一般 $r = 2$ mm。

　　斜销孔在各块型板上的位置尺寸计算数学式为

$$s_1 = s_0 + H\tan\alpha \qquad\qquad (6-14)$$

$$s_2 = s_1 + H_1\tan\alpha \qquad\qquad (6-15)$$

$$s_3 = s_2 + H_2\tan\alpha \qquad\qquad (6-16)$$

式中　s_0—斜销固定部位位置尺寸；

　　　s_1,s_2,s_3—斜销孔在各块型板上的位置尺寸；

　　　H_1,H_2,H_3—各块型板的厚度。

　　斜销工作段的断面常为圆形或扁圆形（见图 6 - 40），前者较易加工，在 $d \leqslant 20$ mm 时用，后者可减少斜销与滑块的摩擦。斜销根部端面的形状也有两种（见图 6 - 40），圆锥形端面加工较易，在制成标准件时使用。

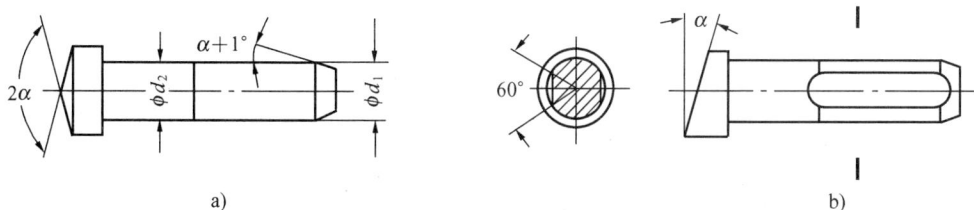

图 6 - 40　不同断面、不同根部断面的斜销

a）圆形断面、锥形端面斜销　b）扁圆形断面、斜端面斜销

滑块与型芯的连接常用销子(见图6-37),对大块的型芯也可用螺钉紧固,销子定位。滑块沿动型套板上的导滑槽移动,其在导滑槽内的长度应保持当滑块与斜销脱离后,至少还有大于2/3的长度仍留在槽内,以防滑块倾倒。

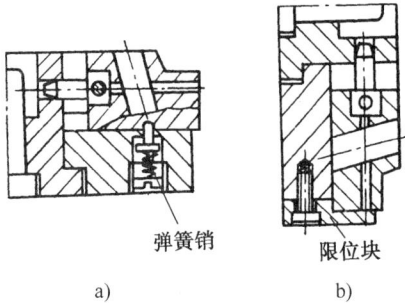

除了如图6-37用弹簧和限位块对滑块限位外,当滑块处于铸型侧面水平移动时,可用图6-41a所示的弹簧销限位。如滑块处于铸型下面,则单用限位块就可限位,因脱离斜销的滑块在自重作用下会自动地定位在限位块上。

(3)弯销抽芯机构

除了圆形断面和扁圆形断面的斜销外,还常用断面为矩形的销(称为弯销)驱动滑块移动。它常用于抽芯距离较大(>40 mm)、型芯尺寸较大的场合,还可用于抽拔铸件大内腔中的型芯。在大型压铸型上应用也较多。图6-42、6-43和6-44分别示出了一般弯销抽芯机构、在压铸件内腔中的弯销抽芯机构和双斜角弯销抽芯机构的结构简图。

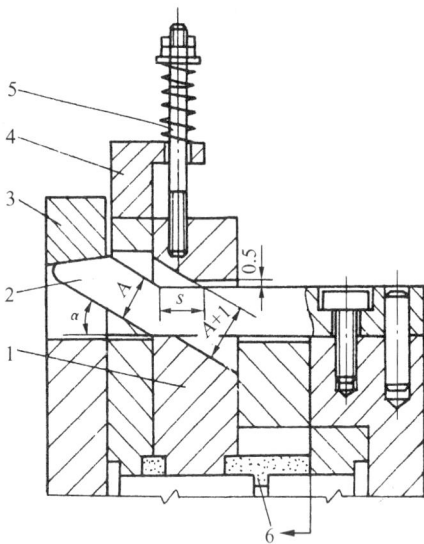

图6-41 弹簧销和单独限位块对滑块的限位
a)弹簧销定位 b)单独限位块限位

图6-42 一般弯销抽芯机构
1—滑块 2—弯销 3—楔紧块
4—限位块 5—螺杆 6—铸件
A—弯销厚度 s—弯销延时抽芯行程

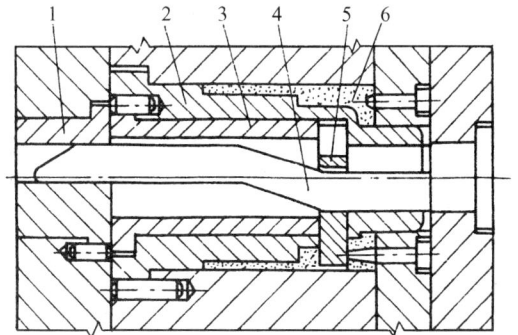

图6-43 铸件内腔中的弯销抽芯机构
1—衬套 2—固定型芯 3—滑块座
4—弯销 5—滑块 6—铸件

在一般弯销抽芯机构中,楔紧块与弯销端部斜面的斜度比α角小,常取5°～15°。常用α值为10°,15°,18°,20°,22°,25°,30°。s的采用是为了使开型之初先卸除定型中固定型芯上的包紧力,再进行抽拔活动型芯的动作,常用s值为固定型芯成形高度的1/3～1/2。

铸件内腔中的抽芯机构在动型向左开型移动时,把滑块上移,使铸件内腔中的下凹处型芯自铸件中移出。衬套中的孔可增强弯销的刚度,以抵消在压射金属时滑块对弯销产生的弯曲力。

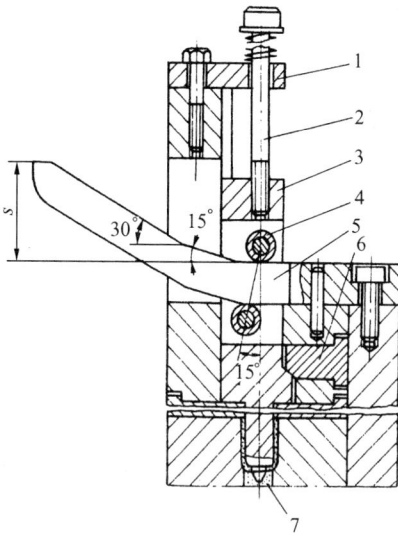

图 6-44 双斜角弯销抽芯机构

1—限位块 2—螺栓 3—滑块 4—辊轮
5—双斜角弯销 6—楔紧块 7—铸件

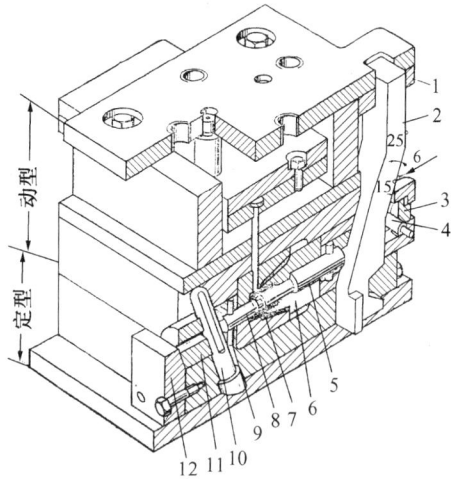

图 6-45 带有斜销抽芯机构和弯销抽芯机构的压铸型

1—动型座上的限位块 2—弯销 3—带动型芯 5 的滑块
4—辊轮 5—型芯 6—型芯 7—铸件 8—型芯
9—销子 10—斜销 11—滑块 12—压板

因开始抽芯时出现的抽芯阻力较大,故在双斜角弯销上的第一小段的斜角较小(15°)。当抽芯达一定距离后,弯销的抽芯斜角度为 30°,以得到较长的抽芯距离,故它适用于抽拔起始抽拔力大,且抽拔距离较长的型芯。在此机构的滑块中安装辊轮替代滑块中的斜孔。

图 6-45 所示为一个既装有斜销抽芯机构、又装有弯销抽芯机构的压铸型。开型时斜销自铸件 7 中抽拔型芯 8。α 为 15°的弯销表面自铸件中先抽拔型芯 5,当抽拔距离达 6 mm时,带动型芯 5 的滑块端面触到型芯 6 的滑块端面,弯销同时抽拔型芯 5 与 6。需要大的抽拔力时,弯销的斜角为 15°,而后斜角为 25°的一段弯销可加快抽拔速度。弯销的限位由动型座板上的孔执行。型芯与滑块的连接全用销子。

斜销和弯销抽芯机构的抽拔方向也可与分型面成夹角,但夹角不大于 20°。

(4) 齿轴齿条抽芯机构(又称齿轮齿条抽芯机构)

在抽拔距离较大(>40 mm),需快速(开型行程较小)抽拔的情况下,有时可使用齿轴齿条抽芯机构。图 6-46 示出了齿轴齿条抽芯机构的组成。开型时主动齿条 10 带动齿轴 11 转动,齿轴 11 带动带有活动型芯的齿条 4 向左上方移动抽拔型芯。压杆 8 和锁块 1 可减轻活动型芯齿条上的齿在压射金属时通过型芯传递所受的力,以延长齿条、齿轴的工作寿命。弹簧 6 作用下的限位钉可防止开型后齿条 4 的窜动。

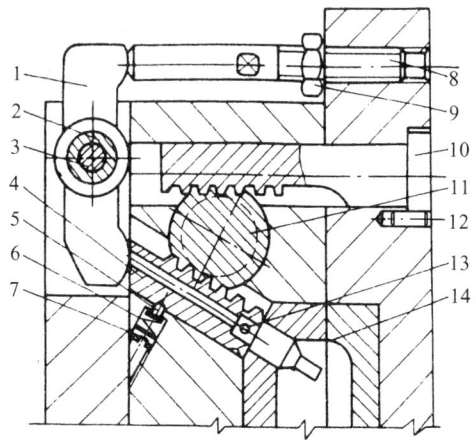

图 6-46 齿轴齿条抽芯机构组成

1—锁块 2—衬套 3—轴 4—成形齿条 5—限位钉
6—弹簧 7—螺堵 8—压杆 9—螺母 10—主动齿条
11—齿轴 12,13—销子 14—型芯

齿轴齿条抽芯机构的抽芯方向可以与分型面成任意角度,甚至可抽拔圆弧形型芯,此时只需把成形齿条制成圆弧状。还可抽拔定型中的活动型芯。

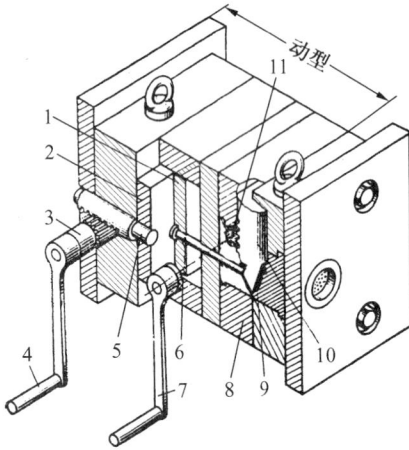

图 6-47　带有手动抽芯机构和顶出
铸件机构的压铸型

1—顶杆固定板　2—顶杆压板　3—齿轴　4—手把
5—齿条　6—顶杆　7—手把　8—动型套板
9—型芯　10—成形齿条　11—齿轴

一些手动抽芯机构都用齿轴齿条抽芯机构,图 6-47 所示的压铸型上就有手动齿轴齿条抽芯机构。用手摇动手把 7,转动装在动型套板 8 中的齿轴 11,带动成形齿条 10 和型芯 9 一起上移,从铸件中抽出型芯。在此图中还有手动齿轴齿条顶出铸件机构。

齿轴、齿条上都用渐开线齿形,模数为 1～3.5 mm,常用的为 2.5～3.5 mm。成形齿条上型芯根部与镶块上孔的吻合长度应大于 50 mm,以防压铸金属液进入成形齿条滑动的孔中。开型后主动齿条与齿轴脱离时,应对齿轴加以定位,以保证再次合型时两者能顺利啮合。

(5) 斜滑块抽芯机构

在抽拔距离不大的情况下,可采用斜滑块抽芯机构,其结构举例可见图 6-15。开型时,顶杆 1 顶住上、下斜滑块 2 和 4,动型的继续左移,形成铸件外形的斜滑块与铸件 7 一起移出动型,并沿斜滑块背面的滑槽向上、下两侧分开,起抽芯作用,最后使铸件能自由地从滑块上脱离。这种斜滑块机构还可用于铸造外螺纹。

斜滑块抽芯机构可使抽芯与顶出铸件的动作重合在一起同时完成,故可节约压铸机的循环工作时间。斜滑块的复位和压射金属液时对滑块楔紧全部由铸型的合型动作完成,并由合型力保证滑块的楔紧程度,所以斜滑块的工作较为可靠。滑块滑面的斜角 α 可与斜销的斜角一样,一般不能大于 30°。斜滑块在开型方向的行程 h 和抽芯距离 s 间的关系可用下式表示:

$$h = s/\tan\alpha \qquad (6-17)$$

s 的大小应保证铸件能从动型中取出,故 s 需比铸件的侧凹深度大 2～3 mm。滑块的高度 H 至少应大于 $1.5h$,使开型后滑块至少有 $1/3H$ 的长度留在动型内,使合型时滑块能顺利复位。

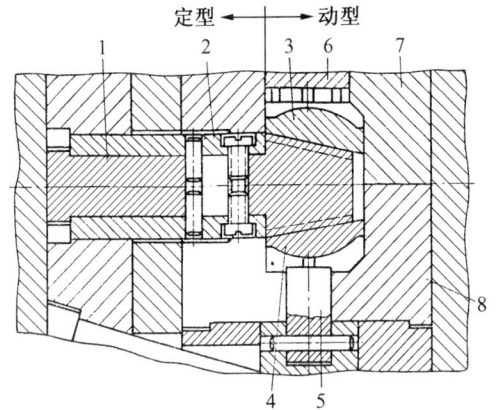

图 6-48　在铸件内腔抽芯的斜滑块抽芯机构
1—中心圆锥　2—型腔　3,4—斜滑块
5,6—侧面活动型芯　7,8—镶块

还可利用斜滑块在铸件的内腔抽芯,如图 6-48 所示。压铸型中压铸件的内腔为球形表面,当动型向右移动时滑块 3 和 4 沿固定在定型上中心圆锥 1 上的滑槽随铸件一起自定型中脱出,并相互靠拢,使铸件能自滑块上取下。

图 6-49 所示为借助顶杆推动的铸件内腔抽芯的斜滑块抽芯机构。

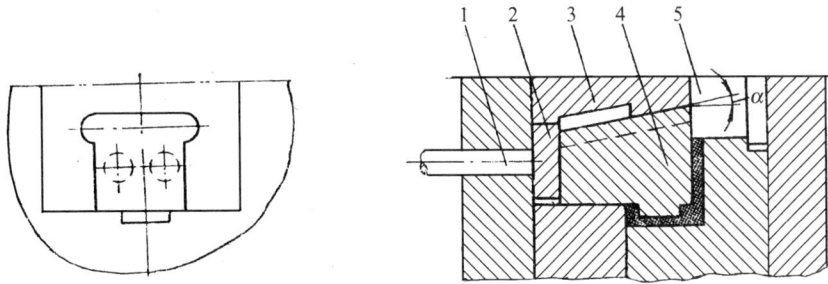

图 6-49 顶杆推动的铸件内腔斜滑块抽芯机构
1—顶杆 2—顶板 3—镶块 4—斜滑块 5—固定型芯

（6）液压抽芯机构

市售的压铸机上都可根据用户的需要提供已系列化的供抽芯使用的液压抽芯器，因此当需要抽出定型中的活动型芯，在开型前或后抽拔型芯，以及需要简化铸型结构和大抽芯力的大型压铸型上都可使用液压抽芯机构。

图 6-50 示出了液压抽芯机构的组成。

液压抽芯器为一液压缸，它被装在支架上，而支架与铸型的套板固定在一起，抽芯器上活塞杆的一端用联轴节与活动型芯的一端相连，这样抽芯器的活塞杆便可带动活动型芯伸入型腔或自铸件中抽出。导键可防止型芯运动时发生转动。楔紧块可抵消压铸金属液时发生的金属对型芯的推力，但在抽芯器的插芯力足够大时，也可不用楔紧块。支架的高度可根据抽芯距离选择或自行设计制造。当支架

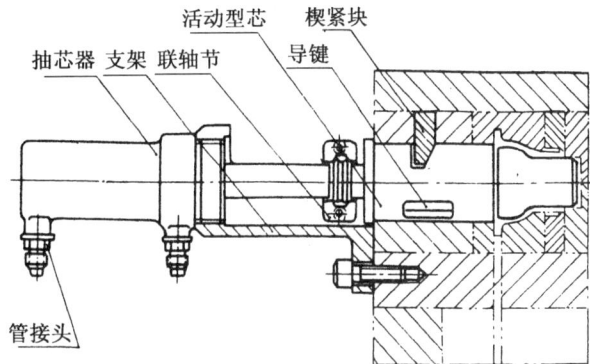

图 6-50 液压抽芯机构组成

的高度大于抽芯距离时可在铸型套板上设置限位板，使活塞杆行程缩短。也可加长型芯与活塞杆相互连接用连接段的长度。抽芯器上活塞杆的动作与可开合型动作连动控制。但当型芯复位动作需在合型前或合型后进行，或型芯的抽拔需在开型前或开型后进行时，抽芯器上活塞杆的动作需单独控制。

6.3.5 顶出铸件机构设计

由于压铸件与铸型间的接触较紧，为了从铸型中取出铸件时防止因用力的不均而引起铸件变形，以及提高压铸操作的生产率，所以在压铸型上一般都有顶出铸件的机构。

自压铸型中顶出铸件的元件为顶杆、顶管和顶板三种，它们与导柱、复位杆用顶杆压板和顶杆固定板固定在一起（见图6-31）。

（1）顶杆顶出铸件机构

图 6-51 示出了几种安装在动型中用顶杆压板和固定板固定的常用顶杆和复位杆，图中附带标出了一些部位的尺寸和配合要求。最常用为圆柱形顶杆（见图 6-51 之3），因对

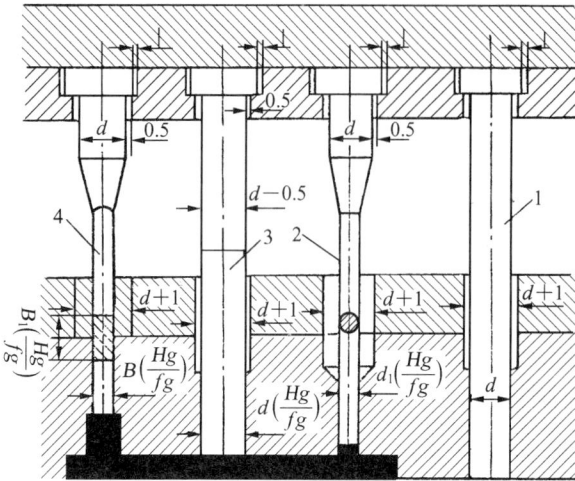

图 6-51　复位杆和几种顶杆

1—复位杆　2—阶梯形顶杆　3—圆柱形顶杆　4—矩形断面顶杆

它们和铸型上相关零件的加工容易。图中直圆形顶杆的直径不能小于 6 mm,因为顶杆的长度比其直径大很多倍,特别是当顶杆的工作端面(直接与铸件接触的断面)直径小于 6 mm 时,顶杆的长度可比其直径大30～50倍,这种顶杆在工作受压力时,其稳定性很差,极易压弯或折断,所以当顶杆工作断面直径小于 6 mm 时,常采用在后段加粗的阶梯形顶杆(见图 6-51 之 2)。如果顶杆工作端面的直径大于 10 mm,则可采用前段直径与端面直径相同、后段直径较小的顶杆。如果顶杆工作端面接触的铸件壁端面较薄,可使用具有矩形断面的顶杆(见图 6-51 之 4),但其后段仍为加粗的圆柱形。此外还有工作端面呈半圆形、正方形、长椭圆形的顶杆,需要注意的是其后段总是圆柱形的。

当顶杆顶出铸件后,顶杆前段和复位杆都伸出型腔表面,在合型时,定型的分型面会先碰到复位杆的端面,推动复位杆并带动顶杆板,使顶杆前段重新埋入动型镶块内,其端面与型腔表面齐平。

顶杆在压铸型中布置位置的选择原则上与金属型中的顶杆一样(见第 4 章 4.2.7 节),下面只叙述一些在压力铸造时的特点。

由于压铸件一般壁厚都较小,而且对表面光洁程度的要求也较高,所以,

① 顶杆的位置最好设在浇道、溢流槽处。

② 铸件在动型中形成的深凹腔的立壁、立柱的端面应设顶杆(见图 6-52),但不应设在凹腔的顶面上,此时易把铸件顶破。如果铸件壁太薄,则可考虑使设置顶杆处的铸件局部增厚(见图 6-52b)。

③ 顶杆的数量和顶杆工作端面的面积应考虑铸件在脱型时对动型工作表面

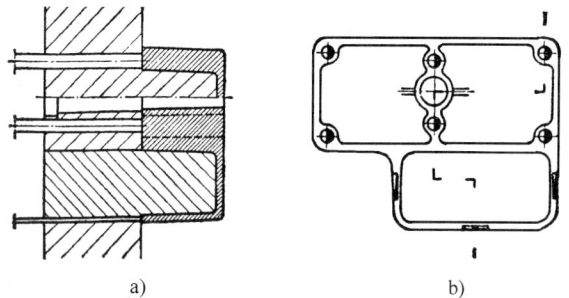

图 6-52　顶杆布置在铸件立壁、立柱的端面上

a) 设置顶杆处的铸件铸型剖面　b) 铸件端面
(图中一半涂黑的圆圈表示顶杆位置)

包紧力的大小,一般很难计算,只能根据型芯包紧力的情况和工作中的经验加以估计。在大多情况下,考虑到不同合金、铸件在顶出时的温度各为:锌合金:150～250℃,铝合金:220～430℃,镁合金:260～380℃情况下,铸件与顶杆端面接触处能承受的压力为:对铝合金和铜合金,约 50 MPa;对镁合金,约 30 MPa;对锌合金,约 40 MPa。故设计顶杆工作端面面积和顶出铸件的数量时,一定要注意使顶杆端面上的压力小于前面所提到的数值,以防铸件被顶坏或出现太深的压痕。

（2）顶管顶出铸件机构

当铸件中具有较深圆孔，或铸件为圆筒形状时，则可在构成圆孔或筒内腔的固定型芯外围
设置顶管（见图 6-53）。用顶管顶出铸件平稳，铸件
不易变形，不会在铸件端面留下顶管痕迹。但顶管顶
出铸件后，固定型芯被顶管包围，难以对型芯喷涂涂
料，所以应考虑先让顶管复位的方法，如采用专门的
液压顶出机构时就无此种弊病。一般用于不能采用
顶杆的薄壁铸件和铸件内表面要求光洁、平直且不进
行机械加工的场合。不适用于大型芯和顶出距离较
大的铸件。

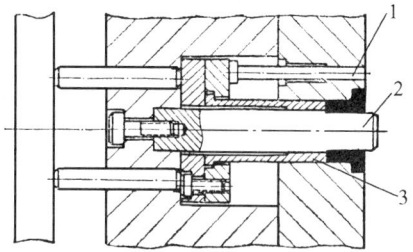

图 6-53 顶管顶出铸件机构
1—复位杆 2—固定型芯 3—顶管

（3）顶板顶出铸件机构

当薄壁铸件有较大型腔时，铸件上不允许有顶杆
痕迹，对铸件的变形要求很高，或一腔多型时，可采用顶板顶出铸件机构。可采用如图 6-54
所示的顶板顶出铸件机构，以前两种用得较多。但当顶出铸件后，推板会遮盖动型型腔，使对
型腔喷涂涂料比较困难。

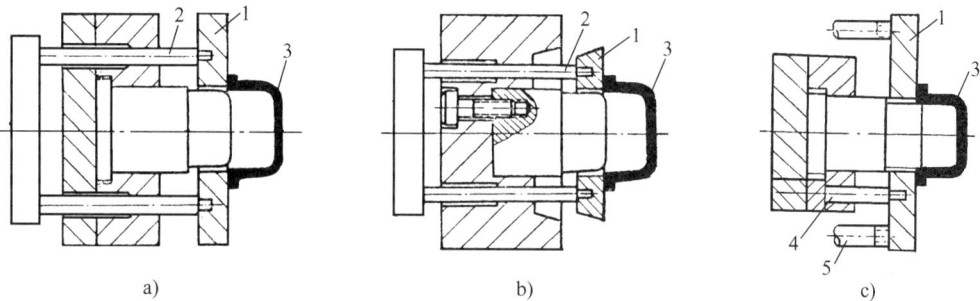

图 6-54 三种不同的顶板顶出铸件机构
a）顶杆与顶板固定（大型） b）顶杆与顶板固定（小型） c）借助压铸机顶杆驱动顶板
1—顶杆 2—顶板 3—铸件 4—导柱 5—压铸机上顶杆

有时一个顶出铸件机构上会兼有顶杆和顶管，以满足复杂铸件的顶出需要。

（4）顶出铸件机构的驱动和导向

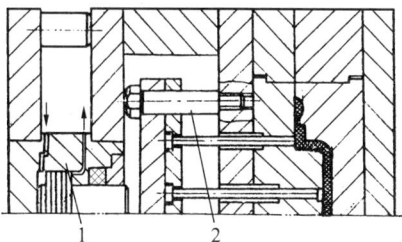

图 6-55 装有液压顶出器的压铸型
1—液压顶出器 2—导柱

顶出铸件机构的动作大多数利用开型时，压铸机
上的顶杆推动顶杆压板的背面实现的。也有手动顶
出铸件机构，如图 6-47 所示，转动手把 4，齿条 5 前
进，便可驱动顶出铸件机构。也有液压顶出铸件机
构，利用液压顶出器驱动，液压顶出器是压铸机的附
设装置，用它可随意调节顶出行程和顶出时间，也可
在喷涂涂料前使顶出铸件机构复位。图 6-55 示出了
一种液压顶出器在铸型中的安装形式。

图 6-55 中的导柱是用来对顶出机构的移动进
行导向用的零件，导柱的固定形式既可如此图所示那样用螺纹、螺帽，也可如图 6-31 所示
用台阶固定，顶杆压板和顶杆固定板沿导柱移动，导柱便决定了整个顶出铸件机构的移动
方向。

（5）顶出铸件机构的复位

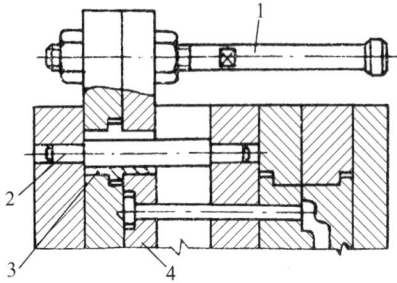

图 6-56　设在铸型外边的复位杆

1—复位杆　2—导柱　3—导套　4—顶杆板

前述有关顶出铸件机构图中所示的复位杆都处于铸型之中,这会增大铸型中型架零件的尺寸,所以也有将复位杆设置在铸型外的设计(见图 6-56),但铸型外的复位杆有时会妨碍生产操作。

有时,用斜销抽芯机构时,顶杆与活动型芯如在一平面内(见图 6-57),在合型过程中,活动型芯受斜销的作用由下向上先伸入型腔中,而顶杆因复位杆尚未碰到定型的分型面(或虽已碰到),以致向型腔伸入的型芯会碰撞尚未向左移动(或向左移动距离不够)的顶杆,使顶杆或型芯受损。型芯与顶杆相互干扰的条件为

$$A\cot\alpha \geqslant B \tag{6-18}$$

式中　A——活动型芯开始与顶杆干扰的位置与插芯终止位置间的距离;

　　　　B——合型时顶杆端面与相应活动型芯表面间的距离。

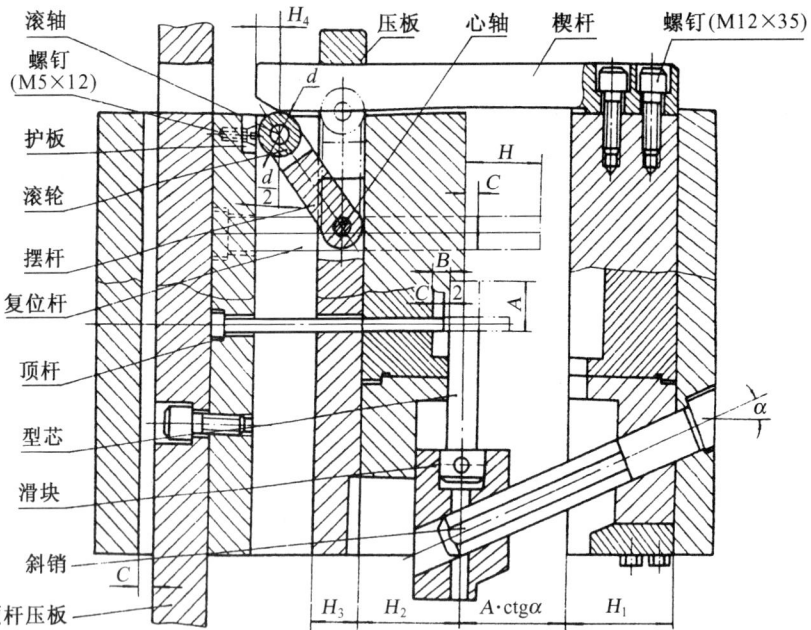

图 6-57　顶杆与型芯相互干扰(点划线所示)和摆杆式顶杆预复位机构

为消除这种干扰,必须使顶杆提前复位,使被斜销推出型腔的型芯不会碰撞顶杆。如使用的是手动或液压顶出铸件机构,则可容易地实现顶杆的预先复位。可是当依靠复位杆使顶杆复位时,则在铸型上应设置顶杆预复位机构,图 6-57 上的摆杆与滚轮便可起预先使顶杆复位的作用。当铸型充分打开时,摆杆与滚轮被顶杆固定板上的护板推动而处于点划线所示的位置(楔杆的顶端尚未进入压板)。合型时楔杆顶端进入压板,推动摆杆上的滚轮,使摆杆向左摆动,把顶杆固定板和顶杆压板推向左移,实现顶杆的预复位。这种摆杆式顶杆预复位机构可应用在顶出距离较大的顶出铸件机构上。

摆杆式顶杆预复位机构需对称地设置在铸型的两侧,以保证顶杆板的平稳移动。

为减小楔杆上表面与压板下表面之间的摩擦力,也可用如图 6-58 所示的滚轮代替压板起稳定楔杆的作用。

图 6-58 所示为一种三角滑块式顶杆预复位机构,利用楔杆顶端的斜面把三角滑块插入顶杆固定板与动型压板之间,使顶杆预先复位。这种机构的结构较简单,但只能用于顶出距离较小的顶出铸件机构上。它也需在铸型两侧对称地设置。

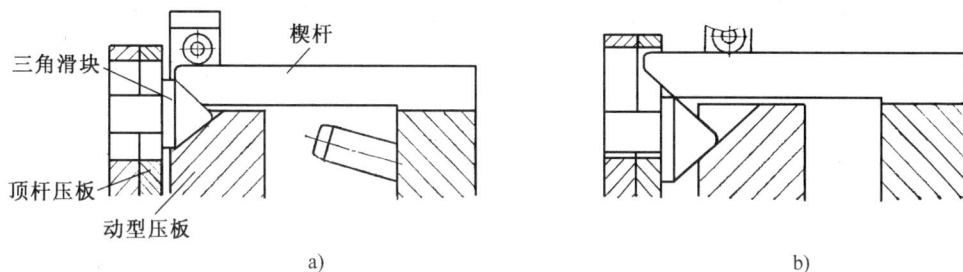

图 6-58　三角滑块式顶杆预复位机构

a) 预复位开始　b) 预复位终了

6.3.6　排溢系统设计

压力铸造金属液充型时要求型腔中的气体和混有较多气泡和氧化碎渣的金属浆液排出型腔之外,以保证铸件的内部质量,故需在压铸型上设置排溢系统。

(1) 压铸型排气

压铸型的排气可利用分型面间隙、各零件间的配合间隙(如顶杆、型芯与镶块上相应孔洞间的配合面间隙)排气,但这些间隙太小,不能满足快速压射时的型腔排气要求,一般必须在一个半型(动型或定型)的分型面上设置排气槽。排气槽的深度比在金属型上的要小很多,压铸锌合金时,槽深为 0.05～0.12 mm;压铸铝合金或镁合金时,槽深为 0.08～0.15 mm;压铸黄铜时,槽深可为 0.15～0.20 mm,排气槽的宽度范围为 8～25 mm。排气槽的总截面积一般不小于内浇口总截面积的 50%,但不超过内浇口的总截面积。

分型面上排气槽的出口不应指向压铸机操作者的方向,以免有时可能从排气槽中射出压铸金属伤害工人。常可在铸型分型面上设置一排气汇总槽,它可做得稍宽、稍深,把气体出口引向铸型下边缘(见图 6-59a)。为提高排气槽的排气能力,也可在排气槽离开型腔 20～30 mm 后加大槽的深度至 0.3～0.4 mm(见图 6-59b、c)或增大排气槽的宽度(见图 6-59d)。

为排除型腔深凹部位的气体,可如图 6-60a 所示将固定型芯插入对面镶块中,利用配合间隙排气。也可利用固定型芯与镶块孔配合段上特设的排气槽进行排气。此时排气槽的长度 $L = 10 \sim 15$ mm,槽深 $\delta = 0.04 \sim 0.06$ mm。有时为排气,也可专门设置顶杆,利用顶杆与镶块孔间的配合而排气。

(2) 压铸型的溢流槽

溢流槽是压铸型排溢系统中的溢流元件,它设置在铸型一个半型(动型或定型)的分型面上,沿型腔的边缘,与型腔之间有溢流口相连,一般在溢流槽的外侧还有排气槽(见图 6-25,6-26)。它能起下列作用:

① 容纳最先进入型腔混有气体和氧化物碎渣的冷污金属液,与排气槽配合加速排出型腔

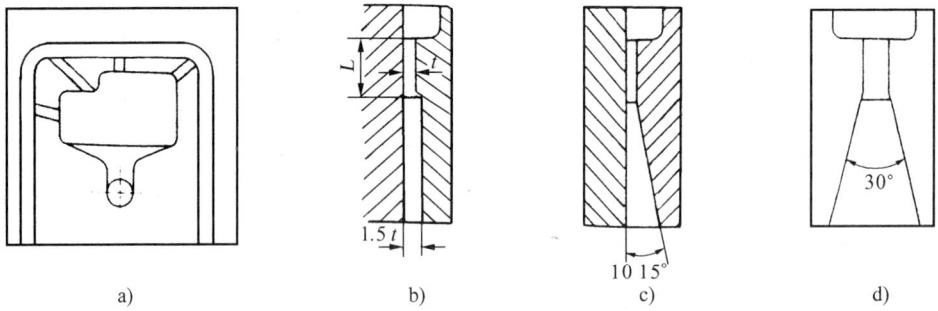

图 6-59　压铸型分型面上的排气槽
a) 具有汇总排气槽的排气槽设置　b),c) 部分槽深增大的排气槽
d) 排气槽逐步增宽的排气槽

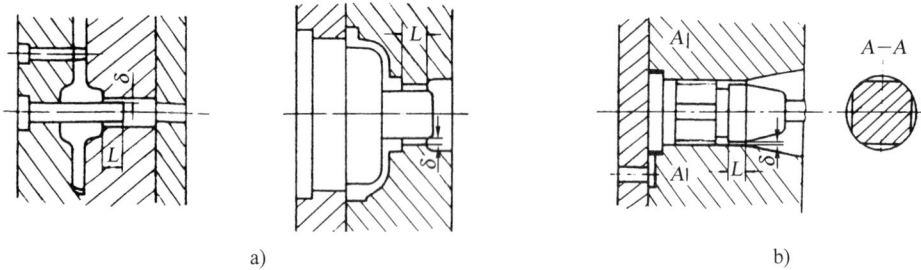

图 6-60　压铸型型腔深凹处的排气
a) 设置贯通型芯至对面镶块中,利用配合间隙排气
b) 在芯型与镶块孔的配合段上开排气槽进行排气

内气体;

② 容纳在型腔中充填时发生涡流的部分混有气体的金属液;

③ 容纳铸型中工作温度较低部位处流至的最初部分金属液,减少在该处形成的铸件表面上产生流痕、冷隔或使该处形成铸件浇不足缺陷的可能性;

④ 必要时,为避免铸件变形和在铸件上留有顶杆的压痕,可在相应部位专门设置溢流槽,作为顶杆的着力部位协助铸件脱离动型。

因此溢流槽应设置在:

① 金属液进入型腔后最先冲击或容易形成涡流的型腔部位的边缘,如图6-25a(合理)所示;

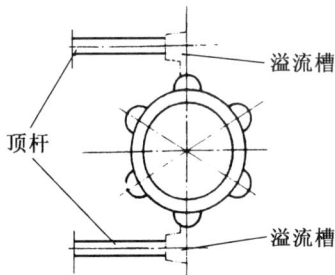

图 6-61　专门设置溢流槽用作顶杆着力点的举例

② 受金属液冲击的型芯的背面型腔的边缘,如图6-25d(合理)所示;

③ 金属液充型时有两股或多股金属液汇合处型腔的边缘,如图6-26e所示;

④ 在金属液最后充填和排气不良的型腔的边缘,如图6-26a,b所示。

图6-61举例说明了专门设置溢流槽作为顶杆着力点的情况。

在很多场合,很难在设计压铸型时预测压铸金属在充型时的流动状态,所以常需在压铸型制好后,在试铸的过程中,通过对铸件的解剖,发现铸件内部质量有问题的部位,再修改铸型,按实际情况需要设置一定尺寸和几何形状的溢流槽。

溢流槽的容积常取铸件上有疏松、气孔、渣子部位体积的 2～4 倍。溢流槽的断面常为半圆形、半椭圆形或梯形(见图 6 – 62)。溢流槽不要做得太长,因为如果只用一个溢流口,溢流槽在长度上的体积就会得不到充分的利用;如用两个溢流口,气体或金属液就会由一个溢流口进,而经另一溢流口窜回型腔,反而使铸件质量受损。在必须设长溢流槽时,可将溢流槽分成几个短的溢流槽。溢流槽和溢流口的尺寸可参考表 6 – 9。

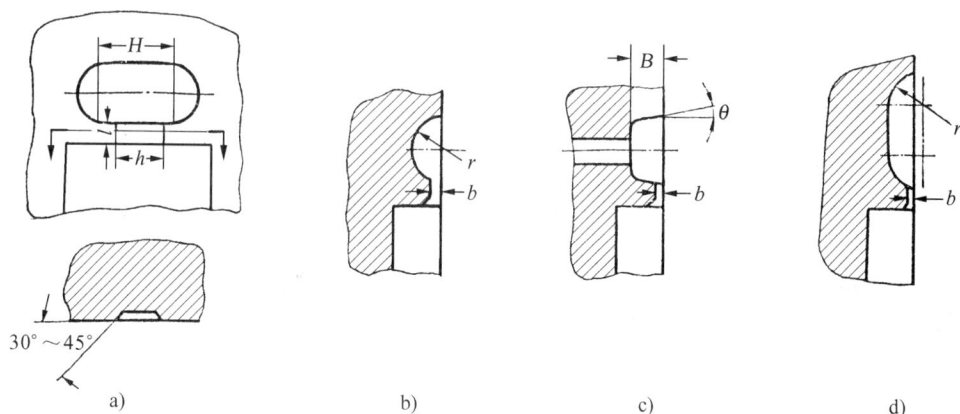

图 6 – 62　溢流口和溢流槽形状
a) 溢流槽俯视图　b) 溢流槽的半圆截面　c) 溢流槽的梯形截面
d) 溢流槽的半椭圆形截面

表 6 – 9　溢流口和溢流槽的尺寸(参照图 6 – 62)

压 铸 合 金	铅合金、锡合金、锌合金	铝合金、镁合金	黄　铜
溢流口宽度 h(mm)	6～12	8～12	8～12
溢流口厚度 b(mm)	0.4～0.5	0.5～0.8	0.6～1.2
溢流口长度 l(mm)	2～3	2～3	2～3
半圆截面溢流槽半径 r(mm)	4～6	5～10	6～12
梯形截面溢流槽深度 B(mm)	3～10	4～10	5～12
溢流槽长度 H	$>1.5h$	$>1.5h$	$>1.5h$

注:溢流口的总截面积应小于内浇口总截面积,一般为内浇口截面积的 50%～70%。溢流口厚度 b 应小于内浇口的厚度,以保证比内浇口先凝固。

6.3.7　导向零件设计

动型和定型在合型后的定位依靠设置在铸型套板四个角部位(有时也用三个)上的导柱和导套(见图 6 – 31 之 5 和 6)。四对导套、导柱中最好有 1 对的位置与其他 3 对的相对位置有所错开,以免合在一起的方向不同的动型和定型不易被发现。一般导柱装在定型套板上,而导套装在动型套板上。导柱的导向工作表面常为圆柱面,如图 6 – 31 中的导柱即是,但也有导柱的导向工作面做出 2～3 道 $R0.5$ mm、宽 3 mm、深度为 0.5 mm 的油槽(见图 6 – 63),以蓄积润滑油,润滑导柱与导套间的配合面,还可在需要时积存个别在配合面上出现的污垢细微颗粒,使导柱、导套的配合面总是处于滑溜的状态。图 6-63 示出了 6 种导柱、导套在套板上的固定方式和它们的相应结构特点。虽然此图上所示导柱工作面上均有油槽,但它们也可为光滑的圆柱面。其中 b,d,f 图中的导柱加工较易,适用于尺寸较小或精度要求不高的压铸型;而 a,c 和 e 图中的导柱适用于尺寸较大、精度要求较高的压铸型。图 a 中的导柱固定段直径 d_1 与导套的外径 d_2 相同,所以定型和动型套板上的这两个相应配合孔可一起加工,以提高动型、定型定位的精度。图 c 中的导套和导柱都用螺钉固定,图 d 中的导套用锁圈固定,导柱用卡柱固定,制造简单。图 c 和图 d 中导柱、导套的固定方式适用于套板较厚或无压板的压铸型。图 e 中的导套还可兼起动型压板与套板间的定位作用,故动型和定型的压板、套板上的孔可组合在一起加工,以提高铸型定位的精度。图 f 中导柱的带有锥度的台阶可节省材料,但套板上相应的带有锥度的圆孔与导柱的定位孔的加工同轴度相应必须提高。

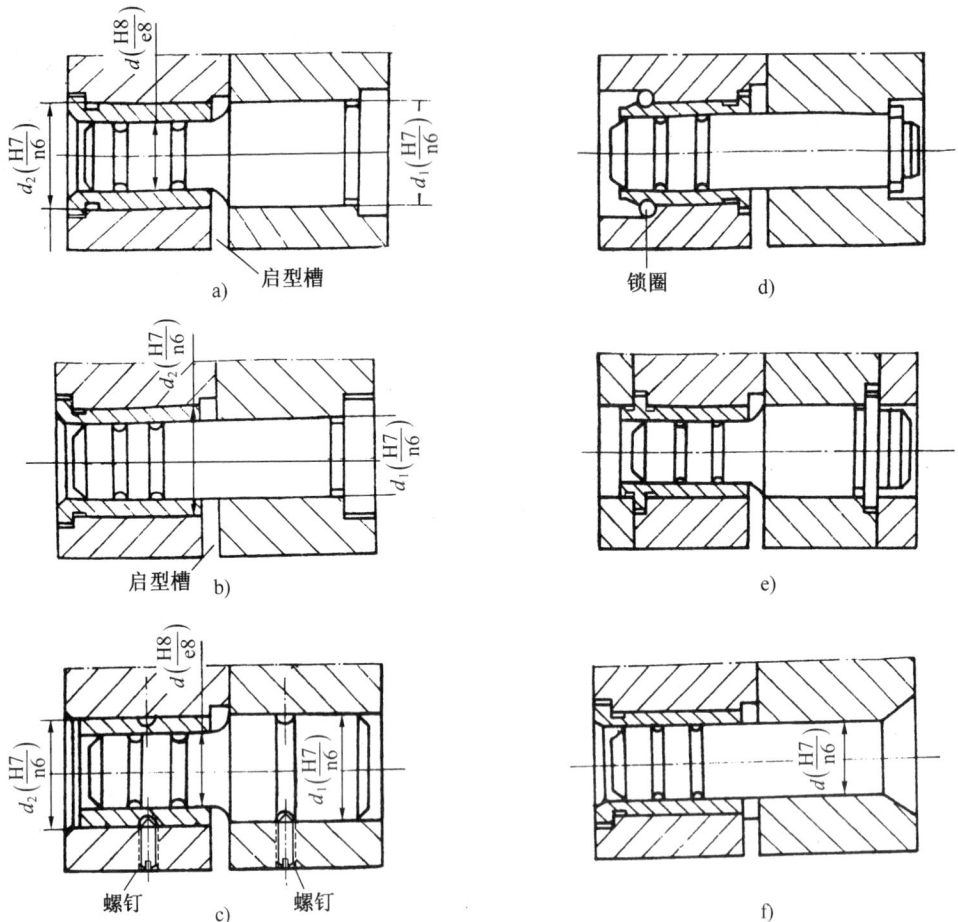

图 6-63   6 种导柱、导套的固定方式和结构特点

在图 6-63 上可见在动型套板与定型套板间有一设在动型上的下凹缝隙,称为启型槽。当导柱、导套被卡住而不能开启铸型时,可用撬棍插进此槽借外力撬开铸型。

采用压板固定导套时,如图中 a,b,f 的形式,应注意在压板和套板的接触面上开出接通套孔的排气槽,以防合型时套孔中的空气不易排出妨碍合型的进行。

套、柱上导向段的直径大小范围为 10～60 mm,长度变化范围为 20～200 mm。导柱导向段的长度应比动型上型腔的最大深度大 5～10 mm。表 6-10 列出了根据套板的轮廓尺寸确定的导柱导向段直径的数据,可供参考。

表 6-10 根据套板轮廓尺寸选择导柱导向段直径

套板轮廓尺寸 宽(mm)×长(mm)	适用导柱导向段 直径(mm)	套板轮廓尺寸 宽(mm)×长(mm)	适用导柱导向段 直径(mm)
＜80×100	10	320×400～320×630	30
80×100～100×125	12	400×400～400×630	40
125×160～160×200	16	500×500～500×800	50(特大尺寸)
200×200～250×320	20	＞500×800	60(特大尺寸)
250×400～320×320	25		

导柱与导套间需有一定的缝隙,以防止因铸型由于工作时温度分布不均所引起的铸型各部热膨胀的不均匀,而使导套与导柱的位置出现错移,以致合型时使导柱插入导套孔不顺利或导致压铸型不能正常工作。一般各导柱间距离越大,动型与定型间温度相差越大,导柱与导套间的配合间隙也应越大。由图 6-64 可根据定型、动型间工作温度差和导柱间距离确定导柱、导销配合间隙的最小值。如果导柱、导套的配合尺寸已能满足此值,则可用此图作补充检验之用。

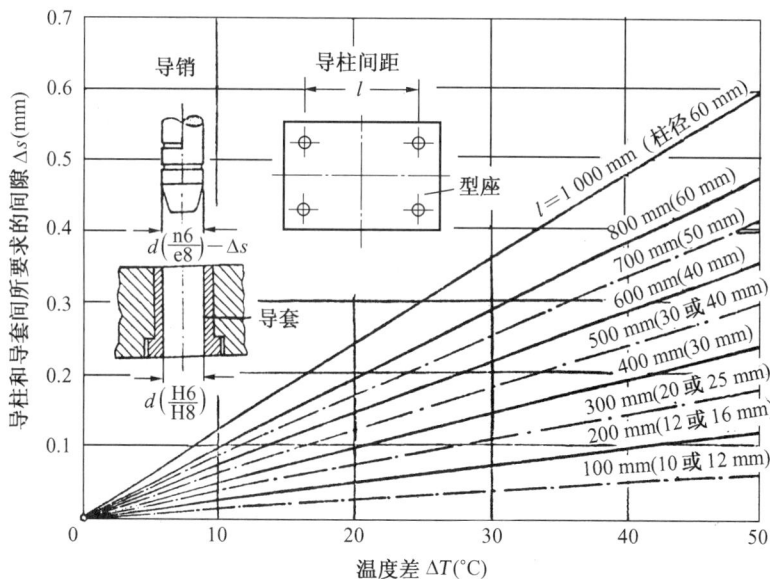

图 6-64 不同定型、动型间温度差所要求的导柱、导套间配合间隙

在中大型压铸型上,有时也附加地设置如金属型中所用定位销那样的定位柱,以减轻导销、导套在压射金属时所承受的侧向力。

在小型压铸型上,如确定用它生产的铸件数量不是太多,也可不使用导套,让导柱直接与套板上的导孔相互配合导向。

6.3.8 温度控制系统设计

压铸型在连续工作时,必须控制其温度在一定范围内变动。如果压铸型的温度太低,就会使铸件表面出现流纹,或使铸件薄壁处浇不足,还易使铸件开裂。如果铸型温度太高,就会出现铸件粘型、变形、尺寸超差等问题。

一般情况下,当浇注中小型薄壁铸件使铸型温度升高后,利用对铸型清理吹压缩空气和喷涂料时带走铸型的热量,基本上能把铸型工作温度控制在所要求的范围中。

但在生产大中型铸件或厚壁铸件时,依靠压缩空气和喷涂料带走热量的措施已远远不够用来使铸型温度在很短时间内降到合适的温度,尤其是形成浇道的浇口套、分流锥的温度更易升高,所以常需在铸型工作时温度升得太高的零件中做出通道,用压缩空气、软水或油进行冷却。图 6-65 示出浇道周围铸型零件的冷却管道布置。图 6-66 所示为铸型中成型零件的冷却管道布置。

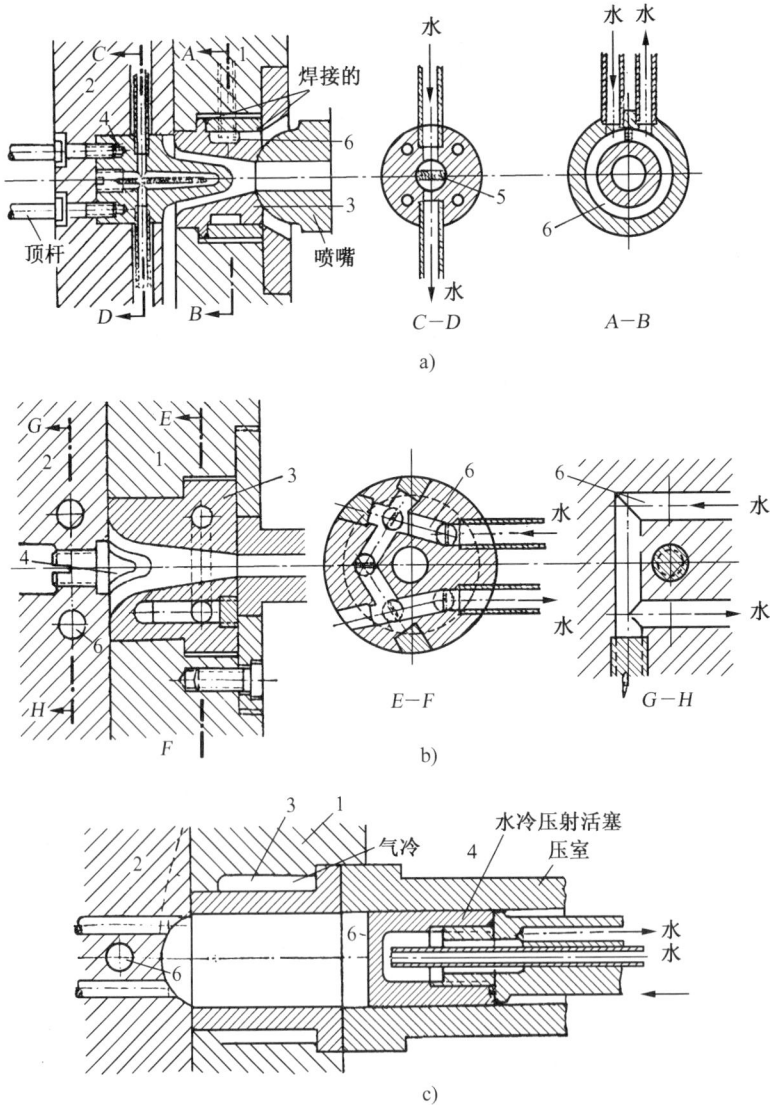

图 6-65　浇道周围压铸型零件的强制冷却

a) 在热压室压铸机上　b) 在立式冷压室压铸机上　c) 在卧式冷压室压铸机上
1—定型　2—动型　3—浇口套　4—分流锥　5—隔壁　6—冷却通道

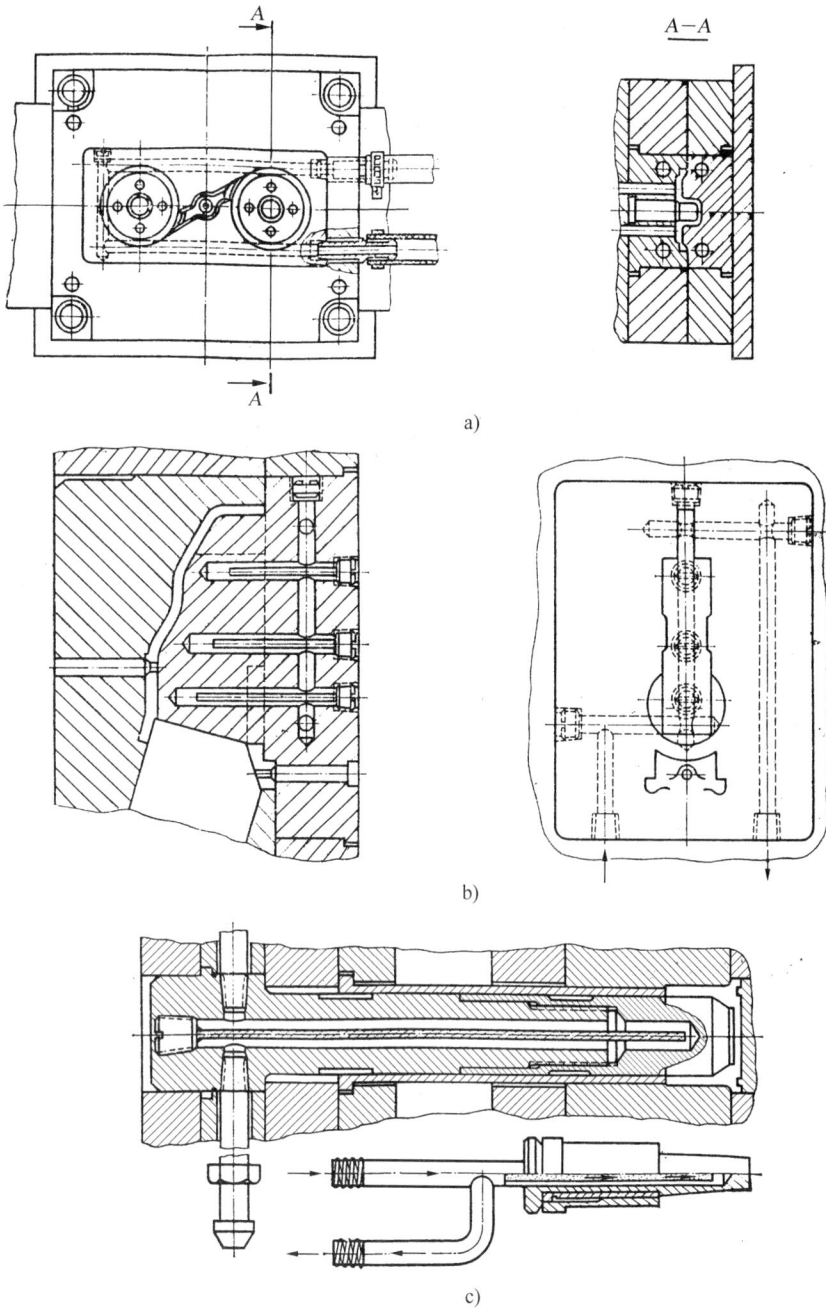

图 6-66　压铸型上成形零件的强制冷却
a),b) 镶块上的冷却通道　c) 固定型芯和活动型芯内的冷却通道

在冷却通道与接触金属的型腔壁之间,应尽可能留有 20～25 mm 的厚度,最少也应有 10 mm 的厚度,以防型腔壁有裂缝时,冷却介质渗漏到型腔之中引起压铸时的爆炸。当不能满足此要求时,可在通道位置上开槽设置通冷却介质的钢管(或铜管),在管子与被冷却对象之间的空腔中应浇注铜合金(或锡铅合金),以改善被冷却对象与冷却介质之间的传热条件。一般设在镶块和套板中的冷却通道直径为 8～12 mm,而较细型芯中的通道则不受此数值的约

束了。

　　通入冷却通道中的介质温度不应低于30℃,以免在铸型零件上引起太大的热应力,促使零件提前冷却,在表面上出现龟裂。现已有压铸型冷却介质冷却效率自动调节仪,可以根据进、出口冷却介质的温度或型腔温度,调节冷却介质的流量大小。也可手工调节。第4章4.2.8节中提到的可根据铸型温度自动调节通入型中冷却介质的温度对铸型温度控制的装置也可用于压铸型,它是目前控制大型压铸型工作温度的最佳选择。

　　除了用冷却介质通过通道对压铸型冷却的方法外,第4章4.2.8节中提到的热管也应是压铸型的高效冷却元件,尤其在对型芯的冷却方面应有较好的效果,并且使用方便。

　　在铸造大型薄壁铸件或压铸热容量较小的合金(如镁合金)时,铸型的散热速度会比从铸件凝固、冷却的过程中接受热量的速度快,因而需对铸型的一些部位持续加热,第4章4.2.8节中提过的电加热元件(电阻丝、电热管)的采用都是对压铸型持续加热的有效方案。前述的铸型温度自动控制装置当然也可用于对压铸型的持续加热。

　　有时也可用铜管做成带耐高温绝缘的感应线圈,套在铸型外边,利用一般工业交流电的电压,把铸型均匀加热(见图6-67)。

　　图6-67示出了带有感应加热和水冷的镁合金铸件用压铸型。

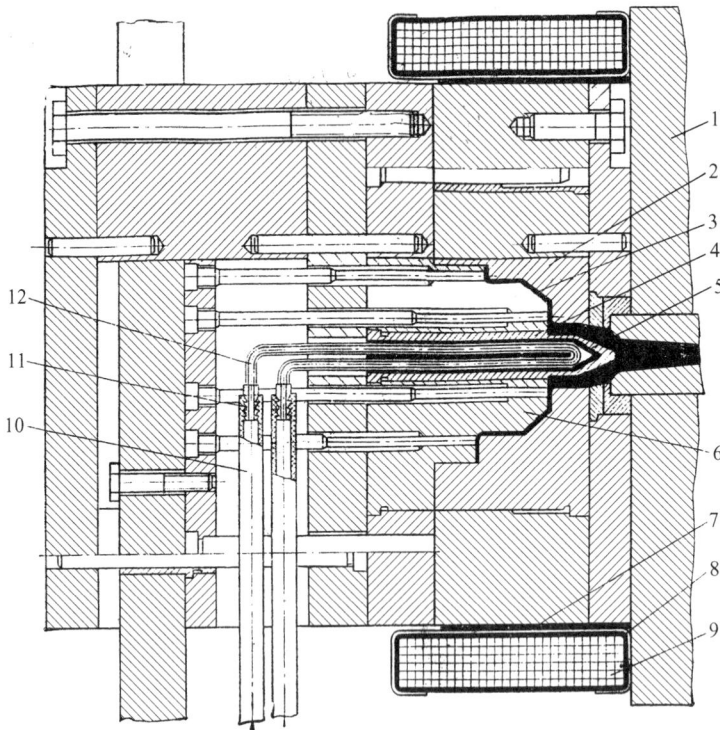

图6-67　带有感应加热和水冷的镁合金铸件用压铸型
1—压铸机定型座板　2—镶块　3—铸件　4—中央型芯　5—灌铸的锌合金
6—镶块　7—绝缘垫　8—外套　9—感应圈　10—橡胶水管
11—管嘴　12—铜管

　　每天开始工作前对压铸型的加热用上述的大多数加热办法是不合适的,因上述的加热元件和装置的功率较小,用它们把整个铸型温度从室温加热到工作温度需要太长的时间。可供选择的对压铸型预热方法为：

① 将压铸型放入箱式炉中预热，加热均匀，但对于已装在压铸机上的压铸型而言，此法很不方便。

② 用燃气火焰或喷灯预热压铸型，它可根据铸型结构特点，调节不同部位的加热时间，但工人操作较累，且很脏，一般用于小型压铸型的预热。

③ 用电阻丝、硅碳棒或远红外电热管作为加热元件的矩形加热板预热压铸型。将它放在压铸机上的定型和动型之间进行辐射加热。此种加热板的功率可为 $8\sim 10\ \mathrm{kW}$。

④ 感应法预热（见图 6-67）。

6.3.9　用于生产具有嵌件压铸件的压铸型

压铸件上常镶铸与铸件合金不同的金属或非金属零件（嵌件），如磁铁、带丝扣的铜件等，使铸件局部具有特殊的工作性能。设计压铸型结构时应注意如何在每次压铸前能简易迅速地把嵌件放入型腔中的固定位置上。并且在合型后能固定住嵌件的位置，使嵌件不会因压射金属的冲刷出现位移。嵌件放入型中的方法可以手动，也可以机动，固定的形式也多种多样，在此节中只能举例说明一些问题。

图 6-68 所示为一种简单的镶嵌件在型腔中的固定方法。开型时，将嵌件套在安装嵌件的型芯上，合型后与另一型芯一起夹住嵌件进行压铸，最后取得带有嵌件的铸件（见图6-68b）。

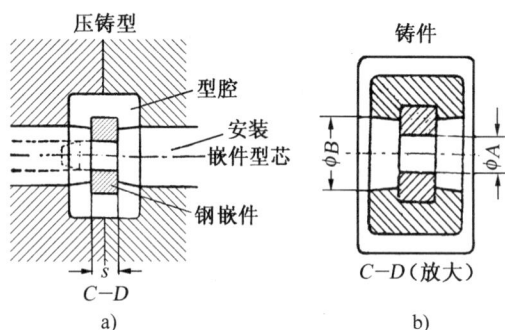

图 6-68　带有嵌件压铸件用压铸型
a）压铸型剖面局部　b）带有嵌件压铸件的剖面

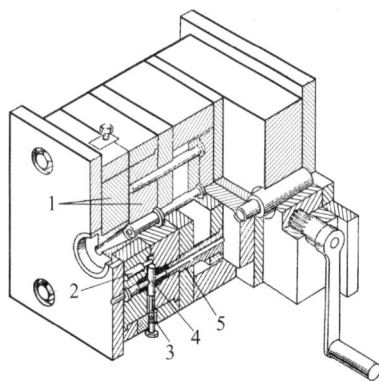

图 6-69　手动可装嵌件的压铸型
1—定型和动型的镶块　2,3—挡杆
4—嵌件　5—固定型芯

图 6-69 示出了具有手动顶出铸件机构的压铸型中装有嵌件的情况。手工地将嵌件4 装入定型的型腔中，由挡杆 2 和 3 把嵌件固定，合型后又由动型和定型中的固定型芯进一步夹住嵌件，开型时铸件和镶铸的嵌件留在动型中，摇动手把把带有嵌件的铸件顶出铸型。

图 6-70 所示为能自动化将嵌件装入型腔的压铸型结构。先将很多圆柱形嵌件 11 装入具有倾斜底面的嵌件储室 3 中。开型时顶杆 5 将嵌件顶入动型的型腔中。在滑块 2 上有一端部有斜面的挡板 4，合型时，在斜销 1 的驱动下，滑块带动型芯 12 和挡板 4 一起下移，在合型情况下，挡板和固定型芯 10 一起夹住嵌件。压铸后开型时，动型中的顶杆 5,6,8 一起把带有嵌件 11 的铸件顶出铸件，同时另一个嵌件进入动型的型腔中。合型时顶杆 5 复位，嵌件储室

中又有一个嵌件在自重作用下进入准备被顶入型腔的位置。这种装设嵌件的结构形式在压铸型设计中还是用得较多的。

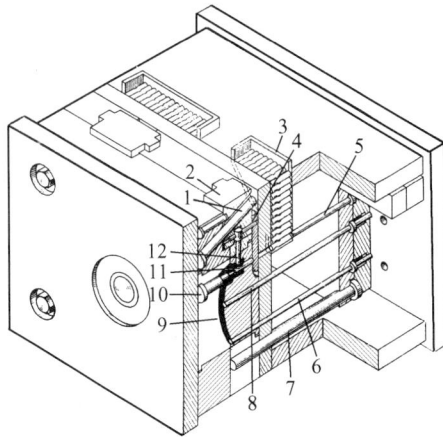

图 6-70　制造带嵌件压铸件的自动装设嵌件的压铸型结构

1—斜销　2—滑块　3—嵌件储室　4—挡板　5—嵌件顶杆　6—顶杆
7—复位杆　8—顶杆　9—铸件　10—固定型芯　11—嵌件　12—活动型芯

6.3.10　压铸型零件用材料和热处理要求

压铸型的工作条件是很恶劣的,同时它又是加工精度要求高,并且成本很高的模具,所以选择合适的零件制造材料和零件的热处理要求,对提高压铸型的服役期和降低压铸件的生产成本具有很重要的意义。表 6-11 示出了压铸型零件的常用材料和热处理要求。

表 6-11　压铸型零件常用材料及热处理要求

铸 型 零 件 类 别	材料牌号及热处理要求		
	压铸锌合金时	压铸铝、镁合金时	压铸铜合金时
成形零件(镶块、型芯) 浇注系统零件(浇口套、分流锥等) 同时用作成形零件的、工作部位受热很高的、滑动配合面积较大的、受力大而尺寸小的顶杆、顶管和滑块等零件	5CrNiMo 3Cr2W8V 热处理硬度 46～50 HRC	3Cr2W8V 4Cr5MoSiV(H13) 18Ni250(新 H13) 热处理硬度 48～50 HRC	3Cr2W8V 4Cr5MoSiV (H13) 热处理硬度 50～54 HRC
座板、套板、压板、压块支承板等	45,Q275 回火或调质,热处理硬度 40～45HRC(或 220～250 HB)		
顶杆、导柱、导套、滑块、楔紧块、斜销、弯销、复位杆等受力零件	T8A,T10A,9Mn2V 热处理硬度 50～55 HRC		
顶出机构用板、型架、垫块、座板	A3,A5,30～45,Q235～Q275 回火		
齿轮、齿条、齿轴	45 热处理硬度 40～45 HRC		

注：成形零件热处理也可先调质 30～35 HRC,试型后,软氮化 HV≥600

6.3.11　铸型中浇道、型腔、溢流槽和排气槽在垂直分型面方向上投影面积的检验

因为在压铸过程中,压铸型中与压射金属接触的各部分表面上都会受到被压射金属液压力的作用,这些压力的总和便成为胀型力 P,具有推开动型的作用,因此设计好的压铸型在工作中所产生的胀型力 P 应小于压铸机的合型力 Q,即

$$P = pF \leqslant kQ \qquad (6-19)$$

式中　p— 压铸时作用在金属液上的最大压力;

　　　F— 铸型中浇道、型腔、溢流槽、排气槽在垂直分型面方向上的投影总面积;

　　　k— 安全系数,$k = 0.85 \sim 0.95$

即

$$F \leqslant kQ/p \qquad (6-20)$$

所以,对一定合型力的压铸机,它所允许的铸型中浇注系统、排溢系统和型腔在垂直于分型面方向上的投影面积是有一定限制的。

6.3.12　铸型厚度的检验

压铸机上动型座板和定型座板间的最大距离(最大开型距离)H_{max} 和动型座板与定型座板间的最小距离(最小开型距离)H_{min} 是一定的。

为保证设计制造好的压铸型在合型时能合得严密,则动型的厚度(包括垫块的高度)和定型厚度之和应该比最小开型距离 H_{min} 大。否则,动型和定型就不能合拢了。如图 6-71,即

$$H_{min} \leqslant h_1 + h_2 + h_3 \qquad (6-21)$$

式中　h_1— 定型厚度;

　　　h_2— 动型厚度;

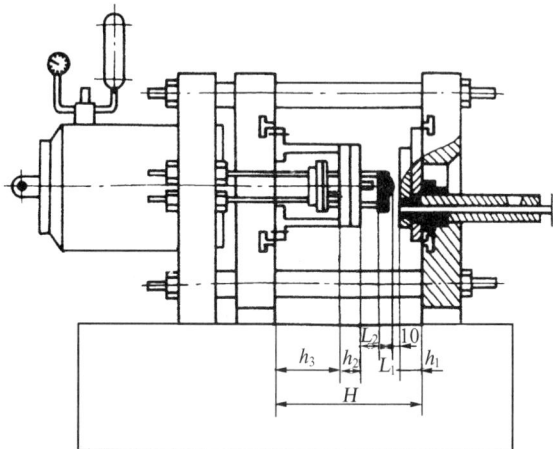

图 6-71　铸件高度、铸型厚度与压铸机开型距离的关系

　　　h_3— 垫块、动型型架总厚度。

为保证开型后铸件能顺利地从打开的动型与定型间的开缝中取出来,此时应保证

$$H_{max} \geqslant h_1 + h_2 + h_3 + L_1 + L_2 + 10 \,(\text{mm}) \qquad (6-22)$$

式中　L_1—带浇注系统的铸件高度;

　　　L_2—铸件的顶出距离;

10 mm—为方便取铸件的附加空隙。

6.4　压力铸造常规工艺

正常生产过程中,技术人员必须确定压铸时所采用的压铸压力,金属经内浇口进入型腔时的压铸线速度,压铸时被压射金属的温度,压射时压铸型的工作温度,压射后铸件在型中的停

留时间和为顺利自铸型中取出铸件所使用的压铸型涂料,这些工艺因素是压铸每个铸件时都必须考虑的,故可把它们称为常规工艺因素。

6.4.1　压铸压力(比压)

在本章 6.1.1 节中已叙述过金属充填型腔过程中压力的变化。金属中的压力来源于压铸机的压射活塞。压射过程中作用在金属上压力的变化与金属充型时所遇阻力、充型的流动线速度等因素有很大关系。而在压铸操作时所能调整的压铸压力主要指充型终了增压阶段[①]时由压射活塞所作用在金属上的压力,它可通过改变压铸机上的压射力和改变压室(即压射活塞)的直径来变化压射终了时作用在金属上的压力。一般当铸件壁厚较大、尺寸较大、形状复杂、有较高的强度要求时,需要较高的压铸压力。表 6-12 示出了不同合金压铸件常用的压铸压力。

表 6-12　不同合金压铸件常用压铸压力(MPa)

压 铸 合 金	铸件壁厚＜3 mm		铸件壁厚 3～6 mm	
	结构简单	结构复杂	结构简单	结构复杂
锌 合 金	20～30	30～40	40～50	50～60
铝 合 金	25～35	35～45	45～60	60～70
镁 合 金	30～40	40～50	50～60	60～80
铜 合 金	40～50	50～60	60～70	70～80

注:上述数字适用于冷压室压铸机。在热压室压铸机上,常用压铸压力为 5～15 MPa,最低可为 1.5 MPa,最高不大于 25 MPa。

必须指出注意的是,金属液在压室中所受到的压力并不能百分之百地传向型腔中的金属中,有研究表明,此种压力损失可达约 20%。

只要内浇口一凝固,压室内金属上的压力便不能继续传至型腔内的金属上,因此欲充分利用压铸压力提高铸件致密度的铸件上,内浇口的厚度应适当增大。

在调试压铸型欲增大压铸压力的时候,应注意核算前节提到的金属对铸型的胀型力是否会大于压铸机的合型力。

6.4.2　压铸时金属液的充型线速度

压铸时,金属液经内浇口进入型腔时的线速度对金属在充型时的流动状态、金属的充型时间和最终的铸件质量有很大的影响。金属液的充型线速度可通过调节压射活塞在充型阶段的移动速度进行改变。在已知内浇口总截面积 F、压室直径 D 的前提下,根据流体力学的不可压缩流体连续流方程式可简易地得到活塞移动速度 V 与充型线速度 v 之间的关系,即

$$v/V = \pi D^2/4F \tag{6-23}$$

一般铸件的壁厚越小、铸件尺寸越大、形状越复杂、压铸合金的热容量越小、内浇口越薄,则要求压铸线速度越大。太高的充型线速度会使压铸合金对铸型的冲刷破坏作用加强,引起铸件粘型和缩短铸型的工作寿命,还会在充型时由于金属中裹进太多的气体,降低铸件的力学性能。表 6-13 列出了一般采用的不同合金的压铸充型线速度。

---

① 有的压铸机上无增压机构。

表 6-13 不同合金的压铸充型线速度(m/s)

充型线速度 铸件特点 压铸合金	简单的薄壁件	一 般 铸 件	复杂的薄壁件
锌合金、铜合金	20～30	30	30～40
铝 合 金	25～35	35～45	45～60
镁 合 金	30～45	45～60	60～75

6.4.3 压铸时金属液的温度(浇注温度)

在生产中通常指压铸机旁准备浇入压铸机压室中的金属液的温度为压铸时金属的浇注温度。一般希望尽可能降低用来压铸的金属的温度,因为温度过高的金属在进入铸型后的收缩大,会使铸件容易产生缩松裂纹,充型时金属易卷气体,还能造成铸件粘型,会降低铸型的工作寿命。过低的压铸金属温度会使铸件产生冷隔、浇不足、表面流纹的缺陷。一般应结合铸件结构特点(如壁厚、复杂程度、尺寸的大小等),在综合地考虑压铸压力、压铸速度、压铸型工作温度前提下,选择合适的不同合金在准备压铸时的温度。

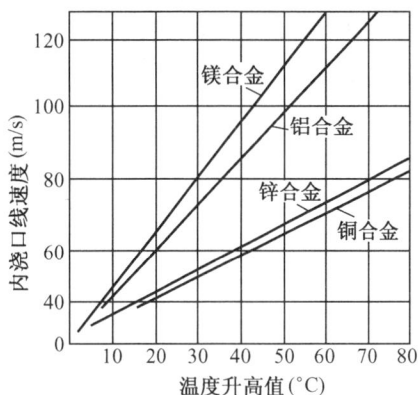

图 6-72 内浇口线速度与合金升温的关系

高速充填压铸型型腔的金属由于与型壁的摩擦,其温度会有所升高。图 6-72 示出了不同合金在不同充型线速度情况下的升温实验曲线。这是在决定合金的压铸温度时应予注意的问题。

表 6-14 示出了压铸时合金温度选择时的参考值。

表 6-14 压铸时各种合金的温度(℃)

铸 件 合 金	铸件壁厚≤3 mm		铸件壁厚>3 mm	
	结构简单	结构复杂	结构简单	结构复杂
锌合金(含铝)	420～440	430～450	410～430	420～440
锌合金(含铜)	520～540	530～550	510～530	520～540
铝合金(含硅)	610～630	640～680	590～630	610～630
铝合金(含铜)	620～650	640～700	600～640	620～650
铝合金(含镁)	640～660	660～700	620～660	640～670
镁合金	640～680	660～700	620～660	640～680
普通黄铜	850～900	870～920	820～860	850～900
硅黄铜	870～910	880～920	850～900	870～910

注:含铝的锌合金在压铸时的温度不宜超过 450℃,否则结晶粗大。

由于压铸金属充型时有很高压力的作用,对有凝固温度区间的金属言,有时可采用温度低于液相线温度,呈"粥状"的合金进行压铸。在压铸厚壁铸件时,采用较厚的内浇口,在保证满足充型的前提下,粥状半固态合金的压力铸造可有效提高铸件的致密度,延长铸型的工作寿命。但对过共晶铝硅合金,不宜进行粥状半固态压铸,因合金中析出的大量初晶硅会使铸件力学性能变坏。

6.4.4　压铸型工作温度

压铸生产中,压铸型应保持一定的工作温度范围,因太低的压铸型温度会有下述的问题:

① 压射金属时会使铸型材料受"热击",使铸型工作寿命缩短,严重时铸型上个别零件会因"热击"而使内部出现太大的热应力,而出现裂缝。

② 进入铸型的金属被铸型激冷过剧,不能很好地充填型腔,使铸件不能成形或表面质量变坏。

③ 铸件在型中成形冷却过程中会受到较大的阻力,而易使铸件开裂。

太高的铸型工作温度也是不好的,因会引起铸件粘型(特别在压铸铝合金时);使压铸后铸件在型中的停留时间延长,降低压铸机生产率,如果缩短铸件在型中停留时间,则过高温度的压铸件在被顶出时容易变形,或被卡在型腔中,使生产不能顺利进行。

表 6 - 15 示出了不同压铸合金时要控制的压铸型温度。

表 6 - 15　压铸不同合金时的压铸型温度(℃)

压铸合金	温度种类	铸件壁厚≤3 mm		铸件壁厚>3 mm	
		结构简单	结构复杂	结构简单	结构复杂
锌 合 金	预热温度 连续工作保持温度	130～180 180～200	150～200 190～220	110～140 140～170	120～150 150～200
铝 合 金	预热温度 连续工作保持温度	150～180 180～240	200～230 250～280	120～150 150～180	150～180 180～200
铝镁合金	预热温度 连续工作保持温度	170～190 200～220	220～240 260～280	150～170 180～200	170～190 200～240
镁 合 金	预热温度 连续工作保持温度	150～180 180～240	200～230 250～280	120～150 150～180	150～180 180～220
铜 合 金	预热温度 连续工作保持温度	200～230 300～325	230～250 325～350	170～200 250～300	200～230 300～350

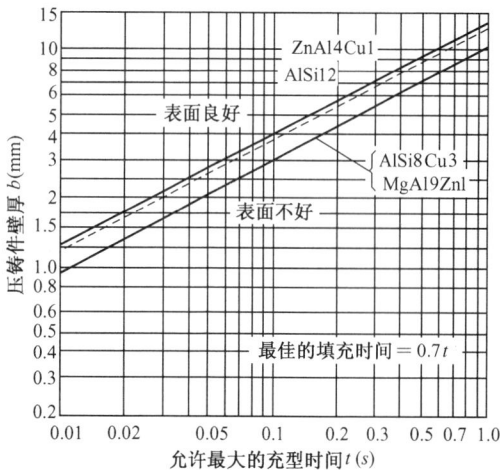

图 6 - 73　根据压铸件壁厚确定各种压铸合金的
最大允许充型时间的曲线图

压铸温度：ZnAl4Cu1—425℃　MgAl9Zn1—650℃
AlSi12—680℃　AlSi8Cu3—650℃

6.4.5　充型、持压和留型时间

(1) 充型时间

自液体金属开始进入型腔到充满型腔所经历的时间称充型时间。一般情况下,控制充型时间的目的是希望进入型腔的金属液在未开始凝固前就充满铸型,虽然实际上金属一进入型腔,在金属流与型腔接触的表面可能已有凝固薄层。

图 6 - 73 示出了贝内特(Bennett)在仔细分析了压铸时热交换条件后所提出的不同压铸件壁厚时可允许的不同合金的最大允许充型时间。并认为最佳充型时间可为最大允许时间的 0.7 倍,以保证获得具有良好表面的压铸件。

在实际生产中,当确定了压铸时金属液充型线速度后,对一特定铸件的充型时间也已被确定了,但在对新压铸型进行工艺试验时,根据实际测得的具体数据和与铸件质量的对照,也可从充型时间方面进行一定的验证和分析。

（2）持压时间

从金属液充满型腔增压后到内浇口完全凝固时,压射活塞一直保持对金属压力的持续时间,称为持压时间。在这段时间中,铸件在压力下凝固,以获得致密的组织。

持压时间的长短应根据铸件的合金、合金的压铸温度、内浇口厚度等因素考虑,通常充型终了至内浇口凝固的持续时间很短,但在实际生产中一般取持压时间为 $1\sim3$ s,对厚壁铸件的持压时间取得更长。太长的持压时间会使立式压铸机上的反活塞切断余料发生困难,还会延长压铸生产循环周期,故应在生产中根据实际情况调整。

有时铸件在去除浇口后,会发现浇口处有孔穴,这往往与持压时间不够有关。

（3）留型时间

持压终了至打开铸型的时间为铸件在型中的停留时间（留型时间）。若留型时间过短,顶出的铸件温度较高,强度尚低,铸件在顶出过程中和下掉至铸件筐中时会变形或碰坏,有时铸件内部气孔中高压气体的膨胀,还可能引起铸件表面鼓泡。但留型时间太长,铸件温度降得过低,线收缩增大,对型芯和型腔中凸出部位的包紧力加大,会使抽芯和顶出铸件出现困难,严重时会使铸件开裂,同时也降低了压铸机的生产效率。在试验新压铸型之初,可按铸件壁的厚度每 1 mm 需 3 s 留型时间考虑,然后在实践中调整。

6.4.6　压铸涂料工艺

压铸生产中,为防止铸件与铸型粘附,降低顶出铸件时所遇到的与型壁和固定型芯工作面上的阻力,使活动型芯易于自铸件中抽出,提高铸件表面质量,常需在铸型的成形零件工作表面和浇注系统工作表面喷涂或刷涂涂料。

对压射活塞和压室的配合面上也常需刷涂料,它不单可减小活塞与压室表面间的摩擦阻力,还可在配合间隙中起两者之间的隔离作用,预防它们之间的咬合,也可防止金属液与压室和压射活塞的粘附。

因此对压铸涂料工作性能的要求为：

① 对铸型材料有好的润湿性,在型腔等成形零件工作面上能迅速形成均匀微薄的膜,能经受住压铸金属的冲刷而不掉落,起较好的隔离作用,并能连续多次重复使用。

② 在高温时具有较好的润滑作用,所以人们常把压铸涂料称为润滑剂。

③ 涂料载体的挥发点应较低,最好为 $100\sim150$℃,使涂料遇型面后,气体能立即挥发完,以免在金属充型时涂料遇高温产生过多的气体,增加铸件内气孔。并且放出的气体不能是有害的。涂料应无臭味。

④ 对铸件和铸型不能有腐蚀作用。

⑤ 在铸型表面不会积垢,易于清除。

⑥ 易于长期保存,来源丰富,价格低廉。

不同压铸合金对涂料的要求也不一样,铝合金对型腔和型芯表面最易粘附,故对涂料的要求较高;镁合金由于它本身具有强烈的被氧化特点,对涂料有敏感性,故对采用的涂料要好好选择。又由于镁合金不易粘附铸型,当铸型成形表面光滑度很好和有适当铸造斜度时,可少用或甚至不用涂料。而锌合金和铜合金的铸件易于脱型,对涂料的要求不高,可少用。

现在已有多种牌号的商售压铸涂料供选择,但也有不少工厂仍用自己配制的压铸涂料。表 6-16 列出了一些压铸涂料的配方举例。

表 6-16　压铸用涂料

类别	涂料用原材料	配 比	配 制 方 法	适 用 范 围
油基	30 号、50 号锭子油	100%	成品	压铸锌合金
	机　油 石　墨	(90~95)% (5~10)%	200~300 目石墨加入机油中均匀搅拌	压铸铝合金、铜合金压射活塞、压室和易咬合处
	机　油 二硫化钼	95% 5%	二硫化钼加入机油中均匀搅拌	压铸镁合金
	油剂胶体石墨	100%	成品	压铸铝合金
	氧化铝粉 煤　油	5% 95%	氧化铝粉加入煤油中均匀搅拌	压铸铝合金
水基	氟化钠 水	3% 97%	氟化钠加入 70~80℃水中均匀搅拌	压铸铝合金(防粘型有特效),但对铸型、铸件腐蚀,对人有害
	氧化锌 水玻璃 水	5% 1~2% 93~94%	水玻璃加入 60~70℃水中搅拌均匀后,再加入氧化锌均匀搅拌	压铸锌合金、大中型铝合金件
有机高分子	天然蜂蜡	100%	块状或<35℃的液态	压铸锌合金、铜合金
	蜂　蜡 机油或二硫化钼	(60~70)% (30~40)%	将蜡熔化,混入机油或二硫化钼,搅拌均匀,倒入硬纸做的圆筒内,凝成笔状,或熔融态	各种合金的压铸
	聚乙烯 煤　油	(3~5)% (95~97)%	小块聚乙烯放入煤油中,加热至 80℃左右,熔化	压铸铝合金
	硅橡胶 铝　粉 汽　油	(3~5)% (1~3)% (92~96)%	将硅橡胶溶于汽油中,使用时加入铝粉搅匀	压铸铝合金
	铝　粉 猪　油 银色石墨 煤　油 樟　脑	12% 80% 1.5% 2.5% 4%	在熔化的猪油中加入煤油,然后依次加入铝粉、樟脑、石墨,搅拌均匀,使用时加热至 40℃左右,呈液态	铝合金螺纹孔压铸,型芯

　　水基胶体石墨和油基胶体石墨是常用的压铸涂料,使用这两种涂料应注意的是,水基胶体石墨在铸型温度不够高时,不易粘附在型腔壁上,会使润滑效果不佳,而且它较易积聚在型腔的凹角)深槽中,对铸件质量和尺寸精度有不利的影响。而油基胶体石墨在喷涂时产生的蒸汽易在型中形成液质薄膜,压铸时在金属高温影响下易形成气体,产生反压力阻碍金属液的充型,使铸件表面产生流纹。被卷入铸件内部的气体会降低铸件的致密度。油基胶体石墨弥漫于工作场所环境中的微粒,对人体呼吸器官有害,较易污染压铸机。对上面提到的情况应予注意。

　　常用毛刷或喷涂的方法把涂料带至铸型工作面上。用毛刷刷涂后,最好用压缩空气吹匀,或用干净的纱布擦匀。喷涂时应使涂料分布均匀,要注意避免涂料在铸型型腔个别部位的积聚,应待涂料载体挥发完后才合型。同时还应注意排气槽不被涂料堵塞。

一般,冲头和压室每刷涂或喷涂一次可连续压铸 3～5 次。型腔、浇道部位每刷涂或喷涂一次可连续压铸 3～8 次。压铸大型件时,常是每压铸一次就喷涂一次涂料。根据铸型的工作情况,有时只需对铸型的特定部位涂涂料就可。

随着喷涂涂料自动化的发展,常用市售水基乳状的涂料,在用水稀释后,涂料应能均匀弥散,并且在放置时不能聚集分层。喷涂这种涂料时,对铸型有冷却的作用,对需要加强冷却的铸型,可使用高稀释度的涂料,而对于需冷却较小的压铸型,可使用较浓稠的涂料。

6.5 压力铸造特殊工艺

由上可知,压力铸造在具有很多优点的同时,却伴随有两大缺点,即压铸件中易有气孔和疏松,压铸型的工作条件恶劣,使压铸型的成本在铸件成本中占的比例较大。为了提高铸件致密度和提高压铸型的工作寿命,出现了一系列压力铸造的特殊工艺。

6.5.1 真空压铸

由前知,压铸时型腔中的空气是压铸件气孔的主要根源,因此在压射金属开始之前先把型腔内的气体抽走,在铸型型腔处于真空状态下压射金属就可消除铸件中的气孔缺陷,这就是真空压铸的实质。早在 20 世纪 40 年代就出现过有关真空压铸装置的专利,但直到六七十年代,这一方法才获得推广,被成功地应用。

采用真空压铸法所带来的技术经济效果可简述如下:

① 提高铸件的致密度,可改善铸件的力学性能,如锌合金件的强度可提高约 15%,铸件上的表面强化层厚度可达 0.5 mm。

② 由于铸件内无气孔,铸件可进行热处理,这进一步改善了铸件的服役性能。也可提前开型取出铸件,不必顾虑由气孔引起的铸件表面鼓泡问题。

③ 由于压射时型内气体的反压力大为减小,金属可顺畅地充型,故铸件表面质量提高,使一些需电镀的铸件在抛光时的工作量大为减少。同时还显著地降低铸件的废品率,如镁合金铸件在排气不畅处易出现裂缝的可能性就小很多。

真空压铸时型内反压力的降低还可充分发挥压射压力的作用,在生产大铸件时有可能使用较低(降低约(10～15)%)的压射压力,使有可能在较小合型力的压铸机上生产尺寸较大的铸件。

压铸时铸型内反压力的降低还可允许进一步地减小铸件的壁厚,增大铸件上薄壁部分的成片延续长度,进一步降低铸件的重量。

④ 可使低硅铝硅合金压铸件进行氧极化处理,不会出现表面黑斑的缺陷。

⑤ 对铸型抽真空的同时可实行冷压室压铸机上的金属液进入压室的自动化,提高了压铸机的自动化程度。

⑥ 压铸时型腔内的真空降低了浇注系统和排溢系统对铸件质量的影响程度,从而可减少调试新压铸型的工作量。

一般型腔中的真空度为 $(1～6)\times10^4$ Pa,也有采取更低或稍高的真空度的报导。这主要与铸件结构和其他工艺参数,如压射压力、金属充型线速度等有关。

曾出现过从型腔直接抽真空和在压铸型外装真空罩经真空罩抽真空的两种方案。后者的优点是不需改变原有的压铸型,配上真空罩和抽真空装置即可实现真空压铸,但所需抽真空的空间会很大,型腔内不能迅速建立所需真空度,使用起来很不方便,故通过真空罩抽真空的真空压铸方法在实际上已经停止使用。

图6-74示出了通过铸型分型面上排气槽对型腔抽真空的、用于卧式冷压室压铸机上的压铸型抽真空系统。其中a图所示为手工向压室浇注金属液的方案。当铸型合拢后,工人将金属液倒入压室,开始压射金属液,当压射活塞关闭压室注液口时,活塞杆上的拨杆拨动转换开关4,打开真空阀开始抽真空,将型腔和压室中的气体迅速抽走,此时压型在分型面上的周边和压铸型上活动零件(如顶杆等)上都用耐高温橡胶(或其他材料如石棉)的密封件密封(见图6-75),所以型腔和压室空间可很快达到所需的真空度。为防止压射进入型腔的金属经过抽气槽8进入真空阀3,使真空阀很快失效,有液压缸1可及时推动塞杆2堵住抽气通道。此外还设有过槽和金属收集槽以收集可能闯过塞杆的金属颗粒。

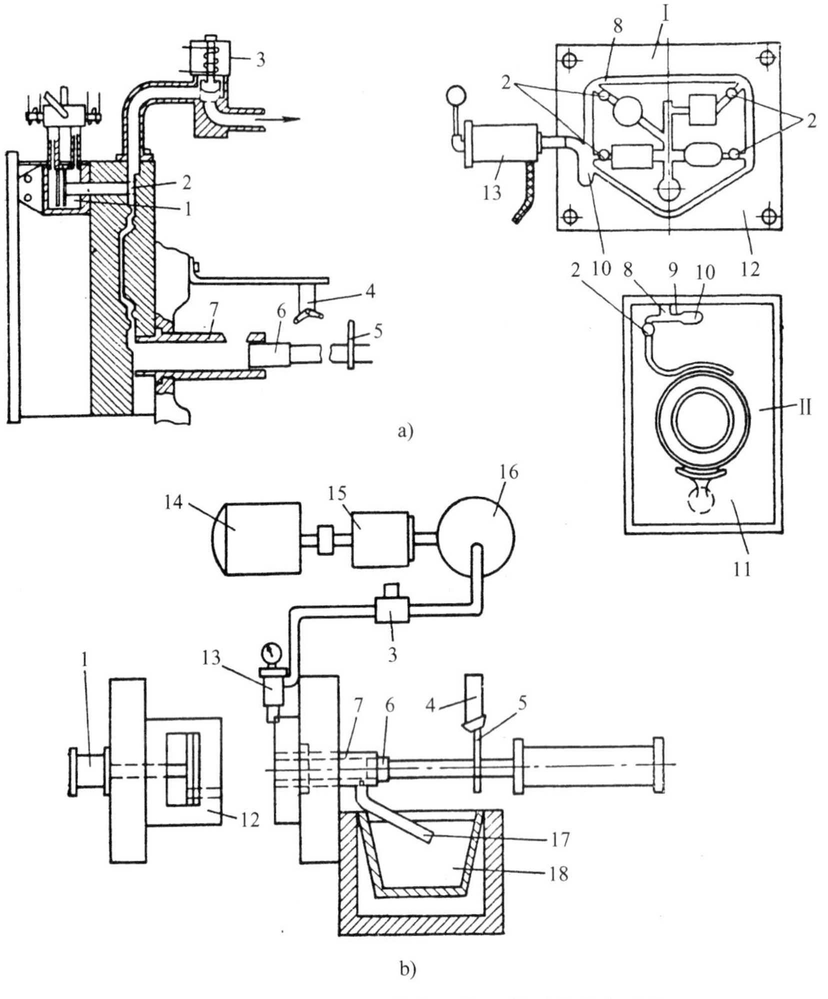

图6-74　在分型面上抽真空的压铸型抽真空系统

a) 手工向压室浇注金属液　b) 利用真空自动抽吸金属液进入压室

1—液压缸　2—塞杆　3—真空阀　4—转换开关　5—拨杆　6—压射活塞　7—压室
8—抽气槽　9—过槽　10—金属收集槽　11—单型腔铸型　12—多型腔铸型
13—金属颗粒过滤器　14—电动机　15—真空泵　16—真空罐
17—金属导管　18—坩埚　Ⅰ—单型腔铸型　Ⅱ—多型腔铸型

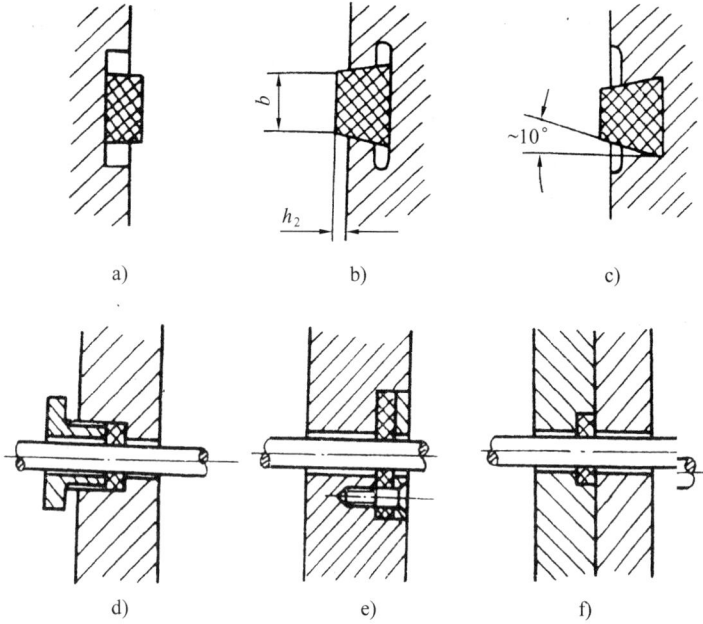

图 6-75 真空压铸时压铸型的密封

a),b),c) 铸型分型面边缘上的密封形式,密封零件置于定型上

d),e),f) 对活动零件(如顶杆)的密封形式

在图 6-74b 上示出的真空压铸方案中利用了合型后自型腔中抽取的真空,把坩埚中的金属液也同时抽入压室之中,该图中的一套真空抽气系统电动机 14、真空泵 15 和真空罐 16 同样适用于 a 图。为阻止压射金属进入真空抽气系统,还应用金属颗粒过滤器 13。真空抽气系统中的真空罐应保证有足够大的体积,以使型腔能迅速建立设定的真空度。有时一套真空抽气系统可同时服务几台压铸机。

为防止金属液进入真空抽气系统,还可将铸型分型面上型腔连接真空阀门或过滤器的气槽做成如"搓洗板"表面那样的波浪形,使进入气槽的金属在波浪形气槽内迅速凝固,停留在波浪形气槽之中。

也可经由顶出铸件机构罩腔抽真空进行真空压铸。图 6-76 所需为一种使用于热压室压铸机上的经由顶出铸件机构罩腔抽真空的压铸型剖面结构。在动型后边的顶出铸件机构活动空间外做出隔离罩,形成罩腔 9,将真空阀 1 置于隔离罩上。合型后由液压缸 3 驱动阀杆 4 打开气道 2,真空阀 1 打开,接通真空抽气系统,型腔、喷嘴、鹅颈道内气体全被抽走,金属液在压射活塞作用下进入处于真空状态的型腔之中成形。压射时应注意及

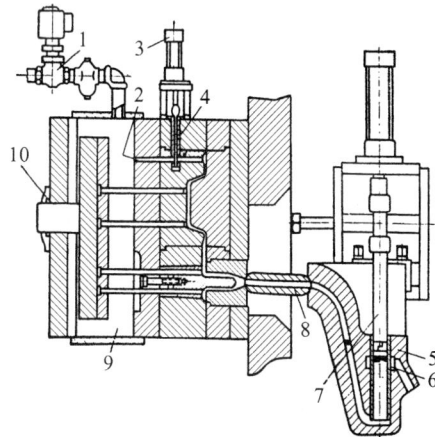

图 6-76 经由顶出铸件机构罩腔抽取真空的压铸型剖面

1—主真空阀 2—接通型腔的气道 3—驱动阀杆的液压缸
4—开闭气道的阀杆 5—压室外壳 6—进金属液通道
7—压射活塞 8—喷嘴 9—顶出铸件机构罩腔 10—密封

时关闭气体通道,防止金属进入通气道中,妨碍铸型的连续工作。

上述两种自压铸型型腔抽真空的方案是目前应用得较多的。此外尚有根据铸件结构特点和压铸型结构特点的其他自型腔抽真空的方案,如自浇道中抽真空、自压室抽真空,在固定型芯中设置抽真空通道结构等方案,但这些都应用较少。

需要提醒注意的是,真空压铸效果的好坏除了与压铸型的抽真空机构设计有关外,还与压力铸造工艺,特别是开始压射时刻有关。

6.5.2 充氧压铸

充氧压铸又称无孔洞压铸,其实质为在压射金属开始之前,向压铸型型腔和压室内吹进纯氧气,以替代空气和其他气体,而后向充满氧气的型腔中压射金属液,喷射进入型腔的金属液与氧气作用,形成尺寸小于 $1\mu m$ 的固态氧化物颗粒,弥散分布于压铸件中,其总质量约为铸件质量的 $(0.1\sim0.2)\%$,消除了铸件中的孔洞,提高了铸件组织的致密度,使压铸件的力学性能大为增大。如铝合金件的强度可提高约 10%,伸长率可提高 $1.5\sim2$ 倍。由于铸件无气孔,它可被热处理,热处理后铸件的强度又可增加约 30%,屈服值增加 100%,冲击性能也显著增加,以致像汽车轮毂那样的受力件也可用压力铸造方法生产。

此一方法是在 20 世纪 70 年代早期由日本、美国和原苏联的技术人员开始进行研究试验的,很快得到了成功。1972 年起就生产出经热处理的摩托车轮毂,而后又有多种工作时载荷较大的铝合金件投入生产,如连杆、汽车轮毂、压缩机头等。目前这一方法在日本应用最为普遍,我国也有应用,主要用于铝合金压铸,在锌合金充氧压铸方面也有成功的希望。

充氧压铸时可大幅度地降低压铸型中的反压力,使金属易于充填型腔,因而可使用较小的压射压力,使有可能用功率较小的压铸机生产较大的压铸件。

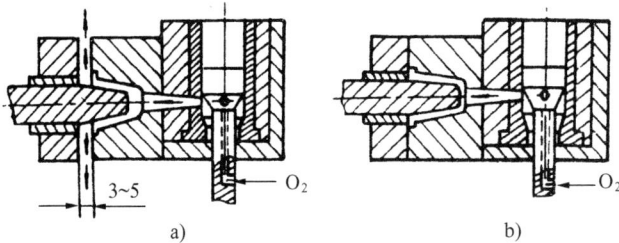

图 6-77 立式冷压室压铸机上经压室充氧的示意图

a) 合型过程中,当动型、定型间尚留有 3~5 mm 间隙时开始充氧和除气
b) 合好型后,继续充氧,经分型面上排气槽排气

有多种向压铸型型腔和压室充氧的方法,图 6-77 所示为立式冷压室压铸机上经由压室中反活塞下面空间充氧的方法。合型后在继续充氧的情况进行一般性的压铸操作,当压射活塞下压时,反活塞下移,停止充氧,与此同时金属液被压入压铸型中凝固成形。

在卧式冷压室压铸机上同样也可在压室处对压铸型充氧(见图 6-78),氧气由压室的注料口通入。当往压室注入金属液后,将密封套 5 转一角度(见图 6-78a)或将通氧气管堵在压室注料口上(见图 6-78b),通入氧气进型腔。与此同时液压缸 2 将排气口 1 打开(见图 6-78a,b),并通过顶杆与镶块孔的配合间隙以及排气通道驱赶型腔可能存在的非氧气。接着进行金属液的压射。

也可在压铸型上开通入氧气的入口,在合型后,打开氧气入口,氧气进入型腔,把型内空气经浇道、压室赶入大气。图 6-79 示出了利用顶杆开闭氧气入口的压铸型结构的剖面。顶杆板的移动利用装在压铸机动型座上的液压缸,如图 6-55 所示的液压顶出器。合型时,顶杆板向左多移动 l 长的距离,其中一个顶管打开铸型上的氧气入口,氧气进入型腔,向浇道、压室方向移动。压射时利用液压缸把顶杆板推向右边,使顶杆和顶管处于工作位置,同时关闭氧气入

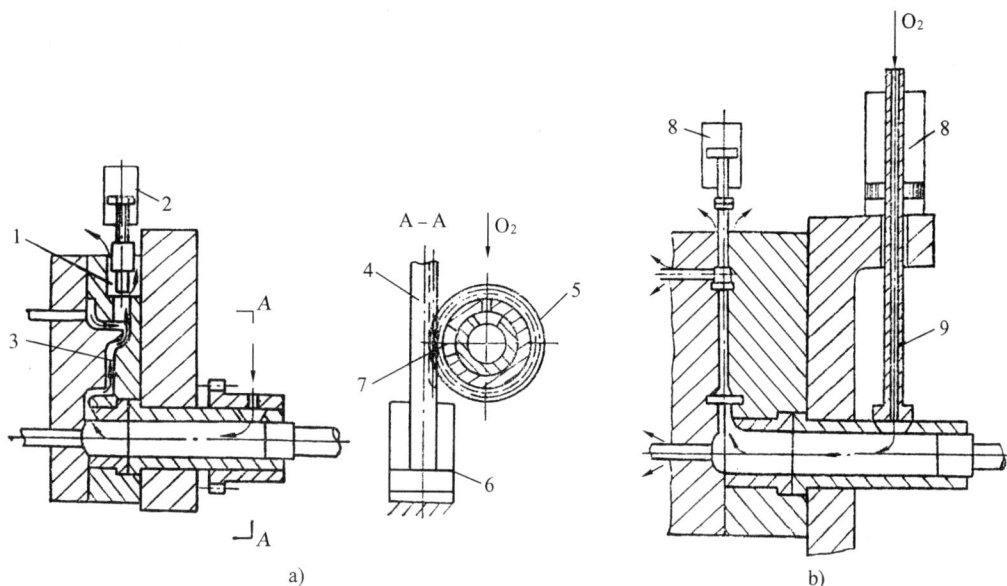

图 6-78 卧式冷压室压铸机上通过压室充氧

a) 带有密封充氧套的压室充氧法 b) 带有通氧气管的压室充氧法
1—排气口 2—液压缸 3—型腔 4—齿条 5—密封套 6—液压缸
7—密封套上的浇注口 8—液压缸 9—通氧气管
(箭头表示氧气流动方向)

口,进行金属的压射,实现充氧压铸。也可用顶杆、液压缸带动垂直于分型面的型芯(固定型芯)或专门滑杆实现压铸型上氧气入口的开闭。

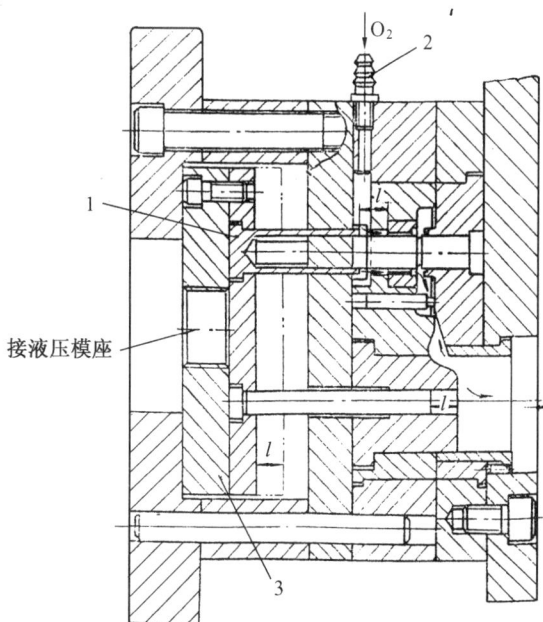

图 6-79 开有充氧口的压铸型
1—顶管 2—气管接嘴 3—顶杆板

充氧时氧气的压力可为 0.8~4.5 MPa。

6.5.3　精、速、密压铸

精、速、密压铸法是美国通用汽车公司提出来的,采用了在压射活塞中间加一可移动的小压射活塞的结构(见图 6-80),其工艺特点为:

① 开始压射时,两个套在一起的压射活塞一起慢速移动,使金属液充型速度不超过 0.5 m/s,并以勃兰特层流方式充填型腔,尽可能减弱甚至消灭一般压力铸造时的金属流卷裹型腔内气体的现象(见图 6-80a)。

② 型腔充满后,待压室内金属余料表面凝成一薄层硬壳时(见图 6-80b),中间的小压射活塞自大活塞中伸出(见图 6-80c),进行对铸件的补充加压,使铸件内部被进一步压实,保证获得致密的铸件,使铸件可被热处理。小活塞伸出距离可为 50~150 mm。

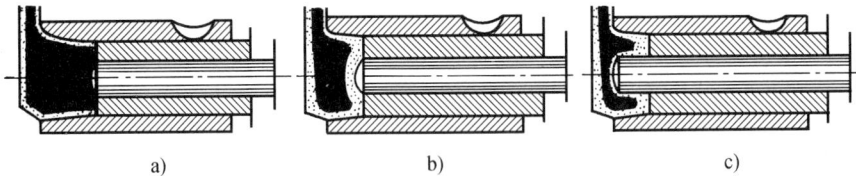

图 6-80　精、速、密压铸压射活塞动作次序

a) 压射充型终了　b) 金属余料凝成薄硬壳　c) 补充加压

精、速、密压铸法主要用于生产厚壁压铸件(壁厚大于 5 mm),如气缸体。为获好的效果,尚需注意下述工艺要点。

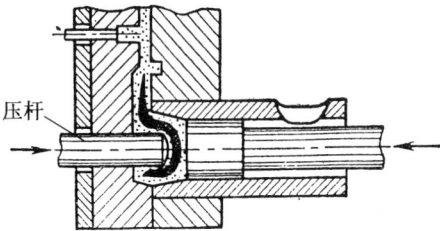

图 6-81　利用动型中的压杆进行补充加压

① 内浇口的厚度必须大于铸件的壁厚,以保证内浇口的凝固时间比铸件长。

② 内浇口应设在铸件壁的最厚部位,并处于铸件的下面,以防止卧式冷压室压铸机上压室中的金属液在自重作用下自动地流入型腔。

在一般压铸机上,也可在针对压室对面的压铸型的动型上设置补充加压用的压杆(图 6-81),在压射充型终了后,补充加压的压杆从型中伸出,把余料中尚未凝固的金属液压向铸件体中。

采用精、速、密压铸工艺时的压射压力比一般压铸时稍小,为 40~120 MPa。为获得好的效果,压铸机的向压室浇注金属液操作最好自动化,以保证每次浇入压室的金属液数量都一样,使每次补充加压的工作时刻都能合适,以获得最佳的补压效果。精、速、密压铸时的补充加压还可在使用结晶区域较大的压铸合金时,也能得到组织致密组织的铸件。此一方法不但可用于锌合金的压力铸造,也可用于压铸铝合金、镁合金和铜合金的铸件。由于镁合金的热容量较小,故镁合金的压射充型速度应稍大,可达 5~8 m/s,以保证在补充加压时,在铸件内和余料中还有能流动的金属。

在日本,在精、速、密压铸的基础上发展了不补充加压的慢速充填压铸法,利用层流充型的优点,获得组织致密的厚壁铸件。

6.5.4 半固态金属的压力铸造

半固态金属压力铸造基本上有两种类型,一种是将金属液冷却至液、固相线间温度时,在金属中部分地析出树枝晶情况下,直接将这种金属进行压力铸造。这是一种简易的半固态金属压铸工艺,在技术方面没有获得多大的发展。

本节所要叙述的半固态金属压力铸造是在对金属进行搅拌或其他方法处理后,破碎其中的树枝晶,使其中的固态晶粒成卵球状,再在液、固相线间温度情况下进行的压力铸造。这种压力铸造方法最初是在 20 世纪 70 年代由美国麻省理工学斯潘塞(Spencer D. B.)、法莱敏斯(Fleimings M. C.)等人在研究后提出的。

他们的研究表明:带有树枝晶的半固态金属,当其中的固相含量达 15% 时,由于树枝晶的相互纠搭,已不能在重力作用下自由流动,此时只有在合金上作用一定切应力并达到金属的屈服值以后,才能破坏固相颗粒间的联系,作一定的流动。可是当半固态金属中晶粒呈卵球状时,则含同样的固相体积分数时,使金属流动所需施加的切力可小 2~3 个数量级,呈现有好的流动性。如含固相 15%(质量)Sn—15%Pb 合金的表观黏度接近于室温时机油的黏度。所以带有卵球状晶粒的半固态金属,利用压射活塞施加的力量便可在比金属液相线温度低很多的情况下顺利地生产压力铸造件。

采用这种工艺的优点为:

① 金属充型平稳,故在铸件内卷入气体的可能性就大为减少。

② 由于压铸时金属温度已大为下降,故压射金属时,铸型所受的热冲击破坏作用已大为减小,故压铸型的工作寿命可大幅度提高,为高熔点合金的压铸创造了前提。

③ 金属进入铸型时,它本身已含有很多的固相,故金属在充型后的凝固收缩量可显著变小,使铸件内部组织致密、晶粒细小,力学性能提高,有时可接近或达到变形材料的力学性能。

④ 比较低温度的金属压力铸造还可减少成形件在铸型中的冷却线收缩,可提高铸件的尺寸精度。更因为低温金属在型中凝固时间短,故有利于提高压铸生产率。

获得含有卵球状晶体半固态金属的方法有很多种。

① 机械搅拌法。最简单的方法为将熔化后的金属逐渐冷却至液相线温度以下,并在冷却过程中对金属进行机械搅拌,破碎析出的树枝晶,而后将这种半固态金属装入压室,进行压力铸造。斯潘塞等人把此法称为流变铸造①。但此种方法操作麻烦,如压铸半固态铝合金时,需用熔点比此合金高得很多的金属搅拌器,其材料常为碳钢,由于搅拌时铁元素溶入铝合金会使铝合金性能变坏,并且搅拌器本身也会很快被侵蚀破坏。其他搅拌器的合适材料也很难寻找。此外,当依靠重力把此种半固态合金装入压铸机的压室中去的时候,由于此时由重力引起作用在金属上的切应力不能超过金属的屈服值,其流动性极差,很难在压室中流动铺开,不能充满压室空间存装金属,很难用此种半固态金属充分发挥压铸机的功能。故此法的实际压力铸造应用情况已很少在文献中提到。但在挤压、锻压成形时,还是有一定发展前途的。

② 电磁搅拌法。将熔化的金属液置于电磁搅拌的结晶器中使半固态金属的固相晶粒为卵球状,在结晶器上面注入液态金属,在结晶器下面取出已凝固的含有卵球状晶粒的铸锭(图 6-82),在需要压铸成形时,再把一定长度的铸锭加热至固、液相线间的温度,把铸锭移至压铸机的压室中(移动铸锭时,因作用在铸锭上的切应力不超过金属的屈服值,故铸锭的表现如固体,很易

---

① 严格地从流变学术语含义言,"流变铸造"这一术语不科学,但已普遍流传使用。

被移动),进行压铸成形。斯潘塞等人把这种半固态金属压铸法称为触变铸造[①]。把含有卵球状晶粒的铸锭再加热进行压力铸造的方法获得越来越多的注意。目前已有此种锭料成品出售。

③ 应变诱发熔化激活法。将合金原材料进行足够冷变形(如反复镦粗、轧细等)。在需压力铸造时,将此材料加热至液、固相线间温度,在加热过程中,先发生再结晶,然后部分熔化,在其中形成卵球状晶粒,供压力铸造成形用。但坯料不能太粗。

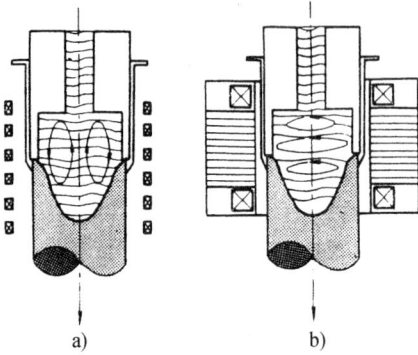

图 6-82　电磁搅拌连续获得含卵
　　　　　球状晶粒铸锭示意图
a—垂直电磁场搅拌　2—水平电磁场搅拌

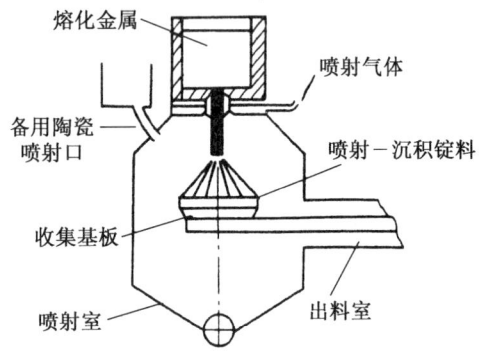

图 6-83　喷射成形法制造供半固态
　　　　　压铸的坯料示意图

④ 喷射成形法。将金属液雾化为液滴颗粒,在喷射气体作用下,部分凝固的液滴直接沉积在收集基板上(见图 6-83)。受冲击的液滴中能产生足够的力打碎液滴内部析出的树枝晶,最后聚集在一起在金属中形成卵球状晶粒组织,压铸时,可将坯料加热到固、液相线间温度进行半固态压铸。用此法可获得尺寸较大的坯料。

还有其他获得含卵球状晶粒坯料的方法,如紊流效应法、粉末法等,因尚在研究中不多叙述。

瑞士道(Dow)化学公司发明了一种新型的半固态镁合金压铸法(见图 6-84)。将粉状或小块状镁合金放入料斗 2 中,经供料口 3 进入剪切螺旋器 8 中,剪切螺旋器外面有电加热器 7。粉状(小块状)镁合金在氩气保护下,在剪切螺旋器中的往右移动中,被搅拌、加热至半固态,而后由高速压射装置 9 将螺旋当作压射活塞快速向右推动,将半固态镁合金推入铸型 4 中冷却成形。

已有此种压铸机和相应的工艺技术出售。

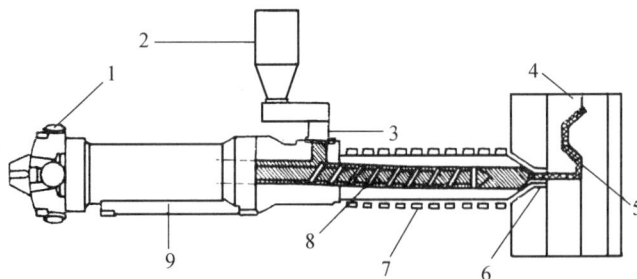

图 6-84　道公司的半固态镁合金半固态压铸设备示意图
1—转动螺旋桨装置　2—料斗　3—供料口　4—压铸型　5—铸件
6—喷嘴　7—加热器　8—剪切螺旋　9—高速压射装置

───────────────

① 严格地从流变学术语含义言,"触变铸造"此一术语不科学,但已普遍流传使用。

6.6　压铸机和压铸辅助装置

压铸生产必须使用压铸机,为了使压铸生产更有效地进行,常可使用一些压铸辅助装置,如金属液自动定量给料装置、压铸型涂料喷涂装置、自动取件机械手等。由于压铸机和压铸辅助装置的类型很多,本节将择例给以适当的介绍。

6.6.1　压铸机

图 6-85 所示为卧式冷压室压铸机的总体基本结构。由该图可见,压铸机的主要功能性机构为开合型机构、压射机构。为使此两机构实现其功能,尚需有液压泵、管、阀系统、电器控制系统、机件冷却、润滑系统等。本节主要介绍功能性机构。

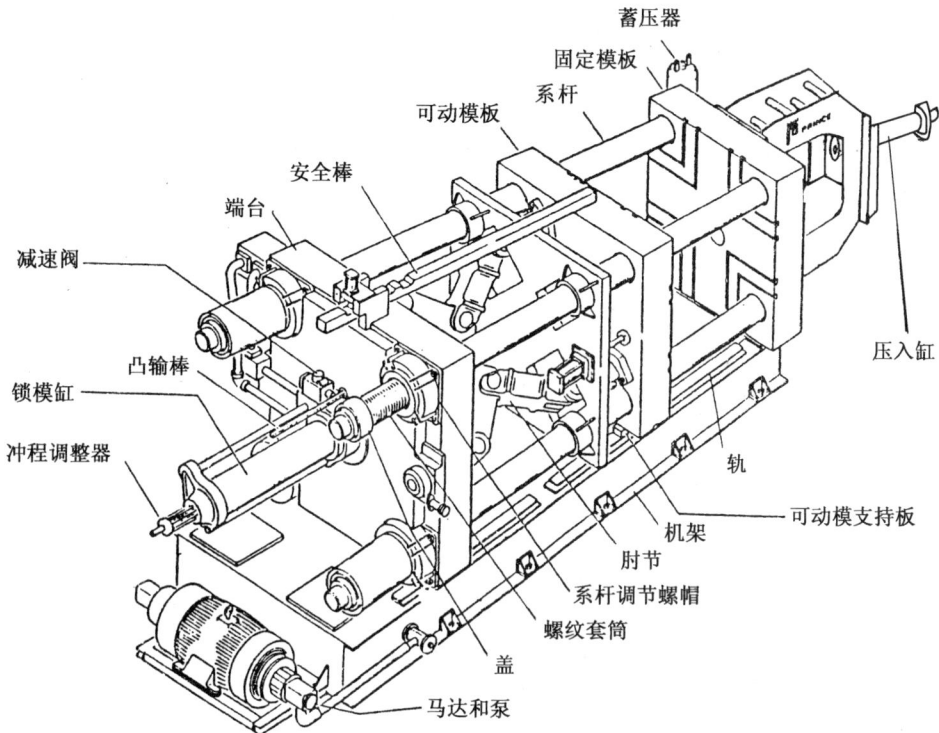

图 6-85　卧式冷压室压铸机的总体结构

（1）开合型机构

属于开合型机构的机件有合型缸、曲肘扩力机构、动型座、支承锁型力的系杆（又称导柱、大柱）、定型座等（见图 6-85）。动型座和合型缸座板的重量主要由压铸机的底座支承,它们可在底座上的滑轨上移动。合型缸上的行程调节器是用来调节开合型时动型座的行程。系杆调节螺母用来调节动型座和合型缸座板间的距离,以使合型时曲肘扩力机构处于最佳状态（具体内容在后面叙述）,充分发挥合型力。4 根系杆一方面承受合型时通过定型板和合型缸座板传达的合型力,同时也起动型座和合型缸座板移动时的导向作用。

下面叙述不同结构形式的开合型机构。

1）液压曲肘式开合型机构

　　图 6 - 85 中所示压铸机上的开合型机构即为液压曲肘式的。图 6 - 86 更为详细地示出了这种机构的动作原理。由合型缸 1 带动一组由杆件组成的曲肘扩力机构,当合型中活塞由开型状态(见图 6 - 86a)向右移动时,连杆 6 由倾斜状态向垂直状态转换,使三角铰链 7 和力臂 4 向水平状态转换,推动动型座带动动型向右移动,实现合型。在三角铰链和力臂处于水平直线状态时(见图 6 - 86b),称为"死点",可具有最大的合型力。其值可达合型缸活塞推力的 16～26 倍,故可大大减小合型缸的直径和高压油的耗量,节约能源。同时在合型过程中,动型移动速度由快转为缓慢,可使合型时刻无冲击力,机器工作平稳。而在开型时,动型运动速度也由慢转快,这样有利于铸件的顶出和抽芯。合型机构刚性大,控制系统也可简化。

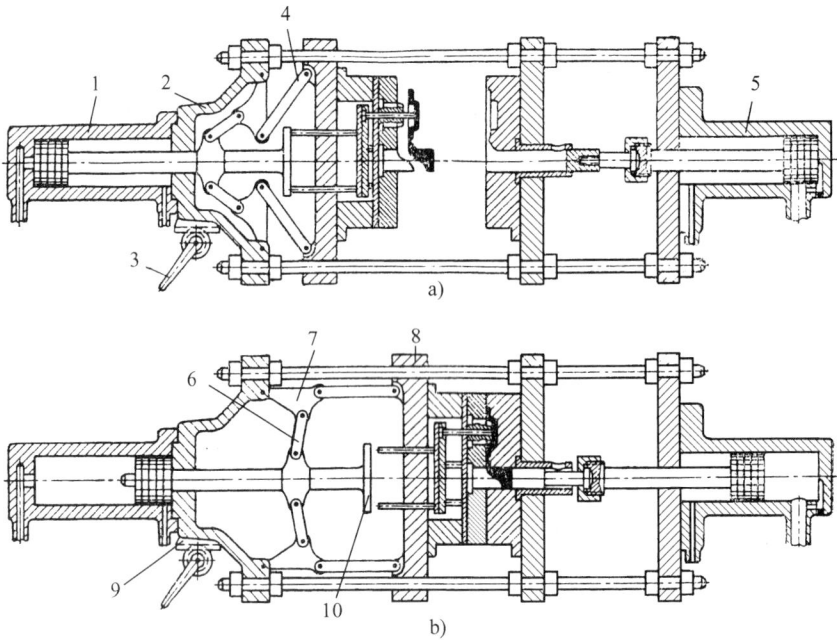

图 6 - 86　液压曲肘式开合型机构

a) 开型状态　b) 合型状态

1—合型缸　2—合型缸座板　3—齿轮　4—力臂　5—压射缸
6—连杆　7—三角铰链　8—动型座　9—齿条　10—顶杆推板

　　此一机构的缺点为,每换一次压铸型和压铸型工作时受热膨胀时,需调整合型缸座板和动型座之间的距离,以保证在合型时曲肘机构刚好处于"死点"状态。图 6 - 86 上的齿轮 3—齿条 9 系统即用来作调整之用。在稍大型的压铸机上,则用电动机驱动一套齿轮传动系统带动系杆调节螺母进行此种调整。调整的操作过程是比较麻烦的。此处开型时力量较小,当型座因受热膨胀不均出现歪斜时,会降低铸件的精度。座板上轴套与系杆之间也需很好注意润滑。

　　顶杆推板 10 利用合型缸活塞杆的开合型动作实现推动顶杆板操作。

　　液压曲肘开合型机构是应用得较为广泛的。

　　2) 全液压开合型机构

　　图 6 - 87 示出了压铸机上的全液压开合型机构,全液压开合型机构的油缸有两个活塞:不动活塞 15,它用法兰盘 16 固定在液压缸的外壳 9 上;活动活塞 8,它与动型座 5 连在一起,动型座沿系杆 27 移动,工作时,经油道 11 通入的高压油总是充满缸腔 10。为了合型,高压油

沿油管 25,19,油道 7 进入缸腔 6,由于作用在活动活塞两个面的总压力不同,活动活塞带动动型座向右移动,在缸腔 18 中形成真空,单向阀 12 打开,储油罐 13 中的常压油流入此缸腔。在动型座向右移动时,带动杆 26,当合型终了时刻,杆 26 上的凸块将油阀 24 打开,高压油经油管 23 进入缸腔 18,使合型力增大 1 倍以上。开始压射金属时,高压油经油管 22 进入增压阀 20,由于活塞 21 两个端面上的面积不同,上升的活塞 21 可使油腔 18 中的油压增大 2~3 倍,使合型力进一步增大。压射终了后的开型时刻,打开增压阀、缸腔 18,6 的泄油系统,在油腔 10 内高压油的作用下,活动活塞向左移动,实现开型。

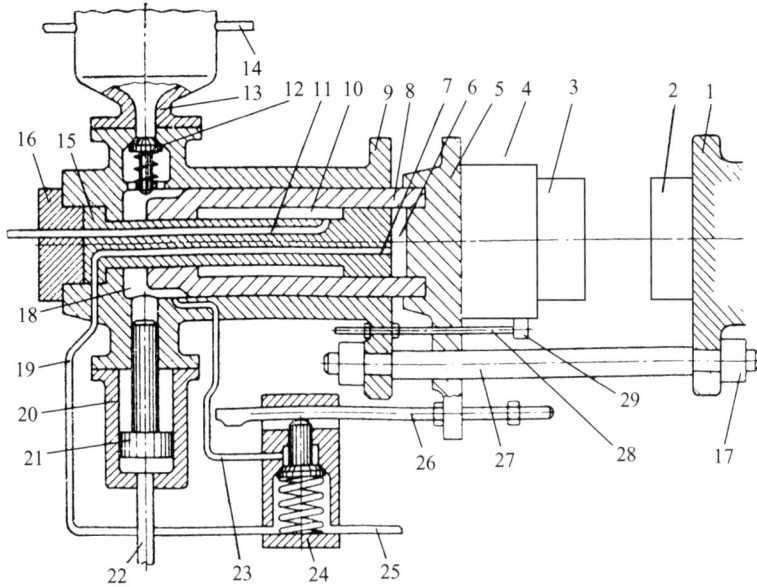

图 6-87 全液压开合型机构

1—定型座 2—定型 3—动型 4—动型底架 5—动型座 6—缸腔 7—油道 8—活动活塞
9—液压缸外壳 10—油腔 11—油道 12—单向阀 13—储油罐 14—油管
15—不动活塞 16—法兰盘 17—螺帽 18—油腔 19—油管 20—增压缸
21—活塞 22—油管 23—油管 24—油阀 25—油管 26—杆
27—系杆 28—可调顶杆 29—顶杆板

全液压开合型系统结构简单,安装不同厚度压铸型时调整方便,可自动补偿压铸型的热膨胀而不影响合型力。但合型速度慢,高压油的消耗量大,合型机构刚性差,压射终了时铸型中的胀型力稍大时,动型就会退让。机器的液压系统太大,控制系统复杂,液压密封件易坏。一般在小型压铸机上使用。

3)液压楔锁式开合型机构

图 6-88 所示为液压楔锁式开合型机构的结构,它有两个水平布置的液压缸,驱动动型座向左(开型)和向右(合型)移动,又有两个垂直布置的液压缸,驱动楔块 3 相对地上下移动。当未合型时,上下两个楔块被液压缸的活塞各向上和向下移动,使杆 5 能随动型座一起移动。当合好型后,上下两个楔块各向下和向上插入杆 5 的球形端面与合型缸座板 1 的平面之间(如图 6-88 所示的状态),形成很大的合型力,防止压射金属时可能出现的胀型。这种机构常用于大型压铸机。

(2)压射机构

压铸机上的压射机构由压室、压射活塞和活塞液压驱动装置组成。本节主要叙述压射活

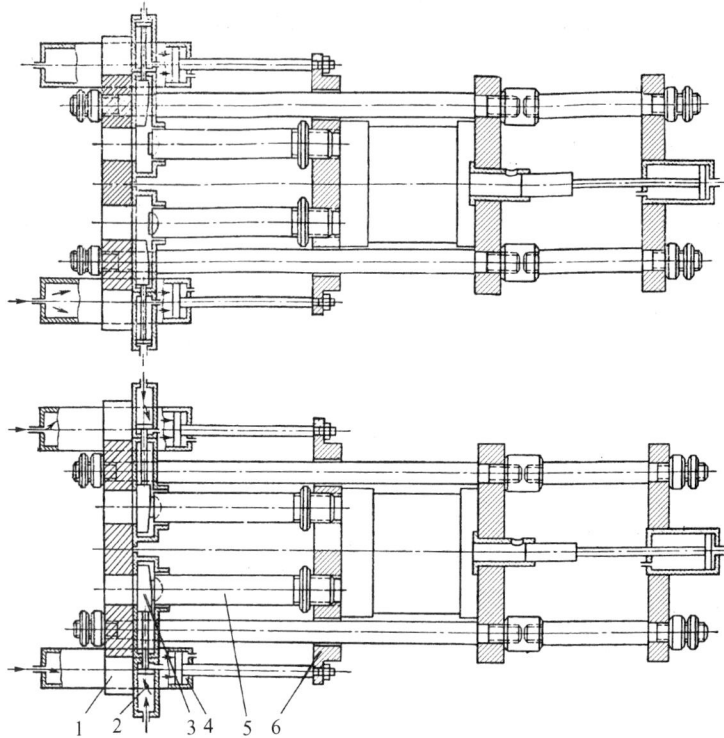

图 6-88　液压楔锁式开合型机构的结构

1—合型缸座板　2—楔块驱动液压缸　3—楔块　4—动型座驱动液压缸　5—杆　6—动型座

塞液压驱动装置的构成和动作原理。

在卧式冷压室压铸机上有多种类型的压射活塞驱动装置的结构,但基本可分为两类,一类是没有增压器的,另一类则带有增压器。

没有增压器的压射活塞驱动装置的常见结构可见图 6-89 上的示意图。在该图 a 中所示的结构中利用了 2 个油泵 4 和 5。在驱动活塞向左移动压射金属时,利用输出流量较大、压力稍小的油泵 4 提供给蓄能器 1 中的高压油经双通阀 6、分配阀 7 和双通阀 9 进入压射缸 10 右面的缸腔中推动压射活塞向左移动。在充型将终了前,开动输出流量较小,但压力较大的油泵 5,通过分配阀 7 和双通阀 9 进入液压缸 10,以增大压射活塞作用在金属上的压力。压射活塞向左移动时,压射缸左侧腔中的油经阀 8,7 回流至油箱 3 中。此种装置的优点是液压缸结构简单,但增压速度较慢。

图 6-89b 中所示的压射液压系统中压射活塞上的增压是通过加大 C 腔中油的泄出量而实现的。开始压射时,由蓄能器来的高压油经分配阀 14 进入压射缸 16 的 C 腔中,作用在活塞的 F_1 端面上,使压射活塞缓慢向左移动,完成慢速启动的动作,压射缸 D 腔中的油经油管 20 通过 18 流入 C 腔中。随着压射活塞的左移,高压油开始作用在 F_2 面上,加大了压射活塞的移动速度,实施金属充型。压射终了时,通过行程开关驱动分配阀 12,使 D 腔中的油经分配阀 12 流向油箱,此时阀 18 中活塞动作,将油管 20 关闭。由于 D 腔中油压大幅度下降,压射活塞作用在金属上的压力便上升。但这种装置需用大直径的压射缸,高压油耗量大,油在管道中的流量大,相应地提高了在压射终了时液压系统中的水击现象,液压系统体积增大。

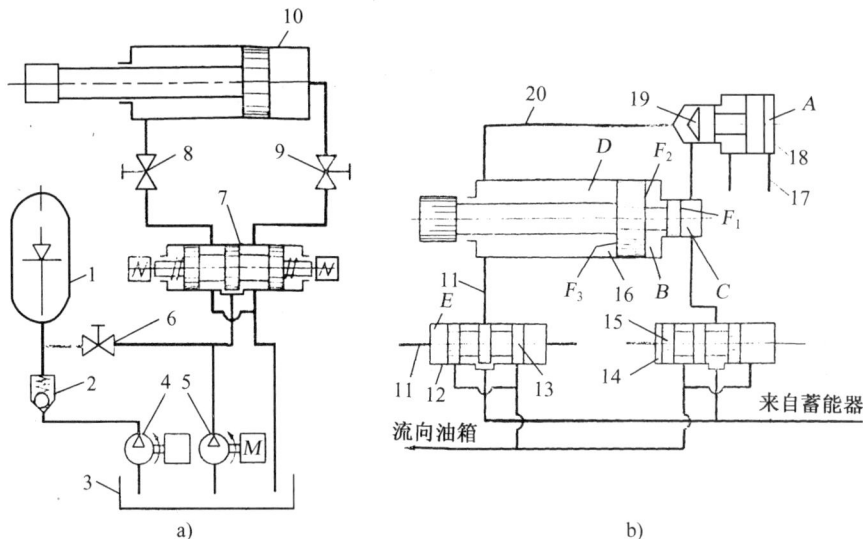

图 6-89　无增压器压射活塞驱动装置示意图

1—蓄能器　2—单向阀　3—油箱　4—低压泵　5—高压泵　6—双通阀
7—分配阀　8,9—双通阀　10—压射缸　11—油管　12—分配阀
13—滑阀　14—分配阀　15—滑阀　16—压射缸
17—油管　18—回流分配阀　19—滑阀　20—油管

　　带有增压器的压射活塞驱动装置的结构有两种方案。第一种为直接在压射缸后端接一增压器，另一种为与压射缸平行另设一增压器。

　　图 6-90 示出了在压射缸后端装增压器的压射活塞驱动装置工作原理示意图。压射时由蓄能器来的高压油经分配阀通过单向阀 2 和 3 进入压射缸 9 的缸腔 A 和增压器 8 的缸腔 B 中。在压射终了时，缸腔 A 中的油压急剧上升，阀 2 和 3 被关闭，增压器在 B 腔中油压的作用下便发挥增压的作用。

　　可通过调节阀 7 中的弹簧改变缸腔 C 中的油压，以调节增压的大小和时间，通过阀 6 调节增压的速度和时间。压射活塞的返回可通过使高压油经油管 1 进入压射缸，并通过阀 4 中的活塞开启单向阀 3，使缸腔 A 内油流出即可。欲使增压器中活塞的返回原始状态，只需将高压油经单向阀 5 输入缸腔 C 中即可。

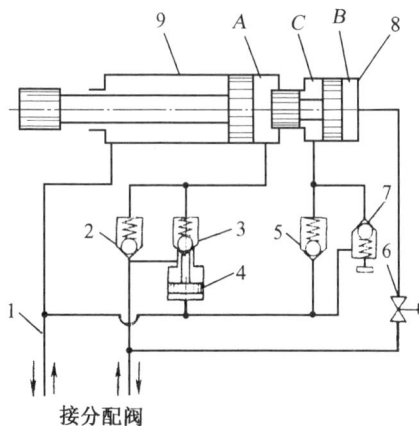

图 6-90　压射缸后端带有增压器的压射
活塞驱动装置工作原理图

1—油管　2,3—单向阀　4—活塞　5,7—单向阀
6—双通阀　8—增压器　9—压射缸

　　图 6-91 示出了布勒公司生产的一种压铸机上装有压射缸后端带增压器的压射活塞液压驱动装置。其中 a 图所示为金属充型时的状态，高压油通过增压器 4 中缸腔把滑阀 3 推向左，同时进入缸腔 A，推动压射活塞向左移动。增压器 4 在 C 腔中油作用下紧贴增压器外壳的底面，F_2 端面上没有油压。压射终了时，(见图 b)打开阀 5，使 C 腔中油流向油箱，增压器 4 向左移动，F_2 端面上受压，实现 A 腔中油的增压。此时由于 A 腔中压力升高，滑阀两面所受压力相互抵消，在弹簧作用下回至原位，封闭了高压油流向 A 腔的入口。

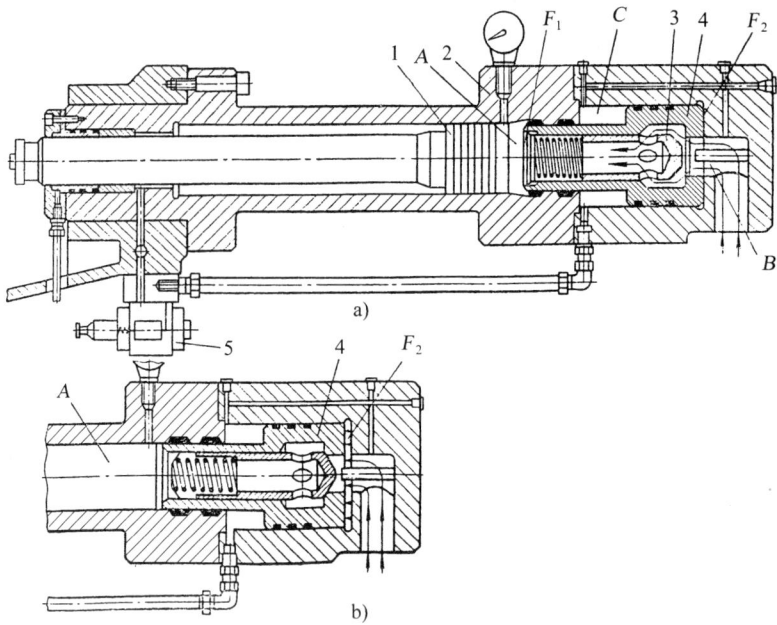

图 6-91　布勒公司压铸机上带增压器的压射缸结构
1—压射活塞　2—压射缸　3—滑阀　4—增压器　5—阀

此种装置使压射缸和增压器结构复杂,但所占空间较小。

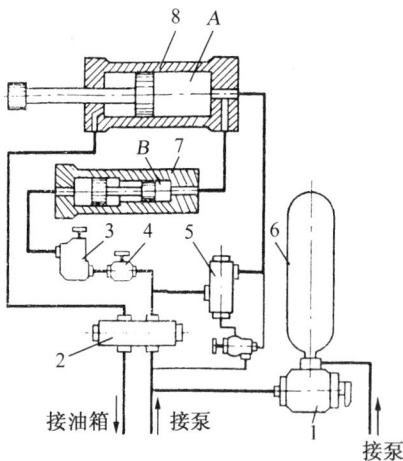

图 6-92　与压射缸平行设置增压器的压射
活塞驱动装置示意图

1—电磁阀　2—分配阀　3—调节阀　4—油阀
5—控制阀　6—蓄能器　7—增压器缸　8—压射缸

与压射缸平行设置增压器的压射活塞驱动装置的工作原理示意图可见图 6-92。由油泵来的高压油经分配阀 2 和控制阀 5 进入压射缸 8 的 A 腔中,使压射活塞左移。在慢速移动阶段完后,打开电磁阀 1,蓄能器 6 中高压油以较大流量进入压射缸,实现压射活塞的快速左移。压射终了时,压射缸内油压急增,单向阀 5 被关闭,阀 4 打开,增压器缸 7 中活塞动作,实施 A 腔中油压的急剧上升。阀 3 用来调节进入增压器的油的流量,如此装置可使压射缸中油压达 10 MPa。

图 6-93 示出了立式冷压室压铸机的压射缸结构,其形式与图 6-87 所示全液压开合型的油缸结构相似,它具有内活塞 5,经油管 1 使缸腔 6 中总是充满高压油,欲把活塞 7 和压射活塞 8 上抬。通过管道 3 和(或)管道 4 向压射缸中输入高压油可获得 3 种使压射活塞向下压的压力。油缸 11 控制反活塞 10 的上下移动。

热压室压铸机上压射机构的压射缸比较简单,为一般的液压缸,而其压室结构则较复杂,图 6-94 示出了压铸镁合金的热压室压铸机的压室和金属保温炉结构。此一结构是装在四个轮子上的,可移离压铸机的开合型机构。图中的用于保温的燃料为燃气,当然也可以改用电加热。坩埚 22 上有密封盖 20 防止镁合金液与空气接触,同时通过气嘴 16 向坩埚内送入保护气体 SF₆ 和氮气的混合气。为防止金属液在喷嘴 12 中凝固,用管 7 引入燃气对喷嘴加热(也可采用电加热)。为使金属液在压射后能自喷嘴处回流,所以喷嘴是倾斜设置的。因此此种热压室压铸机的开合型机构的机架也是倾斜的。

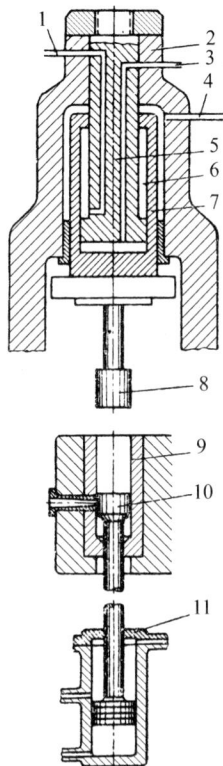

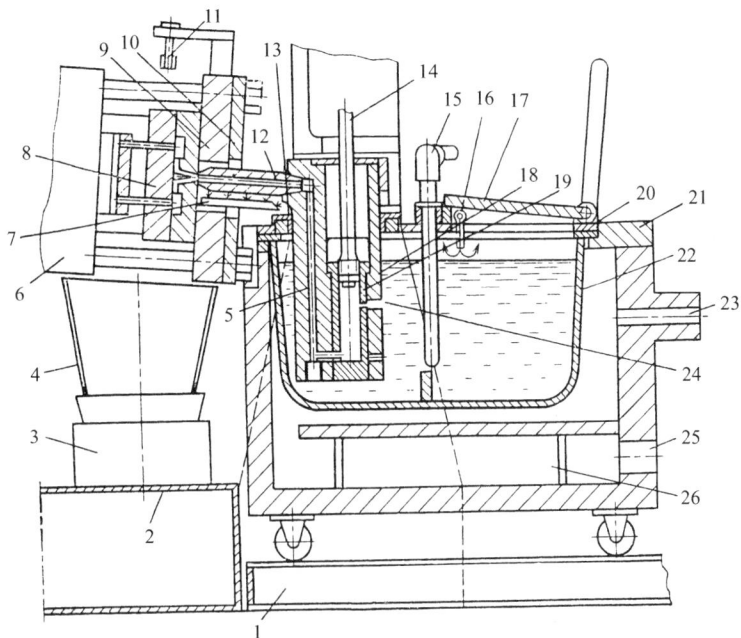

图 6-93 立式冷压室压铸
机的压射缸结构

1—油管 2—缸体 3,4—油管
5—固定活塞 6—缸腔 7—活动活塞
8—压射活塞 9—压室
10—反活塞 11—油缸

图 6-94 压铸镁合金用热压室压铸机的压射机构

1—导轨 2—机器基础 3—秤 4—接件槽 5—金属液流道 6—动型座
7—燃气管 8—压型 9—定型座 10—切断凝固浇道用板 11—喷涂料器
12—喷嘴 13—垫框 14—压射活塞 15—热电偶 16—气嘴 17—装料用盖
18—压室外套 19—压室内套 20—坩埚盖 21—加热炉外壳 22—坩埚
23—烟气出口 24—金属液进口 25—燃气喷嘴孔 26—燃烧室

6.6.2 压铸辅助装置

(1) 金属液自动定量给液装置

一般都是用手工向冷压室压铸机的压室运送金属液,尤其在压铸中、大型铸件时,工人劳动强度较大,并且浇入压室的金属量不能控制正确,从而会提高铸件废品率和浪费金属液,并且运送金属液的效率也较低。

压铸机旁的自动定量给液装置有多种形式,下面将分别加以叙述。

1) 机械臂浇勺式自动定量给液装置(见图 6-95)

由液压缸(或气缸)2 使臂式浇勺 1 绕支点转动,将定量金属液浇入压室 3 中,实施定量自动运送金属液。尚有其他多种转动臂式浇勺的方式。

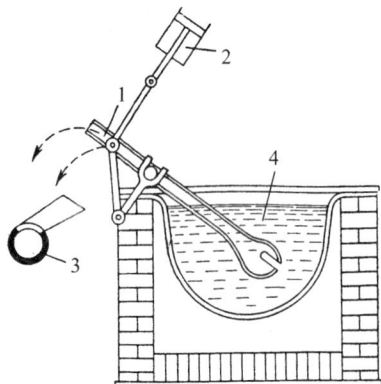

图 6-95　机械臂浇勺式自动定量给液装置

1—臂式浇勺　2—液压缸　3—压室　4—金属液

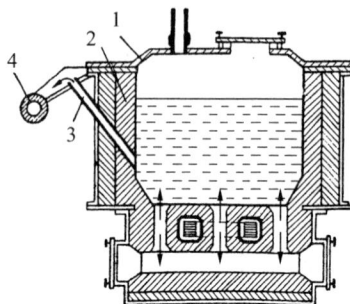

图 6-96　金属液保温炉的气压式
自动定量给液方法

1—保温炉盖　2—保温炉　3—金属通道　4—压室

2) 气压式自动定量给液装置

气压式自动定量给液装置有两种形式,一种是固定式的(见图 6-96),在密闭的金属液保温炉 2 中,向熔池液面上送入一定压力的压缩空气或惰性气体,把炉中金属液经通道 3 压向压铸机上的压室 4。控制给金属液面的加压连续时间来控制流入压室的金属液数量,同时用自动化系统根据炉内金属液面的高度调节补偿的加压时间。这种装置对保温炉结构要求严格。

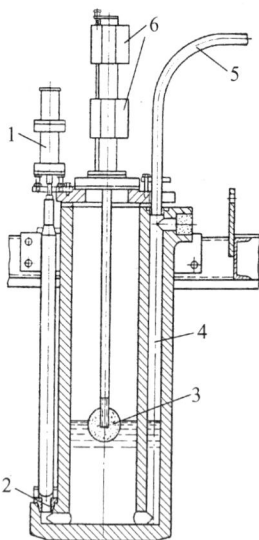

图 6-97　可移动气压式自动
定量给液装置

1—气缸　2—金属液入口　3—浮子
4,5—金属液通道　6—电磁开关

还有一种是可移动的气压式自动定量给液装置(见图 6-97),它可被放置在任何开放或封闭(镁合金压铸时)的保温炉的金属液中。先用气缸 1,把金属液入口 2 打开,金属液进入此装置的内腔,有浮子 3 的杆子控制两个电磁开关 6,当装置内液面升至限定的高度时,有一个电磁阀动作,关闭金属液入口,当装置内金属液面下降至限定高度时,另一个电磁阀工作,打开金属液入口。也可在装置筒不同高度上设定电触点控制电磁阀工作。输液时向装置内腔液面上通入压缩空气或惰性气体,将装置中金属液经金属液通道 4,5 压入压室中。浇注的金属液数量由通气时间控制。在空气中的金属液通道需用电加热和绝热材料包裹,以防金属在其中凝固或散热太多。

3) 重力式自动定量给液装置(见图 6-98)

经精炼后的镁合金盛于坩埚 9 中,坩埚中的金属液在柱塞开启情况下可经金属液通道 11 自动流向由阀杆 3 控制的金属液出口处,滑杆的上下移动由气缸 4 控制。气缸通过阀杆 3 开启金属液出口的时间由时间继电器 8 控制,以满足定量向压室 13 注入金属液的要求。为防止流出的镁合金液在与空气接触时出现燃烧或氧化,金属液出口处会放出保护气体如 SO_2,

SF_6 等。为减少金属液在金属液通道中的降温,金属液通道用热空气加热。此装置每小时可定量放出每份质量为 136 g 的金属液 330 次。

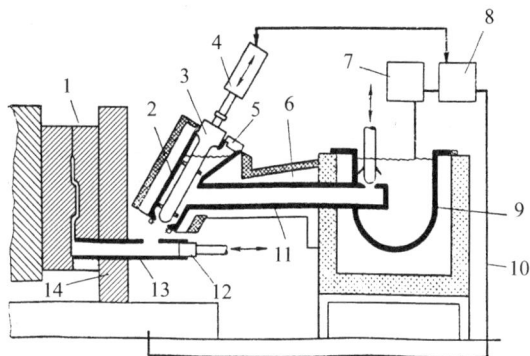

图 6-98 重力式自动定量给液装置
1—铸型 2—保护气通道 3—阀杆 4—气缸 5—清理用开口
6—热空气室 7—液面指示器和液面高度补偿器
8—时间继电器 9—坩埚 10—控制线路 11—金属液通道
12—压射活塞 13—压室 14—定型座

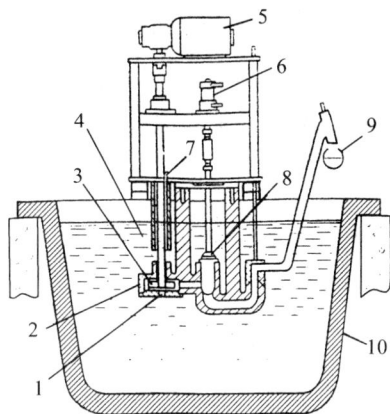

图 6-99 离心泵式自动定量给液装置
1—离心泵进液口 2—泵壳 3—离心泵叶轮
4—金属液 5—电动机(或气动机) 6—气阀缸
7—供气管 8—阀塞 9—压室 10—坩埚

4）离心泵式自动定量给液装置(见图 6-99)

在此装置中有一叶轮式离心泵,由泵壳 2、叶轮 3 组成。定量向压室 9 注金属液时,开启电动机(也可用气动机)5,使离心泵叶轮转动,金属液经过液孔 1,被叶轮驱赶,通过已被气阀 5 的阀塞 8 打开的金属液通道流向出口,进入压室。离心泵的扬程可达 1 200～1 300 mm,对镁合金的质量定量份额可为 0.23～14 kg,注液速度为 1～2.7 kg/s。每小时可定量注液 700 次,装置的工作寿命为 4 年。适用于中型压铸机的镁合金压铸。

5）电磁泵式自动定量给液装置

现在已有输送金属液的电磁泵成品出售,只需把电磁泵放入保温炉的金属液中,通过控制泵的工作时间和流量,即可把金属液提升至金属液通道中流向压室。

也有把电磁泵的线圈装在金属液感应保温炉的金属通道周围,利用控制电磁泵线圈的通电时间控制从保温炉中流出的金属液数量。图 6-100 所示即为一例。

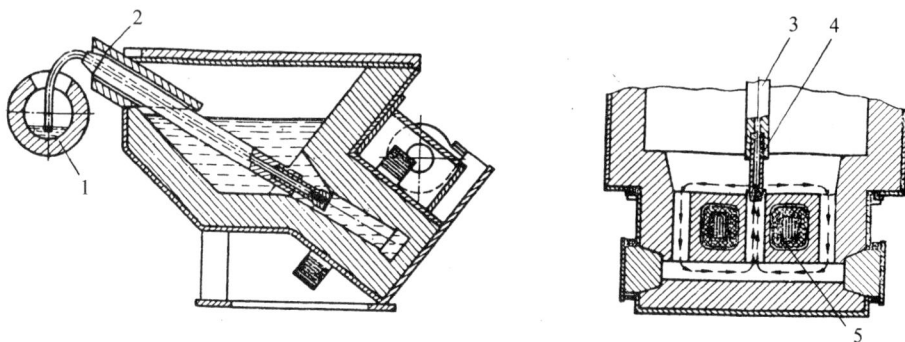

图 6-100 金属液感应保温炉中设置电磁泵定量给液装置的结构示意
1—压室 2—金属液通道加热器 3—耐火金属液通道 4—碳化硅接管 5—电磁泵线圈

电磁泵式自动定量给液装置结构复杂,价格昂贵,所以现在用得较少。

6）真空式自动定量给液装置

真空压铸时,可利用给铸型抽真空时的吸力,将金属液抽至压室中,前面 6.5.1 节中的图

6-74已对此种装置作了概要性的介绍。此种装置的定量由压室金属液入口处的真空度、入口的断面积和抽吸金属液的时间所决定。当吸取金属液达到设定的质量时,压射活塞向左移动,金属液导管门接通大气,管中金属液回流到坩埚中。

(2)自动清理铸型装置

压铸型工作时,在其工作表面上常会粘附一些小的金属薄片、小块,必须把它们清理掉。一般工人常用压缩空气吹走这些金属残留物,但费时较多。图6-101a示出了一种自动向铸型表面吹压缩空气的装置,由放置在铸型旁边的气缸2驱使喷气管3上下移动,达到清理铸型的目的。但更为有效的是用青铜丝刷擦拭铸型表面(见图6-101b),利用气缸2上下移动刷子4,把铸型表面粘附的金属小块除去。

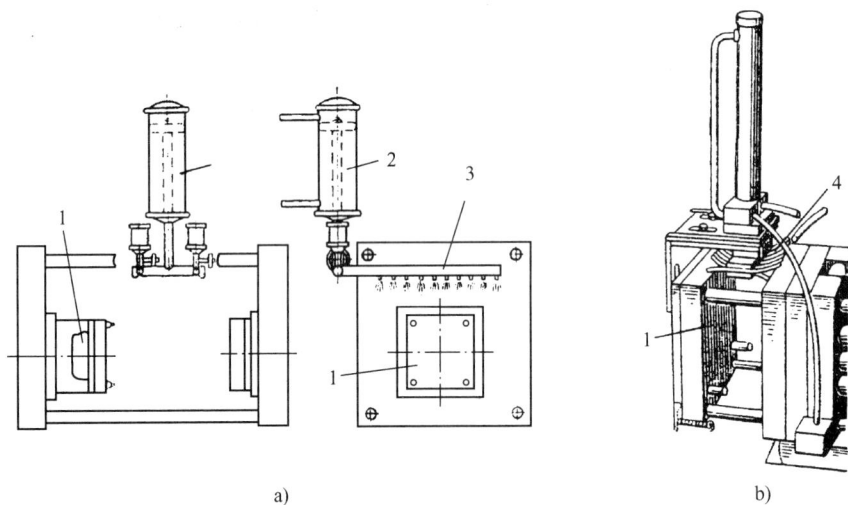

a)　　　　　　b)

图6-101　自动清理铸型工作面装置

a)压缩空气清理装置　b)铜丝刷清理装置

1—铸型　2—气缸　3—喷气管　4—铜丝刷

(3)自动喷涂料润滑压射活塞装置

一般常用带有喷嘴的喷涂料杆(有时用喷枪)手工地对铸型表面喷涂料,但效率较低,且涂料消耗较多。自动喷涂料装置有两种类型,一种为固定式的,即把几个喷涂料的喷嘴固定在压铸机安全罩壳的一定位置上,而位置的选择应考虑到开型后,喷出的涂料应均匀分布在铸型的工作面上。喷嘴也可设在支架上。这种装置结构简单,但对深的型腔和被型芯遮挡的型腔,涂料不易喷到。

图6-102所示为一种喷嘴可上下移动的自动喷涂料装置,喷嘴架1被气缸上下反复移动,喷嘴组2同时向动型和定型表面喷涂料。也可用此装置向铸型表面吹压缩空气,把型腔表面涂料吹匀。整个气缸和喷嘴还可绕立柱4转动,以免妨碍生产操作。喷嘴的动作可编程控制。

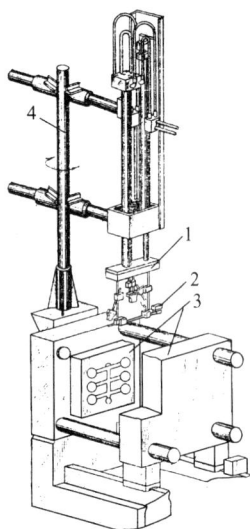

图6-102　自动喷涂料装置

1—喷嘴架　2—喷嘴组　3—铸型　4—立柱

压射活塞在工作时受高温磨损,破坏较剧烈,为提高其工作寿命,常需对它润滑,图 6-103 示出了一种压室自动润滑装置。开动气阀 1,压缩空气进入挤压涂料(润滑剂)箱 2,涂料顺管道 3 进入压室 4。

(4) 自压铸机取出铸件的机械化、自动化装置

一般中、小型压铸件生产时,可以手工地用钳子把铸件夹住,自压铸件上取出。在高速生产小型压铸件(如在热压室压铸机上)时,手工夹取铸件会降低机器的生产率,故也可在开型时,让被顶出铸型的铸件,自动地掉落在设在压铸机下面的皮带输送器或振动倾斜槽中,把铸件送出压铸机,掉落在铸件箱中。

在生产较大铸件时,由于其重量太大,自动掉落易砸坏,手工取件又太重,此时可使用自动取件机械手。图 6-104 所示为一种固定在定型 2 边缘上的机械手的工作程序。在 Ⅰ 图中,端部带有夹

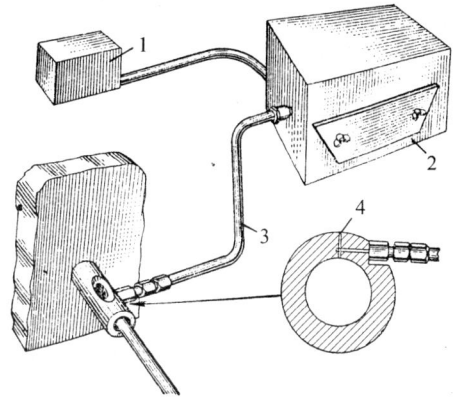

图 6-103 一种自动润滑压室的装置
1—气阀 2—挤压涂料箱 3—管道 4—堵塞

钳的夹件杆 5 伸进打开的定型和动型 3 间的空间,在靠近动型一边,利用夹件杆另一端驱动器 8,使夹钳夹住铸件 4 的浇注余料。铸件从铸型顶杆上下来,开动电动机,利用曲柄连杆机构将铸件按图 Ⅱ 中所示曲线的路线移出压铸机,直至图 Ⅲ 所示的位置。杆 5 一端的驱动器将夹钳转动 90°(图 Ⅳ),夹钳张开,从夹钳上取下铸件 4。此装置动作很快,一个取件周期只需 5 s。

也有把自动取件机械手设置在压铸机旁的情况。

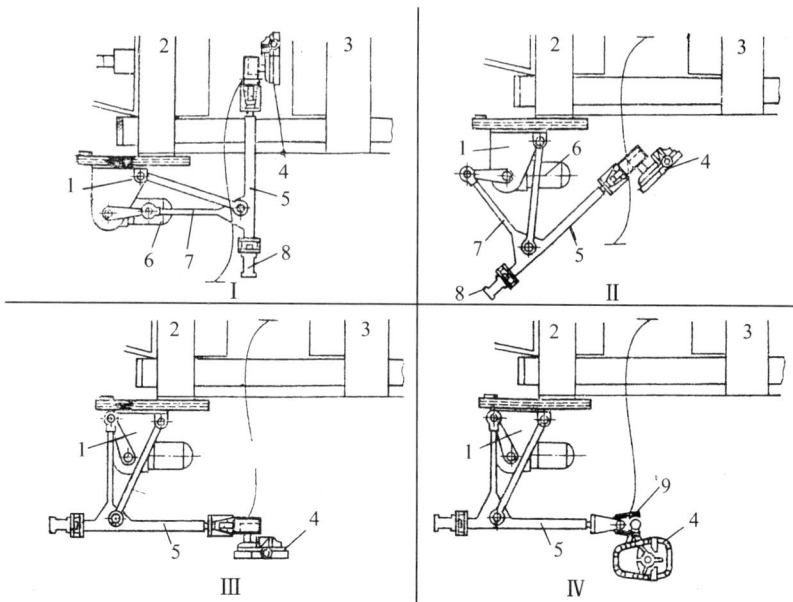

图 6-104 自动化取件机械手的工作顺序
1—取件机械手支架 2—定型座 3—动型座 4—铸件 5—取件杆
6—电动机 7—曲柄 8—夹钳驱动器 9—夹钳

第7章
离 心 铸 造

概　　述

　　离心铸造是将液态金属浇入旋转铸型中,使液态金属在离心力作用下充填铸型和凝固成形的一种铸造方法。

　　为实现此一工艺过程,必须采用离心铸造机以创造铸型旋转的条件。根据铸型旋转轴在空间位置的不同,常用的有立式离心铸造机和卧式离心铸造机两种。相应的工艺也称为立式离心铸造和卧式离心铸造。

　　立式离心铸造时,铸型绕垂直轴旋转(见图7-1,7-2),此工艺主要用来生产高度小于直径的圆环形铸件(见图7-1)。有时也用来生产异形铸件(见图7-2)。

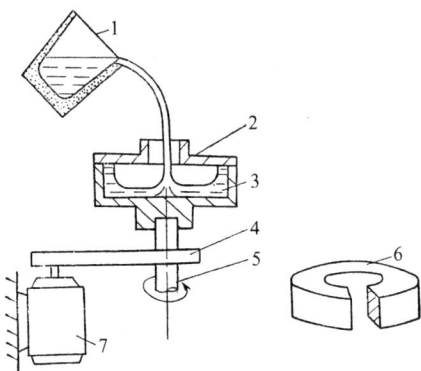

图7-1　立式离心铸造圆环示意图

1—浇包　2—铸型　3—金属液　4—皮带和皮带轮
5—轴　6—铸件　7—电动机

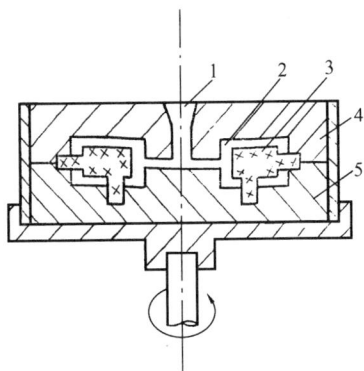

图7-2　立式离心铸造异形铸件示意图

1—浇道　2—型腔　3—型芯
4—上型　5—下型

　　卧式离心铸造时,铸型绕水平轴旋转(见图7-3),主要用来生产长度大于直径的套筒、管类铸件。

　　有时在生产壁较薄、细长的管状铸件时,铸型的旋转轴与水平线呈3°～5°的夹角,这是为了使金属液能很好地均匀分布于整个铸型长度上,这也应属于卧式离心铸造范畴。

　　在一些文献上,按铸件成形时的条件,又把离心铸造法分类为:

　　① 真离心铸造。回转形铸件的轴线与铸型旋转轴重合,铸件内表面借离心力形成(见图7-1,7-3)。

　　② 半离心铸造。回转形铸件的轴线与铸型旋转轴重

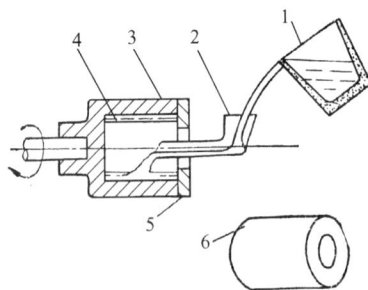

图7-3　卧式离心铸造示意图

1—浇包　2—浇注槽　3—铸型
4—金属液　5—端盖　6—铸件

合,铸件各表面全由铸型壁形成(见图 7 - 4)。

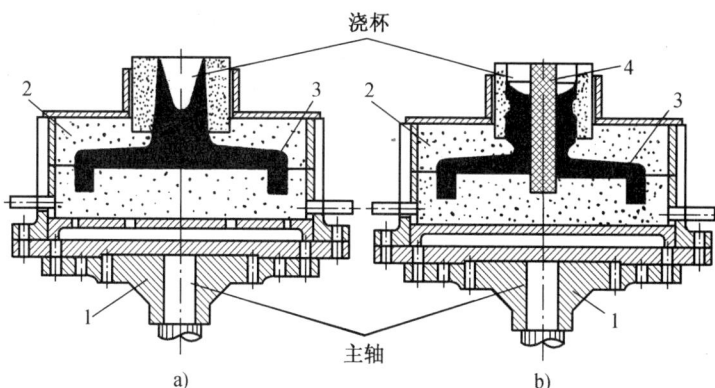

图 7 - 4 半离心铸造

a) 无内孔的铸件   b) 内孔由型芯形成

1—机台 2—铸型 3—铸件 4—型芯

③ 加压离心铸造。铸件形状不规则,成型时绕铸型轴线旋转,铸件轮廓全由铸型壁形成(图 7 - 2)。

由于离心铸造时,金属液是在旋转情况下充填铸型并进行凝固的,因此离心铸造具有下述一些特点。

① 金属液能在铸型中自动形成中空的圆柱形自由表面,这样便可不用型芯就能生产出中空的铸件,使套筒形、圆环形、管形的铸件生产过程大为简化,并使一些壁薄、直径小、长度相对较大的铸件(如壁厚为 3 mm、内孔直径为 37 mm、长度为 3 m 的灰铁管)的生产成为可能。

② 旋转金属液的离心力常比其重力大数十倍,故离心铸造工艺可很大地提高金属充填铸型的能力,因此一些流动性较差的合金和形状复杂的薄壁铸件如叶轮等都有用离心铸造方法浇注的。

③ 前条所述的旋转金属液的离心力特点还增强了铸件凝固时的金属补缩能力,使金属液中气泡、夹杂物易于移向自由表面排出,故离心铸件的致密度高、缩孔(缩松)、气孔、夹渣很少,提高了铸件的力学性能,有时甚至达到锻件的力学性能。故在密度较小的钛合金铸件生产时常用离心铸造法。

④ 消除或减小了金属在浇注系统和冒口方面的消耗,可大幅度地降低铸件的生产成本。

⑤ 铸件内易形成偏析,有人就利用此一特点研制具有梯形材料性能的铸件。

⑥ 由于旋转金属液离心力引起的金属液向旋转外侧物体细孔中的渗透能力,故可用离心铸造法进行有效的铸渗,在铸件外表面上获得复合的铸渗层,改善铸件表面的功能性能。离心铸造也是制取金属基复合材料的一种方法。

⑦ 中空铸件圆柱形内表面较粗糙,常聚有熔渣,其尺寸也较难正确控制,不能形成圆锥形的中空铸件内表面。

⑧ 适于离心铸造成形的铸件形状类型较少,但可生产任何合金的铸件,并可采用多种铸型,如金属型、黏土砂型、熔模型壳(见图 1 - 35)、石膏型、石墨型、陶瓷型、树脂砂型等。

离心铸造第一个专利是在 1809 年由英国人爱尔恰尔特(Erchardt)获得的,当时他不仅获得卧式离心铸造,还有立式离心铸造的专利。人们最初主要把精力集中于用离心铸造法生产当时城镇建设所需的铁管。我国也在 20 世纪的 30 年代开始用离心铸造法生产铁管。现在,离心铸造已成为被广泛应用的铸造方法,尤其在套、管、筒类铸件的大量、成批生产中,几乎都采用离心铸造法,如缸套、铜套、双金属钢背铜套、灰铁管和球墨铸铁管、耐热钢炼镁罐的筒体、辊道、特殊钢(如不锈钢)无缝钢管的毛坯、轧辊、造纸机干燥滚筒等。目前我国已能生产制造高度机械化、自动化的离心铸造机,并已建起大量生产的机械化程度很高的离心铸造车间,尤其在球墨铸铁管生产方面。

很多饰物,为制得精美的花纹,也常用离心铸造法生产。

离心铸件的最小内径可达 8 mm,最大直径可达 3 m,铸件的最大长度达 8 m,铸件的质量可为几克(如金牙齿)至 10 多吨。

7.1　铸件在离心力场中的成形特点

7.1.1　离心力场

离心铸造时,金属液作绕中心 O 的圆周运动(见图 7-5),如在旋转的金属液中取任意质点,其质量为 m,它的旋转半径为 r,其旋转角速度为 ω,则该质点会产生离心力 $m\omega^2 r$,离心力的作用呈径向,通过旋转中心,指向离开中心的方向,它有使金属质点作离开旋转中心的径向运动的作用。如果把旋转着的金属液所占的体积看作一个空间,在这一空间中,每一质点都产生如 $m\omega^2 r$ 那样的离心力,这样就可把此空间称为离心力场。

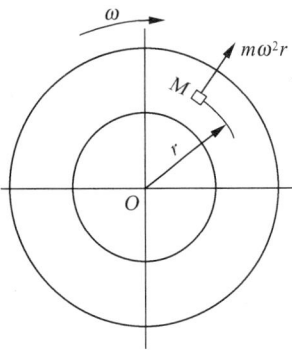

图 7-5　离心力场示意图

离心力场与地球表面的重力场(地心引力场)有很多相似的性质:如重力场内,每一质点都能产生重力,其大小为 mg,方向指向地球中心,使质点出现向地球中心运动的趋势;而在离心力场中,每一质点都能产生离心力,其大小为 $m\omega^2 r$,其指向为远离旋转中心的方向。mg 中的 g 是重力加速度,离心力中 $\omega^2 r$ 为离心加速度。

因此,就可借用重力场中很多力学现象的概念,来研究离心力场中铸件的成形特点。

如在重力场中,单位体积物质表现的重力 ρg(ρ 为物质的密度),有时人们把它称为重度;同样,对于离心力场中单位体积的物质言,它所产生的离心力为 $\rho\omega^2 r$,离心铸造研究工作者把此值称为有效重度[①]。

离心铸造时,金属的有效重度往往比在重力场中的重度大几十倍至一百多倍,为研究分析方便起见,人们把有效重度比一般重度大的倍数称为重力系数 G,即

$$G = \rho\omega^2 r/\rho g = \omega^2 r/g \qquad (7-1)$$

离心铸造时,液体金属在自由表面的有效重度为最小,一般为 $(2\sim10)\text{MN/m}^3$。

7.1.2　离心力场中液体金属自由表面的形状

在重力场中,往型中浇注金属液,其自由表面总呈水平状态,如果不考虑凝固收缩的因素,

①　由于物理学已建议不用重度的概念,在一些文献中提出了有效密度 ρ' 的概念,即 $\rho'=(\omega^2 r/g)\rho$,但这又似乎不严谨,望读者注意。

型中与空气接触的铸件上表面也应该是平面。

离心铸造时,液态金属的自由表面形状必将决定铸件内表面的形状,所以长时间以来,人们曾对离心铸造时的金属液自由表面现状作了研究。

(1)立式离心铸造时液体金属的自由表面形状

可用水力学中的欧拉方程式来求解立式离心铸造时金属液自由表面的形状。欧拉方程式的形式为

$$dp = \rho(Xdx + Ydy + Zdz) \qquad (7-2)$$

式中 　dp—相对静止液体中距离为 dl(其坐标轴上的分量相应为 dx,dy,dz)两点间的压力差;

　　　ρ—液体的密度;

　　　X,Y,Z—作用在所视液体质点上的单位质量力,即由质量为 1 的液体质量引起的力。

设液体金属绕垂直轴 y-y 旋转,其旋转角速度为 ω,截取其径向断面,即得如图 7-6 所示的断面图。在金属液自由表面上任取一液点质点 $M(x,\ y)$,在 x 轴方向上它的单位质量力为 $\omega^2 x$,在 y 轴方向上的单位质量力 $Y = g$(g 为重力加速度)。由于自由表面上任意两点间都无压力差,因自由表面为等压面,故 $dp = 0$,故由式(7-2)可得

$$Xdx + Ydy + Zdz = 0 \qquad (7-3)$$

因自由表面为一回转面,故可不考虑 Z。将上述 X 和 Y 值代入式(7-3),得

$$\omega^2 xdx + gdy = 0 \qquad (7-4)$$

将此式积分,可得立式离心铸造时金属液自由表面在径向断面上所表现的曲线方程式:

$$y = \omega^2 x^2 / 2g \qquad (7-5)$$

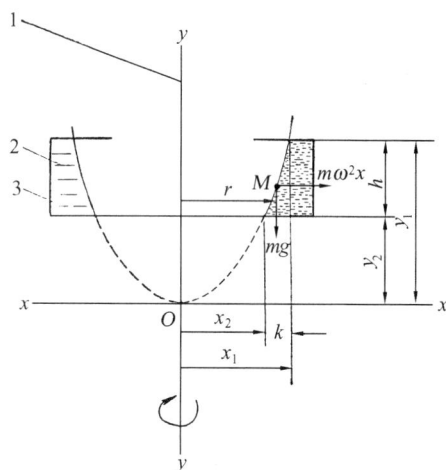

图 7-6　立式离心铸造时金属液径向断面上的自由表面

1—旋转轴　2—金属液　3—铸型

此式为抛物方程式,抛物线顶点为坐标的原点,由此可推论立式离心铸造时金属液的自由表面为一绕垂直轴的回转抛物面。

由于铸件内孔为一金属液的回转抛物面所形成,所以铸件顶部的内孔应最大,底部的内孔应最小,此两内孔的半径差应为 $k = x_1 - x_2$(见图 7-6)。

由图 7-6 知,自由表面上的两个点$(x_1,\ y_1)$和$(x_2,\ y_2)$应满足式(7-5)的条件,即

$$y_1 = \omega^2 x_1^2 / 2g \qquad (7-6)$$

$$y_2 = \omega^2 x_2^2 / 2g \qquad (7-7)$$

将式(7-6)减式(7-7),得铸件高度 h 的数学式

$$h = y_1 - y_2 = \omega^2 (x_1^2 - x_2^2) / 2g \qquad (7-8)$$

对此式运算后,得

$$k = x_1 - \sqrt{x_1 - (2gh/\omega^2)} \qquad (7-9)$$

将 $g = 9.81\ \mathrm{m/s^2}$、$\omega = \pi n/30$ 代入式(7-9),得

$$k = x_1 - \sqrt{x_1 - 0.18h/(n/100)^2} \qquad (7-10)$$

式中　n—液体金属转速(r/min)。

生产中常用式(7-9),(7-10)估算立式离心铸造时可能出现的如图7-6所浇铸件的上下端面的壁厚差。

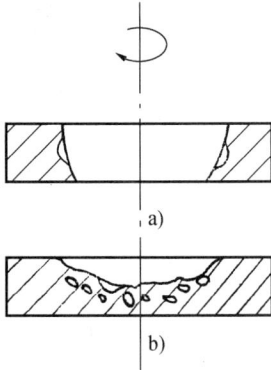

图7-7　立式离心铸件内
表面的歪曲

一般情况下,在凝固后的立式离心铸件上应有一与金属液自由表面相似的内表面,但由于铸件在高度的凝固顺序不同,铸件金属液在凝固时会出现体收缩,铸件内表面的抛物面形状常会被破坏。如图7-7a所示,因铸件下部的壁较厚,浇注过程中热的金属会掉落在铸型底部,然后在离心力作用下向铸型侧壁移动,再向铸型上部流动成形,所以铸型下部的温度也较高,铸件下部会最后凝固,当铸件上部先凝固的金属出现体积收缩时,铸件下部尚未凝固的金属液会在离心压力作用下向上移动,对铸件上部进行补缩,最后在铸件下部的内表面上形成内凹的曲面。又如图7-7b所示,当液体金属转速较小时,回转抛物面的顶点移至铸件的高度内,在铸型下部积聚了一层金属,这层金属因厚度较大而最后凝固,并且由于液体金属的转速太小,铸件下部自由表面下面的金属液的离心力也太小,该处金属的凝固条件接近于在重力场中凝固,故在铸件下部形成较多的缩孔。

(2)卧式离心铸造时金属液自由表面的形状

卧式离心铸造时,垂直于旋转轴可截取得到如图7-8所示的旋转金属液表面。在旋转角速度为 ω 的金属液自由表面上,任取一质点 $M(x, y)$,如果只考虑离心力场的作用,而不考虑所处地球表面的重力场作用(犹如失重状态),则该点上的单位质量力 $\omega^2 r_0$,在 x 轴方向上的分量为 $X = \omega^2 r_0 \cos\alpha = \omega^2 x$,其在 y 轴方向上的分量为 $Y = \omega^2 r_0 \sin\alpha = \omega^2 y$,而它在旋转轴方向(即 Z 轴)上的分量为零,即 $Z = 0$,同上节的分析一样,将 X,Y 值代入式(7-3),得

$$\omega^2 x\mathrm{d}x + \omega^2 y\mathrm{d}y = 0 \qquad (7-11)$$

将该式积分后,得到金属液在垂直于轴线的横断面上的曲线方程式为

$$x^2 + y^2 = r_0^2 \qquad (7-12)$$

此式为一圆的方程式,圆的半径为金属液的内径 r_0,圆的中心与金属液的旋转轴心相重合,因此可以推断卧式离心铸造时,如果没有重力场的影响,金属液的自由表面应该是以旋转轴为轴线的圆柱面。

但由于重力场的影响,卧式离心铸造时的金属液自由表面的轴线将向下移动 e 的距离(见图7-8)。因为当金属液作圆周运动时,金属质点由最高处的圆环断面 A 处向最低处的圆环断面 B 移动时,在重力场的作用下,它的速度将增加。而自断面 B 向断面 A 运动时,在重力

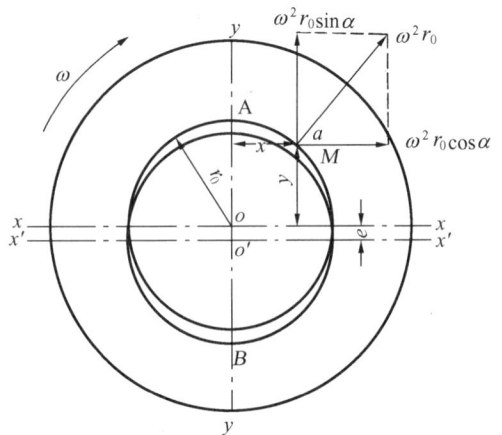

图7-8　卧式离心铸造时金属液横断面
上的自由表面

场的作用下,质点将作减速运动,所以金属液在断面 A 处的圆周线速度 v_A 将最小,而在断面 B 处,金属液的圆周线速度 v_B 为最大,即

$$v_A < v_B \tag{7-13}$$

据水力学的液体流动的连续性原理,可把绕水平轴旋转的金属液的运动视作在一由自由表面和铸型壁所组成的封闭环内运动,所以

$$v_A F_A = v_B F_B \tag{7-14}$$

式中 F_A,F_B——A 断面和 B 断面的金属液流动的有效面积。

由于 $v_A < v_B$,由式(7-14)可知 F_A 应大于 F_B。

卧式离心铸造时,铸件的长度在圆周各处都为一定值,为使 $F_A > F_B$,只能使 A 断面处的金属液厚度增大,B 断面处的断面减薄,使自由表面下移,从而出现了卧式离心铸造时金属液近圆柱形表面向下偏移的现象[①]。

在卧式离心铸件凝固时,由于金属是由外壁向内表面进行结晶的,并且旋转离心铸型外表面上每点的散热条件都一样,所以铸件的凝固层在圆周上是等速地向内表面增厚的,靠近内表面处的液体层厚度会减薄,这将使自由表面的偏心值 e 逐步减小。此外,随着铸件的凝固,金属液的温度也下降,其黏度会相应地增大,因此金属液在绕水平轴旋转时,由 A 断面向 B 断面运动时的增速会受到黏性力阻力的阻碍,在金属液由 B 断面向 A 断面上升时的减速也不能自由地进行,这就会促使 v_A 和 v_B 值差别的减小,相应地也会使 e 值减小,所以最终在凝固后的铸件上不会出现内表面的偏心。

至于在实际生产中可能遇到的铸件内表面的偏心,可能和铸型圆柱形工作表面的轴线与离心铸造机主轴的轴线不相重合有关。

与立式离心铸造时相似,卧式离心铸件的圆柱形内表面的形状还常受铸件凝固顺序的影响,如图 7-9a 所示,在 L 处为浇注时金属液的落点,金属液由此落点区向铸型的两端流动,分布均匀,并且该处的金属是由最后进入铸型的金属液所形成,所以从铸型和铸件金属的整体看,L 处的铸型和金属的温度为最高,该处的金属液的凝固顺序应为最后。所以当浇注完毕后,当其他部分金属液凝固出现体积收缩时,L 处的金属液会在离心压力作用下自动地流去补缩,以至当别处的金属凝成一定厚度时,L 处的金属液厚度会减小,最后在全部凝固的铸件内表面上,L 处会形成下凹的曲面。同理,图 7-9b 示出了在铸件厚壁处所出现的内表面下凹现象。

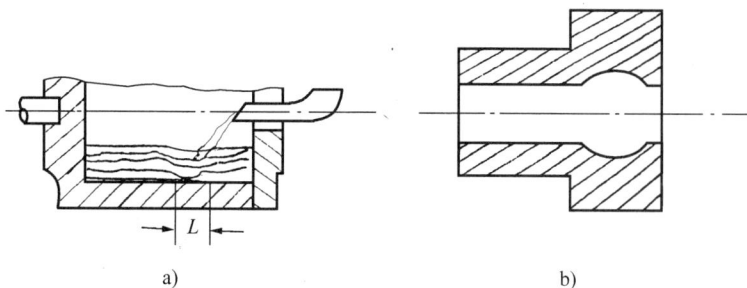

a)   b)

图 7-9 卧式铸件内表面形状的歪曲

① 注:直到目前为止,在一些有关文献上仍在流传着 20 世纪 30 年代把此水动力学问题视作水静力学,进行求解而得到的所谓"卧式离心铸造时金属液自由表面向上移动,其中心移动距离 $e = g/\omega^2$"之说,这是错误的。

7.1.3　离心压力

在重力场中,由于液体重力的作用,故在静止液体的不同高度上,液体质点上便会经受(或表现出)一定的压力。同样,离心铸造时,旋转的液体在离心力的作用下,在其内部各点上也会产生压力,此种压力称为离心压力。计算离心压力的公式可推导如下。

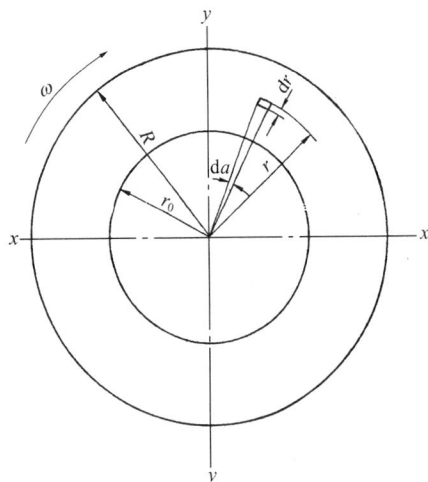

图 7-10　卧式离心铸造时
离心压力的确定

如图 7-10,截取卧式离心铸造时金属液的横断面,液体金属的外径为 R,自由表面的半径为 r_0(不考虑重力场的影响),它的旋转角速度为 ω,在此断面的半径 r 处,取一微小单元,其厚度为 dr,外边的边长为 $rd\alpha$,内边的边长为 $(r-dr)d\alpha$,计算该单元的面积时,可取其平均宽度 $[r-(dr/2)]d\alpha$。此单元在轴向上的长度为 dz,所以这一微小单元的体积为 $[r-(dr/2)]d\alpha dr dz$。如金属液的密度为 ρ,则该单元体积金属的质量为 $m=\rho[r-(dr/2)]d\alpha dr dz$,其质量中心应处于旋转半径为 $[r-(dr/2)]$ 的弧上,因此该微小单元金属产生的离心力为 $\rho[r-(dr/2)]^2 d\alpha dr dz\omega^2$。此离心力作用在微小单元的外径为 r 处的金属液面上,该面的面积为 $rd\alpha dz$,所以由微小单元金属离心力引起的离心压力 dp 为

$$dp = \rho[r-(dr/2)]^2 d\alpha dr dz\omega^2/rd\alpha dz = \rho\omega^2[r-(dr/2)]^2 dr/r \quad (7-15)$$

此式中的 $dr \ll r$,故可把小括号内的 $dr/2$ 忽略不计,则上式为

$$dp = \rho\omega^2 r dr \quad (7-16)$$

将此式由自由表面 $r=r_0$ 处向半径为 r 处积分,得

$$\int_{p_{r_0}}^{p_r} dp = \rho\omega^2 \int_{r_0}^{r} r dr \quad (7-17)$$

式中,p_r 和 p_{r_0} 各为半径为 r 处和自由表面上的离心压力,而 $p_{r_0}=0$,所以

$$p_r = \rho\omega^2(r^2-r_0^2)/2 \quad (7-18)$$

此即为旋转金属液中旋转半径为 r 处的金属液中的离心压力计算式。

如果计算液体金属外径 R 处(即铸型内壁上)的离心压力,只需将 R 替代式(7-18)中的 r,可得

$$p_R = \rho\omega^2(R^2-r_0^2)/2 \quad (7-19)$$

式(7-18)也可用可欧拉公式简单地求得,如图(7-11)有作角速度为 ω 的旋转液体,在半径为 r 处取一点 $M(x,y)$,其单位质量力为 $\omega^2 r$,它在 x 轴和 y 轴方向上的分量各为 $X=\omega^2 x$,$Y=\omega^2 y$,在液体的

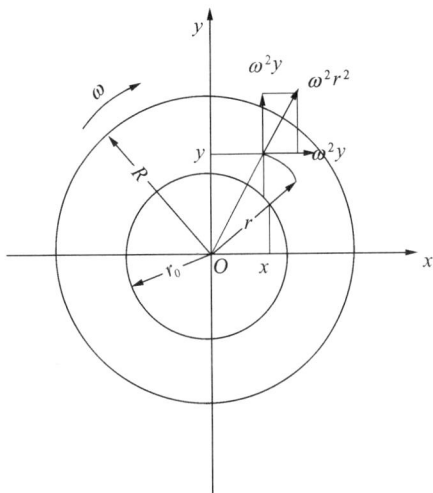

图 7-11　卧式离心铸造时旋转液体
中的单位离心质量力

长度方向上 $Z=0$，代入欧拉方程式，得

$$dp = \rho(\omega^2 x dx + \omega^2 y dy) \tag{7-20}$$

对此式取自 $r=r_0$ 至 r 的定积分，并注意到 $x^2+y^2=r^2$ 的几何关系和在自由表面上离心压力 $p_{r_0}=0$ 的特点，即可得到形式与式（7-18）完全一样的半径为 r 处旋转液体上的离心压力数学表达式

$$p_r = \rho\omega^2(r^2 - r_0^2)/2 \tag{7-18}$$

卧式离心铸造时，常可在不考虑重力场影响的假设下，单纯地把离心压力作为金属液质量力引起的压力。

在一些离心铸造文献中，至今仍在传播着另一种的离心压力 p_R 数学表达，其形式为

$$p_R = \rho\omega^2[R^2 - (r_0^3/R)]/3 \tag{7-21}$$

此式是错误的，因为它在利用与图 7-9 相似的形式进行推导时，没有注意到水静力学中巴斯噶定理，即静止液体中一点上的压力可不变大小地传递至液体的任何点，而用固体力学的观点把处于旋转半径 r 处单元金属的离心力除以半径为 R 处的对应面积，而把式（7-15）写成

$$dp = \rho[r-(dr/2)]^2 d\alpha dr dz \omega^2/R d\alpha dz = \rho^2\omega^2[r-(dr/2)]^2 dr/R \tag{7-22}$$

然后，同样取从 r_0 至 R 的定积分，得到了式（7-21）。这是学习者需要注意的问题。

立式离心铸造时，离心压力的计算式仍与式（7-18），（7-19）一样，仅需注意 r_0 值随铸件高度而变化，并非定值。因此在绕垂直轴旋转的金属液中的同一回转面上，离心压力值是随高度而变化的，在上部，压力值较小（因 r_0 值较大），在下部，压力值较大。通过计算上、下两点的压力差的数值表明，可发现此值刚好等于上、下两点的重力场压力差，即

$$p_1 - p_2 = \rho g h \tag{7-23}$$

式中　p_1——同一回转面上上部某点处的离心压力；

　　　p_2——同一回转面上下部某点处的离心压力；

　　　h——上、下两点间的高度差。

学习者可自行利用式（7-18），（7-5）进行相应的运算，而获得式（7-23）之解。由式（7-23）也可理解，立式离心铸造时自由表面之所以为抛物线回转面，就是由于重力场和离心力场质量力联合作用的原因。

7.1.4　离心力场中金属液内异相质点的径向移动

进入铸型中的金属液常常不是均匀单一组成的液体，金属液中常会夹有固态的夹杂物、不能与金属液共溶的渣滴和气态的气泡。对不能相互共溶的多组元合金言，不同的组元仅机械地混合在一起，很不均匀。铸型中金属液在凝固过程中也会析出固态的晶粒和气态的气泡，这些夹杂、气泡、渣滴、晶粒，与金属液主体不能溶合的另一种组成的金属液滴，它们都可被称为异相质点。

这些异相质点被金属液的主体所包围，由于它们的密度与金属液主体的密度不一样，在重力场中，它们就会上浮或下沉，一般重力场情况下，异相质点的上浮或下沉的速度 v_Z 可用斯托克斯公式表示，即

$$v_Z = d^2(\rho_1 - \rho_2)g/18\eta \tag{7-24}$$

式中　　d—异相质点的直径；

　　　　ρ_1、ρ_2—异相质点和金属液主体的密度；

　　　　η—金属液的动力黏度系数；

　　　　g—重力加速度。

如 $\rho_1 > \rho_2$，v_Z 为正值，它是异相质点的下沉速度；如 $\rho_1 < \rho_2$，v_Z 为负值，它是异相质点的上浮速度。

离心铸造时所形成离心力场中，与重力场中的情况相似，密度比金属液主体密度小的异相质点会向自由表面作径向移动；而密度比金属液密度大的异相质点则向金属液的外表面移动，其移动速度 v_L 也可用斯托克斯公式计算。但需注意的是：在重力场中异相质点的上浮下沉是由重力质量力作用而发生，在斯托克斯公式中以 g 表示；而在离心力场中，异相质点的"内浮"和"外沉"是由离心力质量力作用而产生，即一切质点的重度都增加了（$G = \omega^2 r/g$）倍，故可得离心力场中异相质点的内浮、外沉速度 v_L 的斯托克斯公式：

$$v_L = [d^2(\rho_1 - \rho_2)g/18\eta] \cdot (\omega^2 r/g) = d^2(\rho_1 - \rho_2)\omega^2 r/18\eta \tag{7-25}$$

将式（7-25）除以式（7-24），得

$$v_L/v_Z = \omega^2 r/g = G \tag{7-26}$$

由此式可知，离心铸造时异相质点在金属液中的沉、浮速度比在重力铸造时大 G 倍。因此，那些密度比金属液低的夹杂物、渣滴、气泡等将易于自旋转的金属液中内浮至自由表面，所以离心铸件中的夹杂物、气孔缺陷比重力铸件中少得多。而且由于离心铸件的凝固顺序主要由铸件外壁向铸件内表面进行，因为旋转铸型外壁上的散热很强，而铸件内表面只与对流较弱的空气接触，能带走一部分热量，并且不易辐射散热。所以这种离心铸件的凝向顺序更利于夹杂、渣滴、气孔等有害异相质点自铸件内部逸出。

对在凝固时析出的晶粒而言，在大多数场合，它们的密度都会大于金属液的密度，这样离心铸造时，在金属液凝固时析出的晶粒便有比重力铸造时大得多的趋势移向铸件外壁；同理，金属液中较冷的金属液集团也较易向铸件外壁集中。再结合前面已经谈到的离心铸造时的金属散热主要通过铸型壁进行的特点，所以离心铸件由外向内的定向凝固特点很是突出。使晶体由外向内生长的速度加剧，缩小了结晶前沿前的固液相共存区，很易在钢铸件、铝合金铸件

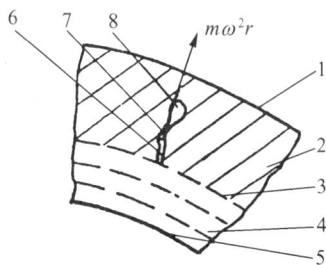

图 7-12　离心铸件缩松补缩
过程示意图

1—铸件外表面　2—凝固层
3—结晶前沿　4—金属液
5—自由表面　6—补缩缝隙
7—补缩金属液　8—缩松处

中形成柱状晶，顺序凝固的金属层容易得到补缩，离心铸件内不易形成缩孔、缩松的缺陷。因此离心铸件的组织致密度较大。

离心铸件的较大组织致密度还与离心力场中金属液具有较大的有效重度（即离心力）有关，这促使金属液具有更大的流动能力，通过凝固晶粒间的细小缝隙，对在晶粒网间的小缩松进行补缩。当金属液在细小补缩缝隙中流动时（见图 7-12），其旋转半径 r 随着向外补缩流动而增大，离心力也越来越大，克服晶粒间缝隙阻力进行流动的能力也越来越大，移动速度加快，为随后进入晶间缝隙的金属液流动创造了更好的条件，这也是离心铸件内缩松少、组织致密的重要原因。

但离心铸造时异相质点径向移动的加剧也会给铸件质量带来坏处,它能增强铸件的重度偏析,如铅青铜离心铸件上常出现的铅易在铸件外层中集聚的偏析现象;而在铸钢、铸铁的离心铸件横断面上,易出现碳、硫等元素在铸件内层含量较高的偏析现象。

近年来,利用离心铸造这种内浮外沉现象的特点,兴起了用离心铸造法研制梯度功能材料的活动。利用离心铸造金属液在凝固过程中析出的初生相与母液间的密度差,使初生相沿径向移动,在铸件的离心半径上形成组织或元素组成逐步变化的梯度层,而成为一定意义下的自生梯度功能材料,即各层性能逐渐不一样的材料。目前此种研究正在进行之中。

如果金属凝固时析出的晶粒的密度比金属液小,析出的晶粒会以较大的速度向自由表面移动,使金属液自由表面上出现从自由表面开始的凝固顺序,而在已出现凝固层的铸件内表面的外侧铸件体积中,还有液态的金属,这部分金属液凝固时由于体积收缩而形成的空间便无法得到金属液的补缩,便会在铸件内表面下形成缩孔、缩松。有时,当已凝固的离心铸件内表面下的金属液凝固收缩形成的空间较大,已凝固的内表面层如同悬空的圆环,在里层金属液上"滚动",受本身离心力的作用影响,或其他如冲击的外力影响,此内表面凝固层会开裂,最后在离心铸件的内表面上出现纵横交差,宽度不一、深浅不同的裂纹。在情况严重时,甚至会使铸件内表面出现高低不一,与铸件连在一起的碎块,如同黄河凌汛时形成的冰冻河面。如离心铸造球铁管的内表面,尤其是砂型离心铸造球铁管的内表面上常会出现上述的现象。

离心铸造时铸件内表面的提前凝固也与自外表面的定向凝固速度太小,在内表面上的散热速度太大(如大直径的铸件自由表面和铸型两端都有空气对流的孔)有关。

这种既有自铸件外壁向内的凝固顺序,又有自铸件内表面向外的凝固顺序现象称为双向凝固,离心铸造时不希望出现双向凝固。

而防止离心铸件重度偏析的有效工艺措施为降低浇注温度和加强对铸型的冷却(即加速铸件的凝固)。

7.2 离心铸件在金属液相对运动下的凝固特点

在离心铸件的横断面上常会发现两种独特的宏观组织,即倾斜状柱状晶和层状偏析。

一般情况下,根据柱状晶的生长方向应与散热方向刚好相反的规律,离心铸件横断面上的柱状晶应按径向成长,如图 7 - 13a 所示。这种宏观组织确在不少离心铸件上可遇到,而且它具有较好的力学性能,因为它的形成条件与一般定向结晶有很多相似之处,并且还附带有上节谈到的较重力场好得多的补缩条件。但是也经常在离心铸件的断面可遇到如图 7 - 13b 所示的倾斜状柱状晶,一般它都出现在靠近铸件外表面处,开始时倾斜的程度较大,越向内侧,柱状晶的倾斜程度就越来越小,最后转变为径向。

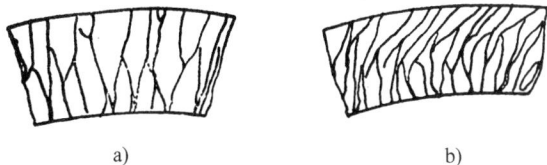

图 7 - 13 离心铸件横断面上柱状晶的成长特点
a) 径向柱状晶 b) 倾斜柱状晶

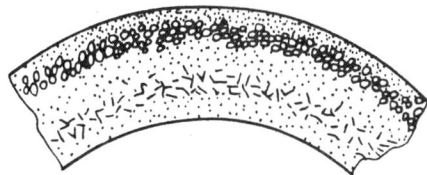

图 7 - 14 离心铸件横断面上的层状偏析示意图

在离心铸件的横断面上还有时可遇到如图 7-14 所示的层状偏析组织,而且这种组织在同一铸件的不同断面上不是相互重合的。但偏析层的分布却呈同心圆的形式,试验表明,整个铸件厚度上化学元素的分布也是按分层情况交替地发生变化。

研究工作表明,上述两种离心铸件上特有结晶组织的形成都与铸件金属液相对于铸型壁有相对流动有关,因此需对离心铸造时金属液相对与铸型壁的流动和这种流动对铸件结晶过程的影响作必要的叙述。

7.2.1　离心铸型横断面上金属液的相对流动及其对铸件结晶过程的影响

(1) 离心铸型横断面上金属液的圆周相对流动

离心铸造时,在铸型横断面方向上有两种相对于铸型的圆周流动。

1) 卧式离心铸造时重力场引起的相对流动

上节已提到过,由于重力场的影响,绕水平轴旋转的金属液,当它由上往下运动时,金属液的切向运动会加大,而在上升时,其切向运动会减小。可是铸型本身却等速转动,因此当金属液由上向下运动时,会产生对铸型超前的流动,而当金属由下向上运动时,则出现滞后于铸型壁的相对流动。如果考虑到金属液本身的黏度的阻力和铸件凝固过程中金属液层的变薄,这种金属液相对于铸型的流动是很弱的。如再考虑到此种相对流动在旋转过程中的周期性反复的变化,金属液的平均旋转角速度仍和铸型一样,故此种相对流动对铸件结晶过程的影响是不显著的,所以在本节中不讨论此种相对运动对铸件结晶过程的影响。

2) 由惯性作用引起的相对流动

离心铸造时,往往先转动铸型,然后往型中浇注金属。最初,进入铸型的金属液虽然能在极短时间内被铸型带着作圆周运动,但由于进入铸型的金属原先没有圆周方向的运动,所以根据力学中牛顿第一定律,刚进入铸型后的金属液旋转角速度一定比铸型本身的旋转角速度小,所以金属液与铸型壁之间便出现了相对运动。靠近铸型壁的外层金属液因易受到铸型的拖动力,能较快地增加自己的旋转角度,而靠近内表面的金属液只能靠外层金属液施加的黏性力逐步被带入作更大角速度的旋转,因此铸型与金属液间的相对运动还表现有旋转金属液各层间的相对运动。只有在全部金属液被带动作与铸型同一角速度的圆周运动后,这种相对运动才会最后消失,铸型与金属液之间处于相对静止的状态。对在直径为 200 mm 的卧式离心铸型中的黏性液体模拟试验表明,在各种不同工艺参数的情况下,在黏性液体浇入旋转铸型后,这种圆周方面的相对运动可持续 15~50 s。

如果假想离心铸型是静止不动的,那么由惯性引起的金属液相对于铸型的流动可被视为沿铸型工作表面的流动,其流动方向与铸型的实际转动方向相反。这种流动与河床中水的流动相似,型壁相当于河底,金属液自由表面相当于河面。在靠近型壁处,金属液的相对流动速度较小,而在自由表面上,金属液的相对流动速度就较大。根据金属液的黏度、总体相对流动速度的大小和金属液层厚度的不同,在相对流动的金属液内就可能出现紊流和层流的现象,其变化情况可如图 7-15 所示。当金属液刚进入铸型后不久,即 t_1 时,在靠近型壁的金属液层中有可能出现薄的层流层,而在金属液的内层中,则可能形成紊流层;过一段时间后,到时间 t_2 时,层流层增厚,紊流层向自由表面减薄;至时间 t_3 时,紊流层全部消失,全部金属液层为层流层;而后,随着时间的推延,内层的金属液的旋转角速度逐渐赶上铸型的旋转角速度,至时间 t_4 时,层流层消失,全部金属液对铸型处于相对静止的状态。

当此种相对运动状态变化时,铸件也同时由外层向内层凝固,这样,铸件的结晶过程就可

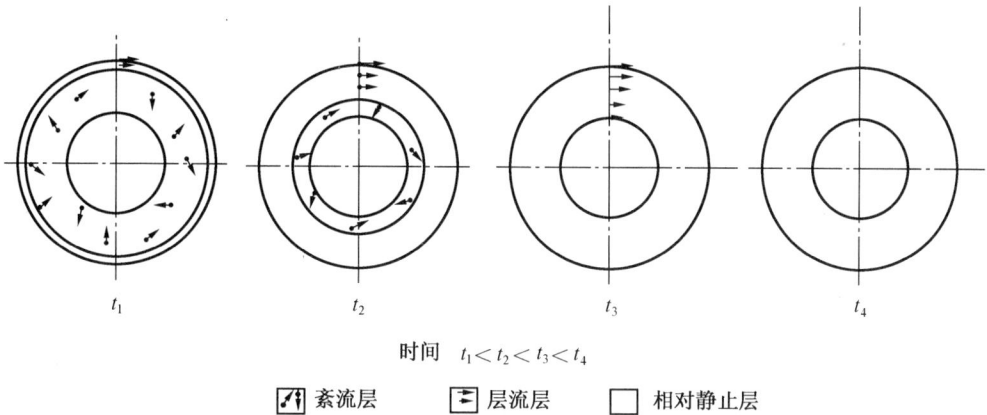

时间 $t_1 < t_2 < t_3 < t_4$

紊流层　　　层流层　　　相对静止层

图 7-15　离心铸型横断面上由惯性引起的金属液相对流动情况变化示意图

能在紊流、层流或相对静止金属液的影响之下进行。

（2）离心铸型横断面上金属液相对流动的不同情况对铸件结晶过程的影响

如果由外向内的凝固结晶层的前沿的内层金属液层的相对流动为紊流状态，则紊流将阻止异相质点在金属液中的正常浮沉，金属液中温度不同的质点或质点团在金属液紊流层中混乱地运动，析出的密度较大的晶粒或近程有序排列的原子集团也分散在金属液主体中，不能有效地向结晶前沿聚集，这会使正在凝固的铸件中，固液相共存区增厚，不能在结晶前沿聚集的晶粒、近程有序排列的原子集团上形成新的晶核，促使在铸件断面上形成细小的等轴晶粒区。

在一些铸件上，为了获得等轴晶，可把离心铸型置于水平稳恒电磁场中，利用金属液在电磁场中转动时产生阻碍金属液随铸型一起旋转的电磁力，产生电磁搅拌现象，使金属液与铸型之间出现很大的相对流动，形成紊流和对与铸型一起转动的凝固层产生较大的冲刷力，使铸件的晶粒由一般的板状、柱状转变为等轴状。磁场的磁感应强度越大，晶粒越细。

如果铸件的结晶前沿是在层流层中移动，结晶前沿内侧的固液相共存层中的异相质点，如密度较大的小晶粒、过冷度较大的近程有序排列原子集团的径向运动仍可进行，由于已凝固的结晶层转速是与铸型的转速一样的，因而在结晶前沿上，固液相共存的金属对结晶前沿有一反铸型旋转方向的相对流动。结晶前沿上正在成长的晶粒的迎着液流方向的一面有较多机会与前沿内液固相共存金属中的小晶粒、过冷度较大的原子集团接触，而这些异相质点便较易沉积在成长晶粒的迎着液流的面上，使晶粒在迎着液流的方向上成长较快（见图 7-16）。而成长晶粒的背着液流方向的面上，碰撞异相质点的机会就较少，所以结晶前沿上晶粒在此方向上的成长速度便较小，最后形成了倾斜状的柱状晶。因液体金属相对于铸型的流动是反铸型（即凝固层）的旋转方向的，所以倾斜柱状晶的倾斜方向与铸型的旋转方向一致。

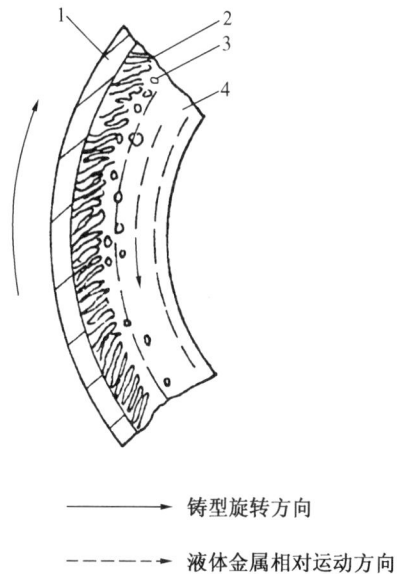

铸型旋转方向

- - - - - 液体金属相对运动方向

图 7-16　倾斜柱状晶成长示意图

1—铸型　2—成长中的倾斜柱状晶
3—金属液中的细小晶粒或过冷原子集团
4—金属液

上述理论同样可用来解释钢锭边缘上由金属液热对流引起的倾斜柱状晶组织、旋转磁场中凝固的铸锭中倾斜柱状晶组织等的成因。

离心铸件横断面上柱状晶的倾斜程度随半径减小而逐渐减弱的现象,是由于金属液进入铸型后随时间的延长,其相对于铸型的流动逐渐减弱而引起,因为柱状晶所处旋转半径越小的部位,其形成的时间也越迟。

不言而喻,径向的柱状晶应在相对静止的金属液中形成。至于相对静止金属液的凝固特点应与其他静止铸型中铸件凝固特点相似,仅在某些方面的表现上有数量上的差异而已,这在上节中已有叙述。

7.2.2　离心铸型纵断面上金属液的相对流动及其对铸件结晶的影响

在生产较长的套状、管状离心铸件时,进入铸型的金属液常需在铸型表面作轴向的流动,以覆盖整个铸型内表面,整体地形成铸件的形状。金属液在铸型内表面上作轴向流动充填型腔时,会出现层状流动的现象,其形成机理示于图 7-17。

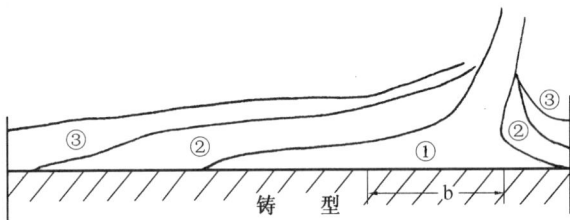

图 7-17　铸型纵断面上金属液层状流动示意图
（数字表示金属液的层次）

浇注开始,当第一股金属流进入铸型后,即向铸型的前后两端流动,它在轴向上的流动速度主要由它进入铸型时的初速在轴向上的分量而定。开始时,因温度尚高,金属液的黏度尚小,它能沿型壁作较快的轴向流动。但由于它是沿型壁流动,热量很快消失,黏度增大,这股金属流的流速越来越小,这便是图 7-17 上用①所表示的液流成因。在第 1 股金属液越流越慢时,后续进入铸型的金属液便会沿①流的内表面作轴向流动,因这股金属流是在温度较高的①流内表面上流动的,故温度在流动中的下降较慢,能保持较高的流动速度,最后超越①流的前端,还能在型壁上流一较长的距离。这样的第二股金属液流和第一股金属液流一样,最后不得不降低自己的轴向流速,形成了如图 7-17 所示的用②所表示的金属液流。后续进入铸型的金属液会重复第二股金属液流的经历,形成第③、第④、……股金属液流。这样便形成了离心铸造时(尤其是卧式离心铸造时)金属液层状流动的特点。

如果每层金属液流都能相互很好熔合,在浇注完后,组成一个总体进行凝固,则层状流动不会引起离心铸件横断面上的层状偏析,如在靠近铸型上浇注金属流落点附近的区段 L 处形成的铸件横断面上,不会形成层状偏析。而在离 L 区段稍远的铸型轴向长度上,由于每层金属流的内表面在被后续金属流股覆盖前,其温度已较低,当后续金属流覆盖时,它们之间固然能很好地接合在一起,但已不能熔混为一整体,各自按照自己的散热和其他条件进行凝固,因而铸件同一横断面上形成了晶粒形状不一样,每层都有其自己化学元素偏析规律的层状组织。

如金属型离心铸造灰铸铁管时,有时会得到白口层、灰口层组织交替出现的层状偏析。离心铸造铸铁缸套时,有时会发现细石墨组织、粗大石墨组织相互交替出现的层状偏析。对这样的层状偏析可如此解释,即第一股铸铁液沿铸型壁流动时,靠近型壁的金属由于冷却较快,易形成白口或细小石墨晶粒的组织,可是这股铁液的内层,由于冷却较慢,则形成了灰口或粗大石墨晶粒的组织。而第二股金属液流覆盖在第一层金属上后又可能重复第一层金属液的凝固结晶特点(在程度上可能有所差别),以此类推,最后在离心铸铁件断面上得到白口、灰口组织交替或细石墨、粗石墨交替出现的层状偏析组织。

在其他合金的铸件断面上也会形成层状偏析的组织。

如果减弱浇注时铸型的冷却作用,提高金属液的浇注温度和浇注速度,就有可能消除或减弱离心铸件断面上的层状偏析。

由于离心铸件上易得化学组成的偏析,在一些文献上便出现了评定铸件偏析程度的参数,称此参数为偏析率。其计算值是取铸件外表面上某一元素的含量对铸件内表面上同一元素的含量之间的差值除以铸件的厚度。用这种偏析率的概念来评价离心铸件中某一元素的偏析程度是很不正确的,因为离心铸件中某一元素在铸件厚度上的偏析分布情况不是按线性规律分布的,其分布曲线常可为不同形状的曲线,甚至是波浪形的,如本节所述的层状偏析情况。所以铸件外表面和内表面处的某一元素的含量差别不能代表铸件厚度上某一元素的分布实况。

在上面分析中,可以发现,进入旋转铸型的金属液不单有在圆周方向对铸型的相对流动,而且在轴向上也有相对流动。因此,卧式离心铸造时,进入铸型的金属液的相对于铸型壁的流动路线实际为一螺旋线(见图 7 - 18)。此螺旋线在前进方向上的旋转方向与铸型的旋转方向(ω所示的箭头)相反,图中螺

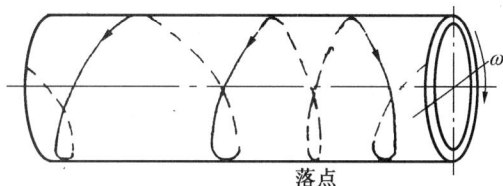

图 7 - 18　卧式离心铸造时金属液在型壁上的螺旋线形轴向运动

旋线上的箭头表示金属液自落点向两端沿型壁的流动路线。所以常可在一些离心铸件外表面上发现螺旋线状的冷隔痕迹。

螺旋形的实线表示金属液在靠近读者一边的半圆柱型壁上的流动痕迹,而虚线表示金属液在远离读者一边的半圆柱型壁上的流动痕迹。箭头表示铸型和金属液的旋转方向。

7.3 离心铸造机及其附属组件

按生产对象,离心铸造机可分为通用性离心铸造机和专用性离心铸造机两类,前者适用于生产多种类型和尺寸特点的铸件,后者只适用生产某一尺寸范围的一种形状特征的铸件。本节将只叙述通用性离心铸造机。

离心铸造机主要由四部分组成,即机架、传动系统、铸型和浇注装置。机架和传动系统在离心铸造机的总体介绍中已交代清楚,本节所要叙述的离心铸造机附属组件主要为铸型和浇注装置。

按铸型旋转轴在空间的位置考虑,可把离心铸造机分为立式离心铸造机和卧式离心铸造机两类。

7.3.1　立式离心铸造机及其附属组件

图 7 - 19 所示为一种中、大型立式离心铸造机,图 7 - 20 所示为一种小型立式离心铸造机。由此两种离心铸造机可见,立式离心铸造机的传动和机架部分都主要设在地坑中,这是为了操作方便。电动机可为变速的(见图 7 - 19),也可为不能变速的(见图 7 - 20)。对后者言,为了满足生产不同尺寸铸件的需要,采用了一对塔形三角皮带轮,以满足调节改变铸型转速的目的。电动机通过皮带轮带动与铸型(或铸型套)连接在一起的主轴旋转。为了降低上面一组轴承的工作温度,可在轴承座中放置冷却水套(见图 7 - 19)或用风扇(见图 7 - 20)加强轴承的散热。在中、大型立式离心铸造机的铸型套中可设置不同尺寸的铸型,以满足浇注的不同尺寸

铸件之用。而在小型立式离心铸造机上,直接把铸型固定在主轴上,这会使更换铸型费时,只适用于金属型铸件的离心铸造。对立式离心铸造机进行浇注时,必须把铸型罩住(见图7-20),以防金属液的飞溅伤人。这在图7-19上没有示出。

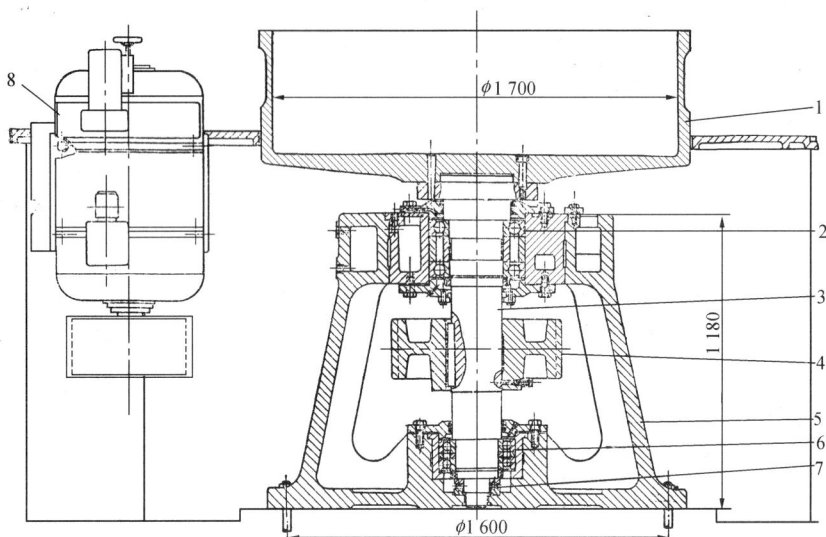

图 7-19　中、大型立式离心铸造机结构

1—铸型套　2—轴承　3—主轴　4—皮带轮　5—机座　6,7—轴承　8—电动机

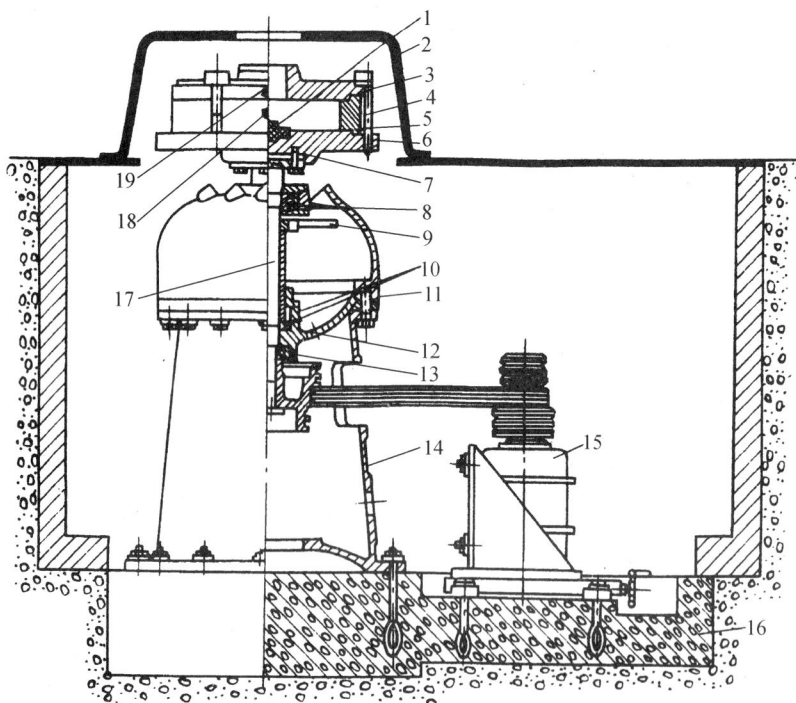

图 7-20　小型立式离心铸造机

1—型芯　2—防护罩　3—型盖　4—压杆　5—型体　6—型底　7—螺栓　8—轴承
9—风扇　10—支承环　11—上座壳　12—下座壳　13—轴承　14—机座
15—电动机　16—地基　17—主轴　18,19—型体和型盖的手把

　　图 7 - 21 中示出了固定在立式离心铸造机铸
型套(转台)4 中的金属型。型盖用离心锤压住。
离心锤的工作原理是在离心锤的外侧一端做得较
粗较大,故质量也较大,当它与铸型一起转动时质
量较大的端部产生很大的离心力,使离心锤的另一
端能以较大的力量压住型盖。而当铸件在型内凝
固后,铸型停止转动时,离心锤在质量较大端的重
力作用下,自动下垂,使型盖很易打开。这种装置
操作简便,但工作时危险较大,由于离心锤安装或
制造的不合适,如果离心锤出现断裂事故,则高速
旋转的离心锤会飞离机器,很易伤人。故采用此种
装置时必须注意用较坚固的罩子把铸型罩好。

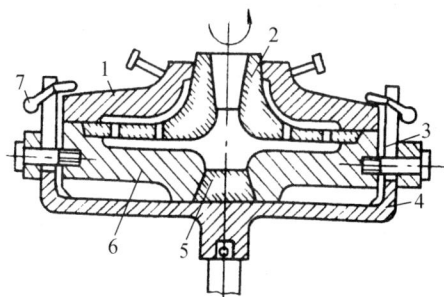

图 7 - 21　立式离心铸造机的转台上安装的
金属型

1—型盖　2—砂芯　3—空槽　4—转台(型套)
5—砂芯　6—下半型　7—离心锤

　　图 7 - 22 所示为一种进行真空浇注,铸型设在真空炉内的立式离心铸造机,机器的传动部
分伸出在真空炉罩的下边,金属在真空炉内熔化,熔化后的金属液在真空环境下直接浇注在离
心铸型中成型。

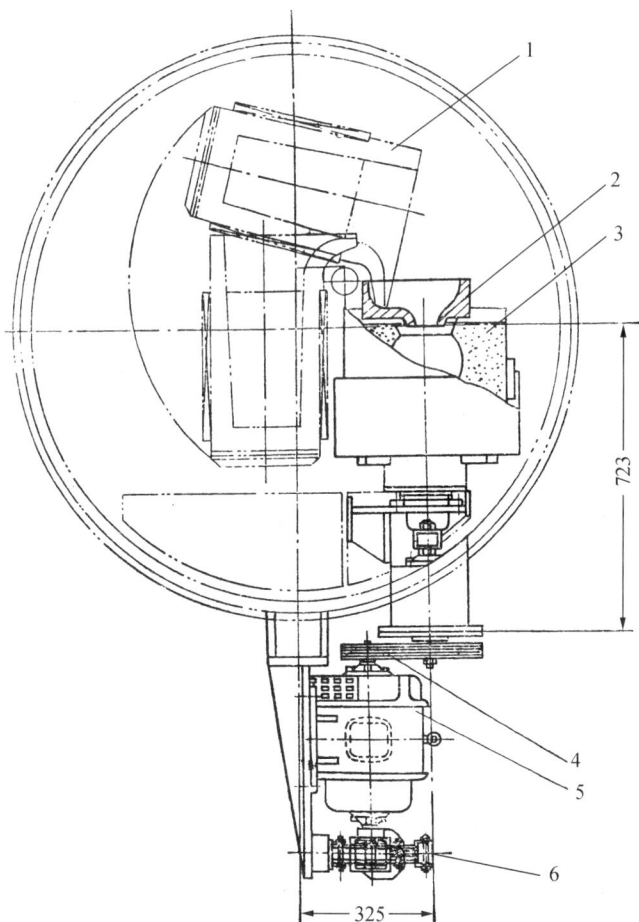

图 7 - 22　真空离心铸造装置图

1—坩埚　2—浇杯　3—铸型　4—三角皮带　5—电动机　6—电磁抱闸

图 7-23 示出了一种可用来真空浇注钛合金导轮的离心石墨铸型。

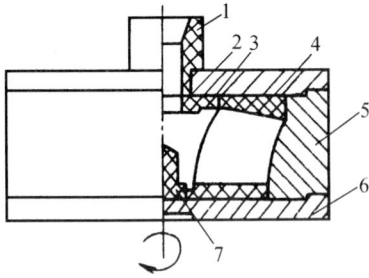

图 7-23　钛合金导轮的离心石墨铸型
1—浇杯　2—上盖　3,4,7—石墨芯
5—型体　6—下底

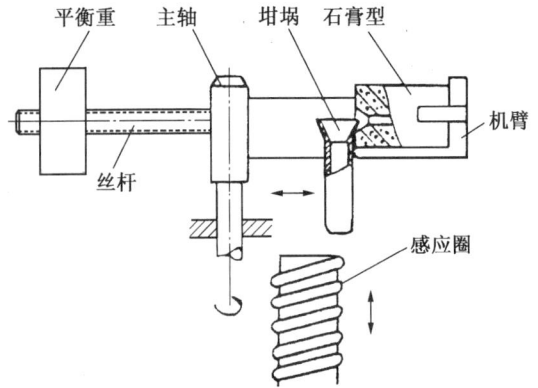

图 7-24　饰物立式离心铸造机示意图

图 7-24 所示为一种浇注贵重金属饰物的立式离心铸造机。在此机上使用熔模石膏型,它固定在径向的机臂一端。熔化金属的坩埚直立地固定在机臂上。针对机臂的另一端,在主轴上装一丝杠,丝杠上有一平衡重块,它产生的离心力可以平衡主轴带动铸型、坩埚、机臂转动时产生的离心力。在主轴停止转动的情况下,电感应圈上升,熔化坩埚中的定量金属。当坩埚中金属熔化达一定温度后,经适当处理后,调低感应圈,使主轴旋转,坩埚下部的金属液沿靠旋转外径的坩埚壁上升,经坩埚上口在离心力作用下进入石膏型,凝固成形。这种离心铸造机的转速可达 $500 \sim 1\,200$ r/min。金属液的重力系数 $G = 50 \sim 100$,铸品组织致密,外观花纹细腻,可获得十分复杂精细的饰物。机器全部由机壳罩住(传动机构除外)。这种机器可在市场上购得。

往旋转的立式离心铸型中引导金属液的浇杯、浇道除了上面有关图中示出的形式外,还可以有图 7-25 所示的几种。漏斗式浇杯适用于中、小直径铸件的浇注。斜流式浇杯的底部有

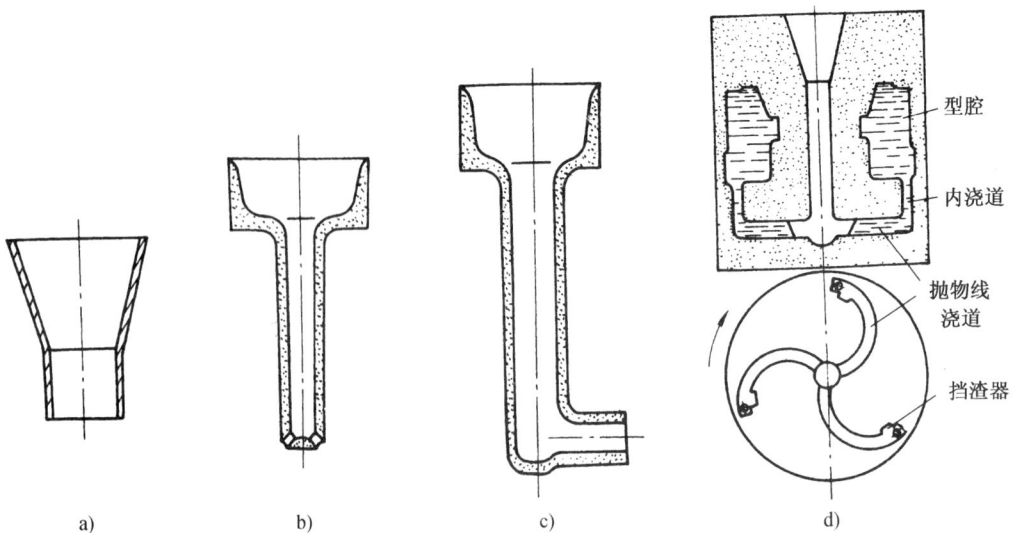

图 7-25　立式离心铸造时浇注用浇杯和浇道
a)漏斗式浇杯　b)斜流式浇杯　c)侧流式浇杯　d)抛物线型浇道
箭头表示铸型旋转方向

三个斜开的浇口,可减小用漏斗式浇杯时金属液落在铸型底部时出现的飞溅(见图 7-26a),但浇杯的维护较麻烦,适用于浇注中小直径的铸件。侧流式浇杯适用于浇注大口径的铸件,因此时已不能将浇杯放在铸型中心进行浇注,否则的话,掉落到铸型中心的金属需漫流较长距离才能到达立式铸型的型壁部位,金属液在型底流动时的降温太多,并且太多的金属液集中掉落在型底上也会使型底温度升得太高,型底易损坏。侧流式浇杯在使用时设置在靠近型壁(型体)处,使水平的浇杯出口斜顺着铸型转动的方向(见图 7-26b),这样自浇杯出口流出的金属液便立刻被型壁带入转动,而且没有金属液的飞溅。

当立式离心铸造异形铸件(即加压离心铸造)时,一般不希望用径向内浇道,因浇注时金属液有一逆铸型旋转方向惯性相对流动,金属液不易进入浇道,常会使型腔浇不足。可采用图 7-25 所示的抛物线型内浇道,使金属液易于进入浇道直至型腔。此浇道形状是根据液体掉在旋转圆板上由中心向外流动的轨迹而提出来的。

7.3.2 卧式离心铸造机及其附属组件

卧式离心铸造机有两种类型,即卧式悬臂离心铸造机,铸型固定在主轴一端(见图 7-3);滚筒式离心铸造机,铸型水平地搁在四个支承轮上。前者适于生产短的中、小直径的套、筒类铸件,后者适用于生产长的管、筒状铸件。还可把多个小型卧式离心铸造机装置于一工作转架上,或让多个铸型在几个工位上移动,形成多工位的卧式离心铸造机。

(1) 卧式悬臂离心铸造机及其附属组件

图 7-27 所示为单头卧式悬臂离心铸造机的整体结构图。所谓单头就是指在这个机器上只有一个铸型。在这种机器上浇注的铸件直径较小,长度较短,如小型铜套、缸套等。工作时电动机 2 通过塔形三角皮带轮和中空主轴 10 带动铸型 7、8 旋转。金属液由牛角式浇槽 4 引入型的内腔旋转成形。铸件凝固后,主轴停止转动,可通过主轴右端处设置的气缸 13 的活塞杆推动主轴内的顶杆 16,在取走铸型端盖 5 的情况下,顶出型内的铸件。当气缸活塞杆回复至原始位置后,顶杆在弹簧 15 的作用下可回复原位。浇槽支架 3 可绕轴转动,以便使浇槽在浇注时就位,浇注完毕后离开铸型前端,便于取铸件、清理铸型等的操作。铸型用钢板罩罩住,以防浇注时金属液外溢飞溅伤人。在罩内铸型的上方或下方还可设置沿铸型长度上的喷水管(图上没示出)冷却铸型。为使铸型很快停止转动,可用闸板 11 下压制动轮 12,实现快速刹车。铸型根据塔形皮带轮的结构可以有两种转速。此种机器可实现半自动控制,生产效率较高。此种类型机器国内已有系列产品出售。

图 7-28 示出了双头卧式悬臂离心铸造机的结构,在此机器的主轴两端各装有一个铸型,其优点是占地面积小,可一次浇注两个铸件,但铸件的内径尺寸不能相差太大,因两个铸型的转速是一样的,对生产组织的要求较高。在一些工厂中用来生产中等直径的铜套。

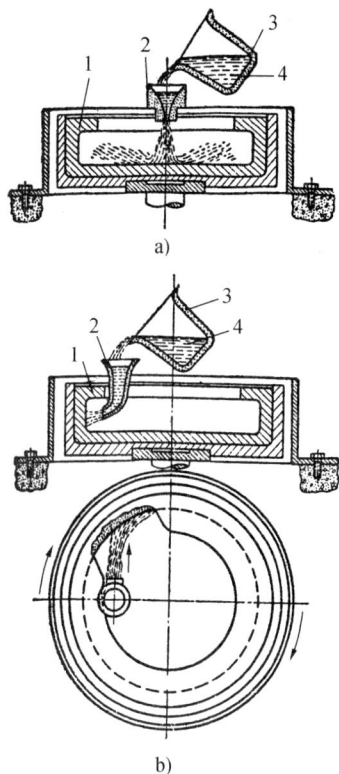

a)

b)

图 7-26 立式离心铸造时漏斗式、侧流式浇杯的应用

a) 用漏斗式浇杯时的金属液飞溅
b) 侧流式浇杯的设置

1—铸型 2—浇杯 3—浇包 4—金属液
箭头表示铸型旋转方向和金属液流方向

　　卧式悬臂离心铸造机上的铸型有单层和双层的两种,图 7 - 27 和 7 - 28 上的铸型都有双层的,由外型和内型组成,其优点是在生产不同外径和长度的套、筒形铸件时,不用装卸和更换外型,只要装上不同尺寸的内型和不同厚度的型底板即可,操作方便,还可节省铸型的加工费用,适用于批量生产。

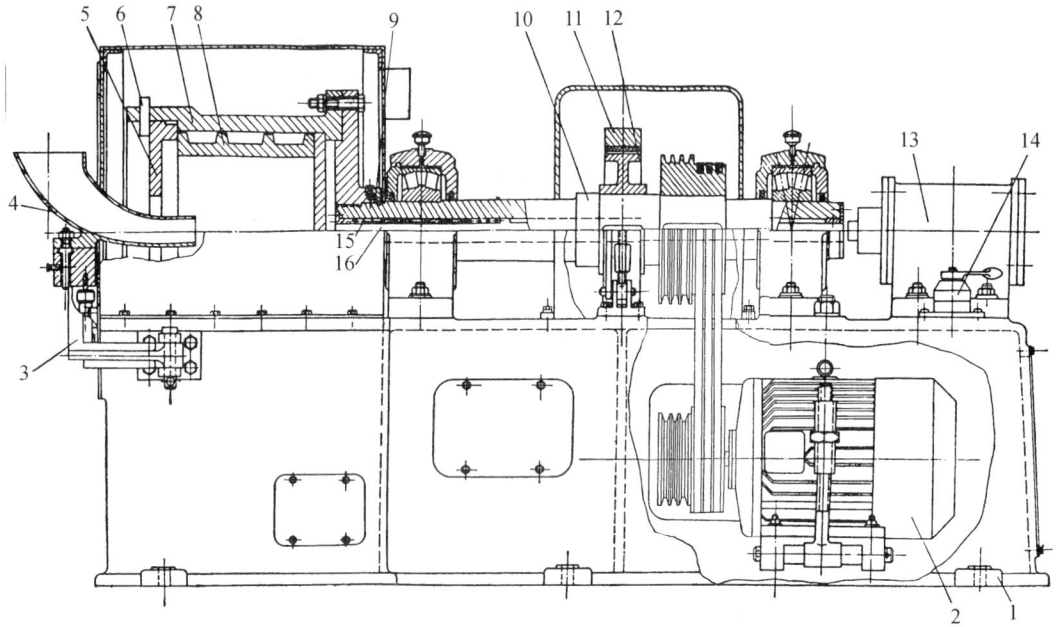

图 7 - 27　单头卧式悬臂离心铸造机

1—机座　2—电动机　3—浇槽支架　4—牛角浇槽　5—端盖　6—销子　7—外型　8—内型　9—保险挡板
10—主轴　11—闸板　12—制动轮　13—顶杆气缸　14—三通气阀　15—复位弹簧　16—顶杆

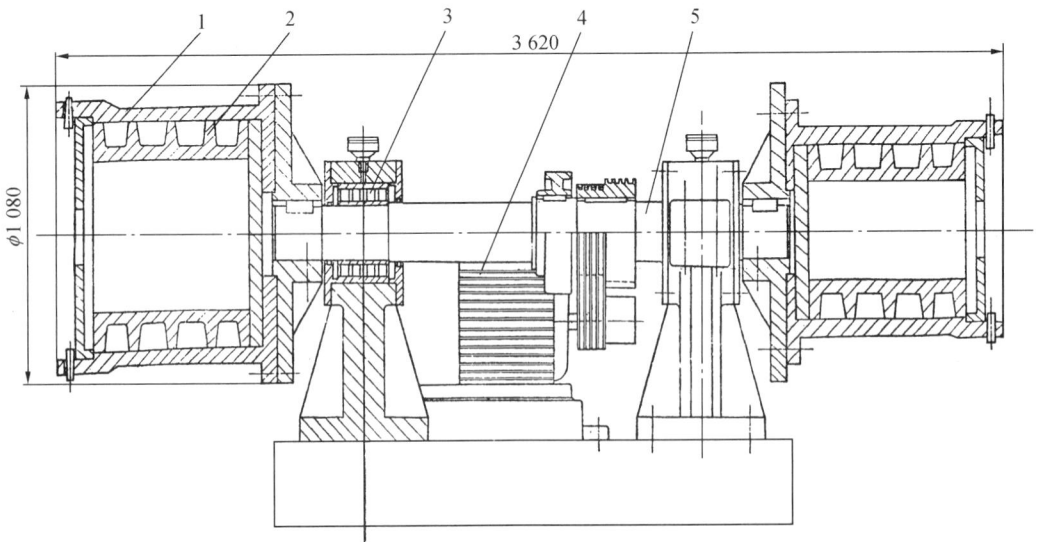

图 7 - 28　双头卧式悬壁离心铸造机

1—外型　2—内型　3—轴承　4—电动机　5—主轴

　　单层的铸型结构示于图 7 - 29 上,即用来专门生产一种外径和长度的套筒类铸件,适用于大量生产。

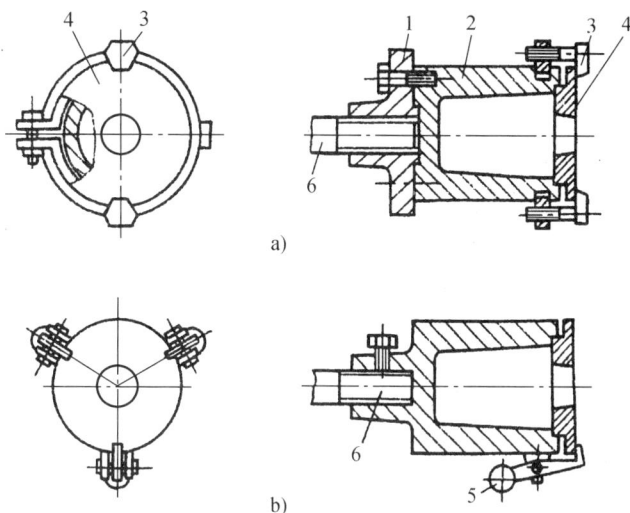

图 7-29 两种固定形式和端盖固定方法的单层悬臂离心铸型
a) 铸型固定在转盘上,端盖用压盖栓固定   b) 铸型固定在主轴上,端盖用离心锤固定
1—转盘 2—型体 3—偏心压盖栓 4—端盖 5—离心锤 6—离心铸造机主轴

　　前面所见的卧式悬臂离心铸造机上的铸型都是金属型,卧式悬臂离心铸造机上也可使用砂型,图 7-30 示出了用砂芯组合的离心铸型。事先做好砂芯,浇注前把砂芯放进离心铸型的外型中,盖紧端盖,即可进行浇注。砂芯可为干黏土砂型、树脂砂芯,在外型上应钻出通气孔。

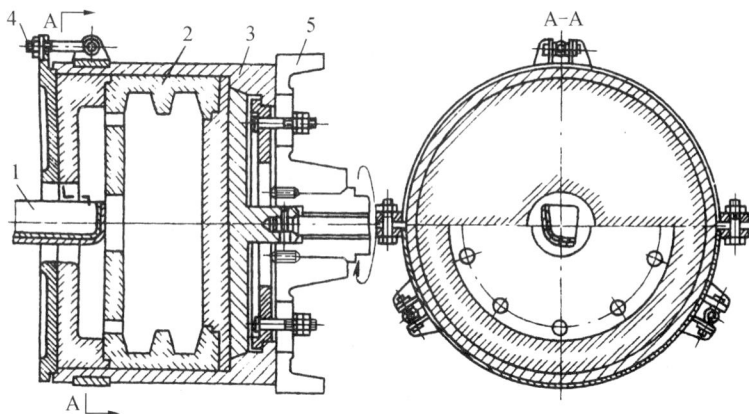

图 7-30 卧式悬臂离心铸造机上用的砂型
1—浇注槽 2—砂芯 3—外型 4—可绕轴转动的压盖栓 5—圆盘

　　由图 7-29 可见铸型固定在卧式悬臂离心铸造机上的方法有两种,即直接用丝扣和螺丝把铸型固定在机器的主轴上(见图 7-29b)的一种。这种方法较简单,但铸型结构复杂。另一种是在离心铸造机的主轴上先固定一圆盘,用它固定不同尺寸的铸型(见图 7-29a,7-27,7-28,7-30,请注意这几个图中固定铸型的方式有差别)。这种固定铸型方式可简化铸型本身的结构。

　　在上面几个图中还可见到端盖的固定方式也是不一样的。在图 7-27 和 7-28 中使用的是销子,销子应为圆锥形(锥面斜度较小),使用时应使销子上直径较粗的一端紧贴端盖,这可防止铸型快速转动时把销子甩出来。在图 7-29a 上使用的是偏心压盖栓,利用偏心伸出较长一侧栓帽压住端盖。在需要打开端盖时,只需把压盖栓往外拧 180°。在图 7-29b 上,铸型端盖用离心锤固定。而在图 7-30 上,则用可绕轴转动的压盖栓固定端盖,此时端盖周边上应相应地做出带有长条孔的凸出边缘,使压盖栓能进入孔中,利用直径较大的螺帽压紧端盖。在实际生产中,圆锥销子用得较多,但此种销子容易丢失(损坏)。离心锤在小的铸型上也有使用的,因操作方便,但需特别注意检查离心锤在使用过程中有无损伤情况,并需把铸型罩好。

(2)滚筒式离心铸造机及其附属组件

图7-31所示为一种用得较普遍的滚筒式离心铸造机结构形式。铸型水平地放在两对支承轮3上(另有一对支承轮与机轴对称地设置在铸型的另一边,图上见不到)。图上可见的一侧支承轮与主动轴2相连,并用变速电动机1带动转动,支承轮相应地把压在它们上面的铸型带动旋转。另一侧的两个支承轮是被动的,只起支承铸型的作用。铸型可暴露在空气中,但在浇注端必须有保护罩,以防浇注时金属液从型中飞出伤人。有时也常用罩子把整个铸型罩上,内放沿铸型长度上的喷水管,冷却铸型。浇槽放在小车上,在浇注后被移开,以便操作。为防止铸型在轴向上的窜动,故此图中所示的铸型的滚道两侧做出凸缘。

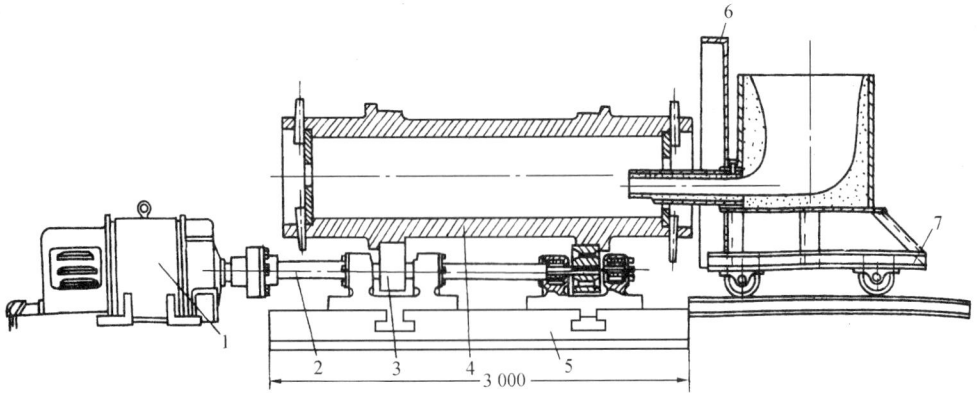

图7-31　滚筒式离心铸造机
1—变速电动机　2—主动轴　3—支承轮　4—铸型　5—机座　6—防护罩　7—浇注小车

图7-32示出了可同时浇注两个铸型的滚筒式离心铸造机。主动支承轮(共四个)设置在

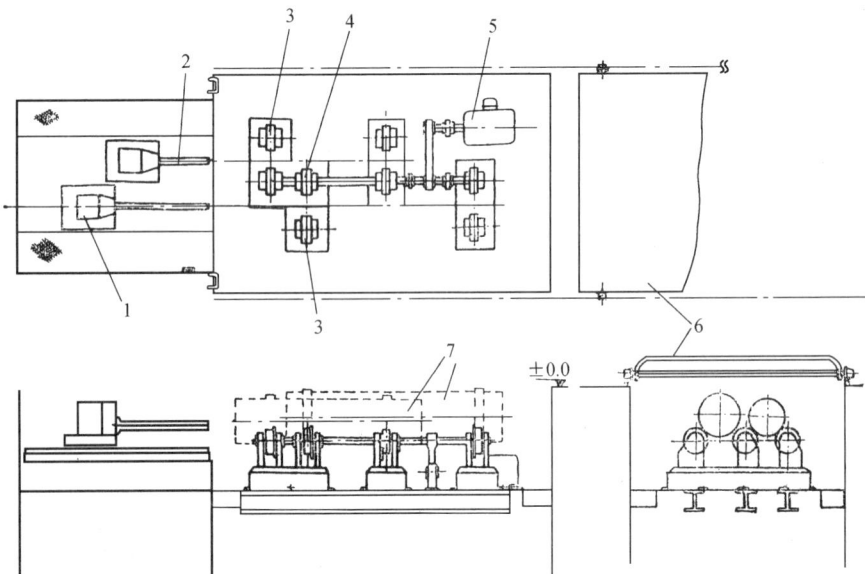

图7-32　可同时浇注两个铸件的滚筒式离心铸造机
1—浇斗　2—浇注槽　3—被动支承轮　4—主动支承轮　5—电动机　6—可轴向移动的机罩　7—铸型

机座的中央,两旁设被动支承轮,一个电动机同时带动两个铸型转动。

防止铸型轴向移动的方法除了图 7-31 所示的方案外,还可用如图 7-33 所示出的两个方案。利用支承轮凸缘防止铸型轴向移动可使铸型加工简化,但铸型所用毛坯较粗。在铸型上做下凹的滚道可使铸型的毛坯直径较小,在小型的滚筒式离心铸造机上甚至只用一个下凹的滚道就可达到防止铸型轴向移动的目的。

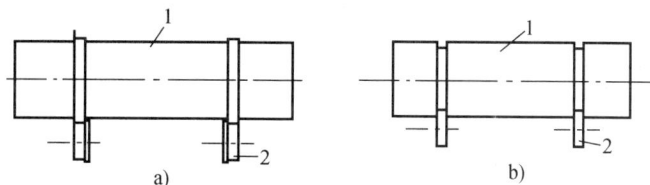

图 7-33 防止铸型轴向移动的方法
a) 利用支承轮的凸缘 b) 利用铸型上内凹的滚道
1—铸型 2—支承轮

在水冷金属型离心铸管机上,滚筒式铸型浸泡在水箱中,此时铸型两端被套上轴承支承在机架上,轴承同时起防止铸型轴向窜动的作用。此种结构较复杂,只在特殊情况下使用。

为使滚筒式铸型转动时能很平稳,铸型与支承轮之间的位置必须满足如图 7-34 的要求。铸型轴心与支承轮轴心连线的夹角如果太小,转动的铸型就可能自支承轮上滚下来;如果夹角太大,则支承轮与铸型滚道上的摩擦力会太小,主动支承轮无法靠摩擦力带动铸型旋转。

滚筒式铸型既可为金属型,也可为砂型、树脂砂型(在型内铺一层热硬性树脂砂)。但砂型、树脂砂型的外型必须是金属的,并且在外型上要有通气孔。

卧式离心铸造机上所用的浇注槽(浇杯)有多种形式

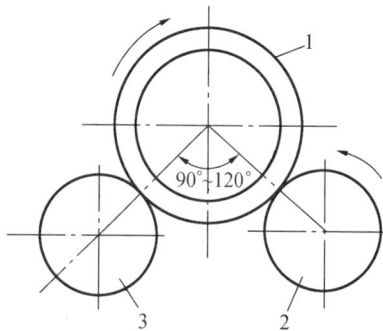

图 7-34 滚筒式铸型与支承轮间的相对位置
1—铸型 2—主动支承轮 3—被动支承轮

(见图 7-35)。其中普通浇注槽(见图 7-35a)、带弯嘴浇注槽(见图 7-35b)、牛角式浇注槽(见图 7-35c)既适用于悬臂式离心铸型,也适用于滚筒式离心铸型的浇注。而其余形式的浇注槽(浇杯)只适用于滚筒式离心铸型的浇注。带弯嘴浇注槽可使自槽中流出的金属液具有与铸型旋转方向的初速(见图 7-36),减小金属液对铸型的冲刷和飞溅。但进入铸型的金属液无轴向流速的初速,在滚筒式离心铸造机上使用时,为使金属液布满铸型全长的内壁,此种浇注槽应是能轴向移动的。牛角式浇注槽在浇注较长铸件时可充分利用金属液自浇包下掉的落差动能,使进入铸型的金属液有较大的轴向流动初速充填铸型内壁,同时可防止金属液自槽中溢出(与普通浇注槽比较)。管式浇注杯(见图 7-35d)和拔塞浇杯(见图 7-35e)主要为在浇杯内建立一定的金属液面高度,利用金属液的压头使金属液迅速通过水平通道进入铸型。拔塞浇杯在浇注开始前,先用塞子堵住浇杯出口,待浇杯内积满一定高度的金属液后,迅速取走塞子,使大量金属液快速地冲进铸型。管式和拔塞浇杯都用于大口径厚度较大铸件的浇注。底部带孔和有缝隙的浇注槽(见图 7-35f,g)主要为使铸型较长距离内同时均匀地被金属液覆盖,都适于浇注内径较大的铸件。

多工位离心铸造机将在下面有关章节中叙述。

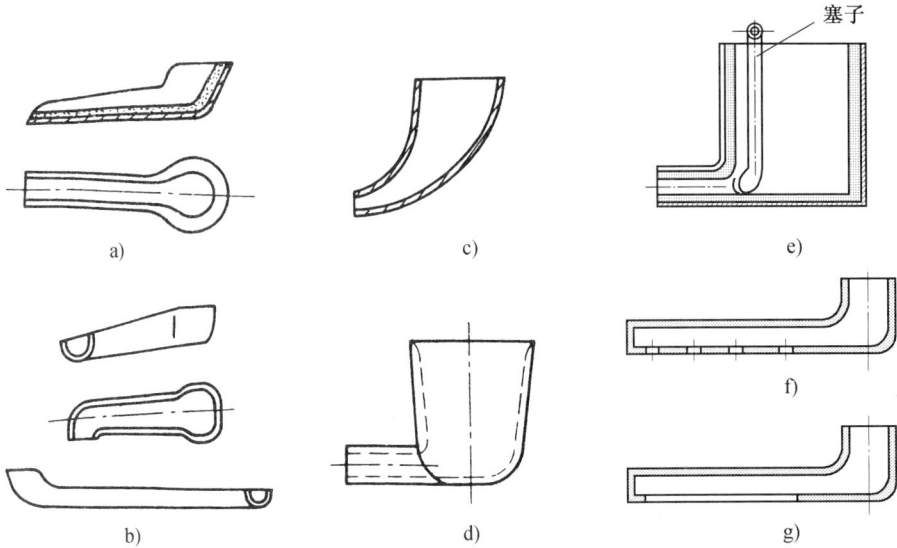

图 7 - 35　卧式离心铸造用浇注槽和浇杯

a) 普通浇注槽　b) 带弯嘴浇注槽　c) 牛角式浇注槽　d) 管式浇杯　e) 拔塞浇杯
f) 底部带孔浇注槽　g) 底部有缝隙浇注槽

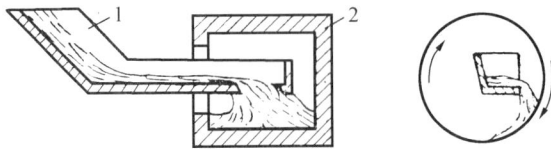

图 7 - 36　带弯嘴浇注槽的应用
1—浇注槽　2—铸型

7.4　离心铸造工艺

　　离心铸造工艺的项目很多,其中不少工艺项目与所用铸型性质有关,如浇注温度、铸型工作温度等都与常规的相似,故在本节中不再叙述。有的工艺特点又与具体的铸件特点有关,这些都将在几种典型离心铸件工艺特点的章节中叙述。故在本节中将只叙述铸型转速、浇注金属定量、离心铸件覆渣凝固、离心浇注金属过滤和金属型的涂料工艺等问题。

7.4.1　离心铸型转速的选择

　　选择离心铸型转速时,主要应考虑的问题是:① 铸型转速应保证金属液进入铸型后,立即能在离心力作用力下,在铸型壁上形成圆筒形,绕轴线旋转;② 充分利用离心力的作用,保证得到良好铸件的内部质量;③ 在用立式离心铸造法浇注异型铸件(加压离心铸造)时能充分利用离心力发挥金属液的充型能力和补缩铸件的能力。

　　(1) 保证金属液成形的铸型转速

　　立式离心铸造时,可根据圆环形或圆筒形铸件的内表面尺寸要求,按式(7 - 10),并将此式适当运算后,可得铸型的转速计算式:

$$n = 30\sqrt{2gh/k(2x_1 - k)}/\pi \qquad (7-27)$$

式中符号的意义同式(7-10)。

　　卧式离心铸造时,为保证金属液在型壁上的成形,应使金属液自由表面上最高点 a 处(见图 7-37)的金属质点产生的离心力 $m\omega^2 r_0$ 大于它的重力 mg。因为在 a 点,金属液的重力最易使质点下掉,而且该点的圆周线速度也可能最小,只要此点处能保证 $m\omega^2 r_0 \geqslant mg$,整个金属液层的成形条件都获得了保证。

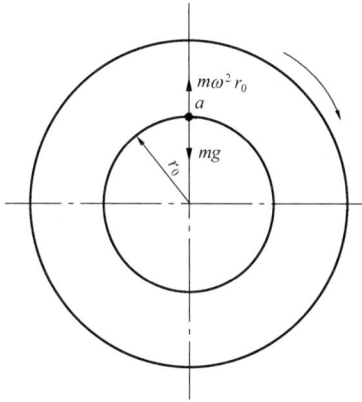

图 7-37　金属液成形条件　　　　　　　　　　　图 7-38　铸型转速不够大时金属液不能成形

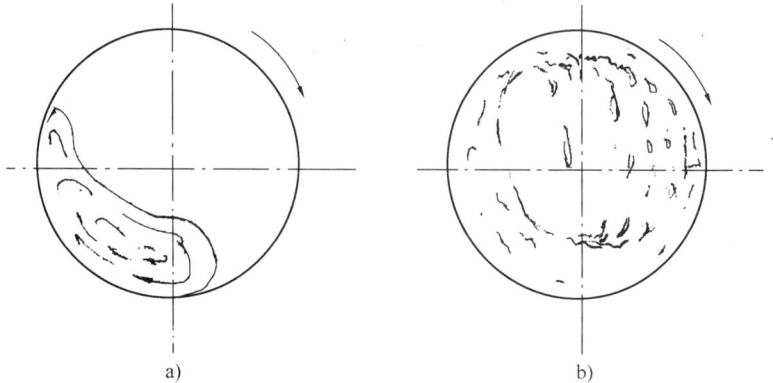

　　如果 $m\omega^2 r_0 \geqslant mg$ 的条件不能被满足,则在浇注时会出现金属液滞留在铸型底部滚动(见图 7-38a),或出现雨淋现象(见图 7-38b),金属液飞出铸型外面,不能成形。

　　但要注意的是,卧式离心铸造时金属液的成形条件中的 ω 系指金属液本身的角速度,并非铸型的角速度。由于刚进入铸型的金属液有如上所述的惯性相对运动,它不能立即获得铸型的转速,所以浇注时,铸型本身的转速应大于金属液成形条件所需的 ω 值。铸型本身的角速度比金属液成形所需 ω 值增大的倍数由金属液的黏度、浇注时金属液进入铸型的相对方向、浇注时的流量速度等因素决定。一般情况下,为保证金属液成形的最小铸型转速(又称临界转速)需经试验确定。

　　(2) 保证铸件致密度的铸型转速选择

　　离心铸造时,保证铸件成形是最起码的要求,更为重要的是要充分利用离心力场的消除铸件中夹渣、气孔、缩孔、缩松的有利作用,尽可能提高铸件的致密度,所以在实际生产中常根据铸件内表面上合适的金属液有效重度 $\rho\omega^2 r_0$ 或重力系数 G 的数值来确定铸型的合适转速。因为在铸件内表面上金属的有效重度或重力系数的值比铸件其他各点处的对应值小,如内表面上的金属有效重度和重力系数的值能保证获得高质量的铸件内表面,那么铸件其他各点处的质量也就可以保证了。在此原则的基础上,出现了很多形式的离心铸型转速的计算数学式。

　　1) 康氏公式

　　此式是原苏联学者康斯坦丁诺夫在 20 世纪 40 年代经实验研究后提出来的,他发现不管浇注金属液的组成成分如何,只要在铸件内表面上能使金属的有效重度 $\rho\omega^2 r_0 = 3.4\text{MN/m}^3$,就能保证得到组织致密的铸件。由此关系可推导得到如下形式的离心铸型转速计算式:

$$n = 55\,200/\sqrt{\rho r_0} \qquad (7-28)$$

式中　n—铸型转速,r/min;

　　　ρ—浇注金属的密度,kg/m³;

　　　r_0—铸件的内半径,m。

在生产实践中,对此式计算出来的 n 值常需作小的修正,所以现在流传的康氏公式的形式为

$$n = \beta(55\,200/\sqrt{\rho r_0}) \tag{7-29}$$

式中 β 为修正系数,其具体数值可参考表 7-1。

表 7-1　康氏公式中的修正系数 β 值

离心铸造类型	铜合金卧式离心铸造	铜合金立式离心铸造	铸铁离心铸造	铸钢离心铸造	铝合金离心铸造
β	1.2~1.4	1.0~1.5	1.2~1.5	1.0~1.3	0.9~1.1

2）重力系数公式

如用铸件内表面上金属重力系数的表达式 $G = \omega^2 r_0/g$ 运算,可得如下形式的数学式

$$n = 29.9\sqrt{G/r_0} \tag{7-30}$$

此式即为用重力系数的要求值计算铸型转速的公式。不同合金离心铸造时所要求 G 值可参考表 7-2。

表 7-2　G 值 选 取 表

铸件合金	铜合金	铸　铁	铸　钢	ZL102	ZL109
G	40~110	45~110	40~75	50~90	80~120

3）凯门公式

这是在西方较流行的离心铸型转速选择计算式,其形式为

$$n = C/\sqrt{r_0} \tag{7-31}$$

式中　C—由铸件金属种类、铸型、铸件等特点决定的系数,具体数值参见表 7-3;

　　　r_0—铸件内表面的半径,mm。

7-3　C 值 选 取 表

铸件合金	铸　铁	铸　钢	黄铜	铅青铜	巴氏合金	铝合金	青　铜
铸件举例	铁管、涨圈缸套	—	圆环	轴承	轴瓦	—	（立式离铸）
C	9 000~13 650	10 000~11 000	13 500	8 500~9 500	7 000~9 000	13 000~17 500	17 000

由于合金结晶特点多种多样,铸件的几何形状也不都相同,各种铸件的凝固（条件）差异也较大,所以不能单靠上述各种式子的计算值就决定具体铸件离心铸造时的铸型转速,上述式子的计算值只有参考的价值。

此外尚需注意以下几点:

① 康氏公式只适用于薄壁铸件。

② 浇注厚壁铸件时,在浇注时和浇注后铸件初始凝固时可采用稍小的铸型转速,以防铸件外壁产生裂缝,而后可提高转速以保证铸件的内部质量。

③ 当从铸型一端浇注较长的薄壁管形铸件时,在浇注初期,可采用较小的铸型转速,使金属液能在型壁上流经较短路程(因金属液在铸型壁上是螺旋线地向前流动的)较快地到达铸型另一端,然后迅速提高铸型转速,使金属液在铸型长度上分布均匀,并在所需离心力作用下凝固。

④ 浇注时,如铸型壁转动时的线速度相对掉落在型壁上的金属液的线速度超过某一数值,则会引起很大的金属飞溅,故在浇注大直径铸件时,可适当降低铸型转速,待浇注完毕后,再提高铸型转速,以保证获得致密度好的铸件。

⑤ 在浇注结晶范围宽的合金、铸件内部要求高度纯净、有较细薄的型腔缝隙需充填金属液时,可采用较高的铸型转速,以利补缩,驱除金属液中的夹杂,或增强金属液的充型能力。较高的铸型转速还可加大铸型外表面上的散热速度,促使铸件实现由外向里的定向凝固。可是铸型外表面上高的散热速度也会促使铸件中出现大的温度梯度,会使厚壁铸件内出现大的热应力,使铸件上出现纵向裂纹。

⑥ 采用砂型、型壳离心铸造时,为防止砂型、型壳被金属的离心压力涨箱或压裂,需对浇注金属产生的最大离心压力值 p_{max} 进行控制,由 p_{max} 决定铸型的最大转速 n_{max}。由式(7-19)可运算得到卧式离心铸造时的 n_{max} 的计算式

$$n_{max} = 42.3 \sqrt{p_{max}/\rho g (R^2 - r^2)} (\text{r/min}) \qquad (7-32)$$

在利用此式计算立式离心铸造时铸型的转速时,如铸件的外径尺寸大小都一样,应按铸件底部的内半径取 r_0 值,因铸件底部外壁上的离心压力值最大。式中的其他符号意义和单位同式(7-28),而 p_{max} 的值可参考表 7-4 选取。

表 7-4 p_{max} 值的选取

铸型种类	砂 型	砂芯组合型	熔模壳型	陶瓷型
p_{max}(MPa)	0.03~0.04	0.04~0.06	0.07	0.06~0.08

7.4.2 离心铸造时浇注金属液的定量

重力铸造时,不需要特意控制浇注进铸型中的金属液数量,因为可由浇口直接判断铸型是否浇满。而在离心铸造时,铸件的内表面常为自由表面,浇入铸型中金属液数量的多少直接决定铸件内表面直径的大小,所以离心铸造浇注时,对所浇注金属的定量要求较高。

离心铸造时浇注金属的定量原则有三种,即体积定量法,质量(重量)定量法和自由表面高度定量法。

(1) 根据金属的体积定量法

常用的离心浇注时的体积定量法是用内腔形状一定的浇包,在浇包内壁高度上做出一记号,或认定一定的高度,以接受一定体积的金属液,一次性地浇入旋转中的铸型,达到定量浇注的目的。这种方法简易方便,但定量精度较差,在大量生产时需经常根据浇出铸件的重(质)量,对浇包接受的金属液体积进行调整。

也可用金属保温炉中电磁泵的开动时间控制浇入铸型(或浇包)中的金属液体积,但这需

要特殊装置,只能在大量生产中应用。

(2) 根据金属的质量定量法

常用的最简单离心浇注金属液质量定量法是在离心铸造机旁放一秤,浇包放在秤上接受分配给一个铸件的金属液重量,而后一次性地浇入离心铸型之中。此种方法定量准确,但操作麻烦。

在浇注大型铸件时,带金属液的浇包需用吊车运输,此时可利用电子吊车秤。在吊车吊钩下先吊一电子吊车秤,在电子吊车秤的下面吊装有金属液的浇包,电子秤指示浇包和金属液的质量。浇注过程中,电子秤的指示值逐渐变小,便可根据电子秤指示值的变小量控制浇入铸型中金属液的质量。也可用电子吊车秤给小浇包分配金属液,用小浇包进行绕注。

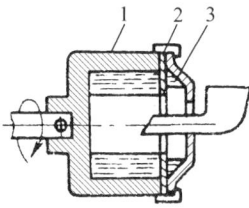

图 7 - 39　用隔板的自由表
面高度定量法

1—铸型　2—隔板
3—多余金属

当用一个浇包浇注多台离心铸造机时,可把装有金属液的浇包放在有称重装置的小车上,根据小车上压力传感器输出的质量指示,控制浇入铸型中金属液的质量。每浇一次,小车就从一台离心铸造机移动至另一台离心铸造机处进行浇注。

(3) 根据离心铸型中自由表面的高度定量法

图 7 - 39 示出了卧式悬臂离心铸型用隔板的自由表面高度定量法的示意。浇注时,当型内金属液的自由表面高过隔板的孔径,即可在 3 处发现发亮的多余金属液,立即停止浇注。但这种方法浪费金属液,而且每浇注一次就要使用一个隔板,铸型端盖内凝结多余金属的清理也很麻烦。

在滚筒式离心铸造机上从铸型一端浇注长的铸件时,可在铸型的另一端装一触头 3(见图 7 - 40),当进入铸型的金属液液面升高至与触头接触时,电路接通,指示器(电铃或电灯)给出信号,可即刻停止浇注,以保证铸件壁厚尺寸的正确。但由于前述铸型中浇注金属液的螺旋线层状流动特点,型内金属液自由表面的升高速度在铸型整个长度上不是一致的,和浇注时金属液自浇包外流的惯性难以正确控制,以及浇注工人的反应速度的波动,此法定量固然方便,但准确度不高。只在生产大型厚壁铸件时可酌情采用此法。

7.4.3　离心铸件的覆渣凝固

前面已叙述过有关双向凝固对铸件质量的不利影响。防止双向凝固的有效措施就是减小离心铸型中金属液自由表面上的散热速度,离心铸件的覆渣凝固工艺就能很好地达到此一目的。

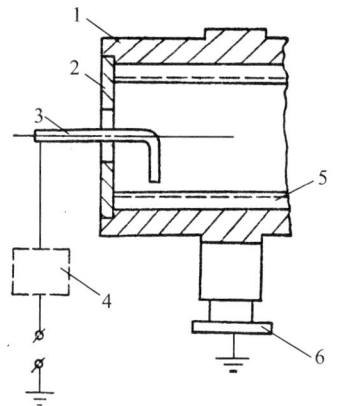

图 7 - 40　用电触头定自由表面
高度的定量法

1—铸型　2—端盖　3—触头
4—指示器　5—金属液　6—机座

这是一种浇注时把熔渣和金属液一起浇入铸型,或在浇注过程中把粉状造渣剂撒入金属液流共同进入铸型的工艺。由于离心力的作用,可使熔点比金属液小、密度比金属液小的熔渣在进入型内后很快聚集和覆盖在金属液的内表面的里面(上面),阻止金属液内表面上的散热,创造铸件由外向里的定向凝固条件,防止离心铸件内表面上的鞍裂,和内表面下易出现孔洞的缺陷,提高铸件的致密度。

往浇注的金属流中撒造渣剂进行离心浇注时,造渣剂还可对金属液起精炼的作用,减少铸件中的夹渣和气孔的缺陷。

采取连续浇注两种金属液制造双金属离心铸件时,常需在浇注第一层(外层)金属时撒造渣剂,以防止第一层金属进入铸型后自由表面上金属的过早凝固和氧化。在浇第二层(里层)金属时,渣被驱赶至第二层金属的自由表面的里面,使内、外两层金属能很好地牢固结合。

表 7-5 示出了浇注几种金属时的造渣剂的组成。

表 7-5　离心铸件覆渣凝固时用的造渣剂组成

浇 注 合 金	造渣剂的质量组成(%)
铸铁(一般渣)	SiO$_2$ 28.1　CaO 4.3　MnO 1.1　Al$_2$O$_3$ 16.3　Na$_2$O 19.1　FeO 2.1　CaF 28.3 (熔点 1 000℃)
铸铁(发热渣)	铝粉 12　硅钙 3　铁粉 20　硝酸钠 14　硅石粉 20　氟石 26　(着火点 450℃)
合金铸铁复合 轧辊(防氧化剂)	SiO$_2$ 40～60　Al$_2$O$_3$＋Fe$_2$O$_3$ 5～15　B$_2$O$_3$ 5～15　R$_2$O 20～40　RO 2～15 CaF＋Na$_2$SiF$_6$ 1～6　(熔点＜1 200℃)
铜合金	1. B$_2$O$_3$ 85　NaF 15　(熔点 722℃,密度 1.8～1.85 g/cm^3) 2. Na$_3$AlF$_6$ 60　CaF 35　Na$_2$O 5　(熔点 700℃,密度 1.7～1.75 g/cm^3)

7.4.4　离心浇注金属过滤

有些合金液中有较多难于除去的渣子(如渣的密度与金属液的密度相近,甚至大于金属液),用离心浇注金属过滤法可获得质地纯洁的铸件。图 7-41 示出了离心浇注过滤的示意图。

铸型放在型箱 2 中,当横臂不转动时,型箱的位置如图所示,此时往型箱的浇杯中浇满型腔所需的金属液,由于玻璃丝团的阻挡,金属液不能靠重力流入型腔。而后开动机器,横臂 1 转动,在离心力作用下型箱按箭头所示方向转动 90°,金属液在离心力作用下进入型腔,渣子留在玻璃丝团中,实现了过滤的目的。

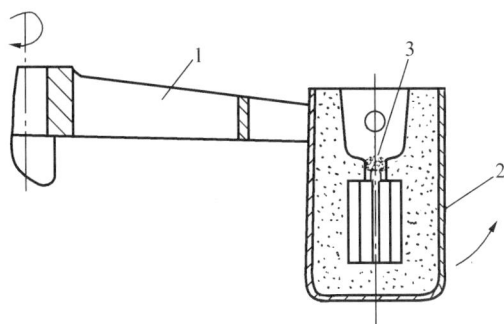

图 7-41　离心浇注过滤示意图
1—横臂　2—型箱　3—玻璃丝团

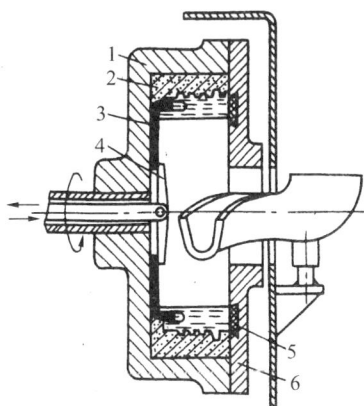

图 7-42　刹车鼓离心镶铸示意图
1—铸型　2—砂衬　3—镶铸钢盘
4—气动压板　5—耐火衬　6—端盖

7.4.5　离心镶铸

在离心铸件上也进行镶铸。图 7-42 所示为刹车鼓的离心镶铸示意图,在铸铁的轮状件端面镶铸了用钢板冲压成的盘状端面。为使钢盘能牢固地结合在铸件上,钢盘边缘可做出分翅。

7.4.6　离心铸渗

为增加铸件表面的耐磨性,铸渗工艺已引起了很多的注意,在离心力场中进行铸渗较重力场有更大的优势,因为金属液具有更大的渗透铸渗材料间缝隙的能力。图 7-43 示出了磨轮立式离心铸渗的示意图。

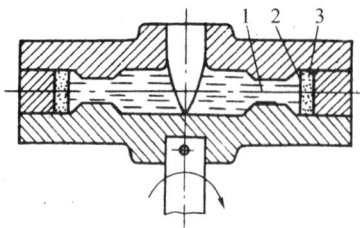

图 7-43　磨轮的离心铸渗示意图
1—金属主体　2—磨料型坯　3—铸型

在铸型内壁先放一层经预热的磨料颗粒成型坯 2,而后离心浇注金属液 1,金属液渗入磨料颗粒间的缝隙中,凝固后把磨料颗粒牢固地结合在一起,这样便可得到主体为金属的磨轮。卧式离心铸造时,可用在铸型内表面先均匀撒一层颗粒磨料,然后浇注金属液的方法制造磨轮类零件,如颗粒饲料机上的轧辊。

还可用此法制造金属基复合纤维材料,制造时可将复合纤维预制块置于型壁上,然后浇金属液进行离心铸渗。

7.4.7　离心金属型涂料工艺

离心铸造时常采用金属型,一般重力金属型铸造时使用的涂料,在离心铸造时也应该是适合的,但由于离心铸造的特殊条件,往金属型上涂挂涂料的工艺便可有其本身的特点,主要有三种方法。

① 撒铺法。在使用干粉状涂料(敷料)时,如浇注铜合金套筒类铸件时所使用的高温焙烧过的石墨粉,常采用往旋转铸型中撒涂料的方法,粉状涂料自动铺开在金属型的表面上。

② 喷涂法。用压缩空气或其他动力将悬浮液类涂料驱赶至喷嘴处,以雾状形式喷涂在预热至 150~250℃ 的旋转铸型的工作表面上,利用铸型热量干燥涂料层,可获得厚度均匀的涂料层。在生产细长的铸件(如铁管)时,细的涂料输送管较易悬臂式地弯曲,出现很大挠度,此时可将喷嘴一端的背面直接搁置在旋转铸型的内壁底部,喷嘴向上,并且轴向等速移动,由铸型的一端向另一端进行涂料的喷涂。但这种喷涂法只能一次性地喷涂,不能在铸型中来回反复移动喷涂铸型以控制涂料层的厚度,因为紧贴铸型的喷嘴端在已有涂料层的表面移动时,会破坏已喷上的涂料层。有时也把喷好涂料的铸型放到加热炉中在 200℃ 左右继续干燥、保温,待浇注前再自炉中取出,置于铸造机的支承轮上准备浇注。

喷涂法在金属型离心铸造时使用很广泛,涂料中的耐火粉料最好事先经高温焙烧,除去其中的结晶水(黏土、膨润土不能焙烧,它们在焙烧后便成死土,失去黏结性),以防在浇注金属后,涂料产生太多的气体,进入正在凝固的铸件中,使铸件产生针状气孔(见图 7-44a),或使铸件外表面出现凹坑(见图 7-44b)。有时压力较高的气体还可能穿透内凹的凝固薄层,窜出里面的金属液层,在铸件内表面上出现明显由液滴凝成的球状金属颗粒(见图 7-44c)。如果内凹被气体穿透凝固层的凹坑中又被内层金属液充满(见图 7-44d),则在铸件外表面上常可见点点斑斑的金属痕迹或直径较大扁平形(似蘑菇盖状)的冷隔块,这些金属斑迹、冷隔块常与铸件主体结合不牢,可用机械力量除去,在铸件外表面上形成凹坑。

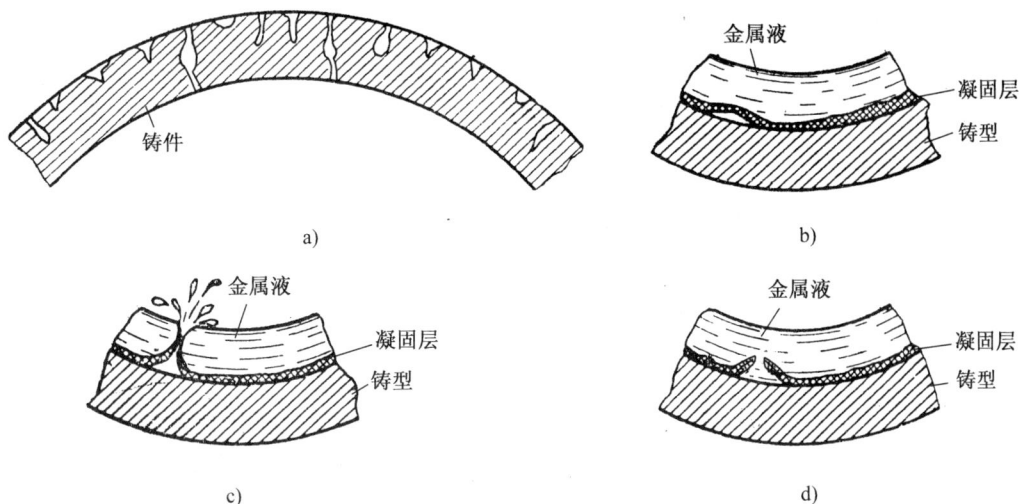

图 7-44　由涂料气体引起的铸件上气体性缺陷
a) 针孔　b) 铸件外表凝固薄层被气体压出的凹坑　c) 气体穿透凝固薄层窜出金属液自由表面
d) 凹坑中又流进金属液

　　涂料在浇注后产生气体还与喷涂后涂料层中易形成小圆球有关。裹在小圆球中间的涂料不易被铸型的热量干透,浇注后,小圆球中的水分受热变成气体,产生很大压力,往铸件中钻,便引起了形式不同的各种气体性缺陷。所以涂料中耐火粉料的粒度应尽可能细,喷出的雾粒也要尽可能细,每喷一次的涂料层厚度要尽可能薄(可通过重复喷涂的方法调节涂料层的总厚度),以免在涂料层中形成太多、太大的圆球。

　　实践表明,硅石粉涂料较少在铸件上引起上述的气体性缺陷,这可能与硅石粉在喷涂后不易成球有关。而硅藻土涂料层中的小球粒却是很多。

　　喷涂法是金属型离心铸造中用得很广泛的方法。

　　③ U 形槽倾倒法。把定量涂料装在水平 U 形槽中,把 U 形槽伸入铸型中,让预热至200℃左右的金属型转动,倾翻 U 形槽,让涂料均匀地铺开在铸型工作面的长度上,开始时铸型低速旋转,涂料在铸型底部翻滚、变稠(因水分蒸发),而后提高铸型转速,涂料均匀分布在铸型表面,并利用铸型热量干燥涂料层。浇注前,把铺涂好涂料的铸型放入加热炉中在约200℃的环境中保温干燥。

　　此法适用于中、大直径铸件的小批量离心铸造。

7.5　几种铸件的典型离心铸造方法

　　由于离心铸造方法有其本身工艺方面和工作原理方面的独特点,所以有几种铸件特别适合用离心铸造方法生产,离心铸造方法几乎是这几种铸件生产时的必要手段。而且这类铸件中的每一种又由于其本身形状、尺寸、结构和所要求性能的特点,所采用的离心铸造工艺又不尽相同,所以在本节中择其主要的几种铸件的离心铸造特点给以叙述。

7.5.1　铸铁管的离心铸造

　　铸铁管是城市建设、工业建设、农业生产中使用的需求量很大的铸件,它主要用来输水(生活、工业、农业用水,生活污水),输送化工液体(碱液、酸液)、输气(如煤气)。有球墨铸铁管(主要用来输水、输气,需承受一定压力)、灰口铸铁管(曾作为承压管,被广泛用于输水、输气,现已逐步被球铁管替代,但在不承压的排水管方面,仍在应用)和合金铸铁管(输送碱液、酸液,承受一定的压力)三种。

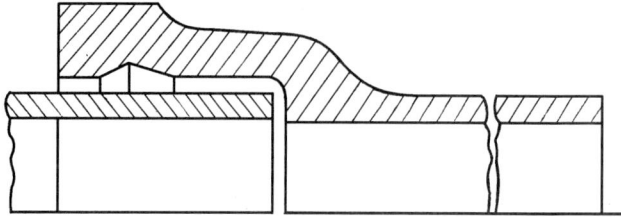

图 7 - 45　铸铁管的形状

一般,铸铁管的形状示于图 7-45,其直径粗的一端称为承口,直径细的一端称为插口,两根铁管连接时,把一根铸铁管的插口端插进另一根铁管的承口内,在插口与承口之间的空隙中垫上密封橡胶圈或其他垫料即可。也有无承口结构的铸铁管。

承受压力的铸铁管需经水压或气压试验,检查是否漏水或漏气。球铁管还需作材料的抗拉性能试验和压环试验。切下一段环状铁管,在对竖立圆环上下加压情况下,测定圆环被压裂时的残余变形量,变形量越大越好。

根据使用铸型的不同,目前在我国存在有四种铸铁管离心铸造法。

(1) 铸铁管砂型离心铸造法

早在 20 世纪 30 年代,我国就开始用砂型离心铸造生产灰铁管,其优点为离心铸造机结构简单,制出铁管上无白口组织,较易成形,但制造砂型工艺过程复杂,工作场地灰尘、烟气污染严重,机器生产效率较低,所以在 20 世纪 80 年代我国开始引进水冷金属型离心铸造生产球铁管技术以后,此法已被淘汰。近年来,在我国一些地方兴起用砂型离心铸造法生产铸态球铁管(铁管不进行基体铁素体化退火热处理)。其工艺特点为:

① 采用一般的滚筒式离心铸管机。

② 用螺旋给料器式造型机制造砂型。

图 7-46 示出了螺旋给料器式造型机的结构,其造型过程为:如图有一由轴承 2 支承的螺旋给料器 1,螺旋给料器伸进设置于小车 6 上的砂斗 5 的底部和搁置在小车支承架 11 上的离心铸型外型 3 的内部,螺旋给料器的前端部固定有一个孔径定型模头 4,模头伸进固定在离心铸型外型的铁管承口模型 13 的孔内。在砂斗中放好够造一个砂型的处理好的型砂,启动电动机 8,通过齿轮传动 9,使螺旋给料器以一定速度转动,砂斗内的型砂被送至离心铸型外型的

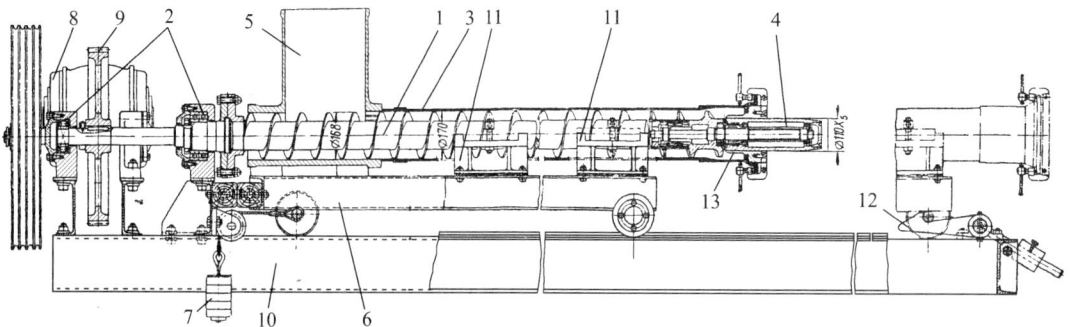

图 7-46　铁管离心砂型的制造装置

1—螺旋给料器　2—轴承座　3—离心铸型外型　4—孔径定型模头　5—砂斗　6—小车　7—配重
8—电动机　9—齿轮　10—轨道　11—支承架　12—固定小车钩　13—承口模样

承口端(右端),由于小车被配重 7 拉住,所以只有在螺旋给料器的前端部压实型砂至一定紧实度,即达到一定的压力以后,小车才能带着砂斗和离心铸型向右移动。随着砂斗内的型砂被送进离心铸型的外型,并被压实,小车向右移动时,孔径定型模头在压实的砂型孔内滑动,保证了获得光滑、尺寸精确的砂型内孔。最后当定型模头自离心铸型中移出后,砂型便被制成,制成的砂型左端经工人稍为修整(因砂层端部不整齐、松散)后,装上端盖。同时修整承口端的砂衬,装上承口砂芯(用来形成铸铁管承口处直径较大的成形内孔),固定好后端盖,即可把带有砂衬的离心铸型送到滚筒式离心铸造机的支承轮上,准备浇注。

离心铸型的外型上应开有通气孔,以便浇注金属后,砂型中水汽和其他气体的外逸。砂衬的厚度约为 30～40 mm。可改变配重 7 的质量以调节砂衬的紧实度。钩子 12 可在装、卸铸型时固定小车,防止它在配重作用下自动移向左边。

(2) 铸铁管水冷金属型离心铸造法

水冷金属型离心铸造铸铁管的工序示于图 7-47 中。在此种离心铸造机上,铸型 8 的外壁用水冷却,内表面裸露。在开始浇注前,有时撒一些铸铁孕育剂。采用长的、前端带弯嘴的浇注槽 6。一根铁管所需浇注的铁液盛放在扇形浇包 7 中。铸型的旋转依靠装在机器左端机壳 4 上部的电动机 3 带动。浇注开始前,离心铸造机的机体处于最右端,浇注槽伸进铸型内,

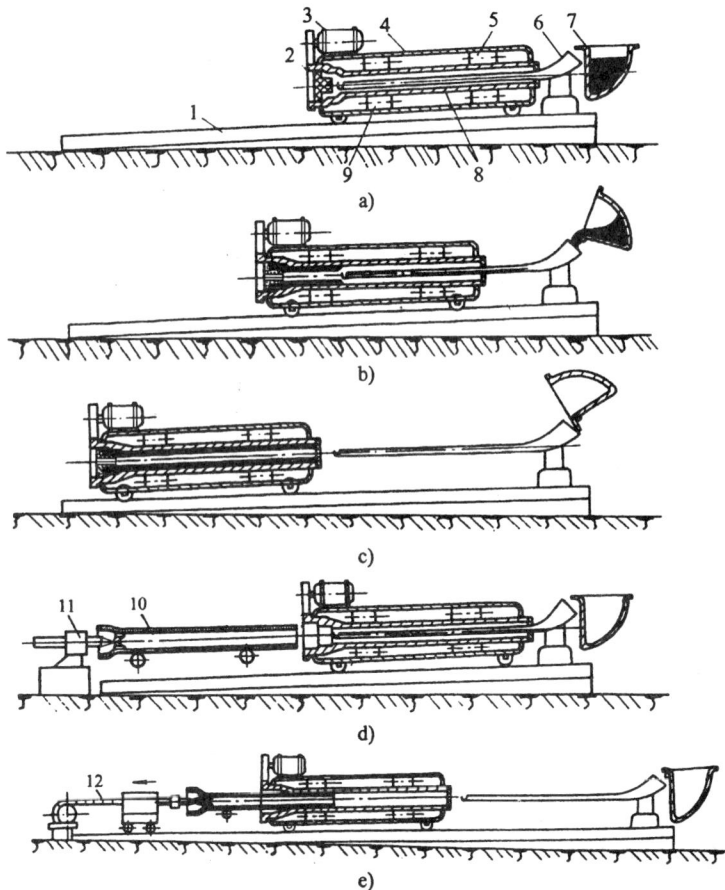

图 7-47 水冷金属型离心铸铁管工序示意图

1—机座导轨 2—承口砂芯 3—电动机 4—机壳 5—压紧轮 6—浇注槽
7—扇形浇包 8—铸型 9—支承轮 10—铸成铁管 11—拔管钳架 12—拔管机

铁液出口处于承口砂芯前面。在铸型的承口端装好承口砂芯(常用树脂砂做成)(见图 7 - 47a)。为使铁液能在长浇注槽内流动,机体和铸型有约 3°的斜度。

开始浇注时,铸型转动,扇形浇包等速绕支点转动,由浇包内流出的铁液进入浇注槽,铁液自浇注槽的弯嘴处流出,在离心力作用下,铁液先流进铸型承口部分的型腔,当这部分型腔内铁液充满后,带有转动铸型的机体向左下方移动(见图 7 - 47b),扇形浇包仍等速转动,金属液自浇槽等流量地流出,螺旋线形地覆盖在铸型的内表面上。最后一部分铁液浇在铸型插口端的内壁上,浇注槽自型中移出(见图 7 - 47c)。机体停止移动,待型内铁液全部凝固后,铸型停止转动,取管夹钳伸进铁管内部,张开钳爪,撑住铁管内壁,机体沿导轨 1 向右上移动,铁管便被拔出铸型,由辊道接住。与此同时,修好的浇注槽又伸进铸型,准备开始下一次的浇注(见图 7 - 47d)。也有另一种方案(见图 7 - 47e),即铸型停止转动后,机体不动,机器上拔管机上夹钳往右移动伸进铸管内部,张开夹钳,撑住铁管内壁,拔管机驱使夹钳向左移动,自型内拔出铁管,然后机体回至准备浇注的位置。这一方案使机器占地面积增大,并增加了每一铁管的生产周期。

用此方法制得的铸态铁管为白口组织,需被送进退火炉中加热至 920～980℃,待组织全部奥氏体化后,再缓慢冷却至约 700℃以下,使铁管中析出球状石墨和铁素体基体,其热处理工艺曲线示于图 7 - 48。

为加速铸铁管的退火过程,细化石墨颗粒,在浇注前常向型内撒孕育剂粉粒,在浇注过程中向浇注槽的铁液流中撒孕育剂粉粒。

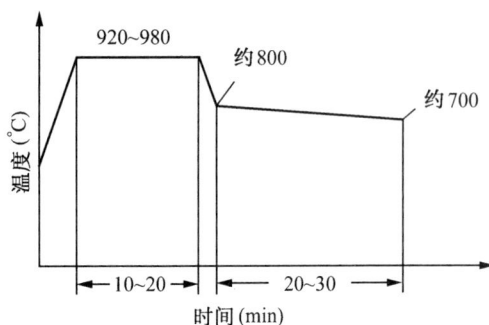

图 7 - 48　水冷金属型离心铸铁管的热处理
　　　　　工艺曲线

铁管的热处理炉为贯通式,内分升温区、保温区、急降温度区和缓慢降温区四段。白口铁管从热处理炉的一端沿向上微倾斜的轨道被链式推进器上的推板缓慢推入炉内,铁管一边转动(防止铁管在高温时由自重引起的变形),一边经各温度区段,在热处理炉的另一端移出。

为使掉在铸型上的铁液能及时地被带入转动和提高铸型的工作寿命,铸型内表面常用钢珠打出一个接一个的浅小圆坑。所以水冷金属型离心铸造球铁管的外表面上都有整齐排列的小圆鼓包。

用此种方法生产的球墨铸铁管力学性能好,强度和韧性都好,机器的生产效率高,但工艺过程中需增加热处理的工序,耗能大,又延长了一根铁管的生产周期。离心铸管机结构复杂、热处理炉体积庞大(长几十米,宽约 8 米),对生产场地机械化程度要求高,故建厂一次性投资大,生产消耗也大,所以铁管成本高。目前主要用来生产中小内径($\phi100\sim\phi1\,000$ mm)的球墨铸铁管。

在我国已有多个用此种方法制造球墨铸铁管的工厂,全套生产设备已能自己制造。

图 7 - 49 具体地示出一种水冷金属型离心铸管机。

(3) 铸铁管涂料金属型离心铸造法

涂料金属型离心铸造法生产铸铁管又称热模法,即在滚筒式离心铸造机上的温度为 150～200℃的旋转铸型内壁上喷一层绝热性水基涂料,利用铸型热量把涂料层烤干。然后进行离心浇注,成形铁管用拔管器自型中拔出。用此种方法既可生产铸态球墨铸铁管和承压灰口铁管,也常用来生产不承受压力的灰口铸铁管。

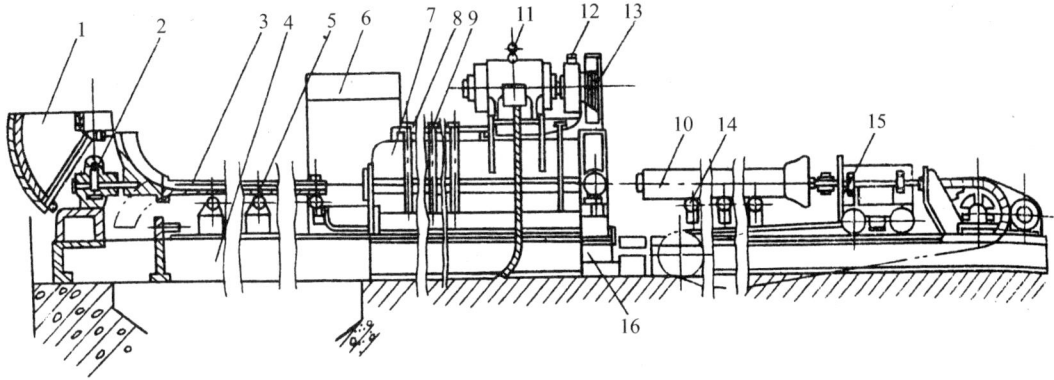

图 7-49　水冷金属型离心铸管机

1—扇形浇包　2—翻包机构　3—浇注槽　4—机座　5—浇注槽支撑辊　6—防铁液飞溅挡板　7—机壳
8—冷却水进水管　9—排水管　10—铸造的铁管　11—电动机　12—变速箱　13—皮带传动装置
14—接管辊　15—拔管机　16—移动机体的液压缸

　　涂料金属型离心铸造铸铁管时,铸型外壁可喷水冷却(采用单工位离心铸管机时),也可在空气中自然冷却(采用多工位离心铸管机时)。涂料的主要组成为经高温焙烧的硅藻土,采用钠基膨润土作为涂料的黏结剂和悬浮剂。为充分发挥膨润土的作用,最好先把它用水浸泡搅拌成浆料,再配制涂料。制球墨铸铁管时,硅藻土的粒度要细,应达到 500 目。铸型上涂料层的厚度也较厚,达 1.2~1.5 mm,或甚至更厚,可用多次反复喷涂的办法达到。制排水铁管时,硅藻土粒度可稍粗(300 目),铸型上涂料层的厚度可较薄,其厚度约 0.2~0.4 mm。

　　用此种方法生产铁管的效率很高,如单工位离心铸管机生产排水管每小时可达 20 根,机器结构简单,但铁管上易出现气孔、表面凹坑的缺陷。图 7-50 上示出了一种单工位涂料金属机离心铸管机的结构(缺扇形浇包翻转机构)。铸型 3 水平地放在机器支承轮上,铸型下面有喷水管 9,采用牛角浇杯 1 自铸型的一端浇入铁液,主动支承轮主轴通过皮带轮传动与变速电

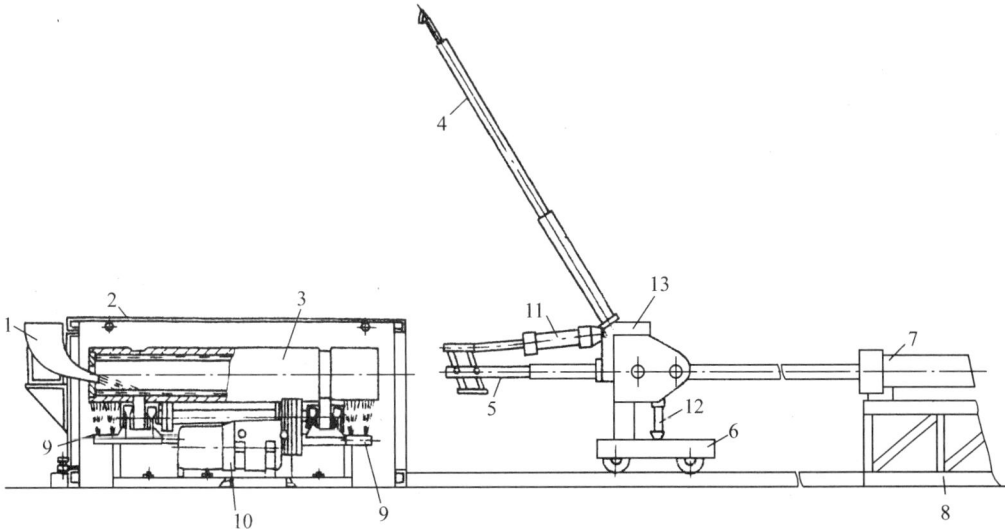

图 7-50　涂料金属型离心铸管机

1—牛角浇嘴　2—安全罩　3—铸型　4—喷涂料管　5—拔管钳　6—喷拔小车　7—油缸
8—油缸架　9—喷水管　10—电动机　11—油缸　12—油缸　13—可转动支架

动机 10 相连,主机用防护罩罩住,防铁液或冷却水飞溅。在主机的右部有一套拔管、喷涂料系统。当铁管在铸型内成形后,铸型停止转动,打开铸型上的右端端盖,油缸 7 的活塞杆推动喷拔小车 6 向左移动,收拢的拔管钳 5 伸入铸型内铁管内部,由油缸 11 把拔管钳张开,卡住铁型内壁,油缸 7 的活塞杆把喷拔小车往右拉,铁管被从型内拉出,收拢拔管钳,拔出的铁管停止不动,喷拔小车继续向右移动,拔管钳自铁管中移出,即可从机器上把铁管移走。利用油缸 12 推动支架 13 转一角度,使夹管钳呈下斜状态,喷涂料管呈水平状态,待铸型内壁残余涂料被刷除和用压缩空气吹净后,在铸型转动情况下喷涂料管的喷嘴在油缸 7 的驱动下,伸进铸型对铸型喷涂料。喷完后,装好铸型右端的端盖,又可进行新一循环的离心铸管。铸型的喷水冷却只在浇注铁液后进行,铸型停止转动时,不应用水对它强制冷却,否则铸型易变形。

图 7-51 示出了一种多工位涂料金属型离心铸管机的侧面。在此机器上共有 7 个铸型,其中 6 个铸型在相应的工位上完成相应的工序,6 个铸型由一个工位移动到下一个工位的动作由步进输送器同时完成。当拔完铁管的铸型移至最右端的工位后,被上面的铸型回送小车上的夹器器夹住,上提,往左移送到最左端的工位上,准备进入下一工作循环。在相应工序的工位的铸型端部都设有相应的工序执行机构,如浇注工位上的翻包浇注机构和浇注槽,拔管工位上的拔管机构,清理铸型工位上的刷擦铸型内残余涂料和压缩空气吹尘机构,喷涂料工位上的喷涂机构。全部工序都可自动化,生产排水管时,每小时的生产率可达 60 根。

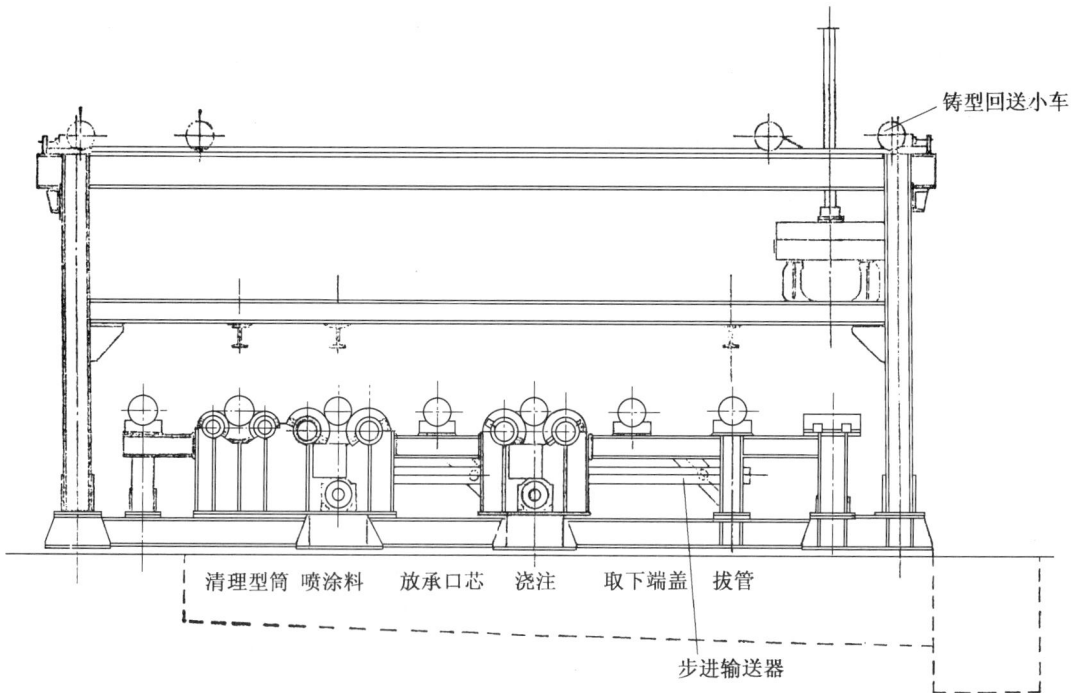

图 7-51　多工位涂料金属型离心铸管机

也有多工位的铸态球铁管涂料金属型离心铸管机。

(4) 铸铁管的树脂砂型离心铸造

树脂砂型离心铸管机的结构与一般滚筒式离心铸管机相似,但金属的铸型外型上需有通气孔。造型时,铸型外型的温度需为 250℃ 左右。长度与铸型一样的 U 形槽内装有一定量的酚醛树脂覆膜砂,先把盛有覆膜砂的 U 形槽伸入型内(见图 7-52a),使铸型旋转,翻转 U 形槽,覆膜砂均匀地铺在铸型表面,利用铸型的热量,覆膜砂自动硬化(见图7-52b),最后获得砂衬厚度为3~5 mm的树脂砂型。

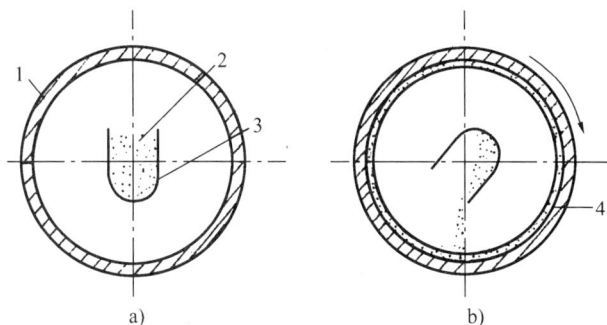

图7-52　树脂砂型的挂砂过程
a)砂槽处于铸型(外型)中　b)砂槽翻转铺砂
1—铸型　2—覆膜砂　3—U形槽　4—铺成的砂衬

这种树脂砂型在离心浇注铁液后,在金属液高温作用下,树脂燃烧失去黏结性,所以铁管可较易地自型中取出。但树脂燃烧的烟气对人有害。

用此种方法既可生产铸态球铁管,也可用来生产需热处理的球铁管,铁管的最大内径达2.6 m,长度达8 m。

图7-53示出了两种树脂砂型离心铸管机的结构示意。在浇注内径不大于300 mm的铁管采用短浇注槽(见图7-53a),浇注内径大于300 mm的铁管时,采用长浇注槽(见图7-53b)。

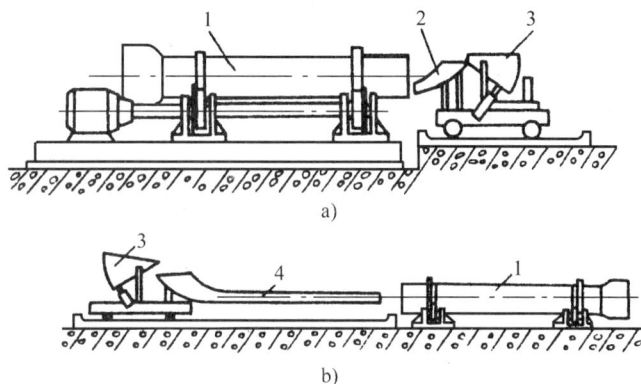

图7-53　树脂砂型离心铸管机示意
a)采用短浇注槽　　　　b)采用长浇注槽
1—铸型　2—短浇注槽　3—翻转浇包　4—长浇注槽

一般,对树脂砂型的清理和挂砂都分别在专门的具有能带动铸型旋转的支承轮的机座上进行,其机座结构与离心浇注机的机座结构相似,只是撤去了浇注机构,配上相应的刷子或U形槽移动和翻转机构而已。因此使用此法生产同一种铸铁管时至少需配备三个相同的铸型,同时需配备相应的起重机械,供搬移铸型之用。因此采用树脂砂型离心铸铁管时所需一次性投资较大。

7.5.2　气缸套的离心铸造

气缸套是广泛应用于内燃发动机上的重要消耗性零件,需求量极大,材料大多为低合金耐磨铸铁,形状基本为圆筒形,仅外壁有环状的凹凸形起伏,所以适合于用离心铸造法生产毛坯。
图 7-54 中示出了两种气缸套零件与它们的铸造毛坯图。图 7-54a 中毛坯系用砂型离心铸造法制出,其外表面可起伏不平,因而可减少铸件的加工余量,并减少铸件金属液的消耗量。而图 7-54b 中的铸件毛坯是用金属型离心铸造法制造,铸件外表面呈锥形,增大了零件的加工余量,消耗金属较多。

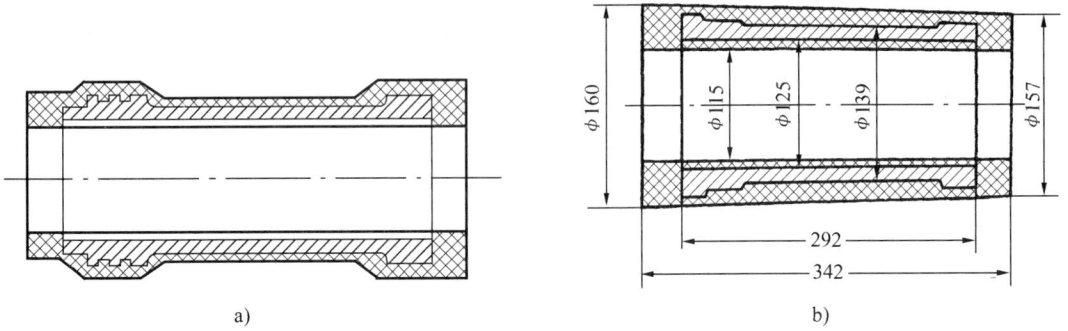

图 7-54　气缸套零件的离心铸造毛坯图
a) 砂型离心铸造毛坯　b) 金属型离心铸造毛坯(打叉的剖面表示加工余量)

中小型的气缸套大多在卧式悬臂离心铸造机上浇注。采用的悬臂离心铸型情况示于图 7-55 中,为防止铸件端部产生白口组织,常在金属型的型底和端盖工作表面贴石棉垫,以降低铸件金属端部的传热速度。悬臂离心砂型中的砂衬可事先做好砂芯,浇注前放入铸型的外型中,每浇注一次,消耗一个砂芯。砂芯可用树脂砂制成,最好在其工作表面上涂石墨涂料,以改善铸件的外表面质量。

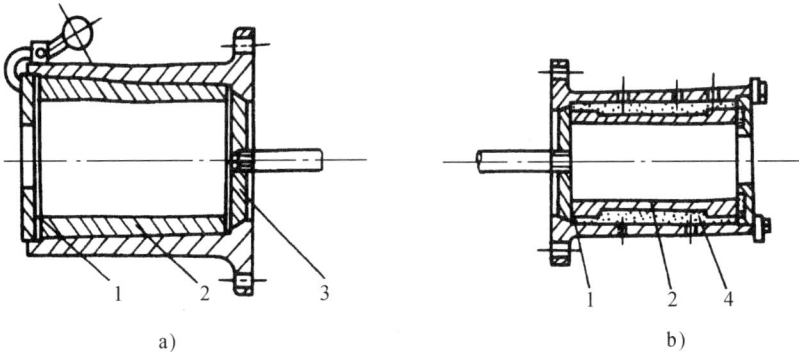

图 7-55　气缸套离心铸造用悬臂铸型
a) 悬臂离心金属型　b) 悬壁离心砂型
1—石棉垫　2—铸件　3—顶板　4—砂芯

金属型离心铸造气缸套时,铸型表面常需喷涂料,常用的是水基涂料,组成中的耐火粉料可为硅石粉或铝钒土粉,黏结剂可为膨润土或水玻璃,有时在涂料中适量加些悬浮剂,如洗衣粉。一般采用喷涂法给旋转中的金属型表面喷挂涂料。

图 7-56 示出了浇注小型气缸套用的多工位离心铸造机。该机的主机为一竖立的大转盘 2,在转盘上均布装有 20 台单独动作的悬臂离心铸造机 3。转盘由气缸 4 间歇式驱动旋转,每次的转角为 18°,以实现离心铸造机的转换工位。当转盘停止转动时,操作者可在固定的工位上进行装端盖、喷涂料、浇注、接铸件等工作。相应地在一定的工位上设置有操作机械,如浇注工位上有浇注槽,在顶出铸件工位上有气缸和铸型制动闸 1。

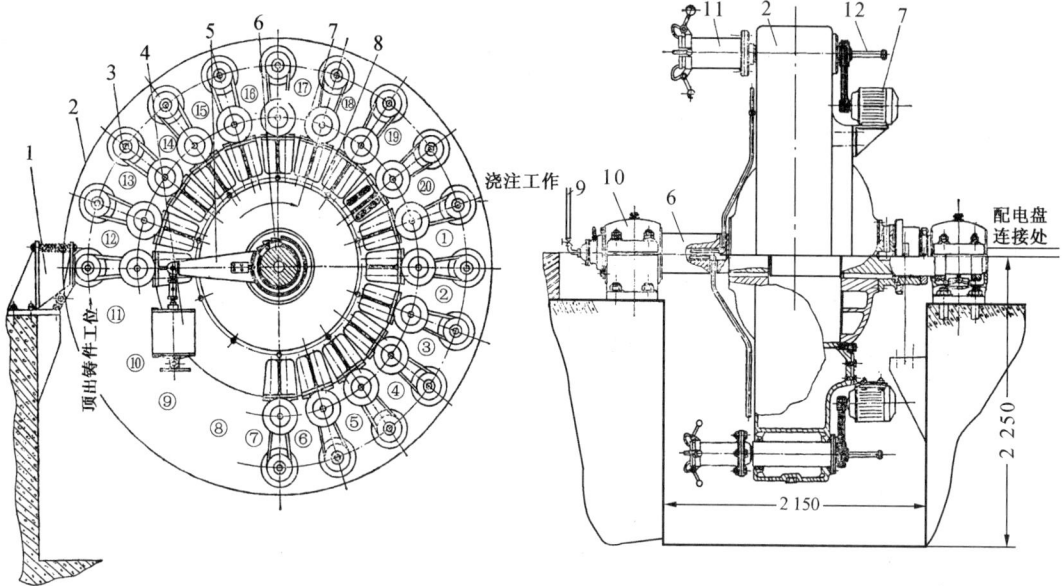

图 7-56　多工位气缸套金属型离心铸造机

1—铸型制动闸　2—大转盘　3—单机　4—气缸　5—大转盘摇臂　6—主轴　7—单机电动机
8—电动机架　9—冷却水管　10—轴承座　11—铸型　12—顶杆　13—大盘定位销孔
各工位上的操作工序：①—浇注　②～⑪—铸件冷却　⑫—顶出铸件　⑬、⑭—清理铸型　⑮、⑯—喷涂料
⑰、⑱—装端盖　⑲、⑳—涂料干燥和等待浇注

　　还可把多台悬臂离心铸造机辐射式地布置在水平转盘上,构成气缸套多工位离心铸造机。

　　大型气缸套常在滚筒式离心铸造机上成形,一般采用干砂型,CO_2 水玻璃自硬砂型,或半永久型(坭型),砂型的工作表面上涂石墨粉涂料,砂衬的厚度为 7～30 mm,常用舂实法获得。图 7-57 示出了一种采用底部有孔长浇注槽的气缸套砂型离心铸造示意图。如果砂型有足够大的耐铁液冲刷强度,也可采用短浇注槽,在铸型一端向型内浇注金属液。

　　也可对大型气缸套进行金属型离心铸造。可用 U 形槽翻转法对预热的旋转金属型挂涂料,挂完涂料的金属型放入保温炉内保温并进一步干燥涂料,等待装机浇注铸件。

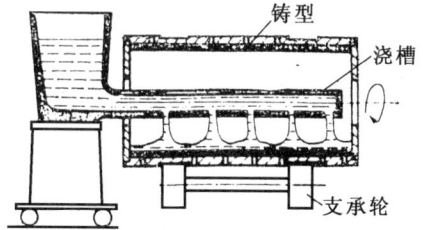

图 7-57　大型气缸套砂型离心铸造

7.5.3　铸铁轧辊的离心铸造

　　铸铁轧辊是市场需求量很大的机件,它用于冶金工业轧制钢材时称为冶金轧辊;而在轻工行业中可用于轧扁黄豆供萃取油脂,粉碎木材做纸浆,食品工业轧混巧克力、磨粉,在橡胶加工、塑料加工工业中都要使用铸铁轧辊,这类轧辊称为轻工轧辊。

　　铸铁轧辊毛坯有两种形状

　　① 实心轧辊。辊身和辊颈整体铸出(见图 7-58a)。

　　② 空心轧辊。一种是辊身和辊颈整体铸出,中间有孔(见图 7-58b),另一种称为辊套(见图 7-58c),作为辊身,单独铸出,经机械加工后,再和一定形状的辊颈组合在一起。

　　轧辊辊身表面必须耐磨,有较大的抗疲劳载荷的能力,其硬度为 35～75 HS。该层常由白

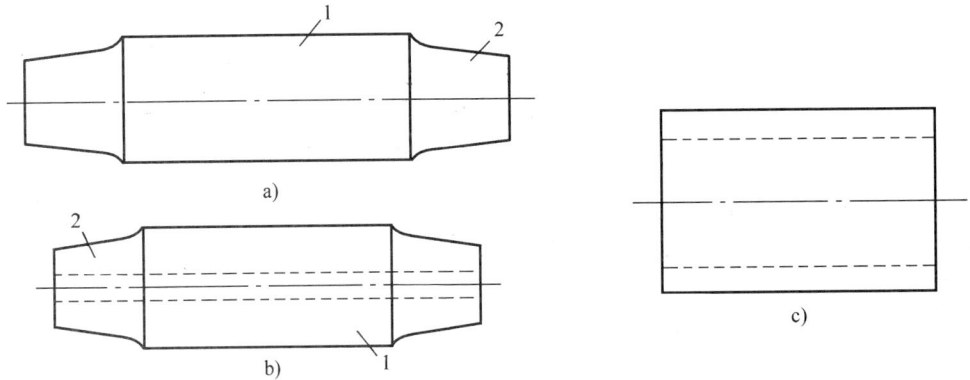

图 7-58 三种轧辊毛坯形状
a）实心轧辊毛坯 b）空心轧辊毛坯 c）辊套毛坯
1—辊身 2—辊颈

口铸铁或合金白口铸铁形成，而中心层和辊颈处的材料必须具有较大强度和韧性，以承受冲击载荷和弯曲载荷。所以整体轧辊常用两种材料复合铸成，如耐磨铸铁和高强铸铁复合或球铁和灰铁复合等。也有单用一种成分的铸铁液，通过控制它们在铸型中的冷却速度，获得辊身表面层中有一定厚度的白口组织。

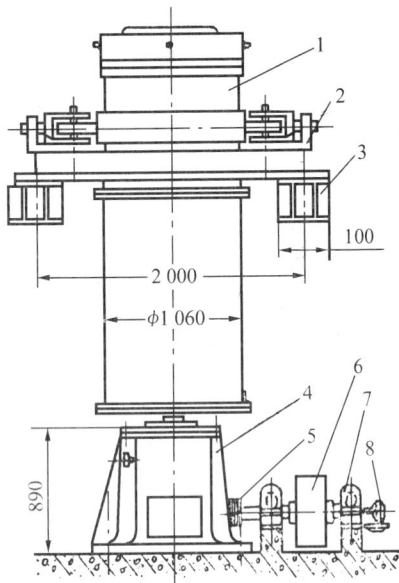

图 7-59 生产铸铁轧辊的立式
离心铸造机

1—铸型 2—支承轮架 3—横梁 4—机座
5—联轴节 6—皮带轮 7—轴承座
8—光电转速传感器

轧辊形状适于离心铸造，离心铸造铸铁轧辊的使用寿命可比重力铸造的延长 $10\% \sim 20\%$，金属液的工艺出品率提高约 45%，而且简化了工艺过程。可用立式和卧式两种离心铸造法制造轧辊毛坯。

（1）铸铁轧辊的立式离心铸造

图 7-59 示出了浇注铸铁轧辊的立式离心铸造机。铸型垂直而立，固定于机座 4 上面的工作台上，为防止过高的铸型因安装偏心或内部质量分布不均匀，在转动时出现晃动，所以在上部的横梁 3 上设置支承轮架 2，用水平支承轮限制铸型在转动时可能出现摇晃，同时也保证了机器工作的安全。

立式离心铸造铸铁轧辊时的浇注过程示于图 7-60。先在铸型高速转动情况下，用立式侧流浇杯浇注辊身外层上的金属液（见图 7-60a），待该层金属的温度降至一定程度时，接着在铸型低速旋转情况下用漏斗式浇杯浇注轧辊中心层和辊颈的金属液（见图 7-60c），直至铸型浇满。在型内金属全部凝固前，可提前停止铸型的转动。在铸型上端应注意设置冒口补缩。

用此方法生产实心轧辊工艺过程较简单，但辊身上外层耐磨合金属的厚度分布不均匀，上部的较薄，并且轧辊不能太长，生产时在机座上安装铸型较难。

由图 7-60 还可发现，辊身外层是用金属型形成的，而辊颈则用干砂型形成。形成辊身外层的金属型表面应挂有涂料,干砂型的内表面也应刷涂石墨涂料。有时辊身金属型的涂料采用高铝粉(耐火粉料)—磷酸铝(黏结剂)涂料。配制时先将磷酸和氢氧化铝和水放在一起,加热沸腾 15~20 min,同时充分搅拌,形成磷酸铝液,然后放入高铝粉,搅拌均匀。其质量组成配比可为高铝粉 100,磷酸 6.15,氢氧化铝 1.2,水适量。

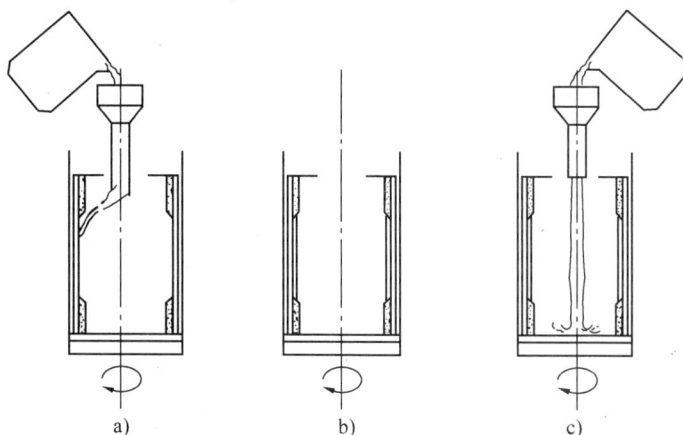

图 7-60　立式离心铸造双金属复合轧辊的浇注过程示意

a) 浇注外层铁液　b) 外层铁液凝固　c) 浇注内层铁液

上述的铸型情况也适用于下述的离心铸造法。

(2) 铸铁轧辊的卧式离心铸造

图 7-61 示出了铸铁轧辊的卧式离心铸造机和铸型的剖面。离心铸造机的结构与一般的相似,在铸型上面设置的压轮 7 是用来防止铸型转动时因动不平衡等因素引起来的跳动,当铸型的动平衡足够好时,也可不用压轮。点划线图形表示当铸造较长的轧辊时,可向右移动支承轮 1 至支承轮 10 的位置,铸型就相应增长。

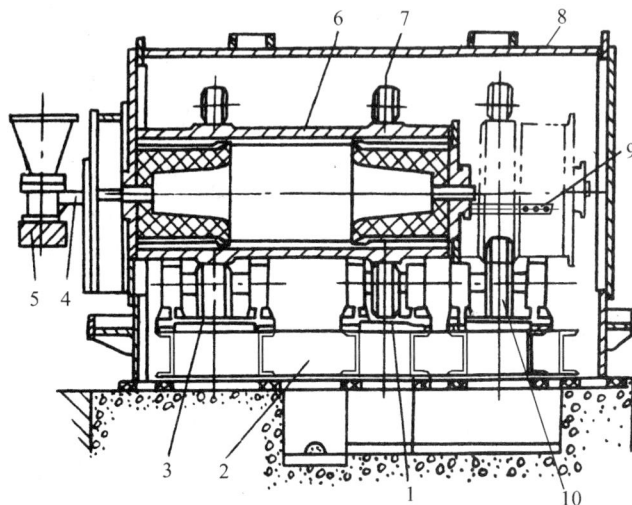

图 7-61　铸铁轧辊的卧式离心铸造机

1,3,10—支承轮　2—机座　4—浇嘴　5—支架　6—铸型
7—压轮　8—机罩　9—冷却水管

图 7-62 较详细地示出了铸铁轧辊卧式离心铸造时用的铸型结构,在此铸型的形成辊身外表面的金属型上,代替涂料,均匀地铺上了一薄层砂衬。

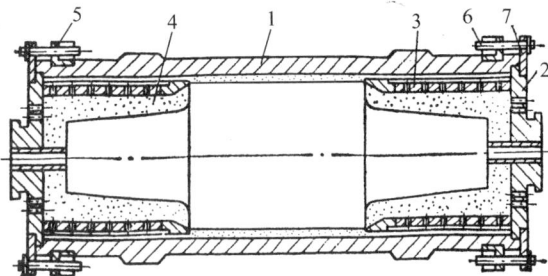

图 7-62　铸铁轧辊离心铸型的剖面图

1—外型(金属型)　2—端盖　3—辊颈型套
4—辊颈砂型　5—法兰圈　6—可翻转螺栓　7—压板

浇注时,先慢速转动铸型,浇注辊身外层金属液,在浇注过程中随着辊身铸型上铁液的增厚,逐渐增加转速。浇好辊身外层金属液后,稍待几分钟,当外层金属液自由表面温度降至 1 000～1 100 ℃时,接着浇注内层和辊颈的金属液,同时增大铸型转速。用此种方法可浇注空心的铸铁轧辊。

如需浇注实心铸铁轧辊,则在离心浇注辊身外层金属液后,待这层金属冷却至 1 000～1 100 ℃时,需用吊车把铸型吊起来,竖立在专门的架子上,把铸型底下的孔堵好,再用重力浇注法从铸型上孔向型内浇注辊身内层和辊颈的金属液。

为防止辊身外层金属液自由表面在与空气接触时出现氧化,而使内外层金属的结合出现不利的情况,可在离心浇注辊身外层金属液时,在金属流中撒防氧化造渣剂(具体组成可见表 7-5),此种造渣剂又称 O 型防氧化玻璃渣。在浇注辊身内层金属液时,它会浮至铸件内表面或上表面上。

用卧式离心铸造法还可简易地铸造辊套的毛坯。

卧式离心铸造的辊身外层厚度均匀,可铸造尺寸较大的轧辊,离心铸造机结构简单。但在铸造实心轧辊时工序较麻烦。

(3) 铸铁轧辊的倾斜式离心铸造

图 7-63 示出的是一台倾斜式离心铸造机结构示意,在浇注辊身外层金属时,铸型倾斜了 20°～25°,浇注辊身内层和辊颈金属液时,可逐渐把铸型连同机座竖立起来,同时降低铸型转速,直至铁液充满型腔,在重力作用下凝固。

倾斜式离心铸造的铸造轧辊辊身外层的厚度均匀程度比立式离心铸造的好,但仍比卧式离心铸造的差,不过浇注过程比卧式离心铸造时简单。机器结构复杂,不宜生产长度较大的轧辊。

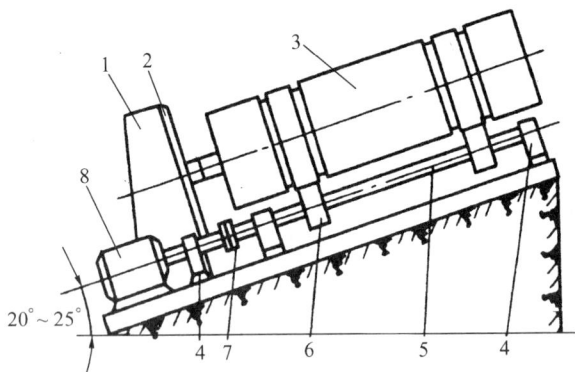

图 7-63　铸铁轧辊倾斜式离心铸造机

1—上推轴承座　2—弹性隔片　3—铸型　4—轴承座　5—传动轴
6—支承轮　7—联轴节　8—电动机

为消除铸件内的应力,铸得的轧辊毛坯需经 3～6 个月的自然时效处理,也可在缓慢升温(10～30 ℃/h)情况下,在 580～650 ℃之间保温 5～35 h,而后缓慢冷却(5～25 ℃/h)进行人工时效处理。辊身直径越小,升温和降温的速度可较大,保温时间可较短。而对大直径辊身的轧辊言,升温和降温速度应较小,保温时间应较长。

双金属耐磨套筒(如油田钻探机上的泥浆泵套筒,要求外层为低碳钢,内层为高铬铸铁)也可用铸铁轧辊那样,向铸型中分两次浇注不同成分金属液的方法获得。此时,由于铸件直径较小,铸件长度又较短,双金属耐磨套筒在卧式悬臂离心铸造机上浇注。

7.5.4 钢管(筒)的离心铸造

离心铸造的钢管主要用来制造加热炉的辊道、辐射管,石化工业的裂解管、反应管,轧制钢管的毛坯,炼镁反应罐的筒体等。它们的材料主要为含铬、镍的耐热、耐腐蚀、耐酸合金钢,如3.5Cr24Ni14Nb,4Cr25Ni20Mo,3G24Ni7,3Cr24Ni7N,35Cr24Ni7SiNRe,3Gr24Ni24Nb,2Cr14Ni,1.3Cr17Ni9Mo2 等。它们的形状都为简单的筒体或管形。

钢管离心铸造时常用金属型,金属型涂料主要由耐火粉料(焙烧过的锆英粉、刚玉粉、莫来石粉、硅石粉或铝矾土粉)100 份(质量)、黏结剂(硅溶胶、水玻璃、磷酸铝、硅酸乙酯水解液)4～10 份(质量)和适量的水组成。有时也采用树脂作黏结剂,此时涂料的载体应为醇类。为改善涂料的悬浮性,可在涂料中加入适量的膨润土或 CMC(羧甲基纤维素)。为使铸件凝固后,涂料能粘附在铸件上,与铸件一起从铸型中取出来,同时在铸件于空气中冷却过程中涂料能自动地从铸件上剥落下来,可在涂料中加适量的在高温时能烧结的矿化剂。矿化剂由碱性氧化物(如 Fe_2O_3,Na_2CO_3 等)和熔剂(如萤石等)组成。涂料可用 U 形槽翻转法或喷涂法涂挂在预热的金属型内表面上,涂料层的厚度为 1.5～3 mm。浇注前铸型需在保温炉中保温并继续干燥涂料层,只在需浇注时,才把铸型从保温炉中取出,放在离心铸造机上进行浇注。

采用一般的滚筒式离心铸造机,用短浇注槽或短嘴浇杯浇注。

用这种方法获得的铸件表面质量较好,但有时会出现涂料金属型离心铸件上的特有缺陷,如外表面凹陷或凹陷处有一块粘附不太牢固的蘑菇状金属的缺陷。

也可用树脂砂型浇注钢管(筒)。

为防止铸件在空气中冷却太快时由于热应力而出现的开裂现象,可把自铸型中取出的高温铸件快速埋入干砂中缓慢冷却。

7.5.5 钢背轴套(轴瓦)的离心铸造

钢背轴套(轴瓦)是很多机器上常用的零件,形状为筒套的外层一般为碳钢,而内层则为轴承合金,如巴氏合金、铅青铜、锡青铜等。轴套和轴瓦是用浇注好的钢背铜套机械加工而成。

铅青铜的轴套、轴瓦金相组织中,铅应以细小的点块状均匀地分布于基体之中,基体上的固溶体树枝晶应尽可能细,而细小的铅粒则均匀地分布在枝晶间,如铅呈网状分布,则它应细小的断续状分布,不允许有大块的铅偏析。

轴套、轴瓦的巴氏合金组织中,也要求组织细密、不同相的晶粒应均匀分布,不得有夹杂和疏松。锡基巴氏合金中的 β 相应细小,不能偏析,而其 γ 相则应为细小短针状,均匀分布。

轴承合金应与外层钢背结合良好,在靠近钢背的轴承合金层中不允许有长条的硫化物、硼化物、渣子、疏松、气孔等缺陷。轴承合金与钢背的结合牢固性检验时应满足下述要求:

① 轻敲钢背时,应能听到清脆响亮的声音,不得有哑声。

② 在轴套高度中部取宽为 30 mm 宽的环状试样,放在压力机上压扁,在压下直径的1/3～1/2时,轴承合金层不能与钢背裂开。

③ 巴氏合金钢背轴瓦在检验时先被压平,再被压弯,使钢背的外表面相互紧贴,在断裂的轴承合金与钢背的接合面上,需留有细绒毛状、灰白色的痕迹,不能暴露出光滑的钢背表面。

④ 铜合金钢背轴瓦检验时,先被压平,再把轴瓦压弯成 90°角,再把它压平,允许轴承合金开裂,但不允许合金脱离钢背。

所以钢背轴套、轴瓦离心铸造工艺的关键是保证获得细小、组织均匀分布的轴承合金层组织,并使钢背与轴承合金牢固结合。

有三种钢背轴套(轴瓦)毛坯—钢背铜套的离心铸造工艺。

(1) 封闭式钢背铜套离心铸造法

封闭式钢背铜套离心铸造工艺过程如下:

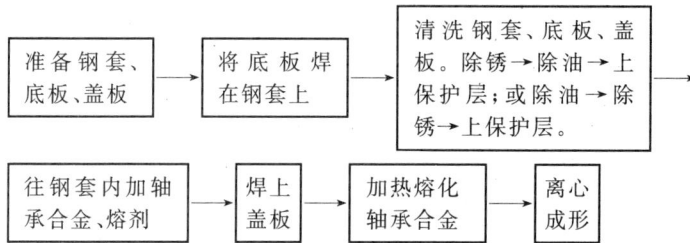

```
准备钢套、      将底板焊      清洗钢套、底板、盖
底板、盖板  →  在钢套上  →  板。除锈→除油→上  →
                           保护层;或除油→除
                           锈→上保护层。

往钢套内加轴     焊上     加热熔化     离心
承合金、熔剂  →  盖板  →  轴承合金  →  成形
```

钢套可用钢管、铸坯或锻坯机械加工而成,其外表面应留 2～3 mm 机械加工余量,而两个端面上的加工余量为 5～10 mm,内表面的粗糙度为 $Ra = 3.2～1.6\ \mu m$。

底板、盖板的厚度为 3～10 mm,直径比钢套外径小约 10 mm,以便焊接。如钢套壁太薄,它们的直径应比钢套内径大 6～20 mm。盖板中心直径为 2～5 mm 的孔用来在加热时出气。

焊上底板的钢套和盖板的除油、除锈和上保护层的工艺为:

除油:用含 NaOH 质量(5～30)%的溶液在 70～100 ℃情况下煮 5～60 min,而后把它们用水冲洗干净。

除锈:用含 HCl 质量(20～40)%的溶液浸泡 10～30 min,钢套、盖板呈银灰色,无斑点,然后用水冲洗。

上保护层:在 120～220 ℃电烘箱中把干净的钢套和盖板保温约 2 h,在它们将与轴承合金的接触面上均匀涂上含硼砂质量为(30～40)%的水溶液,涂料层厚度为 0.5～1 mm。

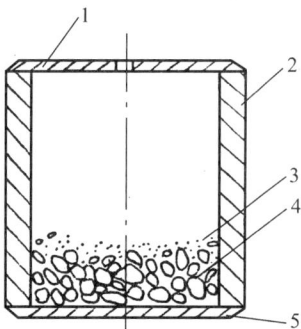

轴承合金需切成小块或屑,所用锭料在加工前应经喷砂清理,加工后的小块或屑应用磁铁从中除去铁屑。也可把轴承合金熔化后浇入装篾子或旋转铁笼的水中,制成小球粒。它们需经 400 ℃烧红除油,再用含 20%质量的 NaOH 溶液在 80～90 ℃情况下洗涤 5～10 min,而后用清水冲洗,干燥后备用。

在往钢套内加入制备好的轴承合金碎料时,其质量应考虑铸后的钢背铜套内表面应有 3～6 mm 的加工余量。同时在轴承合金料中加入适量的脱氧剂——磷铜,在轴承合金料上覆盖质量各为 50%的脱水硼砂和木炭的混合剂。

在钢套上口焊上盖板,得如图 7 - 64 的钢套。

图 7 - 64　装轴承合金
封闭后的钢套

1—盖板　2—钢套　3—熔剂＋木炭
4—轴承合金碎料　5—底板

把封闭好的钢套置于加热炉中缓慢加热至 800 ℃,而后升温至 1 080～1 200 ℃,熔化轴承合金。

自炉中取出盛有熔化轴承合金的钢套,迅速装在卧式离心铸造机的夹具上,开动电动机,熔融轴承合金在钢背内壁上成形,经 3～20 s 后,向钢套外表面喷水或水气的混合物,加速合金液的凝固,以期获得合格的轴承合金层的金相组织。钢套颜色变黑后,即可从离心铸造机的夹具上取下铸件。

离心铸造机上的专用夹具结构示于图 7 - 65。

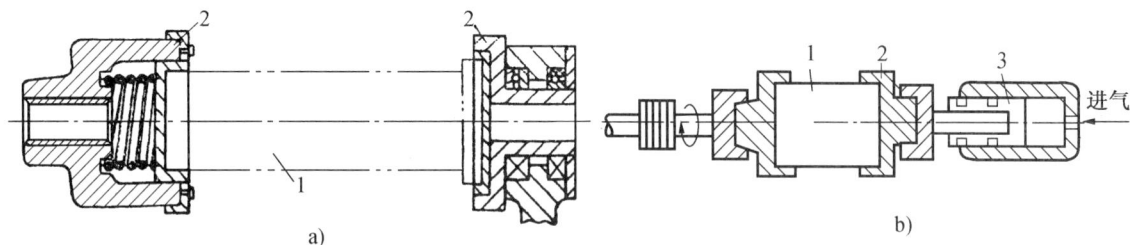

图 7 - 65　钢背铜套封闭式离心铸造用夹具

a) 机动夹具　b) 气动夹具
1— 钢套　2—夹头　3—气缸

用此法生产的产品质量好,但工艺过程复杂。

(2) 开放式钢背铜套离心铸造法

开放式钢背铜套离心铸造时不需封闭钢套,钢套的除油、除锈同封闭式离心铸造。干净的钢套放入质量浓度为 1% 的硼砂沸水中浸 2～3 min,然后取出干燥。离心铸造时,先把沾有硼砂的干净钢套放在熔化硼砂的炉上预热至 750～800 ℃,将钢套浸入温度为 900～1 000 ℃ 的熔融硼砂,沾上硼砂液,然后迅速移至离心铸造机上,固定好并把前端盖好,向转动的钢套中浇入定量的熔融轴承合金,浇后 2～5 s,向钢套外表面喷水或水汽混合物强制冷却。当钢套温度下降至 600 ℃ 以下,即可从机器上取下铸件。

开放式离心浇注钢背巴氏合金轴瓦时,先在干净的钢套外面涂泥浆,以免在随后沾锡时不沾上锡。在钢套内涂氯化锌液,并加热钢套至 150 ℃,沾温度为 300～330 ℃ 的锡液,然后把内表面沾有锡的钢套装在离心铸造机上,浇注温度为 410～450 ℃ 的巴氏合金液,浇注后 3～5 s,用水强制冷却旋转的钢套。当钢套温度降至低于 150 ℃,即可制得铸件。

所用泥浆由白垩粉和水玻璃或 NaCl 加水组成。

此法较简单,但铸件质量稍差。

(3) 离心铸造机上熔化轴承合金液并成形的钢背铜套制造法

所用钢套不需封闭,只需清理干净后在其内表面上涂好硼砂层,用带有中心孔的石棉垫做底,在钢套内放好小碎粒的轴承合金、硼砂等,再盖上石棉垫(同样有通气孔),装在专门的离心铸造机上(图 7 - 66),并用感应圈加热钢套,使钢套中的轴承合金熔化。待轴承合金充分熔化后,快速转动钢套,使内层金属液成形,并用水雾强制冷却,最后获得铸件。

此种方法工序简单,能获得质量好的铸件,但离心铸造机的生产效率被降低得很多。

钢背铜套铸造时用的离心铸造机都可用一般的车床改装制成。

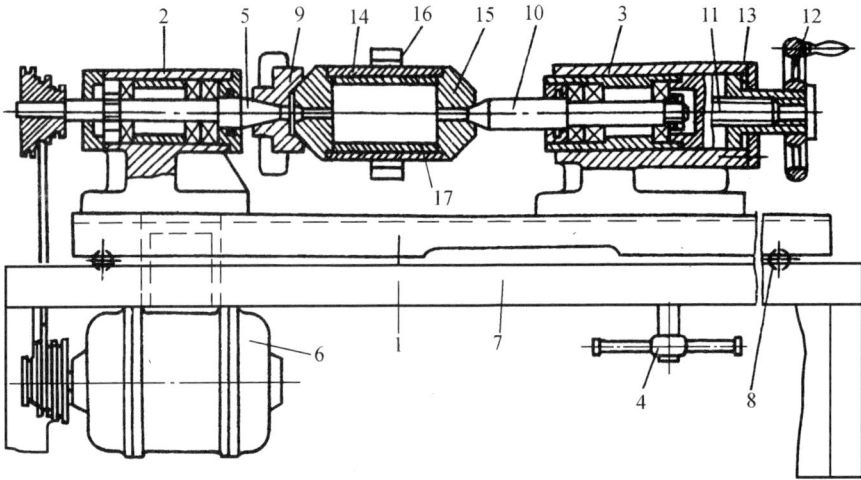

图 7 - 66　感应加热钢背铜套离心铸造机

1—可左右移动的工作台　2—前顶座　3—后顶座　4—固定手把　5—主轴　6—电动机
7—床身　8—轮子　9—转盘　10—顶轴　11—螺杆　12—手轮　13—密封垫　14—钢套
15—夹头　16—感应圈　17—轴承合金层

第8章
连 续 铸 造

概　　述

在结晶器(水冷金属型)的一端连续进入金属液,金属在结晶器的型腔内连续地向另一端移动和凝固成形,在结晶器的另一端连续地拔出铸件的铸造方法称为连续铸造。

连续铸造时,当自结晶器内拔出的在空气中已凝固的铸件达到一定长度后,在不终止铸造过程的情况下,完全凝固的铸件被按一定长度地截断,移出连续铸造机外。

也有在拔出的铸件达一定长度后,停止铸造过程,取走整个铸件后,再重新开始连续铸造过程的情况。这种连续铸造称为半连续铸造。

连续铸造的特点为:

① 铸件在整个长度上的各处都在相同条件下凝固成形,故可获得长度方向上性能一致的铸件。如铸件是用来轧制轧材(如钢材)的锭坯,则所得轧材在整个长度上的性能波动将会很小。

② 结晶器中凝固的铸件断面上有很大的温度梯度,并有很好的定向凝固补缩条件,故铸件有较高的致密度。

③ 铸件断面的中部是在结晶器外采用自然冷却或用水(或水汽混合物)强制冷却情况下完成凝固的,尤其在后述方法强制冷却时,铸件表面的散热强度可比在结晶器中增大十倍以上,这可防止或减小铸件断面上的成分偏折,显著地提高铸件的力学性能,有效地提高劳动生产率。

④ 铸造过程无浇冒口系统的金属损失,因而可大大地提高铸造金属工艺出品率,可达(94~97)%。

⑤ 由于铸件在整个长度上断面形状都一样,如用来作为轧制轧材的锭坯,则可基本上省去二次轧坯工艺,实现连铸连轧,节省大量能源、生产周期其他生产消耗。

⑥ 与砂型铸造比较,由于不用造型材料,使生产环境大为改善,并减少对周围环境的污染。

⑦ 较易实现生产机械化和自动化,但基建投资很大。

⑧ 本法只适用于大量生产断面形状较简单,并在长度上断面形状不变的条、杆、板、柱、线、管状的铸件,如各种合金(钢、铸铁、铜合金、铝合金等)的铸坯、线坯、管坯、板坯,供后续的轧制、拉拔成材;不同合金和不同断面形状(圆、正方、长方、六边、多齿)的实心或中空坯料,供后续机械加工制成各种零件,如螺母、齿轮、锁体、液压及气压元件、金属切削机床导轨、柴油机缸套等;也能有效地产出直接使用的铸件,如铁管。

连续铸造法最早是在1857年由德国人贝士麦在自己的专利中提出的,而其在工业生产中获得飞速发展则始自 20 世纪的 40 年代。机器类型由传送带式连续铸造机、半连续铸造机、采用振动的结晶器、立式连续铸造机、立弯式连续铸造机、圆弧型连续铸造机、倾斜式(准水平式)连续铸造,一直发展到水平式连续铸造机。现在更出现了轮式连续铸造机,原先由贝士麦提出的轧辊式连续铸造机除了在 20 世纪曾成功地用于铸造铸铁皮外,近年来在有色合金的铸造方面也获得了发展。曾有一段时间,在我国大多数的铁管都用半连续铸造法生产(现已逐步被离心铸造法淘汰)。

目前在钢坯的生产方面,配合转炉吹氧炼钢,连续铸件的产量为最大。采用的钢液浇包容量最大可达 500 吨,全世界有 1 000 多台连续铸造机在生产一般碳钢、合金钢。板状钢坯的最大断面尺寸可达 0.30 m × 2.65 m。一台连续铸造机的年产量常为几百万吨。

在有色合金铸件的坯料生产方面,连续铸造法也用得很普遍,主要用于生产纯铜、铜合金、铝合金的坯料。但坯料的尺寸则比钢坯小得多,大多采用半连续铸造法或水平式连续铸造法。

现在灰铸铁和球墨铸铁的连续铸造坯料在我国已有专业工厂生产,大多采用水平连续铸造法,而铁管的半连续铸造法目前尚有使用。

8.1 连续铸造钢坯

用连续铸造法生产的钢坯主要为小方坯(断面尺寸为 70×70 mm^2 ～ 200×200 mm^2)、大方坯(断面尺寸为 150×100 mm^2 ～ 500×400 mm^2)、板坯(断面尺寸为 150×600 mm^2 ～ $300 \times 2\,640$ mm^2)、圆坯(断面直径为 80～450 mm)、异型坯(断面形状为工字形、八角形、空心圆等)、薄板坯(厚 30～70 mm)和带坯(厚度≤10 mm)。

8.1.1 钢坯连续铸造机

(1) 钢坯连续铸造机的类型和特点

按照结晶器和铸坯在空间的位置特点,钢坯连续铸造机的形式有很多种,其结构特点如图 8-1 所示。

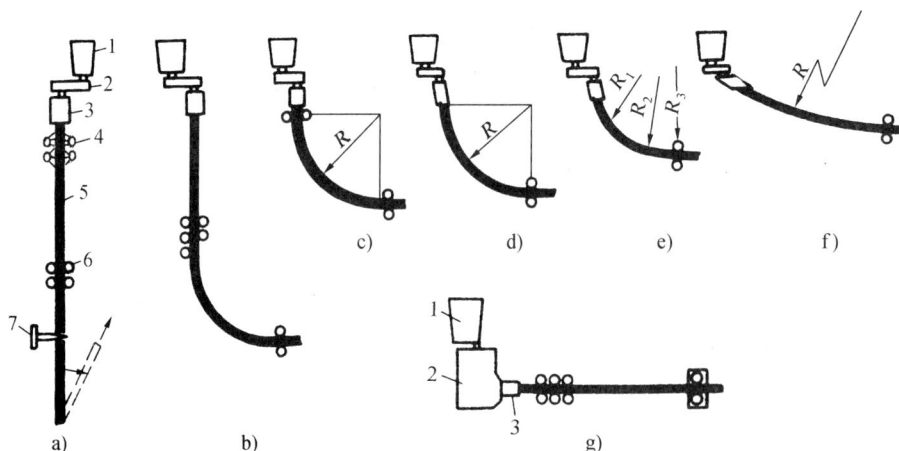

图 8-1 各种钢坯连续铸造机的结构特点示意

a) 立式 b) 立弯式 c) 直结晶器弧形式 d) 弧形式 e) 椭圆形式 f) 准水平式 g) 水平式
1—钢液浇包(钢包) 2—中间包 3—结晶器 4—对钢坯的二次冷却 5—钢坯 6—拔坯辊子
7—切割炬

　　由图 8-1a 可见,如果不考虑钢包,钢坯连续铸造机主要由中间包 2、结晶器 3、结晶器后对铸坯的二次冷却系统 4、拔坯机构 6,按一定尺寸把钢坯切断的机构,如切割炬 7 和把钢坯移出机器的机构(如图中虚线所示处)所组成。其中中间包的作用为盛装一定高度的钢液,防止浇包钢液直接进入结晶器时可能出现的太大冲力,并可使进入结晶器的钢液流稳定,使钢液中的渣子上浮,把钢液按工艺要求分配至结晶器的指定部位,并在一个钢包中的钢液浇完需更换另一盛满钢液的浇包时,中间包中的钢液数量足够维持连续铸造机不间断工作 5～10 min,以保证一包接一包地进行连续铸造钢坯的生产。

　　在结晶器内,钢坯只能凝成一定厚度的外壳,其中间部分的继续凝固主要依靠拔出结晶器后,在二次冷却系统中通过对钢坯表面喷水或喷水气混合物带走热量的过程中得到实现。

　　拔坯辊子的作用是利用摩擦力把凝固的钢坯连续等速地从结晶器内拔出,在弧形式、椭圆式、准水平式连续铸造机上还起校直钢坯的作用。在拔出钢坯至一定长度时,已完全凝固的钢坯被切割炬切成一定的长度段,被运送至机器外,或直接送入轧机被轧成一定断面尺寸的材料。在对钢坯进行切割时,切割炬随连续移动的钢坯同步移动,以保证切割缝的平齐。

　　① 立式钢坯连续铸造机。它是最早出现的一种钢坯连续铸造机,在此机器上结晶器垂直布置,铸坯垂直地自结晶器的下部被拔出,垂直地经历整个成形过程(见图 8-2)。钢液自柱塞式浇包流出,进出中间包 1,需保证在整个浇注过程中,中间包中钢液面的高度总是不变。这一措施与中间包底部钢液出口的直径配合,保证在整个铸造过程中,进入结晶器 2 的钢液流量能保持一定值。结晶器的内壁(与钢液接触的壁)用导热性能很好的纯铜或微合金化的铜合金形成,在其另一面用循环水冷却。结晶器必须有一定的高度,以保证自结晶器下面拔出的钢坯表面有一层一定厚度的凝固壳。结晶器在工作时被驱动作上下往复的振动,以减小结晶器内已凝固的外表面与结晶器工作表面间的摩擦力。在二次冷却区 3 中,有多组喷水或喷水气混合物的喷嘴对尚未完全凝固的钢坯强制冷却。在此图上,切割成一定长度的钢坯是用翻倒机构把它放成水平后被移走的。

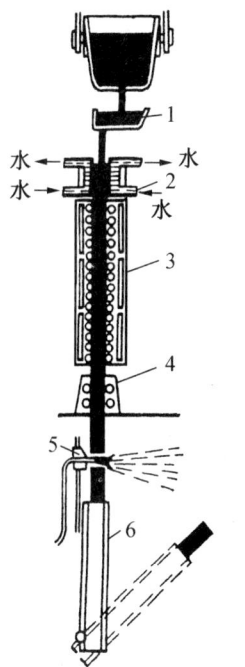

图 8-2　立式钢坯连续
铸造机简图

1—中间包　2—结晶器
3—二次冷却区　4—拔坯机
5—气割器　6—钢坯翻倒机

　　在此种连续铸造机上铸坯的凝固和热交换的几何对称性好,故结晶组织的对称性好。凝固过程中铸坯不被弯曲,可减少铸坯中的内、外裂纹。机器结构简单,占地面积少。但机器的高度大,使厂房投资增大。运输钢包的吊车也离地太高,如载有满盛钢液的吊车一出事故,对生产场地的破坏力极大,故经常把连续铸造机的下部设置在地面以下。铸坯时,在立式连续铸造机上的钢坯自结晶器出来以后,在未充分凝透前,钢坯中部的未凝固钢液对钢坯表面凝固壳具有较大的压力,易使钢坯表面"鼓肚",还易导致内部偏析和钢坯内裂。在此机器上的拉坯效率低,故机器生产率低。

　　② 立弯式钢坯连续铸造机。在此种机器上,结晶器垂直布置,铸坯先是垂直移动,而后在整个断面上全部凝固,在拔坯机之后被按圆弧弯成水平流向,在水平状态下被按一定长度切断。

　　在这种连续铸造机上,铸坯的凝固条件与立式连续铸造时相似,而机器的高度降低了,并且铸坯的规定长度也可较自由地选择,但机器的结构复杂了,并且只适用于铸造断面小于

100×100 mm 的钢坯,否则其优点就不明显。目前已很少采用了。

　　③ 弧形式钢坯连续铸造机。以结晶器在空间位置作为判断的根据,可把弧形式钢坯连续铸造机分为两种,即结晶器为直立的和结晶器内腔也为弧形的两种。弧形连续铸造机的高度可比立式连续铸造机降低很多。圆弧的半径越大,连续铸造机的高度越低,设备质量(重量)减轻越多,机器的维护更为方便,铸坯也越不易鼓肚、偏析、内裂,拉坯的速度可提得更高,相应地增加了机器的生产率。但弧形半径越大的机器占地的面积也越大,进入结晶器后钢液中夹带的渣粒越不易浮向结晶器的上部被除去,而易向钢坯的内弧表面聚集,有损于钢坯的表面质量,因此对钢液预先除渣的要求更为严格,并要进行无氧化浇注操作。与此同时,铸坯的内外弧面上的冷却条件不同,故易在铸坯内部形成中心偏析。但这种连续铸造机已越来越获得推广应用。

　　图 8-1 中所示的椭圆形式、准水平式连续铸造也都应属于弧形式一类,只是相应的优缺点更为强化而已。

　　图 8-3 示出了钢坯弧形式连续铸造机的简图,弧形结晶器的上下振动机构比直立结晶器复杂,在拔坯机把钢坯向水平方向拉动时,也同时地把弧形的钢坯压直,处于水平状态的钢坯在移动过程中被切割成一定的长度。如在连续铸造机后紧接有轧坯机,则尚处于高温的钢坯可即刻被送往轧机,被轧成一定几何尺寸的成品。

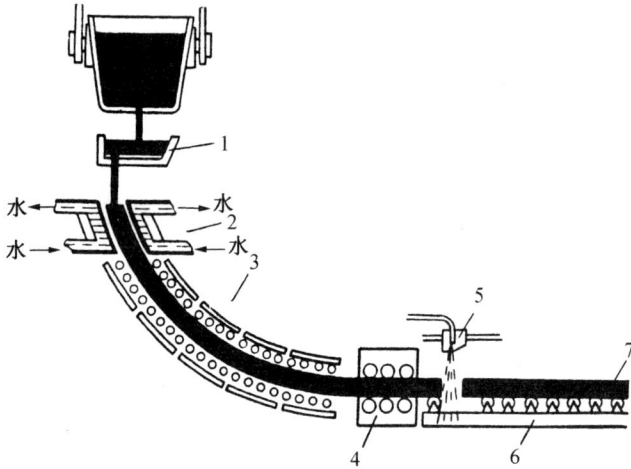

图 8-3　钢坯弧形式连续铸造机简图

1—中间包　2—结晶器　3—二次冷却区　4—整直—拔坯机
5—气割器　6—水平辊道　7—钢坯

　　④ 水平式钢坯连续铸造机。

早在 1951 年在瑞士就出现过水平式钢坯连续铸造机,当时曾用来制造断面尺寸为 75×75 mm² 和 100×100 mm² 的钢坯。图 8-4 示出了一种水平式钢坯连续铸造机的结构简图,在此设备上中间包 1 侧壁的底部水平地设置了用铜制造,用水冷却的结晶器 2,由结晶器出口处拔出的钢坯水平地移动进入二次强制冷却区 3。钢坯的拉拔是由拔坯机 4 执行的,当铸出的钢坯达一定长度时,由压断钢坯装置 5 把钢坯压断。辊道 6 支承拉拔出来的钢坯,并可从辊道上把钢坯移走。在此机器上,钢坯水平地流经整个铸造过程,不过结晶器不能实现往复式的振动,但采用了间歇式的对钢坯的拉拔来达到振动结晶器所要获得的效果。

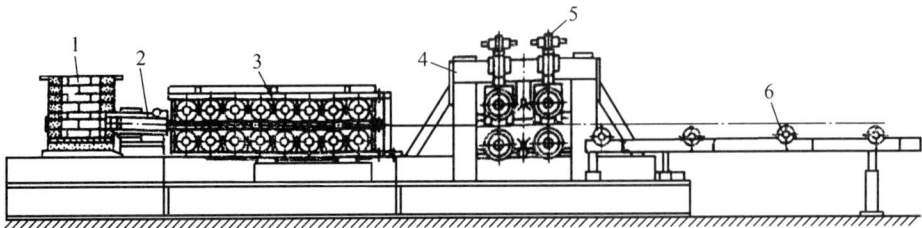

图 8-4　钢坯水平式连续铸造机简图

1—中间包　2—结晶器　3—二次冷却区　4—钢坯拉拔机　5—钢坯压断机　6—辊道

钢坯水平式连续铸造的特点为:钢坯上不会出现与承受钢液柱压力作用有关的外表面"鼓肚",在中部也不会有裂纹。但钢坯冷却凝固速度不对称,使最后凝固区由钢坯的中心往上偏移的距离约为铸坯断面高度的 2%,这对产品质量的影响很小。铸坯的轴心区组织致密,易在铸坯的上表面出现非金属夹渣,但在这种装置上钢液中的渣子不易进入结晶器。

水平式钢坯连续铸造机的结构简单,因为二次冷却区的支架可大为简化,并且支承钢坯的构件也较简易,又没有使结晶器往复振动的机构,拔坯机和断坯机结构都轻巧了很多。水平式钢坯连续铸造机的高度最低,可直接设置的炼钢工部的跨度中,这可大大地降低生产场地建设的基建投资,并且机器的安装和维护也较容易。但对结晶器的润滑困难,不易生产大断面的钢坯,生产效率也低,对中间包水口通道处的耐火材料性能要求也高。

此外,还可对钢坯进行半连续铸造。也有关于采用结晶轮(轮式结晶器)连续铸造钢坯的报导(见图 8-5)。铜质结晶轮 7 上的轮槽和钢质环带 8 形成结晶器的型腔,它们不停转动并用水从背面冷却。由钢包 10 进入中间包 9 的钢液再经中间包底部流入由结晶轮(轮槽)与钢质环带组成的型腔中,随轮与带一起向下移动并凝固,在结晶轮的最下部位被拔坯器 6 拉成水平状态,脱离结晶轮和环带进入布置有喷水嘴 5 的二次冷却区,后来又进入调温炉 4,钢坯 2 被轧机 3 轧成所需断面尺寸,最后被切坯机 1 切成一定长度的坯料。这种装置只能生产小断面的钢坯。

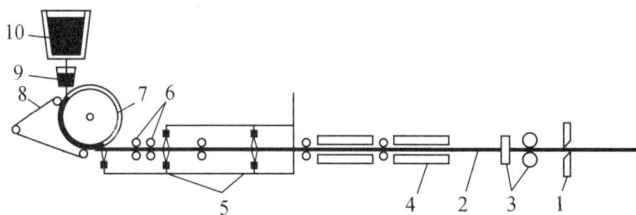

图 8-5 钢坯用结晶轮的连续铸造

1—切坯机 2—钢坯 3—轧机 4—调温炉 5—喷水嘴
6—拔坯辊子 7—结晶轮 8—钢质环带 9—中间包 10—钢包

(2) 钢坯连续铸造机的功能部件

由上已知,钢坯连续铸造机的主要功能部件为中间包、结晶器、二次冷却装置、弯坯机构、拔坯机构、切坯机等。本节将简单叙述与铸造关系较密切的中间包和结晶器的特点。

1) 连续铸造钢坯用的中间包

中间包的作用已如上述,它是一种四壁和底部砌有耐火材料,底部开有出钢口上宽下窄的锥形敞口容器,它处于钢包和结晶器之间,它们相互空间的位置关系示于图 8-6 中。

中间包内钢液的高度为 600~1 000 mm,其最低高度应大于 300 mm,因为太低的钢液高度会使中间包底部出钢口流放钢液时出现的漩涡会卷进钢液表面的渣子或空气进入结晶器。由钢包流出来的钢液应距中间包出钢口大于 500 mm,以免进入中间包的钢液流影响中间包出钢口处的钢液流动。

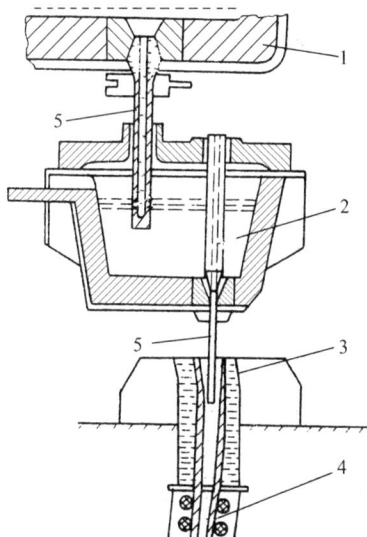

图 8-6 钢包、中间包和结晶器间的位置关系

1—钢包 2—中间包 3—结晶器
4—二次冷却区 5—伸入式水口

中间包出钢口的开闭已有两种方式：采用柱塞,利用它的上下移动实现出钢口的关闭(见图 8-6)。此种装置工作可靠,结构简单,但它妨碍盛钢液前对中间包的预热,并且出钢口处钢液流也不平稳、不均匀。所以新式的连续铸造机上常用闸板式的开闭中间包出钢口的装置(见图 8-7)。在中间包的底部下面的上滑板 1 和下滑板 3 之间紧贴有一活动闸板 2,它由液压缸 7 驱动作水平移动以实现中间包出钢口的开闭。此种装置在钢包上也有采用的。

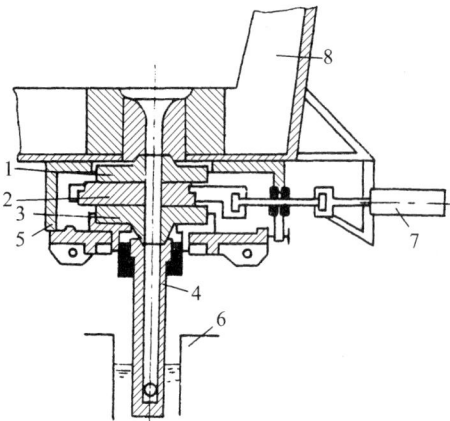

图 8-7　闸板式开闭中间包出钢口的装置

1—上滑板　2—活动闸板　3—下滑板　4—伸入式水口
5—滑动闸板架　6—结晶器　7—液压器　8—中间包

由图 8-6,8-7 可以见到伸入式水口这种特殊元件。一般情况下,钢液自钢包和中间包出水口的下落都采用自由流的方式,不用伸入式水口,但这种钢液流的流态很不稳定,常会在出钢口耐火材料的侵蚀不均匀时出现分叉的现象,而且整个下落的钢液流都暴露在空气中,钢液易被氧化,钢液流表面还能带动空气进入结晶器中的钢液中。当掉落的钢液流接触到中间包或结晶器中的液面时,还会出现飞溅的现象。采用伸入式水口便可解决上述的问题。

伸入式水口是一上开口、下封底或上、下都开口的管状容器,对下封底的水口而言,其钢液出口开在靠近底部的侧壁上。水口的出钢口都埋在钢液下面。封底的伸入式水口主要用于板坯的连续铸造。

图 8-8 示出了三种伸入式水口的结构形状,其中两个有底的水口内孔截面形状不一样,一个是圆形的(见图 8-8b),另一个是椭圆(扁圆)形的(见图 8-8c),这主要取决于钢坯断面的形状,因为它对流入结晶器后,钢液中的对流状态和相应的结晶器中钢液中的温度分布有影响。图 8-8c 所示的伸入式水口中部侧壁上装入一块多孔块 1,通过这个多孔块可向水口内部

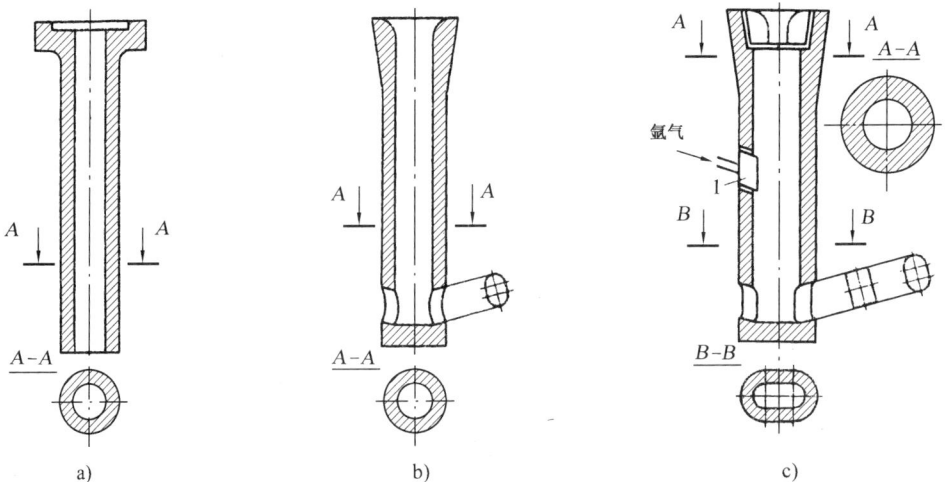

a)　　　　　　　　　　b)　　　　　　　　　　c)

图 8-8　三种不同形式的伸入式水口

a)圆管形断面的无底水口　b)圆管形断面的侧开口水口　c)椭圆管形断面的侧开口水口

1—多孔块

引进惰性气体,如氩气,以防止一些含有易氧化和贵重合金元素(如 Al,Ti,Ca,B,Zr,La 等)的钢液在水口中二次氧化。

由伸入式水口的两侧出钢孔流入结晶器中的钢液流的流动方向应稍微由水平向上倾斜 $7°\sim12°$,这可用来保护结晶器中钢液镜面免被氧化和对镜面保温的放热渣和隔热渣进行补充加热,不会因降温而被凝固的钢坯所带走。同时由水平稍微向上倾斜的钢液流所引起的在结晶器内钢液中的对流也不会作用于正在结晶器壁上增厚的凝固层,可使结晶器内的钢液结晶前缘均匀向结晶器中心移动,减小钢坯中央液相的深度,降低在钢坯上形成纵向热裂纹的可能性。

伸入式水口上不应有表面裂纹,其孔隙度也应最小,以防止钢液在水口中流动时可能出现的通过水口壁上微孔抽吸空气的现象。

中间包一般放在专门的支架或小车上,支架或小车上还设有可称重中间包内钢液质量和上抬或下降中间包的装置,根据中间包中钢液质量在浇注过程中的变化,调整钢包向中间包输送钢液的流量,以保证中间包中钢液总保持一定的高度,使由中间包进入结晶器的钢液流量总保持为一稳定值。浇注过程中,当需要把中间包从结晶器移走,更换一新修好的中间包时,需有升降中间包的装置,使中间包上升,伸入式水口的底部高于结晶器的上缘,创造把中间包水平移走的条件。在修好的中间包处于结晶器上方时,升降中间包的装置应使中间包下降,伸入式水口进入结晶器的内腔中。一般这种装置可保证中间包垂直地升降 $0.6\sim0.8$ m。更换一个中间包耗时不应超过一分钟,以保证连续铸造机的连续工作不受太大的影响。

2) 连续铸造钢坯用的结晶器

连续铸造钢坯时采用垂直的或弧形倾斜的结晶器,它们是保证获得高质量钢坯和决定连续铸造机生产效率的重要部件。结晶器应保证具有很强的从钢液中导出热量的能力,并使在结晶器出口处钢坯上所形成的凝固壳的强度能承受住钢坯内部钢液柱的压力,不出现变形。结晶器的构造应使任意钢牌号的钢坯具有高的质量;保证浇注过程的稳定性;使拔坯速度达到一定值,以保证机器的生产效率。结晶器应具有高的工作寿命,保证钢坯的断面不变形,表面无缺陷。

为使结晶器的工作壁具有好的导热性,常用无氧铜(磷脱氧铜)制造结晶器工作壁,但铜会渗入进钢坯的表面层中,而使钢坯表面形成蜘蛛网状的微小裂纹,这会降低产品的合格率。所以在结晶器工作壁的工作面上常需镀厚度为 $0.06\sim0.08$ mm 的铬或镍,这可阻止铜渗入钢坯,还可提高工作壁的耐磨性和工作壁表面的工作温度,相应地提高了结晶器的工作寿命。

除了工作壁被钢坯外壳的磨损破坏外,工作壁的工作寿命还受其材料本身强度弱化(再结晶)温度的影响,工作壁材料的强度弱化温度越高,则其工作时可承受的温度越高,结晶器工作壁工作时变形的可能性越小,所以需对无氧铜合金化。为了不降低工作壁材料的导热性,目前用得较多的是质量含量为 $(0.003\sim0.1)\%$ Ag 的铜银合金和质量含量为 $(0.5\sim0.9)\%$ Cr 的铜铬合金,它们的强度弱化温度分别为约 523 K 和约 713 K。

根据结晶器工作壁的结构特点,可把结晶器分为管(套)式、整体式和组合式三种。

① 管(套)式结晶器

管(套)式结晶器结构的特点是工作壁由薄壁(厚度为 $6\sim15$ mm)铜管(套)形成,而结晶器的外壁则由钢的壳体形成,在工作壁和钢壳间形成的缝隙中通冷却水。此种结晶器主要用

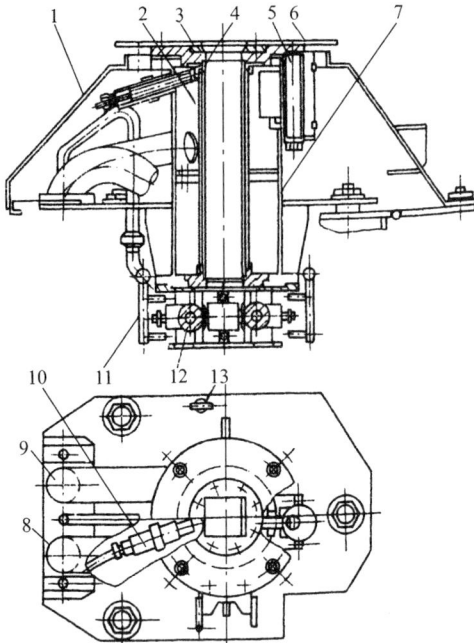

图 8-9 生产小型方钢坯的管式结晶器

1—外罩 2—内水套 3—润滑油盖 4—结晶器内壁（工作壁） 5—放射物容器 6—盖板 7—外水套（钢壳） 8—进水管 9—出水管 10—接收放射线装置 11—二次冷却水环 12—足辊 13—定位销

② 整体式结晶器

整体式结晶器的工作壁系用整块锻铜坯和中空铸铜坯经机械加工后制成,其厚度为 $50\sim100$ mm。在工作壁内钻出流冷却水的通道。图 8-10 示出了一种整体式结晶器的结构。在工作壁的上下都有水流的汇总通道,与工作面平行钻有直径较小的冷却水通道。冷却水进入结晶下部,热的冷却水在结晶器上部引出。整体的结晶器工作壁制好后,应被固定的钢壳支架上。

整体式结晶器的优点为:在工作面上无接缝,使用中不易变形。但制造工作量大,耗铜量高,修理后内腔会增大,工作面磨损稍多就要整个报废。由于这些缺陷,它的应用已越来越少,一般只用来生产中小型多边形断面、圆断面的钢坯。

与整体结晶器结构特点相似的有一种焊接结晶器,即其工作壁用含铬的铜合金板材焊接成一整体,而后再经机械加工而成。此时铜板的厚度可相应减薄,为预防工作壁在使用过程中变形,常把它装在钢壳中,使它处于被拉紧的状态。冷却水可在工作壁与钢壳间的缝隙中流动。

③ 组合式结晶器

组合式结晶器的工作壁由四块铜板组成,用其他钢制零

来生产断面尺寸小于 200×250 mm^2 的钢坯。图 8-9 示出了用来生产方钢坯的管式结晶器的结构。

在此结晶器上,用放射性元素钴测定和控制结晶器内钢液的高度,故在结晶器中设置了盛放射性物体的容器 5 和接收放射线的装置 10。此结晶器是装在弧式连续铸造机上的,故其工作壁呈弧状。在连续浇注时,为减少钢坯凝固壳表面与结晶器工作表面间的摩擦,常需沿结晶器工作表面输送润滑剂(如液态石蜡、矿物油等),润滑油盖 3 就是结晶器上执行提供润滑剂结构上的一个零件。二次冷却水环 11 把水引至水平设置的喷嘴上,喷出的水对刚自结晶器工作壁下部拔出的钢坯进行二次冷却。足辊 12 限制钢坯向下的移动路线。

管式结晶器的优点为:结晶器工作表面上无接缝,故不易发生钢坯外壳被结晶器工作面夹住的事件;结晶器结构简单,成本低;工作磨损的工作壁很易更换,耗费不多;而且导热强度大,故可使拔坯速度增大。

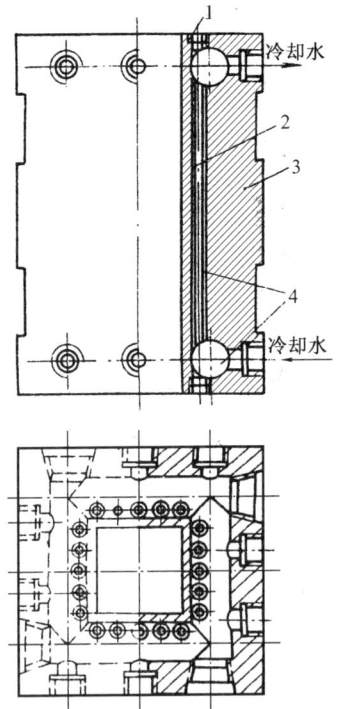

图 8-10 整体式结晶器

1—堵头 2—管 3—工作壁本体 4—冷却水通道

件组合在一起,冷却水可在钢壳与工作壁间形成的通道中流动,也可在工作壁本体内钻出的通道中流动。图 8-11 所示为一种连续铸造钢板坯的结晶器一半的结构。在此图上可见四块工作壁都装在一个焊接的钢框中,这个钢框同时也形成了冷却水的汇集通道。一个结晶器可以浇注多种宽度的板坯,只需移动结晶器的窄工作壁即可。在结晶器的结构中预先设计好了快速移动窄工作壁的机构,一般只需 15～20 min 即可实现这种移动。有的组合式结晶器甚至可以在不停止浇注的情况下为改变钢坯的宽度而对其进行调整,宽度调整的范围可达0.95～2.10 m。宽工作壁和窄工作壁的接缝处应该紧密贴合,以防止钢液钻入接缝。在移动窄工作壁以满足改变钢坯的宽度时,可允许接缝处有不大于 0.5 mm 的缝隙。调整结晶器时窄工作壁的移动速度约为 0.25 mm/s。

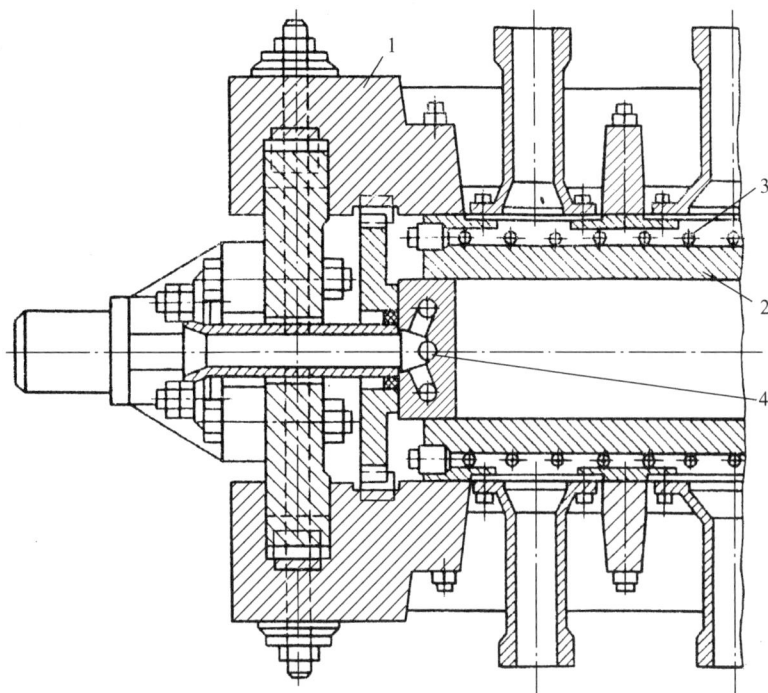

图 8-11　组合式钢板坯连续铸造用结晶器
1—钢制夹壁　2—铜工作壁　3—冷却水通道　4—窄的铜工作壁

　　组合式结晶器是一种用得很广泛的钢坯连续铸造结晶器,它的工作壁在使用过程中可多次进行修整,因此工作壁的工作寿命长。常用来连续铸造大方坯、矩形坯和板坯。

　　因为在结晶器中的钢坯凝固壳在向结晶器下部移动时,其温度越来越低,所以钢坯的断面尺寸也越来越小,为了避免在结晶器工作壁表面和钢坯表面间出现太大缝隙引起的降低结晶器导出钢坯热量能力的现象,相应地结晶器的工作表面也应有小的斜度,即结晶器的工作型腔应有一定的侧锥度,其值为(0.4～1.0)%。

　　一般结晶器的高度(或长度)为 500～1 500 mm。进水和出水的温度差为 3～8 ℃。

　　工作中结晶器型腔上部,在靠近钢液自由表面附近,总有金属紧贴结晶器的工作表面,在一定的条件下,会出现钢坯的薄壳粘附结晶器工作表面的情况。如果结晶器不动,则当钢坯向下移动时,粘附的薄壳停留在结晶器壁的原处,而粘附薄壳下部的钢坯则继续向下移动,钢坯外壳会出现开裂,当此断裂处到达结晶器的下边缘时,便会引发结晶器底部漏钢液的现象,使浇注无法进行。所以必须在连续铸造过程中随时消除钢坯薄壳粘附结晶器工作壁的现象。使结晶器在工作时出现往返的振动是实现上述要求的重要措施。结晶器的振动还可提高浇注—拔坯的速度。

结晶器的振动方式有多种,现举用途较广的叙述于下:

① 云岗式振动。这个振动方式系由云岗等人研究成功的。结晶器在向下移动时,其速度与拔坯的速度一致,因此在钢坯外壳与结晶器之间无相对运动,此时连续进入结晶器的钢液总与"新鲜"(事先没有金属的)结晶器工作壁接触,这可加快初期凝固壳层的形成。当此种结晶器向下移动一小段距离后,结晶器迅速向上移动,其上升的速度为拔坯速度的三倍,此时结晶器内凝固壳很快脱离结晶器工作壁。结晶器的这种振动反复进行,就可使拔坯力显著变小,从而降低了在结晶器底部钢坯凝固壳开裂的可能性。

这种结晶器振动方式在钢坯连续铸造的早期曾获得广泛的应用。但使结晶器进行这种方式振动的机构较复杂,这种机构在工作时受反复的冲击载荷也较大,较易损坏。

② 负滑动振动。与云岗振动方式不同的是结晶器在下移时的速度比拔钢坯的速度大(10～40)%,而结晶器的上升速度则为其下降速度的2.8～3.2倍。此时当结晶器在上升时,粘附在结晶器壁上的钢坯凝固壳层如被拉裂的话,则在结晶器下移时,粘附在结晶器壁上的凝固壳必然会随结晶器一起下移,并挤压正在按正常速度被下拔的钢坯凝固壳层,从而把粘附在结晶壁上的凝固壳层挤离结晶器壁,使这个壳层出现相对于结晶壁向上的滑动(负滑动),同时使断开的薄凝固壳层与钢坯的主体凝固壳层重新愈合,并按正常的速度在结晶器中正常下滑过程中继续凝固,增大凝固壳层的厚度。

这种振动方式是云岗振动方式的改进,可使拔坯速度进一步增加,提高机器的生产效率,但使结晶器出现负滑动方式振动的机构更为复杂。

③ 正弦振动。结晶器的下降和上升振动时的速度变化以正弦曲线规律进行。这种振动方式可使结晶器振动时运动方向的变化逐步实现,故在振动过程中无冲击现象,同样能实现结晶器壁上粘附凝固壳层的负滑动,使结晶器出现振动的机构简单,还易于调整结晶器的振动频率和振幅。所以在目前获得了广泛的采用。

也可用间歇式拔坯的方法替代结晶器的振动(前面8.1.1节中已有介绍)。但这会使拔坯机构复杂化,尤其在快速浇注大钢坯时更为不便。

当采用立式结晶器时,结晶器只需垂直地上下振动,常可用凸轮杠杆机构,即在中间有支点的杠杆的一端用转动的凸轮使杠杆作向上、向下的运动,而杠杆的另一端则与结晶器架子相连,使结晶器相应地作上升、下降形式的振动,其振动规律由凸轮形状和凸轮转速决定。

当采用弧形结晶器时,结晶的上下振动轨迹必须也是规定的弧线,图8-12示出了一种使弧形结晶器按弧形轨迹进行振动的机构示意图。弧形结晶器11由4个活动接头 O,A,B,C 上的 OA 和 CB 杆(即10)决定其振动轨迹,而结晶器的驱动则由电动机1带动偏心轮(曲柄)4转动,通过杆8和9

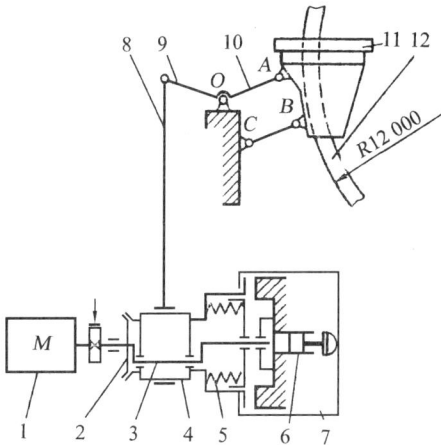

图 8-12　由四个活动接头控制的结晶器振动机构动作示意图

1—电动机　2—锥面摩擦联轴节　3—偏心轴
4—偏心轮　5—弹簧　6—液压缸
7—横梁拉杆框　8—连杆　9—杆
10—活动接头杆　11—结晶器　12—钢坯

实现的。电动机 1 是可以变速的,因此可以很方便地调节结晶器的振动频率。结晶器振幅的调节是通过改变偏心轮的偏心度实现的,此时可相对偏心轴 3 转动偏心轮。正常工作时,弹簧 5 将锥形摩擦联轴器 3 紧压在与偏心轴 3 相连的锥形板 2 上,它们如同整体一起转动。调节振幅时,利用液压缸 6 的活塞杆,把横梁 7 连同拉杆框向右移动,压紧弹簧 5,使摩擦联轴节脱开,便可进行结晶器振幅的调节了。有与电动机轴连在一起的测速发电机测定电动机轴的转速(结晶器的振动频率),而偏心轮的偏心度(结晶器振动的振幅)监控由自动同步传感器执行。一般结晶器的振幅为 12～30 mm,频率为 45～160 次/min。

8.1.2　连续铸造钢坯的工艺要点

决定连续铸造钢坯的工艺措施时需要考虑的因素很多,首先主要的是铸件的质量,此外还需考虑设备各功能部件的工作条件、机器的生产效率、工作的劳动条件、生产产品的成本等。在此节中主要叙述的是对铸件质量起主导影响,并具有连续铸造工艺特点的一些工艺要点。

（1）影响钢坯中轴缩松的工艺因素

前已述及,连续铸造钢坯的凝固是从外表面向钢坯中轴部分进行,与一般铸造不同,凝固着的钢坯还以一定的速度向结晶器的下方移动。在结晶器的上方又继续补充高温的钢液,因此在一边凝固一边移动钢坯中部会形成很长的钢液区,人们把此区称为"液穴"。表明液穴长度或深度 L 的数学式为

$$L = KB^2 v (\text{m}) \tag{8-1}$$

式中　K—钢坯完全凝固系数,一般可取 $K \approx 5.67 \ \text{s/m}^2$

　　　B—钢坯的厚度,(m);

　　　v—拔坯速度,(m/s)。

　　　而 v 可按下式计算

$$v = kl/F (\text{m/s}) \tag{8-2}$$

式中　k—经验性系数,铸方坯时,$k = 1.00 \sim 1.30$,铸板坯时,$k = 0.75 \sim 1.00$;

　　　l—钢坯断面周边长,mm;

　　　F—钢坯断面面积,mm^2。

由式(8-1),(8-2)可见,一般情况连续铸造钢坯时,钢坯中心液穴的长度与铸坯的厚度、拔坯的速度、钢坯的冷却条件以及钢坯的断面形状有关。一般希望液穴短越好,因为太长的液穴深部的钢液凝固时,其产生的体积收缩不易得到上部钢液的补缩,会使钢坯中轴部位形成缩松。液穴越长,钢坯中轴缩松出现的可能性和缩松的程度也越大。因此应采取工艺措施消除和减小中轴缩松的形成。

降低拔坯速度可有效地缩短液穴长度,但相应地机器的生产率会降低。另由上面两个数学式可知,一段钢坯的壁厚越大,钢坯断面的 $\dfrac{l}{F}$ 值越小,拔坯的速度也应越小。此外加强二次冷却的强度也对缩短液穴强度有利。一般钢坯的拔坯速度为 0.8～2.5 m/min,二次冷却的强度为 0.8～2.5 kg(水)/kg(钢)。

此外适当降低进入结晶器内钢液的温度也有利钢坯中液穴的缩短,一般进入结晶器时钢液的最佳过热度应为所浇注钢液的液相线温度加 10～20 ℃。

　　(2) 结晶器壁的润滑

　　在结晶器中,凝固的钢坯外壳薄层在内部钢液作用之下,会紧贴或粘附结晶器工作表面,这增加了拔坯时施加在薄凝固壳层的拉力,严重时,凝固壳层有可能被拉裂。拔坯时阻碍凝固壳层沿结晶器工作表面滑动的摩擦阻力 F_T 计算式为

$$F_T = fNS_T\cos\alpha \qquad\qquad (8-3)$$

式中　　f—凝固壳层与结晶器表面间的摩擦系数;

　　　　N—钢坯中部钢液柱施加在凝固壳层上,并经凝固壳层传至结晶器表面上的压力;

　　　　S_T—凝固壳层与结晶器表面的接触面积;

　　　　α—结晶器工作表面母线与拔坯力方向间的夹角。

　　如果摩擦阻力 F_T 大于凝固壳层某处的不被拉断时所产生的极限阻力 $F_p = \sigma_b S_K$(σ_b—凝固壳层的抗拉强度,S_K—可能被拉断处的凝固壳层断面积),则就可能出现凝固壳层被拔裂的现象。为使凝固壳层不被拔裂,则 F_T 应小于 F_p,即

$$fNS_T\cos\alpha < \sigma_b S_K \qquad\qquad (8-4)$$

或
$$f < \sigma_b S_K / NS_T\cos\alpha \qquad\qquad (8-5)$$

　　浇注碳钢钢坯时,如 $\alpha = 0°$,则 f 应小于 10。此时结晶器中钢坯凝固壳层的外表面上只有个别小点粘附在结晶器的壁上。

　　为了尽可能地降低 f 值,在连续铸造钢坯时常使用润滑剂润滑结晶器的工作表面,这种润滑工艺措施一方面可使拔坯顺利地进行,同时也可改善钢坯的表面质量,此外,润滑剂遇钢液燃烧时放出的还原性气体还可保护结晶器中的钢液免被氧化。

　　常使用液态润滑剂,它在被使用的温度条件下应有很好的流动性,质地均匀,物理—化学性能在存放期间稳定,不含有固态硬质点颗粒。与此同时,它还应具有一定黏度和润湿结晶器工作壁特性。润滑剂或其燃烧产物在钢坯凝固薄层与结晶器壁之间形成了极薄的中间层,降低了它们之间的摩擦系数。尤为重要的是降低了结晶器上部的摩擦阻力,因为该处的钢坯凝固壳层最薄,强度和塑性最低。常用的润滑剂有植物油、矿物油、石蜡、地蜡,或由它们组成的混合物。也可用将它们与石墨的混合物做润滑剂。每吨钢坯的石蜡消耗量为(0.3~1.3)kg。

　　(3) 结晶器中钢液表面的防氧化

　　为防止结晶器内钢液表面被空气中的氧所氧化,单靠上述润滑剂的产物有时是不够的,常需在钢液表面上添加防氧化剂。常用的有气态和液态两种。

　　所用的气态防氧化剂为丙烷和丁烷的混合气,它经设置于结晶器上边缘上的框形管道在一定压力(4.9~9.81 N/cm²)下吹在钢液的自由表面上燃烧,消耗钢液上表面空气中的氧。但对含有铝、钛、铬和其他易氧化元素的钢液言,这种燃气保护法还不够充分,较有效的防治结晶器中钢液表面氧化的方法是在钢液表面覆盖一层合成渣。它的熔点较钢液低(1 373~1 623 K),以液体形态在整个浇注过程中,把钢液表面与空气隔开,同时还可减小结晶器表面的散热速度,吸附钢液中的非金属夹杂。表 8-1 中列出了 3 类 6 种合成渣的质量组成。

表 8 - 1 防钢液氧化合成渣的质量组成

合成渣类型	合成渣代号	质 量 组 成 （％）							
		CaF_2	CaO	SiO_2	Na_2O	Al_2O_3	TiO_2	Cr_2O_3	MgO
硅酸盐类	1	43.7	11.8	34.6	7.5	0.8	—	—	—
	2	35.0	25.2	31.5	4.6	1.2	—	—	—
铝酸盐类	3	32.8	20.7	1.48	2.7	26.1	14.0	—	—
	4	37.8	5.2	2.06	6.5	27.2	16.3	—	—
混合类	5	42.2	18.4	16.3	3.2	18.9	—	—	—
	6	28.8	23.9	18.1	5.2	9.7	20.9	4.8	1.4

表 8 - 1 中合成渣熔点都低于钢的熔点，为 1 353～1 553 K。在钢液浇注温度情况下，它们的液态黏度也很小，如硅酸盐类合成渣在 1 473～1 823 K 的情况下，其黏度值不大于 0.2 Pa·s。它们的表面张力为 0.20～0.27 N/m² (当其温度为 1 473～1 773 K 时)。

合成渣可以粉状撒在结晶器内的钢液表面，也可以事先把它们熔化，而后倒在结晶器内。应在中间包出钢口一开始打开时，就往结晶器内加合成渣，合成渣在钢液表面上的厚度为 5～15 mm。在连续浇注过程中，合成渣的成分会变化，因为合成渣能很好地溶解铬、锰、铝、钛等元素的氧化物，但是合成渣的流动性不会变化，因为这些氧化物会在渣中形成易熔的硅酸盐玻璃。

8.2 有色合金坯的连续铸造

有色合金坯的连续铸造生产传布得很为广泛，用连续铸造生产的有色合金坯有铝合金坯、镁合金坯、铜合金坯和镍合金坯。有时在制作大块贵重合金属坯(如金、银)时，也可使用连续铸造法。大多坯材的断面形状为圆形、环形、长方形，还可以铸出多种特异的形状，如图 8 - 13 所示。一般圆断面坯最小直径可为 10 mm，最大的可为 500 mm(铜合金坯)、800 mm(镁合金坯)或 1 200 mm(铝合金坯)；板坯的最大厚度可达 300 mm(铜合金坯、镁合金坯)或 500 mm(铝合金坯)，板坯的最大宽度可达 1 200 mm (铜合金坯)或 2 000 mm(铝合金坯)，在一般情况下，板坯的最小厚度为 50 mm，但在采用特殊措施时，也可制造出厚度只有 6～8 mm 的连续铸坯。大多数情况下圆形断面的铝合金坯的直径为 70～1 200 mm，铜合金坯的圆断面直径为 10～500 mm。

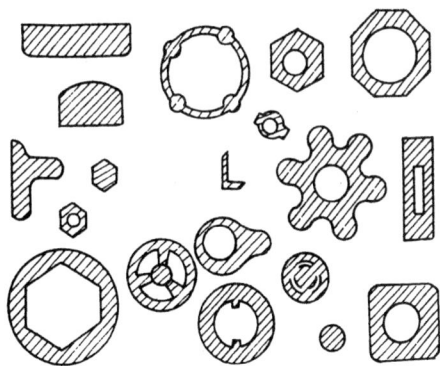

图 8 - 13 有色合金连续铸坯的异形断面举例

目前几乎全部铝合金坯和镁合金坯、70％～80％质量的铜合金坯和约 50％的镍合金坯是用立式半连续铸造法生产的。很多铜合金坯是用水平或连续铸造法和其他连续铸造法(如上引式连续铸造法、结晶轮式连续铸造法)生产的。[①]

---

① 近一段时期来出现了铝合金板坯用辊轮式结晶器的连续铸造研究实验的报导。小型铝合金板坯也可用结晶轮式连续铸造法生产。

8.2.1　有色合金坯的半连续铸造

断面尺寸较大的有色合金坯大多用半连续铸造法生产,铝合金坯的长度为 1～6.5 m,铜合金坯的长度为 4～6 m。图 8-14 示出了四种有色合金坯的立式半连续铸造机的示意图。它们的结晶器结构部分基本相同,拔坯的机构都不一样。其中液压缸拉坯(见图 8-14b)的方法用得较少,主要是液压缸太长,并且还需要一套复杂的液压系统,机器造价较大,并且也很难控制拔坯系统在工作过程中总能保持等速移动。用得较多的是钢索传动拔坯和链传动拔坯的半连续铸造机。在钢索传动拔坯半连续铸造机上(见图 8-14c),变速电动机 9 通过皮带传动和蜗轮蜗杆传动带动了两个鼓轮

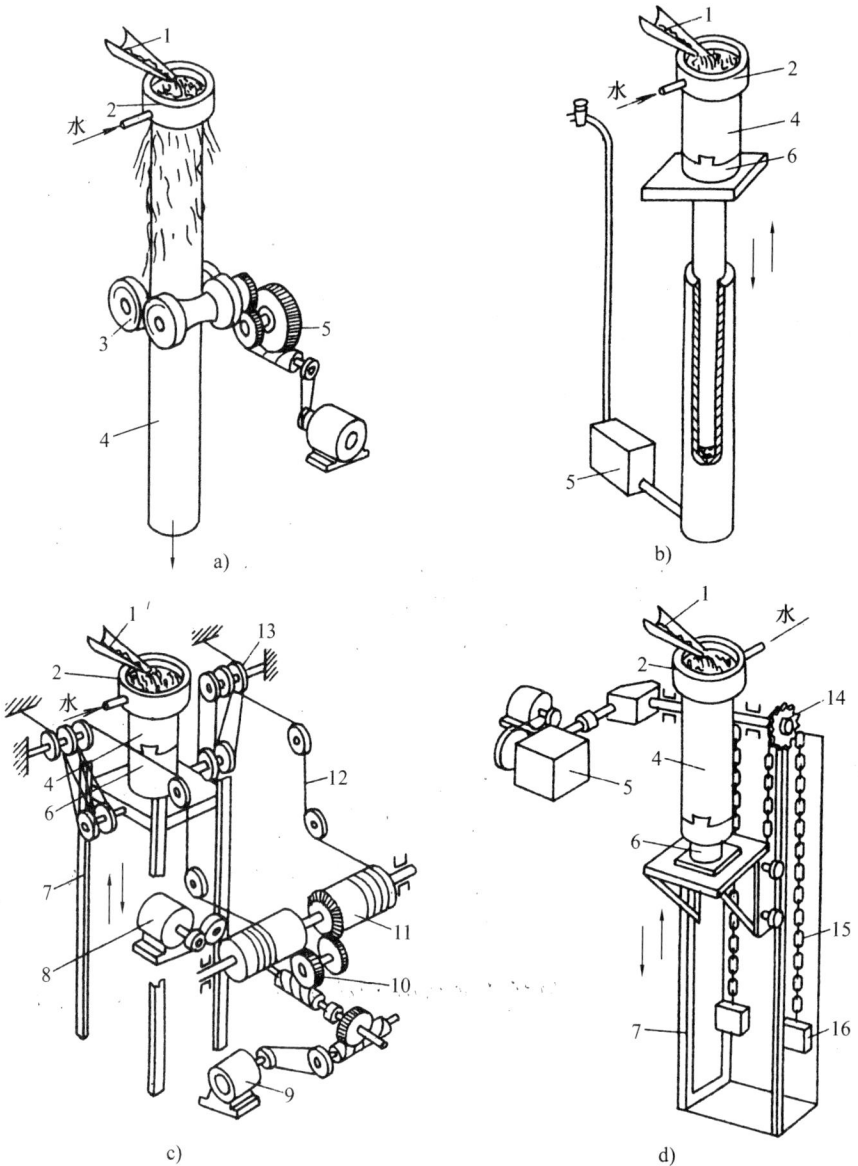

图 8-14　不同拔坯传动方式的有色合金半连续铸造机

a) 辊轮拔坯　b) 液压缸拔坯　c) 钢索传动拔坯　d) 链传动拔坯

1—金属液　2—结晶器　3—辊轮　4—铸坯　5—齿轮传动机构　6—引坯盘　7—引坯盘导轨　8,9—电动机
10—减速器　11—鼓轮　12—钢索　13—滑轮组　14—星轮　15—链　16—对重

作同样转速的转动,鼓轮上的两条钢索通过各自的滑轮组带动引坯盘 6 沿导轨 7 作上、下垂直方向上的移动,以实现提升引坯盘或拔坯的功能。在链传动拔坯的半连续铸造机上(见图 8 - 14d),变速电动机通过一套变速系统使星轮 14 转动,星轮带动链条 15 带动引坯盘 6 作沿导轨 7 的上下移动,提升引坯盘或实施拔坯。在这两种机器上,拔坯盘的移动速度为 1.7～28.5 cm/min。直径小于300 mm 的圆形断面坯可成功地在辊轮拔坯式的半连续铸造机(见图 8 - 14a)上生产,变速电动机通过齿轮传动机构 5 带动辊轮组 3 转动,用摩擦力带动引锭上升,或带动引锭和铸坯下移。

有色合金半连续铸造机的结晶器结构有管(套)式和组合式两种,图 8 - 15 示出了几种形式的管(套)式结晶器和组合式结晶器。在此图中,除 e 图所示的组合式结晶器外,其余的都是

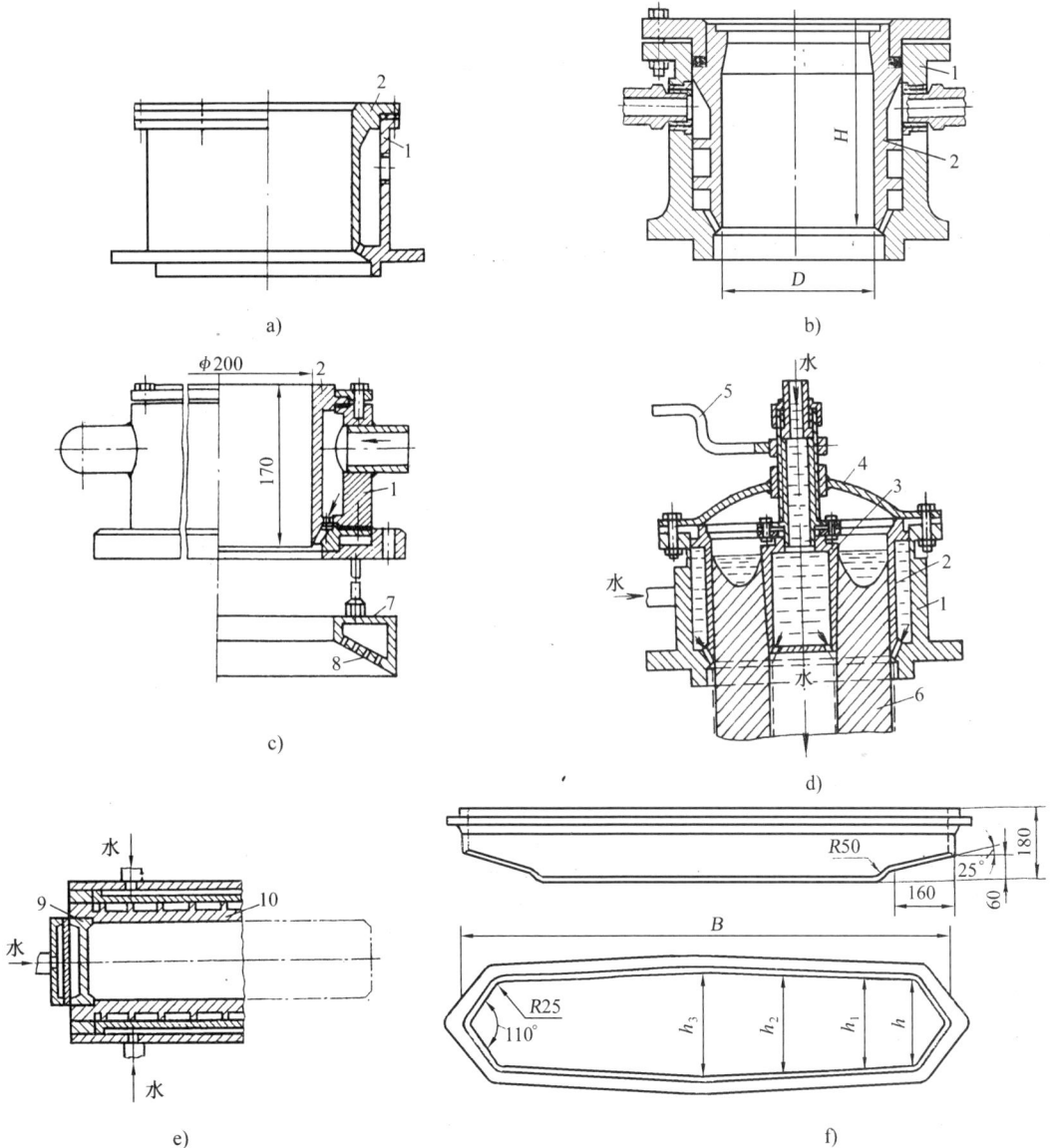

图 8 - 15 有色合金半连续铸造机上的多种形式结晶器

a) 一般有色合金连铸用结晶器 b) 铸坯表面易裂、易有冷隔缝的合金连铸用结晶器 c) 热容量较大,需强二次冷却铸坯连铸用结晶器 d) 半连铸管坯用结晶器 e) 组合式结晶器 f) 不用外壳的管式结晶器
1—结晶器外壳 2—结晶器内套 3—内结晶器 4—支架 5—手把 6—铸坯 7—重复二次冷却喷水器
8—出水孔 9—结晶器窄壁 10—结晶器宽壁

管(套)式结晶器。图 8-15b 所示的结晶器内壁的上部有一 1.5°～2°的锥度,它用来生产易在铸坯表面上形成裂缝和冷隔缝合金的圆断面铸坯,对铝合金铸坯而言,其直径常大于300 mm。铸造圆断面镁合金坯时,也需用此种有锥度的结晶器内壁,带锥度的内壁表面的高度约为结晶器总高度的 $\frac{1}{3}$。在浇注热容量较大的合金(如铜合金、镍合金等)时,需有较强的二次冷却,常用如图 8-15c 所示的结晶器,除了从结晶器下部的出水口以一定的角度喷向刚从结晶器下端拔出的铸坯外,还利用从重复二次冷却喷水器 7 的出水孔 8 喷出的水对铸坯进一步强制冷却。图 5-15d 中所示的是用来浇注管坯的结晶器,在其中轴部位设置了用来形成铸坯内孔的内结晶器 3。铸坯的内孔和外表面都用自结晶器下部流出的水进行二次冷却,请注意,在内结晶器的外表面上有向下收缩的锥度,这是因为铸坯内孔上的凝固壳层在结晶器内下滑时,由于温度的下降,铸坯内孔直径会缩小,内结晶器不应该阻碍这种尺寸的缩小,否则内结晶器将阻碍铸坯的下拔,锥度值为 1∶15。图 8-15e 所示为铸造大型板坯的组合式结晶器的结构俯视图,其结构与铸造钢坯的组合式结晶器相似。图 8-15f 示出了不用外壳的管(套)式结晶器,冷却结晶器工作壁的水直接喷在工作壁的外表面上,常用来生产铝合金板坯。

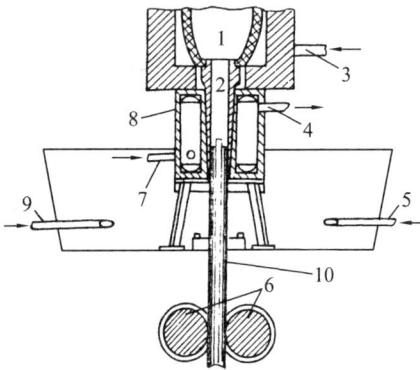

图 8-16　结晶器内有石墨衬套的
半连续铸造机

1—石墨坩埚　2—石墨衬套　3—燃气喷嘴
4—出水口　5,9—冷却水嘴　6—拔坯辊轮
7—进水口　8—结晶器　10—引坯器

连续铸造铝合金、镁合金时,结晶器外壳常用铝合金或钢制造,而工作内壁的材料则可为紫铜、低合金铜或铝合金。铸造铝合金圆断面铸坯时,当铸坯直径为 110～650 mm 时,结晶器的高度为 120～180 mm;当铸造管坯的壁厚为 50～120 mm 时,结晶器的高度为 150～180 mm。在连铸镁合金坯时,结晶器高度约为铸坯直径的 1/2,工作壁的厚度约为 15 mm,结晶器下部出水孔的直径约为 2～3 mm,间距为 10～15 mm。

连续铸造铜合金、镍合金坯时,结晶器工作壁的材料为紫铜或低合金铜。有时可用石墨作为工作壁的材料(见图 8-16),以减小拔坯时的摩擦阻力,降低铸坯的表面粗糙度,结晶器高度为 100～500 mm。铸造铜合金、镍合金坯时,结晶器的高度为 100～500 mm,结晶器需上下振动,振动频率为 70～80 次/min,振幅为 2～4 mm。

在浇注开始前,需先把引坯盘或引坯器提升至结晶器底部,挡住结晶器的下口,其与结晶器工作壁接合处的尺寸应使接合处能留有相应尺寸的1%左右的缝隙,以保证在引坯盘与浇注的金属液接触受热时,因温度升高出现的引坯盘尺寸的增长,不会卡住结晶器壁。

浇注铝合金坯时,为进一步地改善铸坯的表面质量,可采用电磁结晶器(见图 8-17),在结晶器下面靠近铸坯出口处设置脉动电磁场感应圈 1,在脉动电磁场中的金属液中感应产生电涡流,电涡流与磁场的作用使金属上产生离开感应器壁的径向力,

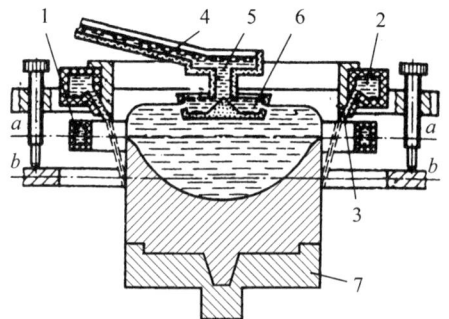

图 8-17　使金属在电磁屏幕下成形的
半连续铸造示意

1—电磁感应圈　2—冷却水分配器　3—电磁屏幕
4—流槽　5—金属液　6—浇注漏斗　7—引坯盘

所以金属液在断面尺寸方向上缩小,在金属与感应器之间形成了阻挡金属液与感应器壁接触的电磁屏幕,而冷却水则直接喷射在铸坯的表面上,因此在电磁结晶器中,铸坯的成形是在不与结晶器工作壁接触的情况下进行的,故其表面质量较好。

浇注镁合金坯时,也有采用电磁结晶器的情况(见图 8-18),此时利用电磁感应器产生的交变磁场,使结晶器中的金属液体积中出现对流,金属在电磁搅拌下结晶凝固,达到阻止粗大晶粒和柱状晶的形成,细化铸坯晶粒的目的,还可减低铸坯产生裂缝的可能性,在浇注大断面尺寸的铸坯时,电磁感应器设置在结晶的上缘(见图 8-18b);浇注小断面尺寸铸坯时,电磁感应器环绕结晶器设置(见图 8-18a)。

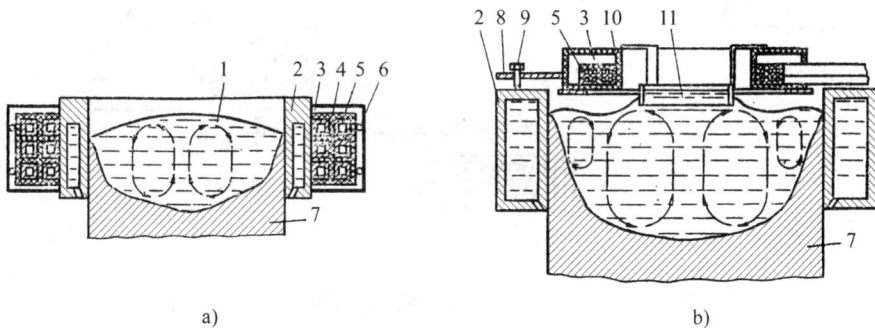

图 8-18 使金属在电磁搅拌下成形的半连续铸造示意
a) 电磁感应器环绕结晶器设置 b) 电磁感应器设在结晶器上方
1—金属液 2—结晶器 3—导磁体 4—绝缘体 5—感应器 6—固定装置 7—铸坯
8—平板 9—调节螺栓 10—壳体 11—浇注漏斗

开始浇注前,应先在结晶器壁上涂上润滑剂,把引坯盘提升至结晶器下部。而后在结晶器上放入浇注漏斗(见图 8-18),浇注漏斗的应用是为了使金属液能较均匀地在整个结晶器型腔的断面上进入结晶器,并保证在浇注过程中金属液能在结晶器中的金属液面下流入结晶器,不破坏结晶器中液面上的保护层,避免将金属液表面上的氧化物带入铸坯之中。使用浇注漏斗可减小液穴深度(5~10)%。

浇注镁合金坯时,为预防结晶器中镁合金液在与空气中的氧接触时出现的燃烧,常在结晶器上边缘设置带孔的气管,向结晶器内金属液表面输送保护气体,如 SO_2,$SF_6 + N_2$ 或惰性气体 Ar。

浇注铜合金坯时,常在结晶器内金属液表面撒含碳物质,如木炭、炭黑等,防止金属氧化。但这种固态防护剂对周围环境的污染很严重,而采用液态渣,如由 SiO_2,Na_2O 和 B_2O_3 组成的液态渣,可获得好的效果。

为了防止熔炼后金属液中的悬浮性渣粒进入铸坯中,常需对浇注的金属进行过滤处理,既可以在金属液的流槽中设置金属液过滤网、泡沫陶瓷过滤片或颗粒过滤层对金属液过滤,也可在结晶器的浇注漏斗中设上述过滤工具过滤进入结晶器的金属液。图 8-19 示出了几种在浇注漏斗中设置过滤工具的情况。颗粒过滤层可由尺寸为 5~15 mm 的耐火砖颗粒、镁砖颗粒、刚玉颗粒、石墨颗粒、氯化物和氟化物颗粒等,过滤层的厚度为 100~150 mm。颗粒过滤层不但可挡住金属液中悬浮的较大夹杂物颗粒和膜状物,还有吸附细小夹杂物的作用,故过滤效果较好。

结晶器中金属液面的高度可通过流槽中的柱塞(见图 8-19 之 8)控制,对柱塞的开启度大小可通过结晶器中的液面高度实现自动控制(见图 8-20)。

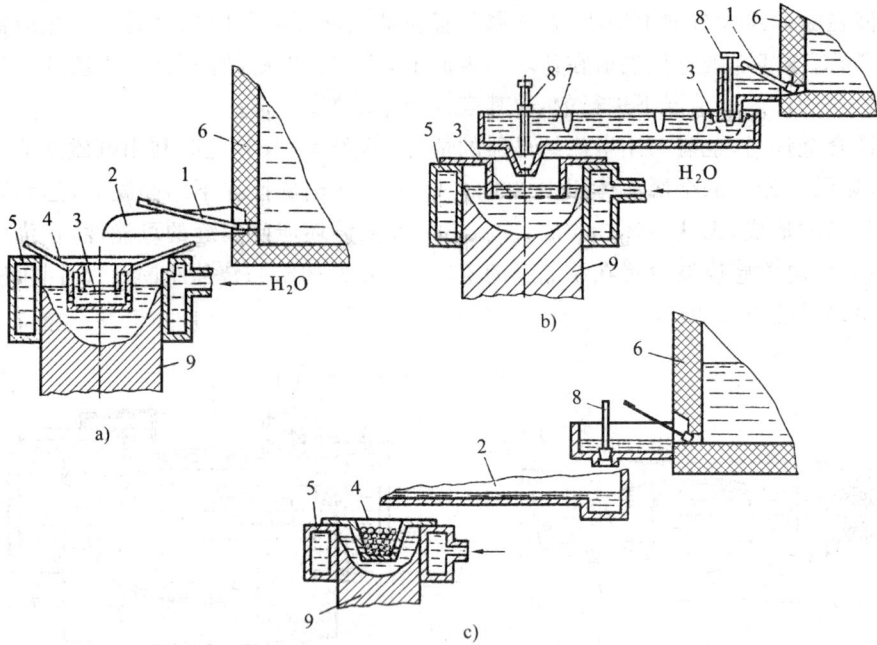

图 8-19　在结晶器中的浇注漏斗上设置过滤工具情况

a) 在浇注漏斗中设过滤网或陶瓷过滤片　b) 在结晶器中的接液盒底部设过滤网或陶瓷过滤片
c) 在浇注漏斗中设颗粒过滤层

1—出液口堵器　2—流槽　3—过滤网或过滤片　4—浇注漏斗　5—结晶器
6—金属液保温炉　7—接液盒(浇注漏斗)　8—柱塞　9—铸坯

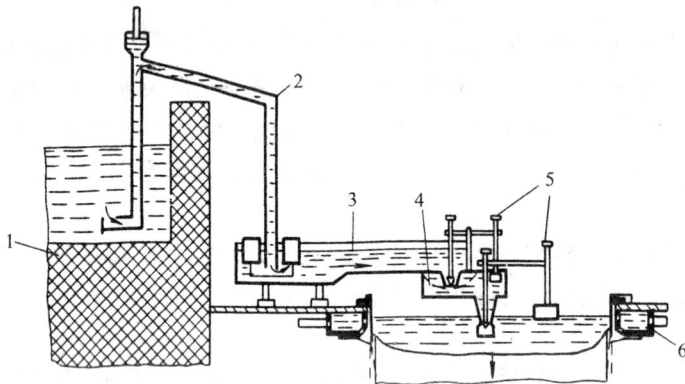

图 8-20　虹吸导引、过滤网净化、杠杆控制浇注装置

1—金属液保温炉　2—虹吸导引装置　3—中间分配槽　4—过滤网
5—结晶器内金属液面高度自动控制装置　6—结晶器

立式半连续铸造铝合金的浇注温度为 $680 \sim 720 ℃$，拔坯速度为 $2 \sim 13$ m/h，进入结晶器的冷却水压力为 $0.05 \sim 0.13$ MPa。用电磁结晶器连续铸造铝坯时的电压为 $25 \sim 30$ V(铝坯直径为190 mm)或 $38 \sim 45$ V(铝坯直径为 480 mm)，相应的拔坯速度为 $80 \sim 140$ mm/min和 $20 \sim 60$ mm/min。

立式半连续铸造镁合金时，进入结晶器的金属液温度为 $680 \sim 720 ℃$，拔坯速度为 $3 \sim 6$ mm/min，进入结晶器的冷却水的压力为 $0.04 \sim 0.20$ MPa。

立式半连续铸造铜合金坯时，纯铜的浇注温度为 $1\,180 \sim 1\,220 ℃$，铝青铜、锡青铜的浇注温度为 $1\,160 \sim 1\,200 ℃$，黄铜的浇注温度为 $1\,100 \sim 1\,190 ℃$，拔坯速度为 $2 \sim 14$ m/h，进入结晶器的冷却水的压力为 0.01～0.02 MPa(连铸青铜时)或 0.18～0.23 MPa(连铸纯铜时)。结晶器可用锭子油、变压器油、石墨、煤烟、其他矿物油、植物油润滑。

8.2.2 有色合金坯的水平连续铸造

一些断面尺寸较小的铜合金坯和铝合金坯常采用水平连续铸造法生产。图 8-21 示意性地给出了有色合金坯的水平连续铸造生产线,其构成与钢坯水平连续铸造生产线相似。在金属熔炼炉 1 中的金属液经流槽 2 进入保温炉 3,在保温炉靠近底部的侧壁上装有结晶器 4,从结晶器中拔出的铸坯由支承辊 5 托住,进入二次冷却区 6 继续强制冷却。铸坯由拔坯机 7 拔出结晶器,拔坯机间歇地拔坯,以减小铸坯在结晶器内滑动时所遇到的摩擦阻力。近年来为了提高铸坯的力学性能,在拔坯—停歇之后,又加上反推(把铸坯向保温炉方向推一短短距离)—停歇的工序,再继续进行拔拔的工艺,但这会使拔坯机结构复杂化。也有采取把保温炉连同结晶器一起往返振动(频率 60～100 次/min,振幅 3～10 mm)进行拔坯的工艺,这使保温炉结构复杂化,保温炉内金属液也不平稳。自拔坯机中出来的铸坯被切割机 9 切成一定的长度。此图所示的熔炼炉为感应电炉,但金属也可在其他熔炼炉中熔化。而保温炉的能源既可为电,也可为燃气。

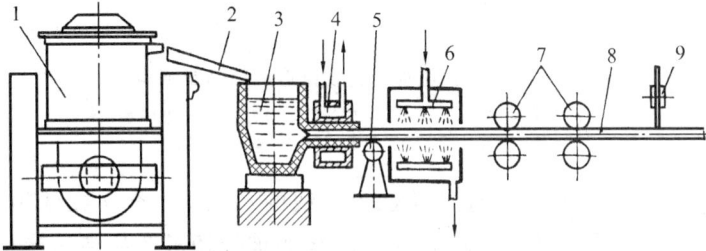

图 8-21 有色合金坯的水平连续铸造生产线示意
1—金属熔炼炉 2—流槽 3—保温炉 4—结晶器 5—托辊
6—二次冷却区 7—拔坯机 8—铸坯 9—切割机

图 8-22 示出了两种有色金属坯的结晶器结构,其中 a 图中的结晶器用来铸造中空管坯,

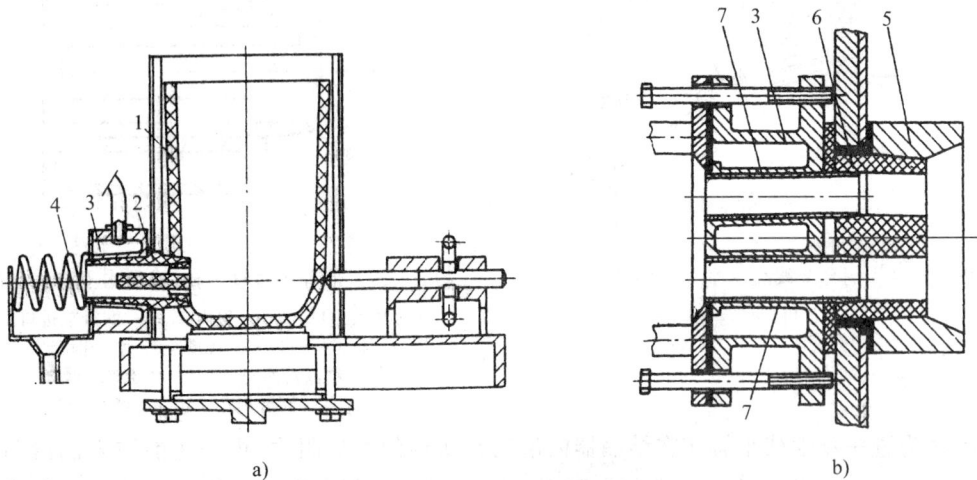

a)   b)

图 8-22 两种有色合金水平连续铸造用结晶器
a) 中空管坯结晶器 b) 双坯连铸结晶器
1—石墨坩埚 2—带芯的石墨内套 3—水冷铜套 4—二次冷却装置
5—带孔成形耐火砖 6—过渡石墨套 7—石墨内套

其工作壁系由带芯的石墨内套 2 形成,在石墨内套外面紧贴水冷铜套 3,铸坯自结晶器中拔出后立即进入由螺旋形喷水管形成的二次冷却装置 4,金属液放在坩埚式的保温炉内,依靠自重在铸造过程中金属液自动地流入结晶器中。图 8 - 22b 中所示的是有两个型腔的水平连续铸造结晶器。金属液自保温炉中直接流入过渡石墨套和石墨内套 7 组成的两个型腔中凝固,被拔出、二次冷却成形。

　　图 8 - 23 较详细地示出了管坯水平连铸用结晶器的结构。

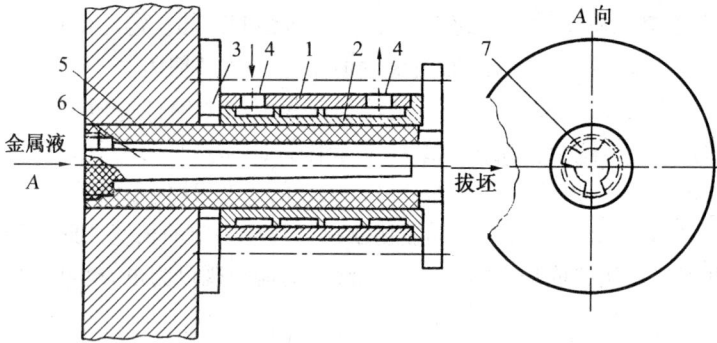

图 8 - 23　管坯水平连续铸造用结晶器结构
1—结晶器外壳　2—结晶器内壳　3—法兰　4—进出水口
5—石墨内套　6—石墨芯　7—金属液进口

　　图 8 - 24 所示为一种线坯水平连续铸造生产线的示意图。金属在低频感应电炉 1 中保温,在感应炉侧壁上装有两套双坯连铸结晶器 2,线坯被拔坯机 3 从结晶器拔出,进入缠线机4。在此种设备上可生产纯铜、黄铜和锡锌青铜的线坯。

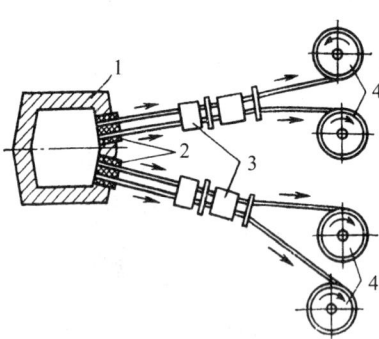

图 8 - 24　铜合金线坯水平连续铸造生产线
1—感应电炉　2—结晶器
3—拔坯机　4—缠线机

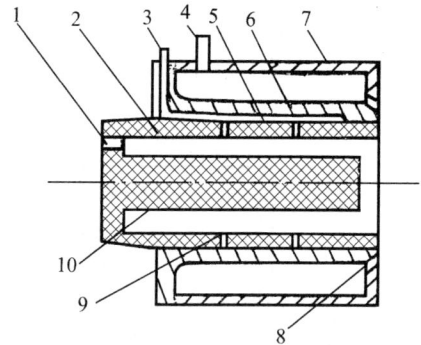

图 8 - 25　带有注润滑剂孔、槽的水平连铸结晶器
1—金属液进口　2—石墨内套　3—润滑剂进口
4—进水口　5—浅槽　6—水冷铜套
7—结晶器外壳　8—二次冷却出水口
9—润滑剂孔　10—石墨芯

　　有时为进一步地减小铸坯在结晶器内滑动时所遇的摩擦阻力,可采用能注入润滑剂的结晶器(见图 8 - 25),即在水冷铜套的内壁开一浅槽 5,润滑剂由进润滑剂口 3、浅槽 5 和石墨内套上的孔 9 进入结晶器的工作壁。

　　在水平连续铸造时,保温炉内金属液的液面至少应高于结晶器 300 mm,铜合金的金属液液面应用碳素质或渣液保护。水平连续铸造青铜坯时的浇注温度为 1 070～1 020 ℃,从结晶器的出坯温度为 500±10℃;水平连续铸造纯铜坯时的浇注温度为 1 100~1 225℃,而自结晶器的出坯温度为 400℃左右;水平连续铸造铝合金的浇注温度一般比液相线温度约高100℃,出坯温度为 300~380℃;水平连续铸造焊锡时的浇注温度为 200~250℃。根据铸坯尺寸的不同,拉拔铸坯的工艺参数在很大的范围内波动,一般间歇拔坯时的每次拔坯时间为1.5~8 s,每拔一次的铸坯长度(拔坯节距)为 12~120 mm,停歇时间为 2~25 s,平均每一结晶器的生产率为 6~40 m/h。

8.2.3　铜合金坯的上引式连续铸造

上引式连续铸造是近一二十年来获得发展的,它在生产小断面铜合金坯方面的应用越来越广泛。其特点是把结晶器放在金属保温炉的上方,结晶器处于垂直的位置(见图 8-26),结晶器的石墨内套 3 的下端直接伸入保温炉内的金属液 5 的液面下,利用拔坯时出现的真空,金属液不断地被大气压力压入结晶器内套的型腔中,由结晶器的上部不断地拔出铸坯 1。与水平连续比较,此法的优点为可简化在工作中间更换磨损石墨内套的工作,因此时在保温炉中的金属液不会妨碍石墨内套的更换,可加大拔坯速度,设备占地面积也较小。

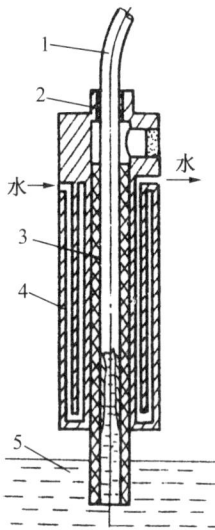

图 8-26　上引式连续铸造用结晶器结构

1—铸坯　2—密封圈　3—石墨套
4—水冷铜套　5—金属液

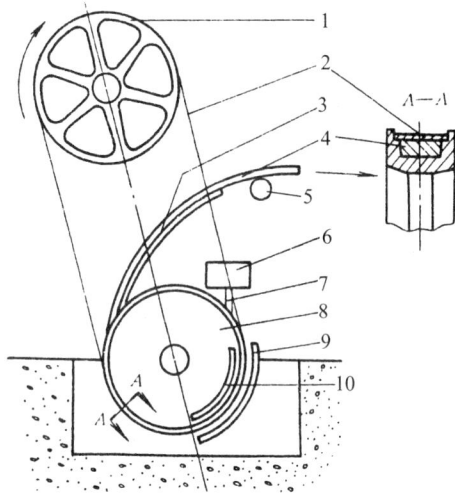

图 8-27　结晶轮连续铸坯装置简图

1—张紧轮　2—钢质环带　3—起坯刀　4—铸坯
5—托辊　6—浇包　7—浇注流槽　8—结晶轮
9、10—水冷喷管

8.2.4　结晶轮连续铸造有色合金

和钢坯的结晶轮连续铸造相似,纯铝坯、纯铜坯也可用结晶轮连续铸造法生产,生产此种铸坯的结晶轮连续铸造装置示于图 8-27。在铜质结晶轮的轮缘上制有形成型腔一部分的凹槽(见图 8-27 的 A—A 剖面图),它与环绕结晶轮轮缘的钢质环带 2 形成四周封闭的型腔。金属液通过浇槽 7 进入此型腔,随转动的结晶轮进入水冷装置 9,10 区,被冷却凝固成形,而后随结晶轮和环带转动至轮缘与环带脱开处,被起坯刀 3 从轮缘的槽中起出,进入轧机被轧成一定断面形状的轧材,如电力、电信、电缆行业的线材(φ8~φ12 mm),或直接缠成圆盘,供进一步轧制用。

结晶轮轮缘上的凹槽断面形状为梯形,以创造易于从槽中取出铸坯的条件,槽的宽度为 $30\sim40$ mm,其断面积为 $200\sim800$ mm²。在水冷喷管区,结晶轮的内壁和钢质环带的外壁都被水冷却。结晶轮连续铸造的速度(即坯件自结晶轮中出来的移动速度)可达 $800\sim3~000$ m/h。

此外,尚有由两水冷轧辊形成结晶器的连续铸造,由两平行移动水冷钢带形成结晶器的连续铸造,它们都适用于薄板形有色合金坯的连续铸造。读者在需要时可去查找有关资料,这里不多叙述。

8.3 铸铁的连续铸造

自 20 世纪 50 年代以来,铸铁管的半连续铸造曾在我国得到快速发展,只是近年来,由于用户对铸铁管质量要求的提高,铸铁管的半连续铸造才逐步为球铁管的离心铸造所替代,但目前仍有不少单位在继续用半连续铸造法生产铁管。近年来,灰口铁和球墨铸铁坯料的连续生产在我国得到了传播,本节中将简要叙述这两方面的有关内容。

8.3.1 铸铁管的半连续铸造

在离心铸造的章节中,已简要地叙述过有关铁管的形状条件和工作性能特点,这里将直接叙述铸铁管的半连续铸造的技术内容。

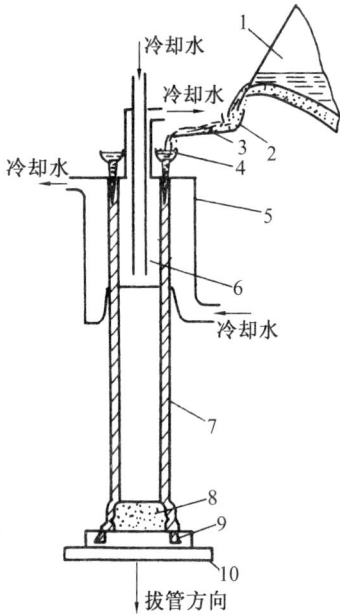

图 8-28　半连续铸造铸铁管的
工艺过程原理示意

1—浇包　2—浇注流槽　3—铁流
4—旋转浇杯　5—外结晶器
6—内结晶器　7—铁管　8—承口砂芯
9—引管铸块　10—升降盘

图 8-28 所示为铸铁管半连续铸造工艺过程原理示意。符合成分要求的铁液 3 由浇包 1 经浇注流槽 2 进入旋转的浇杯 4,自浇杯底部的孔中流出,进入由内结晶器 6 与外结晶器工作壁形成的环形缝隙中。内、外结晶器在工作时上、下振动,凝固的铁管被引管盘 10 从结晶器中拔出,当铁管铸成一根长度后,停止浇注,整个铁管自结晶器中拔出,打开引管盘上夹住铁管端面上引管铸块 9 的夹具,由连续铸管机上的倒管机把铁管放成水平,把铁管移出机器。而后切除铁管承口端的不齐部位,去除铁管端面上的引管铸块,经必要质量检验和后处理后,即可获得连续铸造的铸铁管成品。

旋转浇杯的使用是为了使铁液均匀地进入由内、外结晶器形成的型腔,使结晶器中铁液的温度在圆周上是一致的。形成管壁表面凝固壳层的铁管在结晶器中下滑时,由于温度的降低,会出现尺寸线收缩,为了防止收缩的铁管夹住内结晶器的工作表面,所以内结晶器的下部有一使其直径越向下越小的锥度。为了减小因铁管外径在结晶器内缩小而使铁管外表面与外结晶器工作壁之间出现的降低传热效率的缝隙,外结晶器圆柱形工作表面的下部也常制出使其直径越向下越小的锥度。外结晶器的最下面一段直径增大的工作表面是用来形成铁管承口的外表面的,只是在浇注开始时,当引管盘遮住结晶器下端面的时候,第一股浇入结晶器型腔中铁液进入外结晶器工作表面最下段和承口砂芯 9 所形成的型腔时,这段结晶器工作表面才起导热的作用。当铁液在该段型腔凝固后,升降盘把铁管承口向下拔离结晶器以后,此段结晶器在随后的铁管圆柱部分成形的过程中便不起作用了。承口砂芯是用来形成铁管承口的非圆柱形的内壁形状的,它有一定的退让性,以免阻碍铁管承口部位的冷却收缩。形成引管铸块型腔的模具(引管板)用金属制成,它在工作时与升降盘连在一起,当开始浇注时第一股铁液先流进形成引管铸块的引管板型腔中,依靠引管铸块,升降盘的拉拔力才有可能传至凝固的铁管上,把成形铁管从结晶器中拔出。

虽然铁管上至少其内外表面层是在结晶器中快速凝固成形的,但是当它们自结晶器中拔出后,铁管壁中部的高温金属迅速把其热量传给铁管壁原先温度较低的表层,此表层金属温度很快升高(颜色由黑变红),铁管壁的表面层与其中部在空气中缓慢冷却,犹如铁管的回火处理,最后可得整个断面无白口组织的铁管。

图 8 - 29 所示为一种铸铁管的半连续铸造机的总体图。由立柱 10 支承的上平板 8 即为浇注操作平台,上面设有浇注装置 1,4,5 和结晶器装置 2,3,6。有振动装置的立杆 7 驱动结晶器作上下方向的振动,立杆 7 的下面(平板 8 下面)与一横杆相连,电动机带动凸轮或偏心轮(图上没有示出)促使此横杆带动立杆 7 上下振动,结晶器便实现上下振动了,引管盘座 13 的向下拔管系由升降盘传动装置 17(即卷扬机)通过滑轮 19 和钢丝绳 18(钢索)而实现的,而引管盘座的上升则由重砣 16 所系钢绳 11 通过滑轮 9 等实现,此时只需放松卷扬机 17 上缠钢绳的滚筒,通过放松或抱紧滚筒以控制引管盘座的上升高度和速度,引管盘

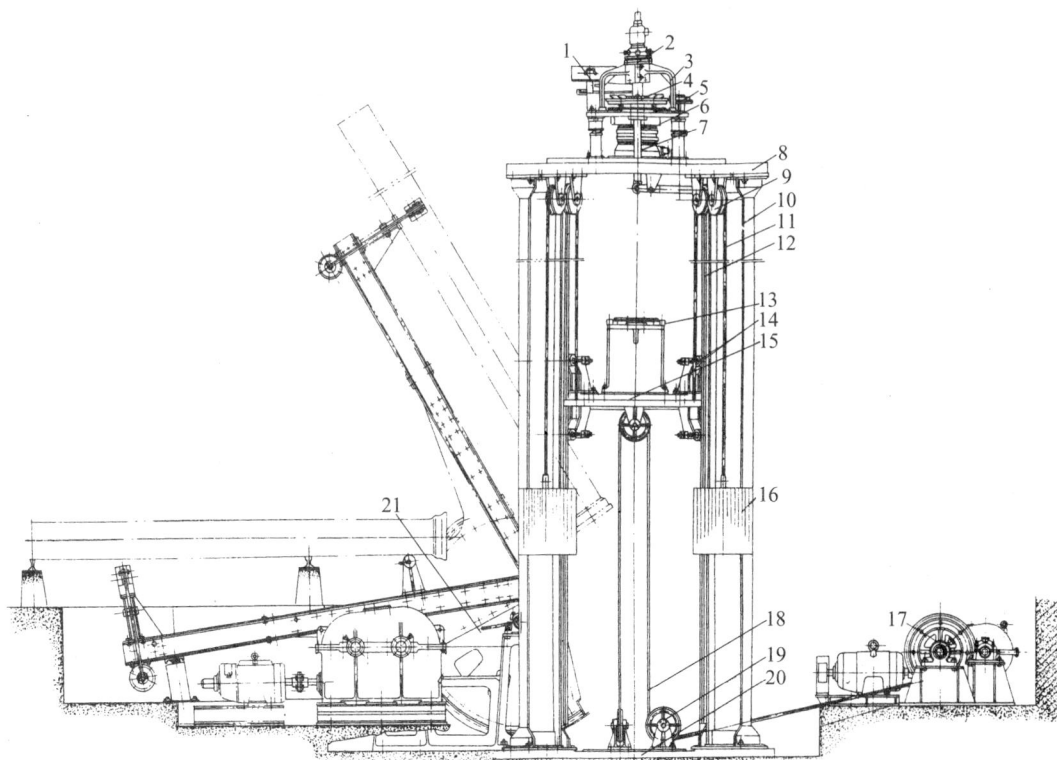

图 8 - 29　一种半连续铸管机的总体图

1—铁液漏斗和流槽　2—内结晶器　3—内结晶器支架　4—旋转浇杯　5—浇杯转动装置(齿轮机构)　6—外结晶器
7—结晶器振动装置的立杆　8—上平板　9—上平板滑轮　10—立柱　11—钢丝绳(钢索)　12—导轨　13—引管盘座
14—滚轮　15—升降盘　16—重砣　17—卷扬机　18—钢丝绳　19—滑轮　20—下平板　21—倒管机

座上下时通过滚轮 14 由导轨 12 导向。抱管机 21 上有夹具,可把竖立的从结晶器中拔出的铁管夹住后放平。

也有如图 8-14b 所示那样的由液压缸机构执行拔管和上抬升降盘的装置。升降盘还可由卷扬机滚筒转动方向的变化通过钢丝绳滑轮系统实现拔管或上抬。总之铁管半连续铸造机的拔管机构可以是多种多样的。在有的机器上还采用间歇拔管的技术替代结晶器的振动。

图 8-29 所示的钢丝绳重砣式铁管半连续铸管机适用于中大直径铁管的生产,结构简单,易于制造。而液压缸式拔管机构工作时虽然平稳、安全可靠,易于调节拔管速度,但液压缸价贵,土建工程大,动力消耗也大,适用于大中小直径铁管的生产。不用重砣的全钢丝绳传动式的拔管机构比重砣式的更简单,多用于小直径铁管的半连续铸造机上。

图 8-30 示出了一台机器上可同时铸造两根铁管采用的结晶器和浇槽、旋转浇杯的配置

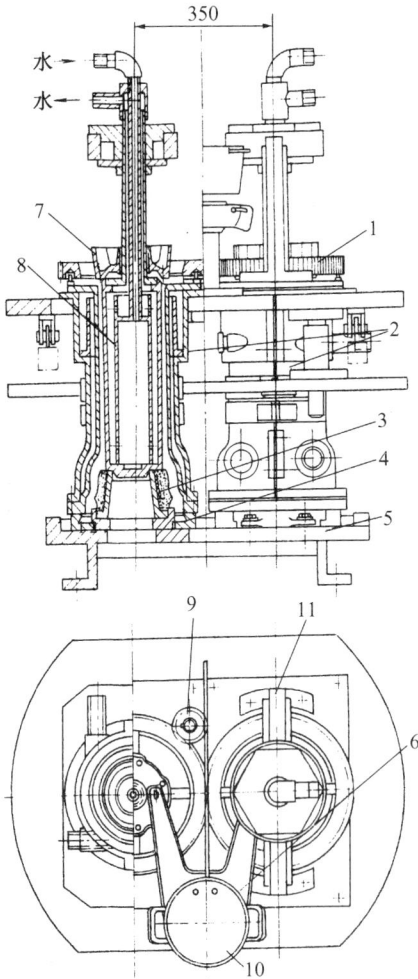

图 8-30　双拔铁管(φ150 mm)用旋转浇杯、
结晶器和引管盘组装总图

1—旋转浇杯对转齿轮　2—外结晶器　3—承口砂芯
4—引管铁模　5—双拔底盘　6—双流浇槽
7—旋转浇杯　8—内结晶器　9—小齿轮
10—浇注漏斗　11—内结晶器支架

和结构总图。旋转浇杯 7 放在对转齿轮盘 1 中,由小齿轮 9 同时带动两个相互啮合的对转齿轮盘旋转。铁液倒在漏斗 10 中,经漏斗底部两个小孔流入双流浇槽 6 中,两股铁液流同时进入两个结晶器上的旋转浇杯 7 中,再流入结晶器的型腔中。内、外结晶器 8 和 2 用水冷却,结晶器的工作壁可用锡的质量含量小于 2% 的低锡青铜或灰口铁铸造而得,也可用碳钢或耐热钢焊接加工而成。锡青铜的导热性和延伸性好,能承受激冷激热作用,不易开裂,使用寿命长(小口径铁管可浇注 1 000～5 000 次,大口径铁管为 100～500 次),允许提高拔管速度,铁管表面质量好,但价格高,在铁管生产厂中不易自行制造,常需外买。铸铁的结晶器工作壁易于在铁管生产厂中自行制造,故成本很低,但其热导性差,工作表面易出现热应力疲劳裂纹,使用寿命低,降低拔管速度,铁管的表面质量差。碳钢或耐热钢常用来制造内结晶器,其力学性能好,使用寿命较铸铁的长(小口径铁管浇注时可浇注 300～700 次,中大口径铁管为 100～500 次)。使用这种材料的结晶器时,可适当提高拔管速度,铁管表面质量可比自铸铁结晶器中制得的好。适度转动浇注漏斗可调节进入双流浇槽中两个浇槽中的铁液流量的分配比例。

双拔铸管机常用来生产直径不大于 300 mm 的铁管。

图 8-31 示出了生产直径为 1 200 mm 铁管时用的单拔铁管用内、外结晶器的组装图。请注意,在此结晶器结构中,用承口铁芯形成铁管承口的内表面,此种铁芯应由几块组合,以便从凝固的铁管承口内部取出铁芯。

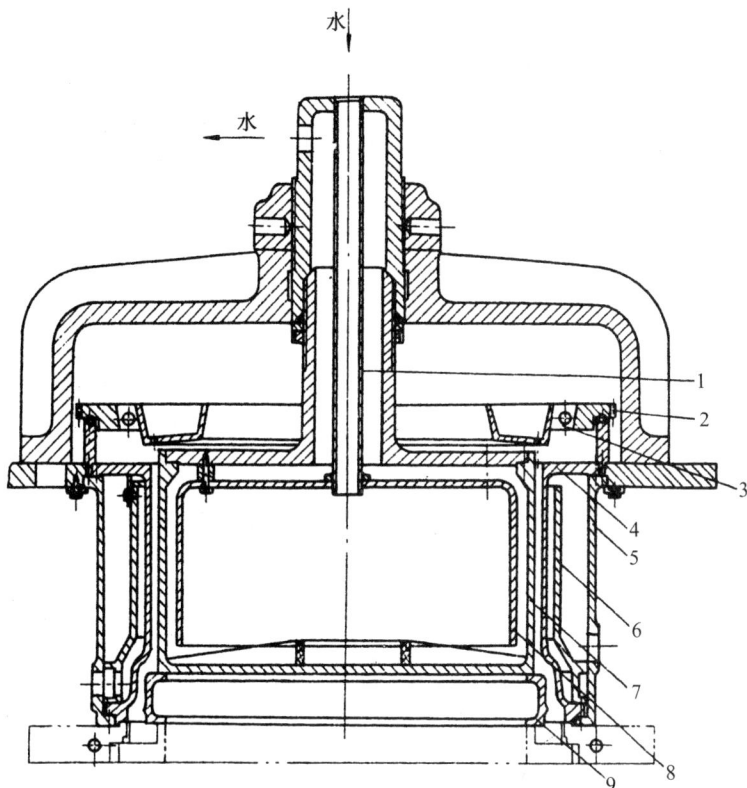

图 8 - 31 单拔铁管(ϕ1 200mm)内、外结晶器组装图
1—内结晶器进水管 2—转动浇杯齿轮圈 3—旋转浇杯 4—外结晶器工作套
5—外结晶器外壳 6—引水圈 7—内结晶器工作套 8—内胆 9—承口铁芯

内结晶器的工作壁应比外结晶器高出 10～15 mm,外结晶器工作壁(不含承口)高度为 300～500 mm(对铜工作壁言)或稍高(对铸铁工作壁言),其下部有锥度部分的高度为 100～150 mm,锥度值为 1/150～1/16。铁管直径越小,锥度值也越小。内结晶器工作壁的下部也有相似的锥度,但其高度比外结晶器工作壁上的高 20～60 mm,锥度值也稍大。生产球墨铸铁管时,因球墨铸铁在凝固时有缩前膨胀,所以外结晶器工作壁上可不做出锥度,内结晶器工作壁表面的母线应呈中间稍内凹的双曲线形状,或在内结晶器下部制出向下扩大直径的小锥度,以保证在结晶器型腔内凝固的铁管外表面和内表面都能较好地把热量传给结晶器工作壁,保持较低的温度,以消除球墨铸铁管内壁上易出现的轴间沟槽(称内沟)的缺陷。

图 8 - 29 上所示的倒管机系用电动机通过变速箱转动抱管机架的扇形齿轮使抱管机架起立或躺下,也可用液压缸完成此动作,还有用卷扬机通过滑轮和钢丝绳连接抱管机架的上端放倒或立起抱管机架的机构,但此种机构工作不够平稳。抱管机架的上部装有用气缸开合的钳子,用来放开或夹紧铁管。

图 8 - 32 所示的是ϕ500～ϕ800 mm 铁管半连续铸造用旋转浇杯的传动装置。齿圈 2 或 5 搁在托辊 1 上,旋转浇杯 3 或 4 通过径向伸出的手把搁在齿圈 2 的上端面上,电动机轴的转速通过变速箱 7 传至齿轮 6,齿轮 6 带动齿圈 2 或 5 转动,旋转浇杯随同旋转。旋转浇杯可用铸铁制成,使用前其工作表面刷石墨涂料,石墨涂料烤干后才能使用。

为把铁管用升降盘自结晶器中拔出,在图 8 - 28 中示出的引管铸块是常用的方法,形成此

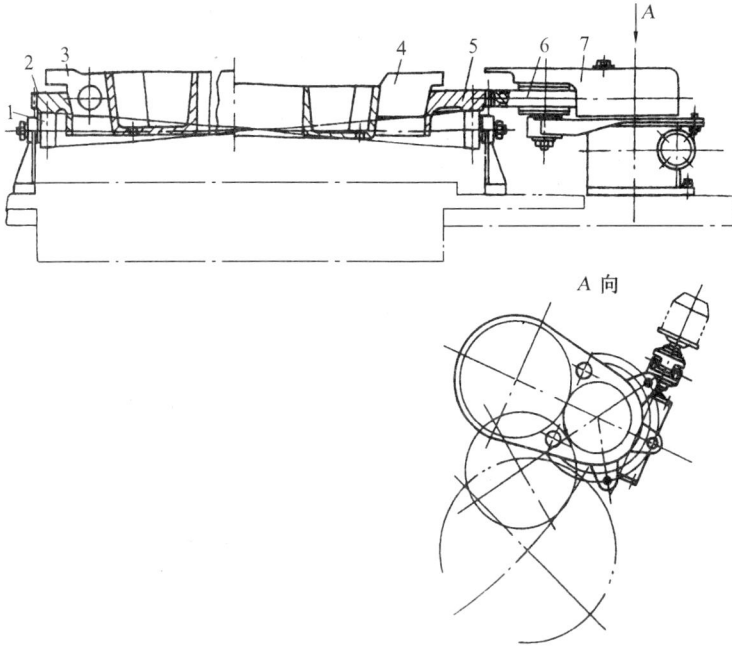

图 8 - 32　φ500～φ800 mm 铁管半连续铸造用旋转浇杯传动装置

1—托辊　2—φ700～φ800 mm 铁管铸造时用齿圈　3—φ700～φ800 mm 铁管铸造用旋转浇杯
4—φ500～φ600 mm 铁管铸造用旋转浇杯　5—φ500～φ600 mm 铁管铸造用齿圈
6—齿轮　7—变速箱

铸块的模具(引管板)在铁管浇注之前应很容易地装上,在浇成铁管后应很容易地撤去,以便把铁管自升降盘上取下,图 8 - 33b 详细示出了用引管板形成引管铸块的模具结构特点。它由两块相互对称带形成铸块的燕尾槽的长条铁块组成,工作时其底部的凸缘插进承口芯座 4 与升降盘上表面所形成的缝隙中,顶杆 5 处于实线所示的位置,阻挡引管板向外移动。当拔管完成时,顶杆处于点划线的位置,工人便有可能自承口芯座和拔管铸块下面拔出引管板,允许铸铁管自升降盘上取下。

也可利用铁管承口外形直径上小下大的特点,用两个可自铁管直径处分开的模具形成铁管承口端部的外形(见图 8 - 33a),模具作用在铁管承口端部的外表面上,用升降盘把铁管自结晶器中拔出。使用组合式铁承口芯时,为形成铁管承口内表面上的凹槽,铁承口芯外表面上应有凸缘,因此就可如图 8 - 33c 所示的机构利用铁承口芯上的凸缘把铁管自结晶器中拔下来。拔管时自动卡 8 卡住铁承口芯 7,使承口芯能随同引管座 10 一起把铁管向下拔。待铁管全部自结晶器中拔出后,拨动自动卡,使卡口脱离承口芯,铁管便可和承口芯一起自引管座上取下,而后在地面上分块地自铁管中取出承口芯。

铁管半连续铸造时,旋转浇杯的转速变动范围约为 10～20 r/min,旋转浇杯底部漏铁液的小孔直径为 5～15 mm,小孔的个数为 4～20 个。铁液在浇注时的温度为 1 300～1 390 ℃(灰铁)和 1 350～1 400 ℃(球铁),自结晶器中出来时的铁管温度约为 950～1 050 ℃。结晶器的振动频率为 140～240 次/min,结晶器振动的振幅为 4～6 mm。拔管速度为 1.2～2.5 m/min。进结晶器的冷却水压力为 0.06～0.2 MPa,冷却水在进口和出口处的温度差大多为 8～15 ℃,个别时也可达 20 ℃。

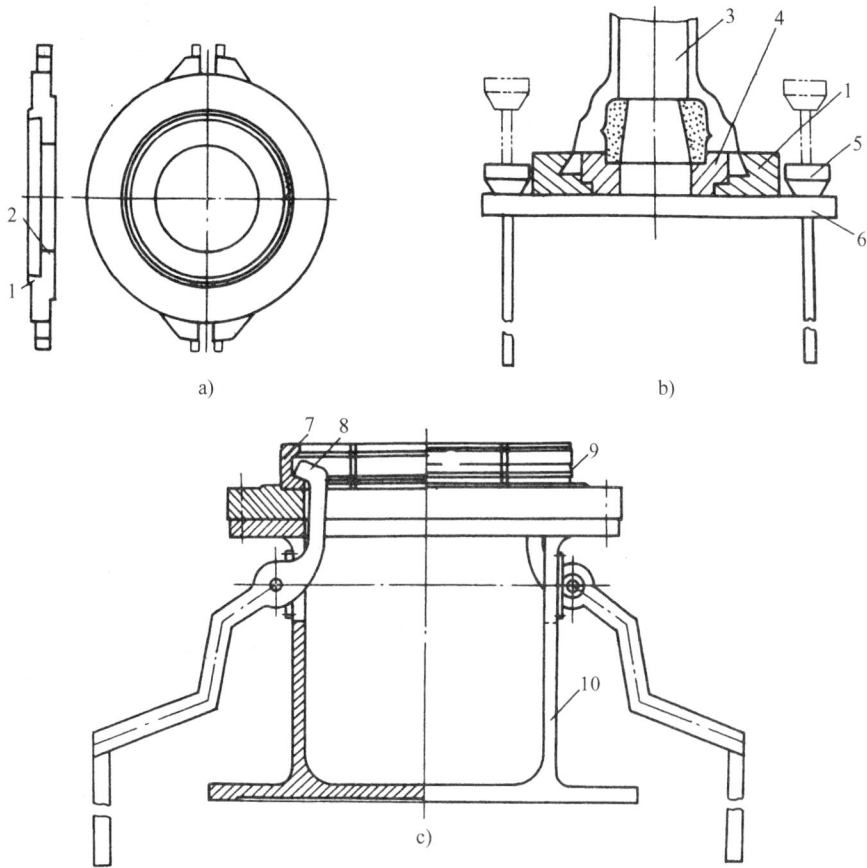

图 8 - 33 三种引管装置用模具

a) 利用铁管承口外形引管用的模具 b) 利用引管板形成引管铸块进行引管的模具

c) 利用铸铁承口芯上的凸缘进行引管的模具

1—引管板 2—承口芯座孔 3—铁管 4—承口芯座 5—顶杆 6—升降盘 7—铁承口芯

8—自动卡 9—铁芯凸缘 10—引管座

8.3.2 铁坯的连续铸造

圆断面、方断面的球墨铸铁和灰口铸铁的铸坯是用来进一步加工或生产各种机械零件的，如齿轮、活塞、轮轴、导轨、配重块、油缸盖、液压集成块等，常用水平连续铸造法生产。圆棒铁坯的直径为 30～250 mm，方铁坯的断面尺寸可为 50mm×50 mm ～ 200mm×200 mm。

铁坯的水平连续铸造过程与钢坯、有色合金坯的水平连续铸造过程基本一样，铁液常用感应电炉保温，铁坯的切断是先用砂轮片切一个切口，然后在压断机上压断铁坯。图 8 - 34 示出了水平连续铸造铁坯的示意图。

水平连铸铁坯的灰口铸铁牌号为 HT150，HT200，HT250，HT300，球墨铸铁的牌号为 QT400 - 5，QT450 - 10，QT500 - 7，QT600 - 3，QT700 - 2。

灰口铁铁坯水平连续铸造的工艺参数为：铁液的保温温度为 1 180～1 250℃，结晶器出口处铁坯的温度为 850～1 050℃。采用间歇拔坯工艺，每次拔坯延续时间为 1～10 s，每次拔坯的长度为 2～100 mm，每次停止拔坯的停歇时间为 2～20 s。平均拔坯速度为 0.2～2 m/min。进入结晶器的冷却水温度为 20～30℃，结晶器冷却水出口处的水温升高为 10～15℃。

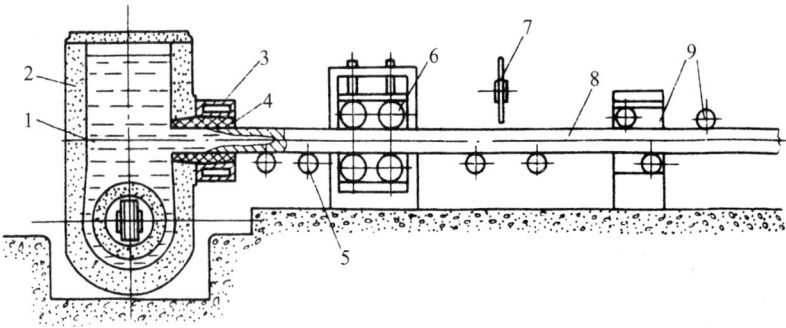

图 8-34　水平连续铸造铁坯示意图

1—铁液　2—感应保温炉　3—水冷铜结晶器　4—结晶器石墨内套　5—支承辊
6—拔坯机　7—砂轮片　8—铁坯　9—压断机

水平连续铸造铁坯的工艺收得率可达(90～97)％。

第9章
挤压铸造

概　　述

挤压铸造是指在两个半型分开的情况下,浇注金属液,而后两个半型合拢,将金属液挤压充填满整个型腔,使之凝固成形的铸造方法。

有两种挤压铸造的方法。

① 铸型垂直合型挤压铸造法;

② 铸型旋转合型挤压铸造法。

在下面将分别叙述这两种铸造方法。

9.1　铸型垂直合型挤压铸造

此法曾被称为液体金属冲压,锻造专业人员把此法称为液态模锻,是铸造和锻造专业人员都从事的铸造方法。其主要工艺过程示意于图9-1,即在液压机(有专用和通用两种)上,把内凹的半型(凹型)3置于液压机的工作台上,把外凸的半型(凸型)2作为金属冲压时的冲头,固定在液压机的活动横梁上,在凹型内倒入定量的金属液1(见图9-1a),凸型垂直下移,凹型内金属液在凸型挤压下充填型腔,在压力下凝固成形(见图9-1b)。此时,铸型为金属型,金属液在合型后处于封闭状态,铸件凝固时所受压力较大。

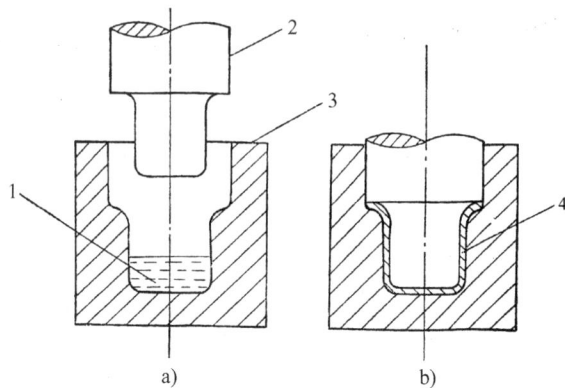

图9-1　铸型垂直合型挤压铸造法
a) 合型前　b) 合型后
1—金属液　2—凸型　3—凹型　4—铸件

图9-2示出了合型后金属液处于不封闭状态的铸型垂直合型挤压铸造法,这是在我国广泛流传的铁锅铸造法。合型挤压时,多余的金属液可溢出型腔流走,铸件凝固时所受压力较小,铸型为泥型。

此法的优缺点为:

① 铸件内部气孔、缩松等缺陷少,组织致密,晶粒细小,组织均匀。对不少铸件而言,其强度常可比轧材大,接近锻件,但塑性稍差。

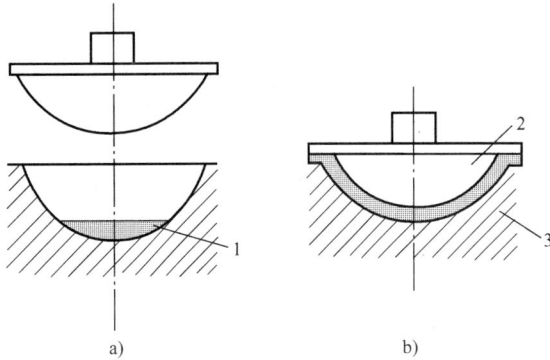

图 9 - 2　用挤压铸造法生产铁锅的工艺过程示意

a) 合型前　b) 挤压充型成形
1—金属液　2—凸型　3—凹型

② 铸件尺寸精度高,可达 CT5,表面粗糙度较细(达 $Ra6.3\ \mu m$)。

③ 铸件在压力下凝固,利于防止铸件裂纹。

④ 可挤压铸造多种金属,如铝合金、铜合金、铸铁、铸钢等。

⑤ 无浇冒口金属液损失,工艺收得率可超过 90%。

⑥ 机械化程度高,故生产率高,劳动条件好。

⑦ 但需用价格高的液压机,不宜铸造形状很复杂的铸件。

此一方法始于 20 世纪的四五十年代,现已被广泛采用,适于生产力学性能要求高、气密性要求好的各种铸件,如汽车和摩托车的轮毂、发动机的铝活塞、铝缸体、铝缸头、变速箱体、减震器和制动器上的铝质零件。还有自行车上的铝车架接头、铝曲柄、仪器上的架子、壳体、铜合金轴套和涡轮、镍黄铜高压阀体、球墨铸铁齿轮和钢法兰等;铝基复合材料也可用此法生产。在生活用品方面如铁锅、铝合金高压锅、炊具零件生产方面都获得应用,并有专用的结构较简单、操作方面的合型加压机器。

有一些资料把只向凹型中金属液加压凝固而无挤压充型过程的铸造方法称为柱塞挤压铸造;把本书第六章中叙述的全立式压力铸造称为下顶式间接冲头挤压铸造或间接加压挤压铸造。这可能不太合适,因为前者属于铸件加压凝固的一种类型;而在后者实现时,铸件的成形规律完全符合压力铸造的规律。

9.1.1　垂直合型挤压铸造的工艺特点

垂直合型挤压铸造时,铸件的成形机理有其自己的特点,所以其工艺参数和为实现工艺用的铸型设计也有其本身的特色,现予以简单叙述。

(1) 设计铸型时应注意的问题

除了个别情况外(如铁锅铸造时用的泥型),垂直合型挤压铸造主要采用金属型,常用耐热模具钢制造,如 3Cr2W8V,4W2CrSiV,3W4Cr2V,4Cr5MoSiVl 等。根据铸件形状的特点,其凹型的结构形式有很多种,实例可如图 9 - 3 所示。垂直分型凹型的打开和合型以及侧面上

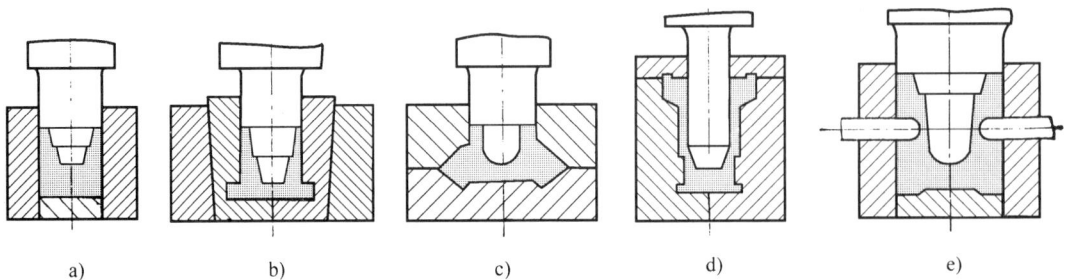

图 9 - 3　凹型的结构形式

a) 整体凹型　b) 垂直分型凹型　c) 水平分型凹型
d) 复合分型凹型　e) 带芯棒的凹型

的抽芯都可用装在液压机工作台上的辅助液压缸执行。水平分型凹型的上部的提升和合型、锁紧可由设置在液压机上的辅助活动横梁带动。

　　由于铸件的凝固是在封闭的金属型中受高压作用情况下进行的,故铸件的线性收缩较小,一般合金的铸造收缩率比常规的数值小一半。

　　铸件的尺寸精度较高,故垂直合型挤压铸造时铸件加工面上的加工余量可取得较小,有色合金铸造时可选取 $0.5 \sim 2\,mm$,铸钢时则取 $3 \sim 5\,mm$。

　　型腔的表面粗糙度常取 $Ra6.3 \sim 0.8\,\mu m$,铸造圆角的半径为 $2 \sim 10\,mm$,铸造斜度为 $1° \sim 3°$。也可在分型面上设排气槽。凸型(冲头)与凹型、套孔间的配合间隙常取 $H12/b12 \sim H11/b11$,配合长度为 $20 \sim 50\,mm$。

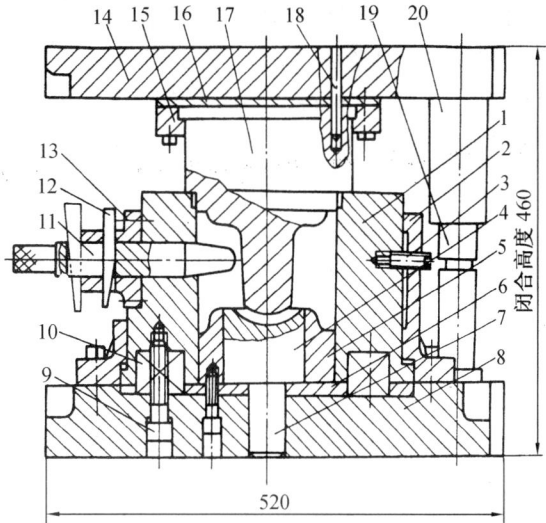

图 9 - 4　铝合金活塞挤压铸造用铸型

1—凹型　2—凹型外套　3—导向销　4—顶块　5—凹型镶块
6—凹型垫板　7—内顶杆　8—下型板　9—内六角螺钉
10—反压弹簧　11—轴销(左右对称)　12—斜楔
13—轴销座　14—上型板　15—冲头固定板　16—冲头垫板
17—冲头　18—定位销　19—导套　20—导柱

　　图 9 - 4 示出了挤压铸造铝合金活塞的铸型结构。

　　(2) 冲头加压的工艺参数

　　1) 压力

　　铸型垂直型挤压铸造时所采用的冲头加压压力值是保证铸件质量的重要参数,一般铸件壁越薄,所需施加的压力越大;铸钢时比有色合金铸造时需要的压力大;铸造半固态合金时比铸造液态合金时所需的压力大。有色金属铸型垂直型挤压铸造时所采用的压力一般应大于 50MPa;而挤压铸造钢件时,采用的压力应大于 250 MPa。

　　2) 浇注后开始加压时间的间隔不应超过 15 s

　　3) 挤压时冲头的下压移动速度

　　挤压充型时冲头下压移动的速度不能太低,以免出现金属液未充满型腔时金属已不能流动的情况;也不能太快,以防止金属液充型时流动太快,在金属液中产生涡流,卷入气体。一般冲头下压移动速度应使铸型中金属液的流速小于 $0.8\,m/s$。铸件壁较厚时,冲头下压移动速度可慢些,控制在 $0.1\,m/s$ 左右;铸件壁较薄时,冲头下压移动速度可高些,取 $0.2 \sim 0.4\,m/s$。

　　4) 保压时间

　　挤压充型后压力的保持时间应坚持到铸件全部凝固为止。一般按铸件的最大壁厚推算保压时间。当铸件壁厚小于 50 mm 时,铝合金铸件、铸铁件、铸钢件的保压时间可按每 mm 铸件壁厚需时 0.5 s 推算,而铜合金件则按 1.5 s/mm 进行推算;当铸件最大壁厚为 50 ~ 100 mm 时,铜合金铸件的保压时间仍按 1.5 s/mm 估算,铸铁和铸钢件的保压时间仍按 0.5 s/mm 估算,而铝合金铸件的保压时间则可按 1 ~ 1.5 s/mm 估算保压时间。

　　(3) 铸型工作温度

　　在浇注前,铸型应先有预热的温度,以避免金属进入铸型后,在挤压充型之前,铸型中的金属会由于散热太快,已在型壁上形成较厚的硬壳,而后在挤压过程中被皱折、破碎和卷入铸件之中,降低铸件的质量。当铸造铝合金件时,铸型的预热温度为 200 ℃左右;铸造铜合金件时,铸型预热温度可提高至 250 ℃左右;铸钢时,铸型的预热温度可达 400 ℃。铸型在工作时的温度不能升得太高,以免铸型寿命被降低得太多,一般不应大于 700 ℃。

（4）金属浇注温度

铸型垂直合型挤压铸造时的金属浇注温度以偏低为佳（有利于提高铸件内部质量和铸型的工作寿命）,常比砂型铸造和金属型铸造时低,一般挤压铸造时金属浇注温度比该金属的液相线温度高 50～100 ℃,但也有采用半固态金属挤压铸造的情况。

（5）浇注的定量

铸型垂直合型挤压铸造时,应注意浇入凹型中金属数量的正确性,如果浇注金属数量不准确,将会使铸件出现浇不足（如果浇注金属的数量严重不够）,或引起铸件尺寸出现偏差。图 9-5 所示为浇注金属太多时使铸件尺寸出现偏差的情况,按要求铸件的高度应为 H,底部厚度应为 a,可是由于浇注金属量的太多,得到的铸件高度变为 H_1,底部厚度变为 a_1,图中打叉的部分表示了由多余金属所引起的铸件尺寸偏差。

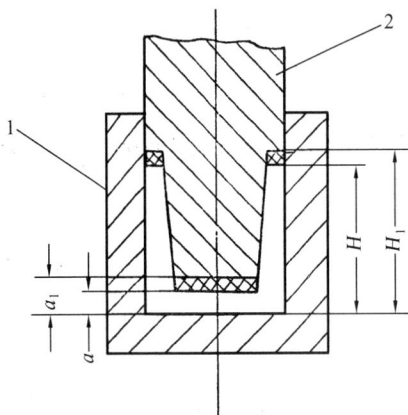

图9-5 浇注金属太多所引起的铸件尺寸偏差
1—凹型 2—冲头

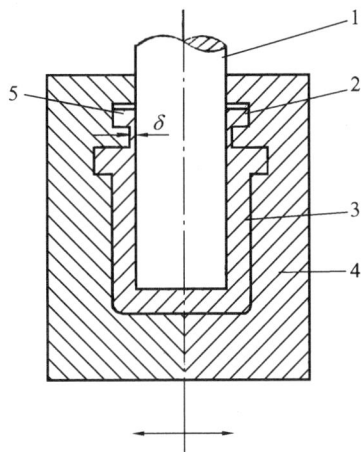

图9-6 带有溢流器的凹型
1—冲头 2—溢流器 3—铸件
4—铸型 5—多余金属

一般与离心铸造时一样,常用体积定量法对浇入凹型中的金属数量进行定量,也可用称重法进行浇注金属的定量。在设计铸型时,也可设置溢流器（见图 9-6）,以使多余的金属在挤压铸造成形时进入该处,保证铸件尺寸不会因浇注金属太多而出现偏差。

（6）铸型的润滑

铸件凝固后,冲头应能很顺利地自铸件中抽出,铸件与凹型的脱离也应同样顺利,为了降低进行上述操作时铸件与型具之间的摩擦阻力,在浇注和进行挤压成形之前,需对铸型和冲头的工作表面刷涂润滑剂。对润滑剂的要求与对压力铸造用涂料的要求相同。

在铝合金、镁合金、锌合金挤压铸造时,常用水剂胶体石墨、硅涂料（白涂料）,也可用石墨和机油或猪油的混合物作润滑剂,也可使用压力铸造用涂料。在挤压铸造铜合金时,可用油剂胶体石墨、石墨加机油或锭子油、植物油（如蓖麻油）加肥皂水、植物油加石墨等为润滑剂。挤压铸铁、铸钢时,可用地蜡加石蜡加凡士林加石墨的混合物、石蜡加二硫化钼加水玻璃加酒精、水和少量高锰酸钾的混合物为润滑剂。

9.1.2 垂直合型挤压铸造用液压机

图 9 - 7 示出了设有侧油缸或辅助横梁的液压机简图。在 a 图中,主油缸驱动活动横梁上的冲头作垂直方向上的运动,侧液压缸驱动凹型的横向开合。在 b 图中,主油缸直接驱动冲头运动,辅助活动横梁由辅助油缸驱动,可用来开合水平分型的凹型。图 9 - 8 所示为兼有侧油缸和辅助横梁的挤压铸造用液压机的总体结构。

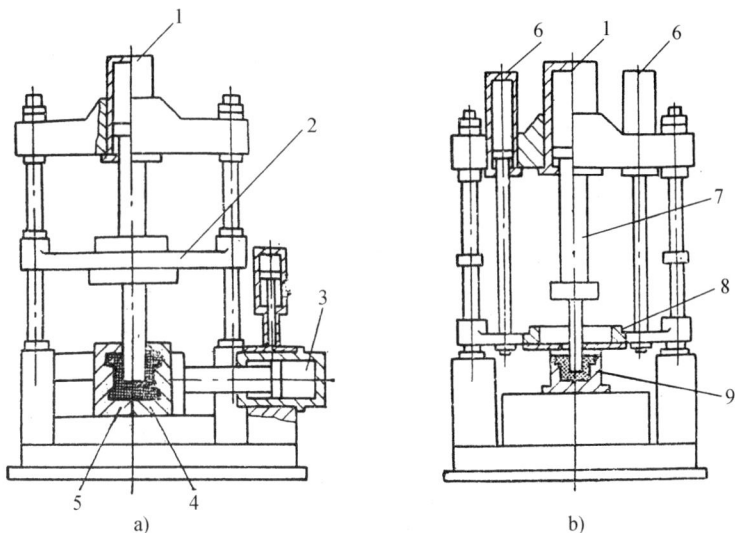

图 9 - 7 设有侧油缸或辅助横梁的液压机简图

a)设有侧油缸的挤压铸造用液压机 b)设有辅助横梁的挤压铸造用液压机

1—主油缸 2—活动横梁 3—侧油缸 4—凹型的动半型 5—凹型的定半型 6—辅助油缸
7—主缸活塞杆 8—辅助活动横梁 9—铸型

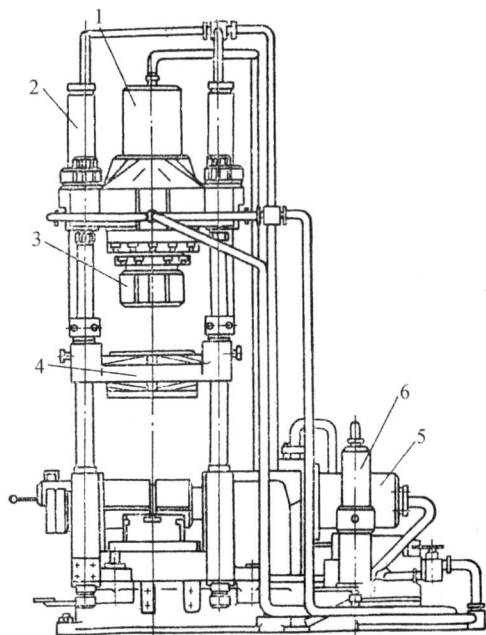

图 9 - 8 兼有侧油缸和辅助活动横梁的挤压铸造用液压机

1—主油缸 2—辅助油缸 3—主缸活塞头 4—辅助活动横梁 5—侧油缸 6—增压器

9.2　铸型旋转合型挤压铸造

　　铸型旋转挤压铸造又被人们单独称为挤压铸造,其铸件成形过程示于图 9-9。先向呈张开合页状的铸型底部浇入一定量的金属液(见图 9-9a);而后动型向定型旋转合拢,把铸型底部的金属液挤压向上流动(见图 9-9b);当动型旋转至固定位置时,停止不动,多余的金属液经定型上的流槽流入型外(见图 9-9c),金属在型内凝固成形。

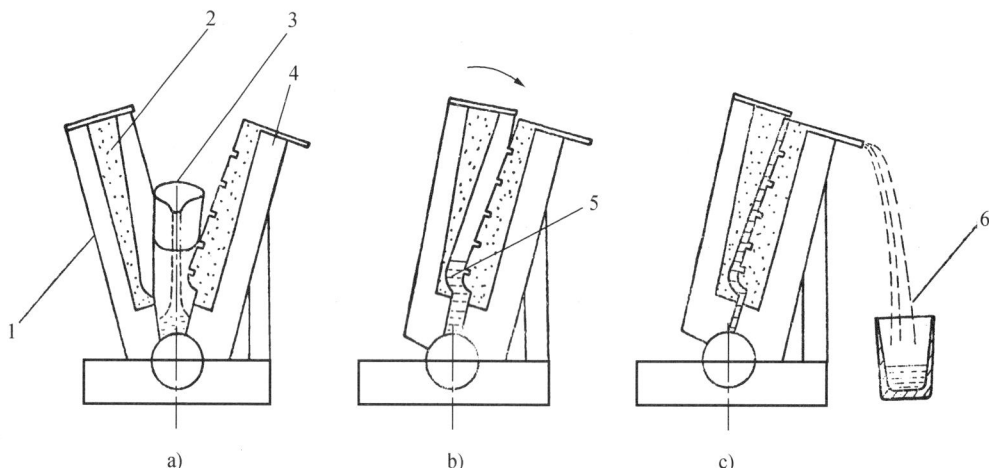

图 9-9　铸型旋转合型挤压铸造过程示意图
a) 向铸型底部注入金属液　b) 动型旋转挤压金属液　c) 排除多余金属液
1—活动板　2—动型　3—浇包　4—定型　5—金属液　6—多余金属液

　　此法在 20 世纪 30 年代最早出现于原苏联,用于生产飞机的机翼,在生产中、大型铝合金薄板件(平均壁厚为 2~3 mm)方面有其独特的优点,如导弹的弹翼、垂尾,飞机的座舱底板和进气道舌板,汽车车身的铸造组件,各种面板(地面板、屋面板等)、盖板等,这种铸件用其他方法很难铸成。

9.2.1　旋转合型挤压铸件的成形特点

　　对铸型旋转合型挤压铸造时铸件的成形特点可归纳如下:

　　① 铸型合拢时,金属液在铸型壁压力作用下由下向上地流动,故充型过程平稳,不易卷进型腔中的气体,型腔中气体也易向铸型开口处排除。

　　② 金属液充填型腔时是随着型腔断面由大变小在压力作用下充型的,它所遇阻力比直接在窄的型腔中充填时要小得很多,并且在流动过程中的散热也较慢,故特适于铸造大型薄壁件。

　　③ 在型腔合拢过程中,在金属流的断面上(见图 9-10),在液流的中央金属液的流速最快,而在靠近型壁处,金属液的流速最低,如图中 4 的曲线所示,这样就创造了金属液流中的夹杂颗粒和气泡向液流中央集聚,并随液流上升至铸型最高边缘,随多余金属液一起流出铸型的条件,减少铸件中可能出现的夹渣、气孔缺陷。

　　④ 沿铸型壁结晶的金属凝固壳与夹在它们中间的金属液间有相对运动(见图 9-11),故流动的金属液可在结晶前缘上具有较大的对已凝固金属层的补缩能力,并且挤压成形时金属

液中不断增大的压力也进一步地助长了这种补缩压力,使铸件组织致密化。不仅如此,在金属液流动情况下的铸件结晶还可促使形成细小等轴的晶粒。

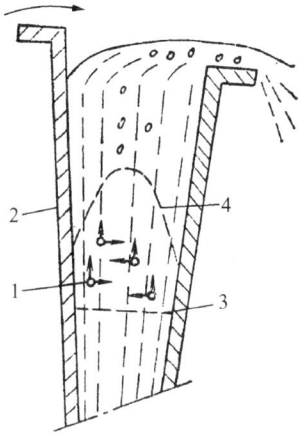 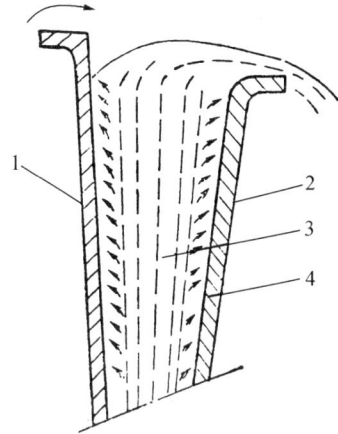

图 9 - 10 铸型旋转合型挤压铸造时
　　　　气泡、夹渣运动示意

1—气泡、夹杂颗粒　2—动型
3—定型　4—液流速度分布曲线

图 9 - 11 铸型旋转合型挤压铸造时
　　　　金属液的补缩示意

1—动型　2—定型
3—金属液　4—凝固层

9.2.2　旋转合型挤压铸造机

图 9 - 12 示出了铸型旋转合型挤压铸造机的铸型部分。动型 4 的绕转轴 11 的转动力可

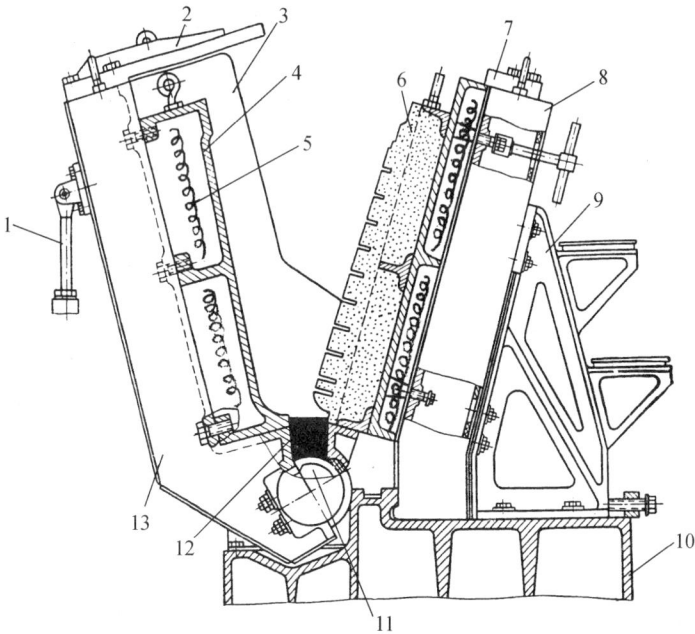

图 9 - 12　铸型旋转合型挤压铸造机的铸型部分结构

1—连杆　2—动型座挡板　3—侧板　4—金属型　5—电阻加热丝
6—砂芯　7—定型座挡块　8—定型座　9—支架　10—机座　11—转轴
12—金属液　13—动型座

来自电动机传动系统或液压传动系统,通过连杆 1 施力于动型座 13 上。图中动型的工作表面由金属型块 4 组成,内有电阻丝加热元件 5。定型座 8 上固定有砂芯 6,用它来形成板状铸件的带有肋条、凸台的一面,定型座内也可装电阻丝加热元件。定型由支架 9 支撑。侧板 3 可阻挡金属液自铸型侧面流出。

这种机器可浇注板状铸件的最大轮廓尺寸为 $2\,200 \times 800 \times 3$ mm(长 × 宽 × 厚度)。铸件的最小厚度可为 1.2 mm。用此机器可浇注的铝硅合金牌号为 ZL102、ZL104 和 ZL109,它们的结晶温度范围较窄。动型的旋转角度为 30°,合型开始时的动型旋转速度为 3°/s,最大可达 6°/s,铸型合型的持续时间为 5～8 s。挤压成形时合金上能承受到的最大压力约为 0.04 MPa。铸型底部金属接受器的最大容量为铝合金液 75 kg。

9.2.3　旋转合型挤压铸造的工艺特点

旋转合型挤压铸造时的铸型主要为金属型和干砂芯,因此金属型和干砂芯铸造的工艺都适用于挤压铸造。本节将简要述说一些特色性的工艺要点。

在往铸型中安装预热至 110℃ 的干砂芯之前,铸型的金属型、转轴和金属接受器部位应先预热至 220～300℃,侧板的预热温度为 150～200℃。在金属接受器中的合金液温度降至 610±10℃ 时开始合型挤压。

在形成铸件肋条、凸台的砂芯上,在对应于铸件的热节部位应装设外冷铁,防止在铸件上形成缩松、缩陷的缺陷,对应于形成热节的金属型上也可设置局部冷铁(见图 9-13),进一步加强热节部位的冷却。

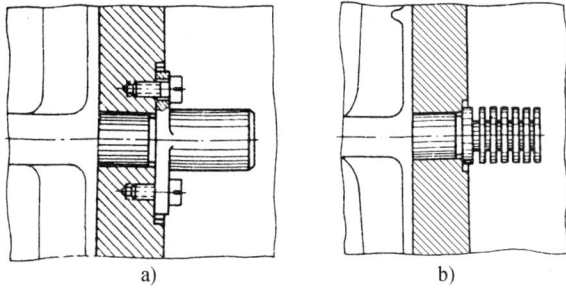

图 9-13　在挤压铸型的金属型背面设置的两种局部冷铁

挤压成形时,金属液在型腔中液面的上升速度应控制在 0.5～0.7 m/s。过小的上升速度,会使铸件的薄壁部位浇不足;过快的液面上升速度,会使铸件表面出现波纹和表面不平的缺陷,还可能在铸件内部裹进气泡,太快的液面上升速度还会冲刷砂芯,使液流中断而在铸件上形成裂纹。

第10章

真 空 吸 铸

概　　述

真空吸铸是一种在型腔内造成真空,把金属液由下而上地吸入型腔,使金属凝固成形的铸造方法。

根据铸件的形状特点,可分为两种真空吸铸法。

① 柱状铸件真空吸铸。专用于生产圆柱、方柱状中空和实心铸件的真空吸铸法。生产的铸件可用来进一步机械加工成螺母、螺杆、轴套和轴瓦,主要为铜合金铸件;也可制造铝合金件、铸铁件、铸钢件,铸件的最大外径可达 120 mm。其工作原理示于图 10 - 1,结晶器(即水冷金属型)1 的内壁周围用水冷却,结晶器的下口埋入保温炉的金属液中,结晶器上口接真空系统,金属液在大气作用下被吸入结晶器内腔至一定高度,结晶器内金属液在水冷壁的作用下,由外向中心凝固,待凝固层达一定厚度时,将结晶器上口与大气接通,结晶器中心未凝固的金属液回流到保温炉中,则得中空柱状铸件。如果结晶器上口的真空一直保持到结晶器内金属液全部凝固,那就可得到实心的柱状铸件。

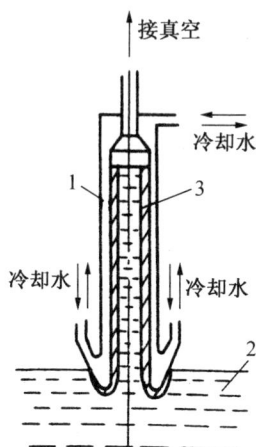

图 10 - 1　柱状铸件真空吸
铸工作原理图

1—结晶器　2—金属液
3—凝固层

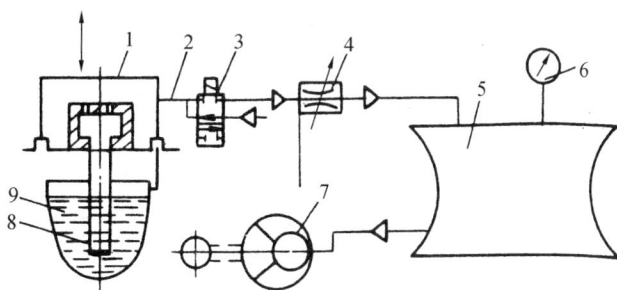

图 10 - 2　成形铸件真空吸铸工作原理图

1—真空室　2—管道　3—电磁阀　4—节流阀　5—真空罐
6—电接触真空计　7—真空泵　8—升液管　9—金属液

② 成形铸件真空吸铸。用于生产各种形状铸件的真空吸铸法,其工作原理示于图 10 - 2。将铸型置于真空室 1 中,铸型顶部有通气孔,铸型的浇注系统与低压铸造一样与升液管 8 连

接,升液管下端浸入保温坩埚中的金属液 9 中。开动电磁阀 3,真空室与真空罐 5 相互连通,在型腔内建立起一定的真空度,坩埚中的金属液被吸,沿升液管由下向上地进入铸型的型腔中,凝固成形。节流阀 4 可调节型腔内真空度的建立速度,以控制金属液充填型腔的速度。由时间继电器控制真空室内负压的保持时间,当型腔内浇道凝固后,即可将真空室接通大气,升液管内金属液回流至坩埚中。也可在金属充型时采用真空吸铸法,在金属充满型后,增大金属液面上的压力,实现一定压力作用下的铸件凝固,进一步改善铸件凝固时的补缩条件,获得组织致密的铸件。用此法可高效地生产铝合金、镁合金薄壁铸件。

真空吸铸的优缺点可归纳如下:

① 铸型自金属液面下吸取金属,浮在金属液表面上的熔渣、氧化物不易进入铸型污染铸件。

② 金属液自下而上地充填内部空气稀薄、真空条件下的型腔,金属液流不易卷入气体,在型腔中金属二次氧化可能性也变弱。

③ 采用结晶器真空吸铸时,铸件的凝固速度大,故铸件的晶粒细小,不易产生偏析。

④ 柱状铸件具有较好的自上向下、自型壁向铸件中心的定向凝固条件,故铸件的补缩条件优越,而成形铸件可利用增压补缩,所以铸件的致密度高。

上述四项优点可使真空吸铸铸件的力学性能提高,如柱状铜合金铸件,与其砂型铸件比较,其抗拉强度提高量为(6~25)%,伸长率的提高量为(5~20)%;而铝合金铸件,与金属型铸造时比较,其抗拉强度可增大(5~10)%,伸长率增大 30%。

⑤ 充型时,金属液在型腔内遇到的气体阻力很小,可提高金属液的充型性,故生产形状复杂的薄壁铸件时,铸件容易成形,铝合金、镁合金铸件的壁厚可减小到 1.5 mm。

⑥ 生产过程易于机械化、自动化,生产效率高。

⑦ 柱状中空铸件的内壁不平度大,内孔尺寸不易控制,故需留较大的加工余量。

此法在 20 世纪第二次世界大战期间在原苏联被发明,当时主要用来生产小型铜套的毛坯,采用的是柱状铸件真空吸铸法,在很大程度上解决了当时铜套生产中的质量和产量问题。此法在第二次世界大战后获得了广泛流传,人们用此法试验了铝合金、铸铁、铸钢件的生产。在我国,主要用此法生产铜套、铜轴瓦的铸坯。成形铸件真空吸铸法是在低压铸造基础上发展起来的,主要用于生产轻合金铸件。

10.1　真空吸铸工艺

10.1.1　铸型型腔真空度

(1)柱状铸件真空吸铸时的型腔真空度

柱状铸件真空吸铸时的型腔真空度 p_v 应按所需提升金属液的高度(即铸件的长度) L(mm)进行计算,即

$$p_v = 9.8L\rho \, (\text{Pa}) \tag{10-1}$$

式中　ρ——合金液密度,g/cm^3。

一般铜合金铸件的长度小于 1 m。如在一工厂中生产长度为 420 mm 的铜套坯件时,采用的型腔真空度为 47 995 Pa。实际采用的真空度数值与由式(10-1)计算所得的理论值常会有一些出入,这主要与所使用的设备状态有关,如吸气管道中的泄漏等。所以理论计算的数值

只能作为参考,需在实践中进行必要的修正。

(2) 成形铸件真空吸铸时型腔真空度

成形铸件真空吸铸时型腔真空度 p'_v 应根据金属液保温炉(或坩埚)中所允许的最低液面高度与铸型顶部的高度间的差值 h(mm)计算,即

$$p'_v = 9.8\,h\rho A\,(\text{Pa}) \tag{10-2}$$

式中　A—系数,$A \approx 1.2$。

由于大气压力值的限制,真空吸铸铝硅合金时,h 应小于 4 m;真空吸铸铝铜合金时,h 应小于 3.4 m。

型腔内真空度的建立速度由真空管路中节流阀的开启程度、铸型型腔和真空管的体积、铸型顶部通气道的形状、尺寸等因素决定。实际生产中主要根据试浇件的质量,用节流阀调节真空度的建立速度。通气道的形状和尺寸应在合理的真空度建立速度条件下,保证型腔内气体能顺利逸出型外,并且在金属液进入通气道后能立刻凝固而不溢出型外。采用金属型时,通气隙的厚度应小于 0.15 mm。

10.1.2　柱状铸件真空吸铸时结晶器下口浸入金属液的深度

结晶器下口浸入金属液的深度应保证在吸铸完后,下降后的坩埚中的金属液面还能高于结晶器下口边缘 10 mm 以上,防止真空吸铸时金属液表面的大气随金属一起被吸入结晶器中。真空吸铸开始时结晶器下口浸入坩埚中金属液的深度 H 可按下式计算。

$$H \geqslant (Lr^2/R^2) + 10\,(\text{mm}) \tag{10-3}$$

式中　L—铸件长度;

　　　r,R—型腔、坩埚熔池的内半径,设金属液保温坩埚的内腔断面为圆形。

也不能把结晶器下口浸入金属液太深,因为在金属液与结晶器下口接触的面上会形成如图 10-3 所示的附边,最后需按虚线所示,把这个附边部分从铸件上切去,故太深的结晶器下口与金属液的接触会浪费金属液,降低工艺收得率。

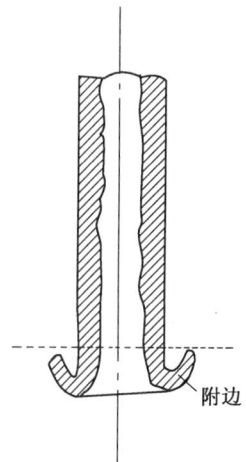

图 10-3　带有附边的柱状真空吸铸件

10.1.3　真空保持时间

柱状中空铸件真空吸铸时,应在铸件的凝固层厚度达到所要求的数值前,保持型腔内的真空度数值;成形铸件真空吸铸时,当铸型底部内浇口断面凝固前,也应在真空室内保持真空度的数值。真空保持时间 τ 可用由传热学中的平方根原理推导而得的公式进行初步估算,即

$$\tau = R^2/K^2\,(\text{s}) \tag{10-4}$$

式中　R—铸件凝固厚度或铸型内浇道断面的换算厚度,mm;

　　　K—凝固系数,mm/s$^{1/2}$,其值与铸型材料、结构、吸铸合金及其温度、铸型工作状态等有关。如柱状铜合金件真空吸铸时,可取 $K = 4 \sim 6\,\text{mm/s}^{1/2}$,在铝合金成形铸件金属型真空吸铸时,可取 $K = 3 \sim 5\,\text{mm/s}^{1/2}$。

最后通过生产实践对 τ 值进行修正。如实际生产中,真空吸铸壁厚为 $10\sim20$ mm 的铜合金中空柱状铸件时,真空保持时间为 $7\sim15$ s。

10.1.4 吸铸温度

柱状铸件真空吸铸时,太高的金属液温度会使保温炉内金属吸气太多,并且也易氧化,使合金元素烧损过多,同时还会延长铸件在结晶器内的凝固时间,降低生产率。太低的金属液温度会使所得铸件上的附边太大,浪费金属液。一般柱状铜合金铸件真空吸铸时的金属液保温温度可比重力砂型铸造时的浇注温度低 $50\sim100$ ℃。

成形铸件真空吸铸时金属液的温度应与低压铸造时相近。

10.1.5 铸型涂料

柱状铸件真空吸铸时,常需在结晶器工作表面上刷涂料,它主要起润滑作用,使铸件易于自结晶器中取出,同时也可改善铸件的表面质量。一般每班开始真空吸铸前,先用机油加石墨粉的混合物涂刷结晶器内壁,并将其彻底烘干。而后每吸铸一次,就把经 $400\sim450$ ℃ 焙烤过的石墨粉或滑石粉用布棒对结晶器表面涂刷一次。在结晶器的下口附近,为减薄在该处粘附的金属层(附边)的厚度,可用质量配比为 93% 的 ZnO 粉加 7% 的水玻璃和适量水配制的涂料涂刷,涂料层厚度约为 0.5 mm,需将此层涂料烘干,并能牢固地粘贴在结晶器上。

成形铸件真空吸铸时铸型所用涂料和涂料的涂敷工艺同重力铸造一样。

10.2 真 空 吸 铸 机

10.2.1 柱状铸件真空吸铸机

图 10-4 示出了在我国工厂中流传得较为普遍的柱状铸件真空吸铸机。在机架立柱 1 上焊接多根向外伸出的钢杆成为执行不同功能的支架。机架立柱可绕机器的主轴带动支架和全部机器附件旋转,工人操纵升降杠杆 3,通过把它下压或上抬,就可带动钢丝绳 10 沿滑轮 11 来回移动,达到上抬或下降结晶器 4 的目的。在此机器上采用负压喷嘴 13(又称喷射管)在结晶器内腔建立真空,真空度的大小可通过真空调节阀 17 进行调节。有冷却水管 6 向结晶器通入和放出冷却水。挡块 9 和限位丝杠一起限制升降杠杆的旋转上抬和下降的程度,也即结晶器下降的程度,而平衡锤 7 用来平衡需上下移动的结晶器及其附件的重量,使工人操纵轻便。

负压喷嘴的结构示于图 10-5,当压缩空气以很高的速度自直径为 7 mm 的喷嘴 3 的孔中喷出时,直径为 12 mm 的抽气管 2 中的空气也被带动流向孔径为 14 mm 的导气管 5 的通道中,而后进入大气,这样也就可在结晶器的内腔建立一定的真空度。采用这种喷嘴在能供应压缩空气的车间中,可免除一套复杂的真空系统设备。生产中表明,如果负压喷嘴工作时采用的压缩空气压力为 0.5 MPa,则在结晶器工作腔内可获得 $42\,666\sim47\,995$ Pa 的真空度,可吸铸外径为 $40\sim60$ mm,长度为 420 mm 的铜合金件。

如果车间中无压缩空气供应系统,则需用真空泵和真空罐组合的系统来满足制造结晶器内真空的要求。真空泵的抽气率可为 0.6 m^2/h,真空罐内腔尺寸为 $\phi800\times1\,000$ mm。

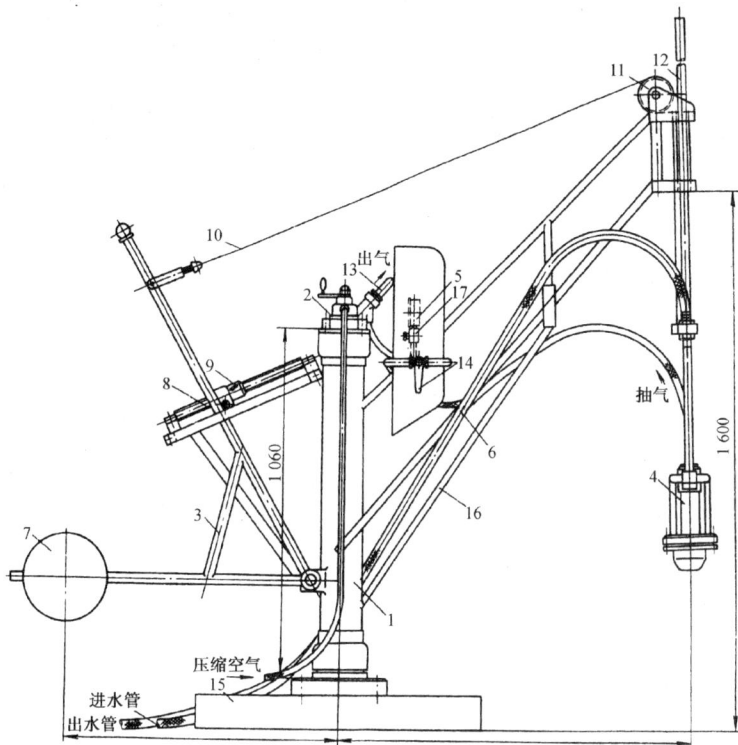

图 10 - 4　柱状铸件真空吸铸机总体结构图

1—机架立柱　2—气阀　3—升降杠杆　4—结晶器　5—真空表　6—冷却水管　7—平衡锤
8—限位丝杠　9—挡块　10—钢丝绳　11—滑轮　12—导向杆　13—负压喷嘴　14—控制手柄
15—基座　16—斜架　17—真空调节阀

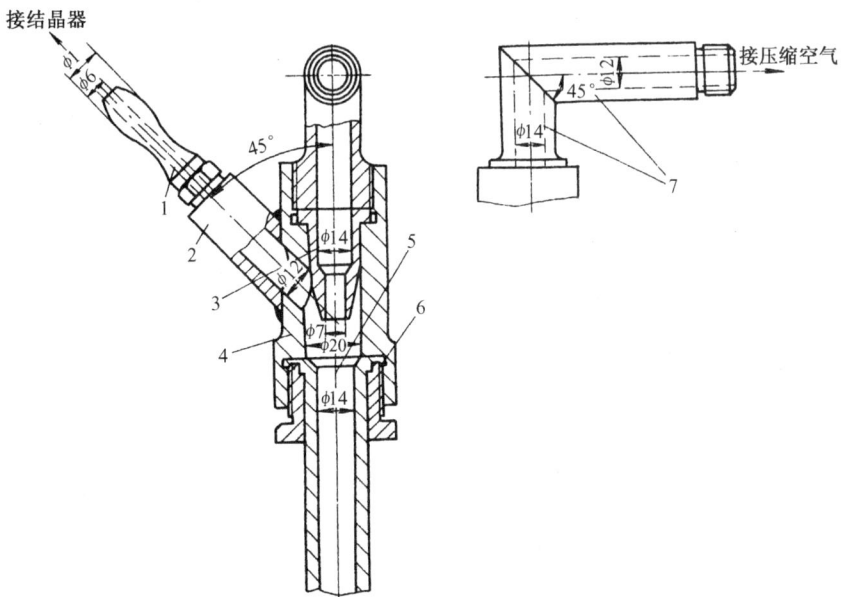

图 10 - 5　负压喷嘴结构

1—管接头　2—抽气管　3—喷嘴　4—外壳　5—导气管　6—螺母　7—肘管

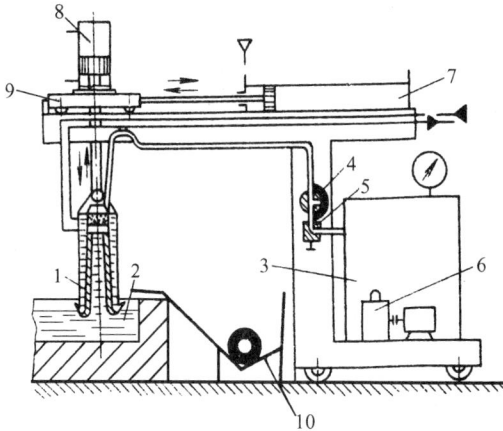

图 10 - 6　一种自动化的柱状铸件真空吸铸机

1—结晶器　2—金属液　3—真空罐　4—阀　5—调节器
6—真空泵　7,8—气缸　9—结晶器架座　10—铸件接受槽

图 10 - 6 示出了一种自动化的柱状铸件真空吸铸机。整个机器装在小车上,在上部水平支架上有导轨,导轨上有可水平直线移动的结晶器架座 9,它由气缸 7 驱动。结晶器架座上装有由气缸 8 上下移动的结晶器 1。真空系统直接放在小车的平台上。真空吸铸时,当铸件在结晶器内凝固后,气缸 8 把结晶器提升,离开金属液 2,气缸 7 把结晶器架座往右移,使结晶器处于铸件接受槽 10 的上面,铸件从结晶器内脱出,掉在接受槽中,结晶器内被清理、涂刷涂料后,由气缸 7 和 8 共同驱动使结晶器又回至进行真空吸铸的位置。除了自结晶器上取出铸件、清理结晶器和给结晶器刷涂料外,其余工序都可自动地进行。

10.2.2　柱状铸件结晶器

图 10 - 7 示出了柱状铸件真空吸铸结晶器的结构。与金属液接触形成铸件外表面的是工

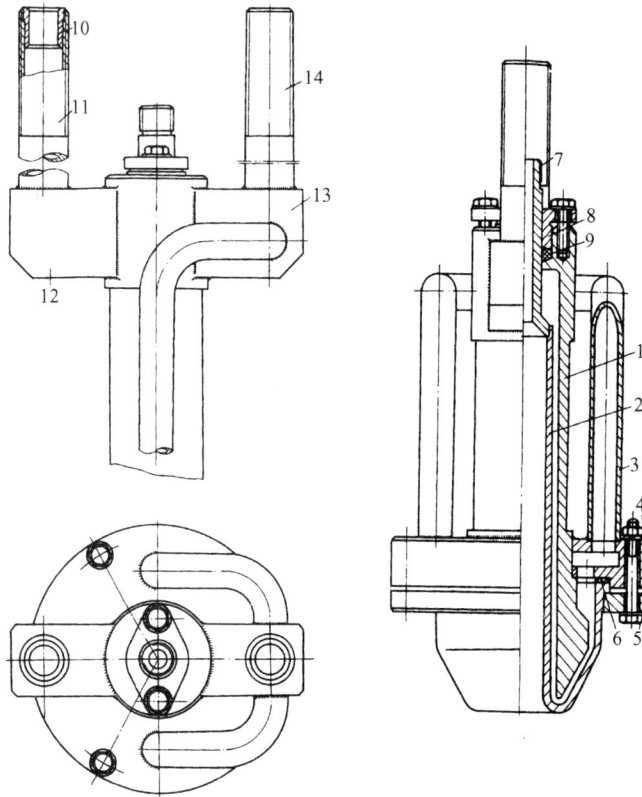

图 10 - 7　柱状铸件真空吸铸结晶器结构

1—外套　2—内套(工作套)　3—弯水管　4—环水室套　5—圆环　6—密封胶圈　7—接真空管道的丝扣
8—压盖　9—密封填料圈　10—套管　11—冷却水出水管　12,13—弯管　14—冷却水入水管

作套 2,其壁厚为 4～6 mm,为能方便地取出铸件,工作套内壁做成 0.2°～1.0° 的锥度。工作套与外套 1 之间有一宽度为 3～6 mm 的通冷却水的缝隙。有些工厂为了节省制作结晶器的投入,常用一个外套,配用几个不同直径的内套,铸造不同外径的柱状铸件,内套与外套间的水隙宽度由 4～5 mm 增大至十几 mm,使用表明,结晶器仍能正常地工作。

内、外套一般用低碳钢锻坯或无缝钢管的焊接件经机械加工后制成。内套的下端处的圆柱面与锥面的交角为 60°,两个面交接处的圆弧半径为 9～10 mm。内套上端有丝扣 7,用于连接真空系统的管道。冷却水经出水管 14、弯管 13 分两支流往弯管 3 通入结晶器的下端,而后经弯管 12、出水管 11 流出结晶器。

10.2.3 成形铸件真空吸铸机

成形铸件真空吸铸机的结构与差压铸造机相似,图 10-8 所示为一种金属型铸件的真空吸铸机。金属液处于保温炉的坩埚内,炉膛与大气相通。保温炉用盖 2 密封,在盖上放金属型 4,金属型用罩 7 罩住,组成真空室,并通过真空阀与真空系统的真空罐相连。油缸 6 用来把真空罩下压,使真空罩下缘与盖 2 之间有很好的密封。在吸铸完后,真空罩可以上抬,自工作位置移开,以便自铸型中取出铸件和清理铸型,喷涂料,准备进行下一次的真空吸铸。

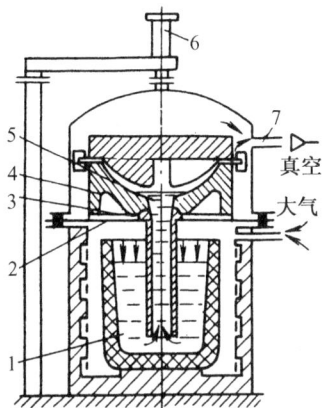

图 10-8 金属型真空吸铸机
1—金属液 2—炉盖(工作台)
3—升液管 4—金属型 5—直浇道
6—液压缸 7—真空罩

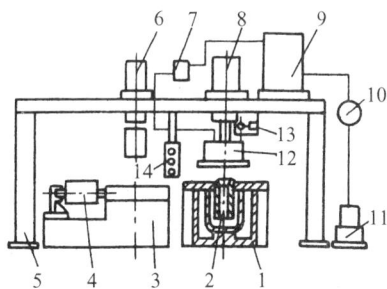

图 10-9 压缩机轮的真空吸铸机结构示意
1—保温炉 2—升液管 3—工作台 4—气缸 5—立柱
6—压紧铸型用气缸 7—气阀 8—压紧真空罩用气缸
9—真空罐 10—电接触真空计 11—真空泵 12—真空室
13—行程开关 14—操纵块

图 10-9 所示为一种真空吸铸铝合金压缩机轮的真空吸铸机的结构示意。在此机器上,铸型的整理和铸件的取出是在工作台 3 上进行的。在此机器上,每小时可生产铸件 30 个,真空度的调节范围为 0.04～0.08 MPa,真空室(罩)直径为 300 mm,保温炉的功率为 18 kW。

参 考 文 献

CAN KAO WEN XIAN

1. 曾昭昭主编. 特种铸造. 杭州：浙江大学出版社,1990
2. 宫克强主编. 特种铸造. 北京：机械工业出版社,1982
3. 中国机械工程学会铸造专业学会铸造手册特种铸造卷编委会. 铸造手册(特种铸造). 北京：机械工业出版社,1994
4. 航空制造工程手册编委会. 航空制造工程手册(特种铸造). 北京：航空工业出版社,1994
5. 铸造工程师手册编写组. 铸造工程师手册. 北京：机械工业出版社,1997
6. 佟天夫等编著. 熔模铸造工艺. 北京工业出版社,1991
7. Шкленник Я. И. 等. Литье ло Выплавляемым. Моделям. Москва：ГНТИМЛ, 1961
8. 日本铸物协会精密铸造研究部编. 赖耿阳译. 精密铸造技术. 台北：复汉出版社,1985
9. 罗庚生等编. 低压铸造. 北京：国防工业出版社,1989
10. 林宗献. 精密铸造. 台北：全华科技图书股份有限公司,1987
11. Беккер М. Б. . Литье под Давлением. Москва：Высшая Щкола, 1985
12. 利奥波德·弗罗梅尔等著. 压力铸造技术. 北京：国防工业出版社,1982
13. Белопухов А. К. 等. Литье под ДаБлением. Москва：МАШГИ3. 1962
14. Белопухов А. К. 等. Литье под Давлением (Проблемы подпрессовки). Москва：МАШИНОСТРОЕНИЕ. 1971
15. Небогатов Ю. Е. 等. Специальные Виды Литья. Москва：МАШИНОСТРОЕНИЕ, 1965
16. 北京无线电工具设备厂. 压铸技术基础. 北京：国防工业出版社,1978
17. 罗晋别尔格·博. 耶. 压铸机. 北京：国防工业出版社,1978
18. 谢水生等编著. 半固态金属加工技术及其应用. 北京：冶金工业出版社,1999
19. 林柏年等编. 金属热态成形传输原理. 哈尔滨：哈尔滨工业大学出版社,2000
20. 孟宪嘉等编著. 特种铸造设备. 北京：国防工业出版社,1984
21. 董秀琦主编. 低压及差压铸造理论与实践. 北京：机械工业出版社,2002
22. Курдюмов А. В. 等. Производство отливок из Цветных Сплавов. Москва：Металлургия, 1986